SHUISHENGSHENGWUXUE

中等职业教育农业部"十二五"规划教材

水生生物学

韦先超　主编

中国农业出版社
北　京

内容简介

本教材根据中等职业教育水产养殖专业的培养目标编写而成。教材内容包括水生生物形态分类、水生生物生态学和实践技能三部分。形态分类介绍我国海水、淡水中常见的生物类群的形态特征、分类地位、生态分布和利用，重点介绍经济价值较高的种类。水生生物生态学主要介绍水生态系统的基本知识，重点介绍水污染防控的生物学问题。实践技能部分重在训练常见水生生物种类的鉴别、水生生物资源调查和重要饵料生物的增殖利用等方法。

本教材适合中等职业教育水产养殖专业教学使用，也可作为水产职业技能鉴定和水产养殖专业户培训教材，以及从事相关专业的技术人员的参考书。

编 审 人 员

主　编　韦先超

副主编　陈　赛　张玉贵

编　者（以姓氏笔画为序）

韦先超　杨雪松　吴宗文

张玉贵　陈　赛　蓝　嘉

审　稿　姚维志

前言

本教材根据中等职业教育水产养殖专业的培养目标编写而成。

教材编写以“必需、够用”为度，重在培养职业技能。尽可能体现最新教改成果、研究成果和理论进展。教材所述内容以淡水和南方为主，兼顾海水和北方的种类特点，集理论教学和实践指导于一体，具有针对性、可操作性强等特点。

本教材编写分工如下：韦先超（四川省水产学校）编写绪论、第一篇第三章，并负责统稿；陈赛（广东省海洋工程职业技术学校）编写第一篇第一、二章；张玉贵（四川省水产学校）编写第二篇第六、七章，第三篇第九、十章；蓝嘉（广西水产畜牧学校）编写第一篇第四章、第三篇第十三章；吴宗文（通威集团有限公司）编写第二篇第五、八章；杨雪松（四川省水产学会）编写第十一、十二章。本教材承蒙姚维志教授（西南大学）审稿，并提出诸多宝贵意见，在此谨致诚挚谢意。

本教材的编写借鉴了历年来中职、高职《水生生物学》规划教材的部分资料，参考了相关学者的著作，在此深表谢意。

由于编者水平有限，疏漏之处在所难免，诚望广大读者批评指正。

编　者

2019 年 8 月

目录

第二篇 水生生物生态学

第三篇 实践技能

绪　论

一、水生生物学的定义、范围和任务

水生生物可分为海洋生物和淡水生物，是一个庞大而复杂的生态类群。水生生物学是研究水环境中的生命现象和生物学规律，并探究水生生物控制利用的学科，属生物学的分支学科。传统水生生物学内容包括形态、分类、生态和生理4大部分，现代水生生物学研究的重点是水生生物与其生活环境之间的关系，其目的是为了更科学地利用水生生物资源，维持水体生态平衡。需要指出的是，鱼类属于水生生物的范畴，但由于鱼类学已经发展成为一门独立的学科，所以本教材的分类部分不包括鱼类。

水生生物学作为相关专业的专业基础课程，其任务主要体现在3个方面。一是为渔业生产服务，如研究水体鱼产力、水生饵料生物的培养和养殖水体的水质调控等；二是水环境保护，如研究污染物在水体中的转化、水污染的生物学评价及生物学治理等；三是水体生态系统的综合管理，如涉水工程的环境评价、水环境综合治理与水生态修复技术，以及水生态系统与碳汇的关系等。

二、水生生物学的发展简史

（一）国外对水生生物的研究简况

国外对水生生物的研究始于18世纪初，首先观察研究的对象是鱼类等大型水生动物，而小型水生生物的研究是在列文虎克改进了显微镜之后。瑞士人佛列尔1869年发表了日内瓦湖底栖动物的研究报告，成为淡水生物学的创始人。19世纪末叶，一些国家相继建立了海洋生物和淡水生物观察站，促进了水生生物学的发展。其间的研究工作主要集中在水生生物形态和分类领域。

进入20世纪以后，水生生物学逐渐显示出其生态学特色，从个体的研究推进到种群和群落的研究。如Grand和Gran 1927年开创了用黑白瓶法测定浮游植物初级生产力的研究方法。20世纪60年代初期至70年代中期实施的国际生物学规划（IBP），以自然生态系统的物质循环、能量流动为主要对象，在全球合作协调的基础上进行了“生产力生物学的原理与人类福利”的研究，其中水域生态系统的研究占了很大比重。

1971年开始的人与生物圈计划（MAB）是继IBP之后，由联合国教科文组织在全世界范围内开展的又一项大型国际科学合作项目。其目的是为生物圈自然资源的合理利用与保护提供科学依据。该计划确定的14个研究领域中，“人类活动对湖泊、沼泽、河流、三角洲、河口和沿海地区的价值及资源的生态学影响”“在陆地和水生生态系统中化肥的使用和病虫害防治的生态学估计”等6个方面涉及水域生态系统。

1991年，由国际生物科学联合会、环境问题科学委员会及联合国教科文组织共同发起了国际生物多样性计划，该计划的主要任务是通过确定科学问题和促进国际间合作，加强对生物多样性的起源、组成、功能、持续与保护等基础性研究，以增进对生物多样性的认识、保护和可持续利用。该计划的研究也把水域生态系统，尤其是海洋生态系统的生物多样性作为重要内容。

（二）我国对水生生物研究成就

我国对水生生物的观察和利用早有记载，世界上第一部养鱼专著，春秋战国时期范蠡的《养鱼经》中就有关于鲤繁殖习性的描述，而且还有池塘养殖环境改良的方法。明代李时珍在《本草纲目》中对一些水生生物的形态、生活习性作了较详细的记述。20 世纪 20 年代起，在西方现代科学影响下，国内一些科学工作者开始对各种水体进行规模不等的区系调查，并开展了一些水生生物的分类工作。但总的来说，这些工作是比较零散的。

中华人民共和国成立后，与其他科技领域一样，水生生物学的研究快速发展。在淡水领域，1950 年即组建了中国科学院水生生物研究所，为了配合淡水渔业生产发展的需要，集中力量开展了饲养鱼类及其饵料生物的研究。并以渔业利用为主要目的，对全国各类内陆水体开展了不同规模的调查，如 20 世纪 50 年代对长江中、下游湖泊的调查，对青海湖的调查，70 年代对西藏的综合考察，1980 年开始的对长江、黄河、黑龙江、珠江四大水系的江河、湖泊、水库及池塘渔业资源的全面调查，都是规模较大、历时较长的工作，取得了比较完整的基础资料。

在海洋领域，中国科学院海洋研究所首先对黄、渤海进行了渔业资源调查。随后，1958 年国家组织了规模宏大的“全国海洋综合调查”。1980 年又开始进行全国海岸带及海涂渔业资源综合调查。

在广泛采集和调查的基础上，基本摸清了我国水生生物的种类、分布和习性，编撰了一批水生生物志等专著。

在应用领域，为了满足渔业生产的需要，解决了单细胞藻类、轮虫、枝角类、卤虫等生物的大规模培养问题，为鱼、虾、蟹的养殖提供了活饵料。螺旋藻的培养不仅可供水产动物利用，也为人类提供了新的优质蛋白。在总结群众生产经验的基础上，开展了养鱼池塘生态学和高产机理的研究，如池塘浮游生物、初级生产力的特点、养鱼水质的生物学指标等。经过深入研究，掌握了海带的人工育苗技术，攻克了海带南移的技术难题，使我国成为世界上最大的海带生产国。

进入 20 世纪 80 年代后，我国对水体生态平衡的保护和水生生物资源的管理更加重视。多次南极科考涉及水生生物学的内容，开展了对全国或地区性湖泊富营养化及其防治的研究，赤潮综合防治和北方养殖水体冰下生物增氧的研究，大型水利工程对生态和环境的影响，水域生态系统的结构和功能的研究等。

总的来说，我国在水生生物学研究中取得了巨大成就，但在理论和方法上与先进国家相比还有差距，需要我们进一步努力。

复习思考题

1. 简述水生生物学的定义和任务。
2. 列举现实生活中与水生生物学相关的现象。

1 第一篇 水生生物形态分类

水生生物一般包括浮游生物、底栖生物、自由生物和漂浮生物 4 大生态类群。本篇将介绍我国水域中常见的且与渔业关系密切的浮游植物、浮游动物、底栖动物和大型水生植物的形态分类、生态分布和利用等内容。

第一章 浮游植物

水生植物包括低等的细菌、真菌、藻类和高等水生植物的苔藓植物、蕨类植物、种子植物中的被子植物。浮游植物是一类生活在水层区，营浮游生活，缺乏运动能力或运动能力很弱，大多个体比较微小的植物类群，属低等水生植物，通常是指本章所要介绍的浮游藻类。

第一节 藻类概述

藻类是一类古老的低等植物，对环境的适应性很强，分布很广，主要分布于各种水体中。种类很多，形态多种多样，结构简单，繁殖方法也简单，以细胞分裂为主。藻类植物主要营自养自由生活，少数种类营共生或寄生生活。

一、藻类的主要特征

大多数藻类个体极其微小，有些种类只有几微米，如小球藻，必须借助于显微镜才能看清其形态构造；也有较大型的种类，如巨藻，体长可达 60m 左右。尽管藻类植物个体大小相差极为悬殊，但它们都有一些共同的特征。

藻类植物是具有叶绿素的自养生物，能利用光能和营养盐类进行光合作用，制造有机物质。藻体没有真正的根、茎、叶的分化，通常可将藻体理解为简单的一片叶，因此，又称其为叶状体植物。藻类的生殖细胞是单细胞的孢子或合子，它们不在母体内发育成多细胞的胚；藻类不开花结果，以孢子进行繁殖或以配子结合产生合子。因此，也称其为孢子植物。

简而言之，藻类就是有叶绿素，没有真正的根、茎、叶的分化，以单细胞的孢子或合子进行繁殖的自养叶状体孢子植物。

二、藻类的形态构造

藻类的细胞形态多样，常呈球形、卵形、椭圆形、圆柱形、纺锤形、新月形、纤维形等。藻类的体制也有多种，有单细胞、丝状体、群体、膜状体、管状体等。单细胞种类多营浮游生活；群体类型常呈球状、片状、丝状、树枝状或不规则团块状；丝状体又可分为由单列细胞组成的不分支丝状体和有分支的异丝性丝状体。藻类的细胞分化为细胞壁和原生质体两部分。

（一）细胞壁

藻类细胞大多有细胞壁，而隐藻、裸藻、金藻和少数甲藻等无细胞壁。通常具有细胞壁的藻类形态稳定，不易变形。细胞壁的组分在不同藻类不尽相同，有的以果胶质为主，有的以纤维质为主，还有的以硅质为主。细胞壁的形态构造也多种多样，多数藻类的细胞壁是一个整体，而硅藻的细胞壁是由上、下两个半壳套合而成，黄藻单细胞种类常为两个U形节片组合而成，而有些甲藻的细胞壁则是由许多小板片拼合组成的。藻类细胞壁为原生质体的分泌物，坚韧而具有一定的形状，表面平滑或具有各种突起、纹饰、刺、棘等，这些突起物对藻体营浮游生活具有重要意义。

无细胞壁的种类有几种类型：有的藻体细胞全部裸露，表层不特化为周质体，活体细胞可以随时改变其形态；有的藻体细胞质表层特化成一层坚韧而具有弹性的周质体，这种藻体形态较固定；有的藻体原生质体外具有囊壳，囊壳不紧贴细胞质，中间有较大的空隙，囊壳形状多样。

（二）原生质体

藻类细胞的原生质体包括细胞质和细胞核，细胞质内有色素、色素体、蛋白核和同化产物等。

1. 细胞核 除蓝藻细胞无典型的细胞核外，其余各门藻类的细胞大多具有一个细胞核，少数种类具有多个细胞核。细胞核具有核膜，内含核仁和染色质，这种细胞核称真核。因此，这些具有真核的藻类属于真核生物，而蓝藻属于原核生物。

2. 蛋白核 蛋白核是绿藻、隐藻等藻类中常有的一种细胞器，通常由蛋白质核心和淀粉鞘组成，有的则无鞘。蛋白核与淀粉形成有关，因而又称之为淀粉核或造粉核，其构造、形状、数目以及存在于色素体或细胞质中的位置等因种类不同而异。绿藻门色素体上大多具有1个或多个蛋白核，有的隐藻细胞内也有数量不等的蛋白核。

3. 色素和色素体 藻体色素的组成十分复杂，主要有叶绿素、胡萝卜素、叶黄素和藻胆素四大类。各门藻类所含色素不同，因此，藻体呈现的颜色也不同，如绿藻门为鲜绿色，金藻门呈金黄色，蓝藻门多为蓝绿色，黄藻门多呈黄色等，但所有藻类都含有叶绿素a。除蓝藻门外，其余各门藻类的色素都位于色素体内。色素体是一种含有光合作用色素的蛋白质体，形态多样，有叶状、杯状、盘状、星状、片状、板状和螺旋带状等。色素体位于细胞周边，靠近细胞壁，称周生；位于细胞的中心，称轴生。

4. 同化产物 因为各门藻类所含色素种类及其比例都不同，所以光合作用制造的营养物质——同化产物（也称贮存物质）也不相同，主要有蓝藻淀粉、副淀粉、淀粉、白糖素和脂肪等。同化产物类型也是藻类分类的其中一个主要依据，如蓝藻门为蓝藻淀粉；绿藻门为淀粉；裸藻门为副淀粉；黄藻门和金藻门为金藻糖（白糖素）及脂肪；硅藻门以脂肪为主；

甲藻门为淀粉或淀粉状化合物等。

5. 鞭毛和眼点 鞭毛是藻类的一种运动胞器。除蓝藻门和红藻门外，其余各门藻类均有营养细胞和生殖细胞具鞭毛或仅生殖期具鞭毛的种类，各门藻类鞭毛的数目、结构、着生位置、长短、运动方式等有所不同。具鞭毛的藻体能自由运动，通常还具有眼点、伸缩泡、胞口、胞咽等细胞器。眼点有感光作用，为橘红色，呈球形或椭圆形，多位于细胞前端侧面。

三、藻类的繁殖方式

繁殖是指由母体增生新个体的能力，也称为生殖。藻类的繁殖能力很强，有营养繁殖、无性繁殖和有性繁殖 3 种基本方式。

（一）营养繁殖

营养繁殖是一种不需要形成特殊的生殖细胞进行繁殖的方式，最常见的一种营养繁殖就是细胞分裂。在单细胞种类中，大多是通过细胞分裂来繁殖的，即由一个母细胞连同细胞壁均分为两个子细胞。在环境条件比较适宜的情况下，这种方法可以非常快速地增加生物个体，常使水体很快就具有一定的颜色，并形成各种类型的水华。而在群体和丝状体的藻类中，通常是通过碎裂或断裂来繁殖的，即一个植物体分割成几个较小的群体或丝状体片段，同样，环境良好时，这也是藻类数量迅速增加的营养繁殖方式。

（二）无性繁殖

无性繁殖是通过产生不同类型的生殖细胞（也称为孢子）来进行繁殖的，即孢子生殖。孢子是在细胞内形成的，这与细胞分裂不同，首先细胞内原生质稍收缩，与细胞壁分离，然后是核分裂，随后为细胞质分裂，分裂的结果是在一个母细胞内形成 2 的倍数个小细胞，即所谓的孢子。根据孢子形成的方式、形态、结构、数目等的不同，可分成不同的类型：有动孢子、不动孢子、厚壁孢子、似亲孢子、休眠孢子、内生孢子和外生孢子等。产生孢子的母细胞称孢子囊。孢子不需结合，一个孢子可直接发育成为一个新的植物体。

1. 动孢子 又称游泳孢子。动孢子细胞裸露，无细胞壁，有鞭毛，能运动。

2. 不动孢子 又称静孢子。静孢子有细胞壁，无鞭毛，不能运动。不动孢子在形态构造上和母细胞相似的称为似亲孢子。

3. 厚壁孢子 又称厚膜孢子。有些藻类在生活环境不良时，营养细胞的细胞壁直接增厚，成为厚壁孢子；有些种类则在细胞内另生被膜，形成休眠孢子。它们都要经过一段时间的休眠，当生活条件适宜时，又开始生长繁殖。

（三）有性繁殖

进行有性繁殖时，一般需要由母细胞产生特殊的生殖细胞，即配子来进行繁殖，通常雄配子和雌配子结合成为一个合子，合子形成后，一般要经过一段休眠期才萌发成为新个体。产生配子的母细胞称配子囊。有些藻类，一个合子只发育成为一个新个体；有些藻类，可经分裂发育成多个新个体。有性繁殖通常仅在一定的条件下或在生活史中某一时期才进行，因而在藻类中不普遍，也不经常发生。藻类的有性繁殖有以下 4 种类型：

1. 同配生殖 雌、雄配子的形态与大小都相同，即同形的配子相结合。

2. 异配生殖 雌、雄配子的形态相似而大小不同，即大小不同的两个配子相结合。

3. 卵配生殖 雌、雄配子的形态、大小都不相同。卵（雌配子）较大，不能运动；精子（雄配子）小，有鞭毛，能运动，即精卵结合。

4. 接合生殖 是静配同配生殖，即由能变形的无鞭毛的两个静配子接合。通常由两个成熟的细胞发生接合管相接合，或由原来的部分细胞壁相接合，在接合处的细胞壁溶化，两个细胞或一个细胞的内含物通过此溶化处进入另一个细胞中或在接合管中相接合而成为合子。这种接合生殖是绿藻门接合藻纲所特有的有性生殖方式。

四、藻类的分类

藻类植物种类繁多，分类复杂，我国藻类学家根据细胞学和形态学等特征，包括藻类所含色素的种类、数量，贮存物质，鞭毛的着生位置、数目、长短比例等，一般将其分为11个门：蓝藻门、隐藻门、甲藻门、金藻门、黄藻门、硅藻门、裸藻门、绿藻门、褐藻门、红藻门、轮藻门。褐藻门、红藻门和轮藻门主要是大型藻类，浮游藻类一般多见于前8个门。

分门检索表

1（2）细胞无色素体，色素分散在原生质中。贮存物质以蓝藻淀粉为主 ······························ 蓝藻门
2（1）细胞具有色素体。贮存物质为淀粉、脂肪或其他物质。
3（4）细胞壁由上下两个硅质壳套合组成。壳面具有左右对称排列或辐射排列的花纹 ············ 硅藻门
4（3）细胞壁不是由上下两个硅质壳套合组成。
5（8）营养细胞或动孢子具横沟和纵沟，或仅具纵沟。
6（7）无细胞壁或细胞壁不具纤维质板片 ·· 隐藻门
7（6）无细胞壁或细胞壁由一定数目的纤维质板片组成 ·· 甲藻门
8（5）营养细胞或动孢子不具横沟和纵沟。
9（14）色素体为绿色，罕见灰色或无色。贮存物质为淀粉或副淀粉。
10（11）植物体大型，分支，规则地分化成节和节间 ·· 轮藻门
11（10）植物体为单细胞、群体、多细胞的丝状体或叶状体，无节和节间的分化。
12（13）植物体为单细胞、群体、丝状体或薄壁组织状等。游动的营养细胞或动孢子具2条（少数为4条、8条等）等长、顶生的鞭毛。罕见无色的。贮存物质为淀粉 ······························ 绿藻门
13（12）植物体多为单细胞，少数为群体。游动细胞顶端具1条、2条或3条鞭毛。有时无色。贮存物质为裸藻淀粉 ·· 裸藻门
14（9）色素体为红色、黄色、黄绿色，有时呈淡绿色。贮存物质为红藻淀粉、白糖素、甘露醇或褐藻淀粉。
15（16）色素体为红色，有时呈绿色。生活史的任何时期均无有鞭毛的细胞。贮存物质为红藻淀粉 ·· 红藻门
16（15）色素体不呈红色。游动细胞或生殖细胞具2条（罕见3条）不等长的或等长的鞭毛。贮存物质为白糖素、脂肪或甘露醇。
17（18）色素体为褐色。植物体常为大型的丝状、壳状、叶状，有的具假根、茎、叶的分化。游动孢子肾形，具2条侧生的鞭毛。贮存物质为褐藻淀粉和甘露醇 ·· 褐藻门
18（17）色素体为黄绿色、金褐色或淡黄色。植物体常为小型的单细胞、群体或丝状体。游动细胞具1条、2条或3条等长或不等长的鞭毛。贮存物质为白糖素和脂肪。
19（20）色素体为黄绿色。植物体为单细胞、群体或丝状体。游动细胞具2条不等长的鞭毛。单细胞或群体种类的细胞壁常由两瓣片套合组成，丝状种类由两个U形节片合成 ························ 黄藻门
20（19）色素体为金褐色或淡黄色。植物体通常是小型的单细胞或群体。游动细胞具1条或2条等长或不等长的鞭毛，罕见3条的。有的则为变形虫状 ·· 金藻门

五、藻类的生态分布和意义

(一) 藻类的分布特点

藻类植物在自然界分布很广，凡是潮湿和光线能到达的地方，藻类几乎都能生存。从炎热的赤道至常年冰封的极地，无论是江河、湖海、沟渠、塘堰，各种临时性积水，还是潮湿地表、墙壁、树木、岩石，甚至沙漠、积雪上，都有藻类的踪迹，但藻类主要生活在水体中。藻类在长期演化过程中形成了各种生态类群。根据藻类生活环境的特点及其与环境的相互关系，主要可分为浮游藻类、底栖藻类和附着藻类等生态类群。

1. 浮游藻类 又称浮游植物，生活在水层区，营浮游生活。个体非常微小，通常用肉眼看不清其形态结构。浮游藻类个体虽小，但种类多，数量也多，包括了藻类的绝大部分。淡水浮游藻类中种类最多的是蓝藻门、硅藻门和绿藻门的藻类。裸藻门、隐藻门和甲藻门种类虽不多，但在淡水浮游生物中也极为常见，有时数量也很多，可形成优势种群。生活在海洋中的硅藻、甲藻及蓝藻的浮游种类，是海洋初级生产力的重要组成部分，被称为海洋牧草。不论是海洋还是内陆水体，不论是自然水体还是人工养殖水体，浮游藻类的种类组成、数量变动，都会随环境条件和时间的不同而有明显的季节变化，也可受人类干扰而变化。浮游藻类在一定环境条件下大量繁殖，使水体呈现出一定的颜色，并以一定的形式表现出来，这种现象在海洋中称为赤潮，在淡水水体中称为水华。

2. 底栖藻类 是指营固着或附着生活的藻类。它们以水体中的高等植物、建筑物或其他物体以及水体底质为基质，用附着器、基细胞或假根等营附着生活。小型底栖藻类是周丛生物的主要成员，对杂食性和刮食性鱼类具有重要的饵料意义。裸藻、衣藻在阳光充足的温暖季节，在河湾、湖泊、潮湿地表大量繁殖，形成绿色斑块状藻被层，有的绿藻甚至可在冰封的雪地上形成红色、褐色或绿色的藻被层。红藻、褐藻、轮藻和绿藻门的大型藻类是底栖藻类的主要种类，在水底形成藻被层，其中许多种类是重要的经济海藻。

3. 流水中的藻类 这是一类特殊的生态类群，能在急流中生存和繁殖，通常由底栖和浮游的藻类组成。它们与细菌、微型动物一起形成的黏土层，具有巨大的吸附力，能吸附那些污染水的有机物，并因生物群的作用使之矿化，由此对流水起到净化作用。

藻类的分布与温度有密切关系。海藻的分布主要由其对温度的要求来决定，淡水藻类对水温的适应性也不相同，一些有鞭毛能运动的鞭毛藻类和小型藻类在冬天冰下水体中出现，许多硅藻和金藻在春秋季节出现，而有些蓝藻和绿藻仅在夏天水温较高时才出现。藻类的分布与盐度也有一定关系，但由于单细胞藻类对环境的改变有很强的适应能力，世代时间很短，通过较小的遗传变异在一定时间内即可适应较大的盐度变化。

(二) 藻类与人类生活的关系

由于藻类在自然界中分布很广，因此，藻类与人们的生活、生产活动等都密切相关。一方面，水体中的浮游藻类不仅是鱼类和其他动物的直接或间接的饵料，而且对水体的理化性质、生物生产量和经济动物的产量都有非常重要的影响。大型海藻既是鱼类的饵料，又是鱼类极好的产卵、避敌场所。硅藻土疏松多孔，容易吸附液体，在生产炸药时可作为氯甘油的吸附剂，又是糖果工业最好的过滤剂，金属、木材的磨光剂等。藻类死亡后沉积水底，年复一年，在水底形成有机淤泥，是很好的肥源。农民还直接捞取轮藻、褐藻作肥料。固氮蓝藻很有希望成为生物新肥源。海藻还是造纸、纤维板，以及许多建筑材料的原料。微藻工业在国内外发展迅速。由于螺旋藻营养丰富、蛋白质含量很高，目前，国内外已广泛开展螺旋藻的大面积培养，以及作为营养食品和保健食品的开发研究及工厂化生产。关于海藻的医学价值，早在《神农本草经》《名医别录》《本草纲目》里都有记载。很多微藻含有蛋白质、维生素、糖蛋白、虾青素等，具有较高的利用价值。食用、药用的藻类有海带、紫菜、江蓠、麒麟菜、发菜和裙带菜等。卡拉胶、琼胶等可作为通便剂和胶合剂等。藻类可作为水污染的指示生物，由于不同藻类对有机质和其他污染物敏感性的不同，因而可以用藻类群落组成情况来判断水质状况。藻类、细菌和原生动物等组成的生物膜，对水体有机物的分解、水体净化和判断水质好坏均具有重要的作用。由于藻类能进行光合作用，放出氧气，利用水中的氮、磷等营养盐，因此，可用于氧化塘法进行污水处理。另一方面，藻类的大量繁殖，特别是有害藻类的异常发生，会给渔业生产带来很大危害，甚至影响人们的身体健康和生命安全。在淡水水体中，近年来由于工业废水和生活污水大量排入，从而引起水体中浮游藻类的异常，微囊藻水华几乎到处可见，影响人们的生活、饮水以及生产活动，也给人类带来了经济损失。随着沿海工农业生产的发展，海区的富营养化和水污染渐趋严重，赤潮频频发生，而且规模大、持续时间长。赤潮给水产养殖业、水体生态平衡以及人类的食品和饮水卫生及工业用水等都带来影响，且破坏滨海旅游业，危害人类健康。

第二节 蓝藻门

蓝藻是最原始、最古老的种类，结构简单，没有色素体，也没有细胞核，植物体通常为蓝色或蓝绿色。

一、形态构造

蓝藻门植物细胞形态多种多样，常见的有椭圆形、卵形、圆球形、柱形、桶形、棒形、镰刀形和纤维形等。蓝藻细胞明显地分为内、外两部分，即细胞壁以及其上的附属物和原生质体两大部分。

（一）体制

蓝藻通常形成群体或丝状体，以单细胞单独生活的种类较少。群体的形态多种多样，有球形、卵形、不规则形、椭圆形、网孔状等；丝状体为分支丝状体（真分支或假分支）或不分支丝状体；或由丝状体交织在一起形成各种群体。

（二）细胞壁及胶被、胶鞘

蓝藻细胞壁一般由二层组成，外层为果胶质，内层为肽聚糖（或缩氨肽），这是蓝藻区别于其他藻类的特征之一。不论丝状体或群体，植物体外面常具有一定厚度的胶质，这是蓝藻的一个特点。单细胞和群体外面的称胶被，丝状体外面的称胶鞘（图 1-1）。因含水量不同，胶被、胶鞘的明显程度也不相同，含水量低则明显，含水量高，胶质水化则不易看清楚，有的胶被、胶鞘无色透明，有的呈现各种颜色。

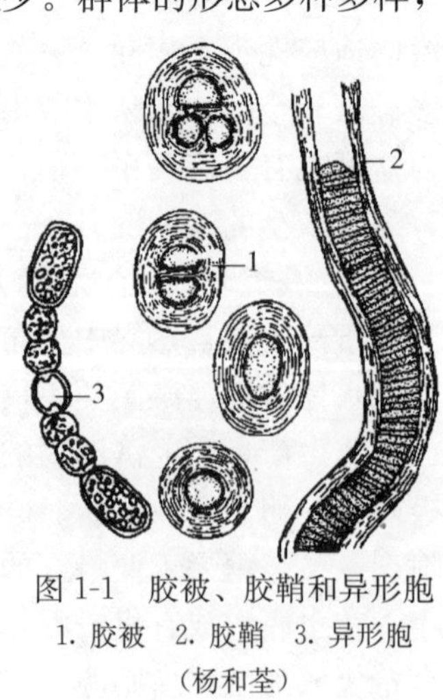

图 1-1　胶被、胶鞘和异形胞
1. 胶被　2. 胶鞘　3. 异形胞
（杨和荃）

（三）原生质体

蓝藻的原生质体分化成外部色素区和内部中央区，原生质体内没有色素体和细胞核等细胞器。中央区又称中央体，内含有相当于细胞核的物质即核质，没有典型的细胞核结构，只具核质而无核仁与核膜。色素区位于原生质体周边，蓝藻没有色素体，光合作用色素均匀地分散在细胞周围的色素区内。本门是藻类中唯一的其色素不位于色素体中的藻类。蓝藻含有叶绿素 a、β-胡萝卜素、蓝藻黄素、蓝藻叶黄素等，还含有两种蓝藻类特有的色素，即蓝藻藻红蛋白和蓝藻藻蓝蛋白。蓝藻由于各种色素含量不同，不同种类所呈现的颜色也不尽相同，植物体多呈淡蓝色、蓝绿色、亮蓝绿色、橄榄绿色、黄绿色、暗绿色等。蓝藻的贮存物质主要是蓝藻淀粉，分散在色素区内，遇鲁氏碘液细胞内容物呈淡红褐色。

（四）假空泡

假空泡又称气泡、假液泡、伪空泡，是某些蓝藻细胞内特有的结构。假空泡里充满氮气，在显微镜下呈黑色、红色或紫色的不规则形。假空泡可使植物体悬浮于水体上表层，蓝藻细胞内大多具有假空泡。

（五）异形胞

异形胞（图 1-1）是蓝藻门的某些种类所特有的一种较光亮的细胞，主要在一些丝状蓝藻中存在。异形胞是由少数营养细胞特化而来，但比营养细胞光亮得多，它与营养细胞的区别在于细胞内缺乏或有少量藻胆素，没有假空泡和贮存物质，内含物不明显，无颗粒体，细胞壁较厚，在与邻近细胞连接处有向细胞内突出而增厚的瘤状小体，称“极节”，极节反光很强。异形胞在丝状体上的位置常可作为分类的依据，有的端生，即着生在丝状体的两端；有的间生，即着生在丝状体的中间等，种类不同，异形胞的着生位置也可能不同。

二、繁殖

蓝藻的繁殖方式一般为细胞分裂，丝状体种类通常在藻丝上形成段殖体，由段殖体再长成新植物体，有的种类可形成各种孢子，但没有具鞭毛的生殖细胞，也不进行有性繁殖。

（一）营养繁殖

细胞分裂是蓝藻主要的一种繁殖方法，分裂时细胞直接分裂成两半，各自长成一个完整的细胞。群体中细胞分裂增殖到一定数目时，母群体会碎裂成几个小群体，或由一个母群体破裂成两个或多个子群体。

（二）段殖体

段殖体（图 1-2）又称藻殖段，是丝状蓝藻藻丝上两个营养细胞间生出的胶质隔片或由间生异形胞形成的若干短的藻丝分段。段殖体与营养细胞相比运动能力强，在形成不久就能离开丝状体，通过细胞分裂长成一条新的丝状体。

（三）厚壁孢子

丝状蓝藻常在丝状体上产生厚壁孢子（图 1-3）。厚壁孢子一般是由营养细胞通过增大体积，积累大量的营养物质，细胞壁增厚而形成的。厚壁孢子可抵御不良环境，当环境适宜时再萌发成新个体。厚壁孢子的有无、形状、数目、着生位置等是种类鉴定的主要依据之一。

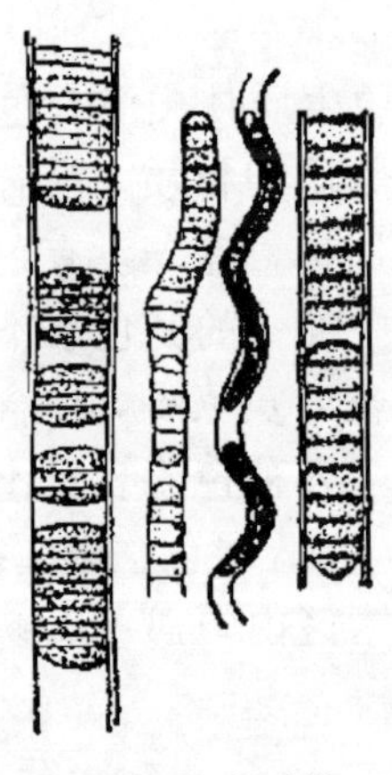

图 1-2 段殖体
（杨和荃）

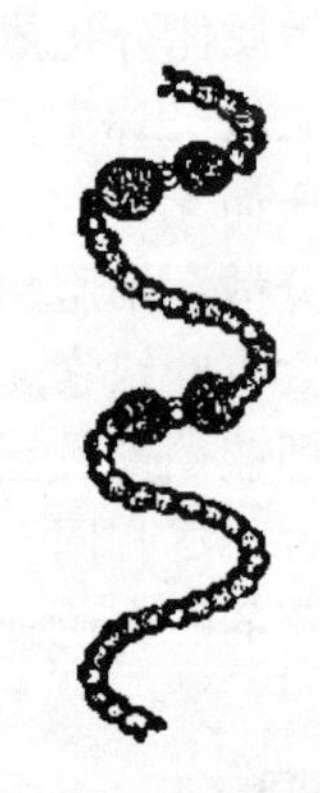

图 1-3 厚壁孢子
（李尧英）

三、分类

蓝藻门仅一纲——蓝藻纲。根据其形态构造、繁殖方法等特征分成 6 个目。

分目检索表

1（6）单细胞或群体（极少为丝状体），没有段殖体，也没有异形胞。
2（5）没有分支状突起。
3（4）营附着生活。个体细胞有顶部及基部的分化。细胞卵形、茄形等 ………………… 管胞藻目
4（3）主要营浮游生活。个体细胞无顶部及基部的分化。细胞圆球形、楔形、椭圆形，单个或以胶质组成球状或不规则群体………………………………………… 色球藻目
5（2）多数细胞成团块所连接成的植物体，有分支突起或具异丝性 ………………… 瘤皮藻目
6（1）藻体一般为单列或多列的具分支或不分支的丝状体。有段殖体，或兼有异形胞。
7（8）无异形胞，但有明显的段殖体 ………………………………………… 颤藻目
8（7）有异形胞，也有段殖体。
9（10）丝状体有分支，由 1 至数列细胞组成。异丝性藻体 ……………………… 多列藻目
10（9）丝体上的细胞为圆形，有的其顶部细胞逐渐狭小。排列成一列不分支或具假分支的丝状体………………………………………………………… 念珠藻目

常见的是色球藻目、颤藻目和念珠藻目的种类。

（一）色球藻目（蓝球藻目）

植物体通常为群体，少数为单细胞。细胞多呈球形、卵形、椭圆形、纤维形等。群体呈球形、椭圆形、不规则形、不定形、平板形或立方体形等。群体有胶被或无胶被，群体内的细胞有胶被或无胶被。胶被均匀或分层，大多无色，有的呈黄色、褐色、红色等。繁殖主要以细胞分裂为主，群体类型还能以碎裂解体而增殖。本目几乎全部分布于淡水中。常见属如下：

1. 微囊藻属（微胞藻属） 植物体为许多无规则排列组成的细胞群体，群体呈近球形、椭圆形、不规则形、穿孔状等各种形态。有的群体胶被明显，均匀无色，有的群体胶被不明显。群体内细胞球形、长圆形等，排列杂乱无序，或很紧密或较疏松，有时互相挤压而出现棱角，无个体胶被。细胞呈淡蓝色、亮蓝绿色、橄榄绿色，常有假空泡。以细胞分裂进行繁殖（图 1-4）。

微囊藻属分布很广，在温暖季节富营养型的水体中繁殖很快。大量滋生时，通常漂浮在水表面，形成纱絮状水华，使水呈蓝绿色或灰绿色，当形成强烈水华时，甚至会覆盖整个水面，在水面上形成一层厚的绿色油漆样膜状物，并常散发出臭气，人们称之为湖靛。水体如出现微囊藻水华，常常表明水质不佳，会给养殖生产带来不利影响，也会影响城市景观。藻体大量死亡后，还会分解产生有毒物质，对鱼类和其他水生生物产生致命危害。

2. 色球藻属（蓝球藻属） 少数种类为单细胞，多数种类为2个、4个、8个以至更多（但很少超过128个）细胞组成的群体。群体胶被厚，均匀或分层，透明无色或呈黄褐色。群体内细胞呈球形、半球形或卵形，个体胶被均匀或分层，内含物均匀或具小颗粒，假空泡有或无。细胞呈淡蓝绿色、蓝绿色、橄榄绿色、黄色、红色或灰色等。群体中的有些细胞，有时两细胞的相贴靠处大多平直呈现棱角，因此，细胞往往呈半球形。大量繁殖可形成水华（图1-5）。

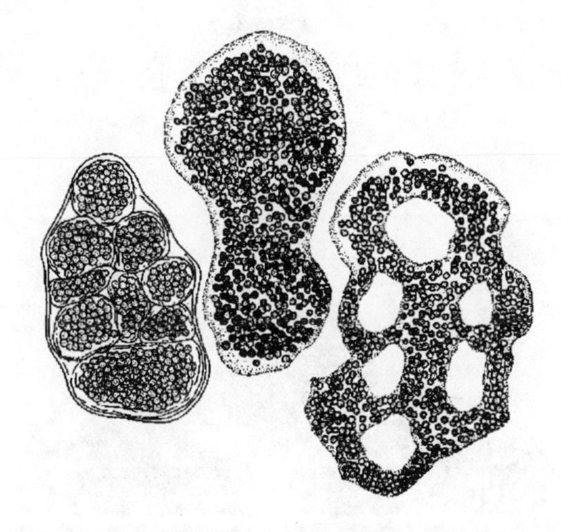

图1-4 微囊藻属
（朱浩然、李尧英）

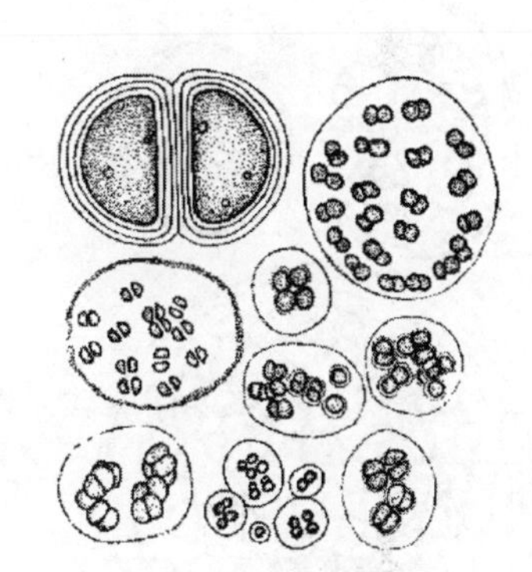

图1-5 色球藻属
（朱浩然等）

3. 平裂藻属（片藻属） 是由一层细胞组成的平板状群体。群体内细胞排列非常整齐，细胞两两成对，两对为一组，四组为一小群，许多小群整齐地排列成平板状群体。群体胶被无色透明而柔软，个体胶被不明显。群体内细胞呈球形、半球形、卵形或椭圆形，内含物均匀，呈淡蓝色或亮绿色，少数呈玫瑰色或紫蓝色。少数种类具假空泡或微小颗粒，多为浮游藻类。在养殖水体中一般不会形成优势种群，但较常见（图1-6）。

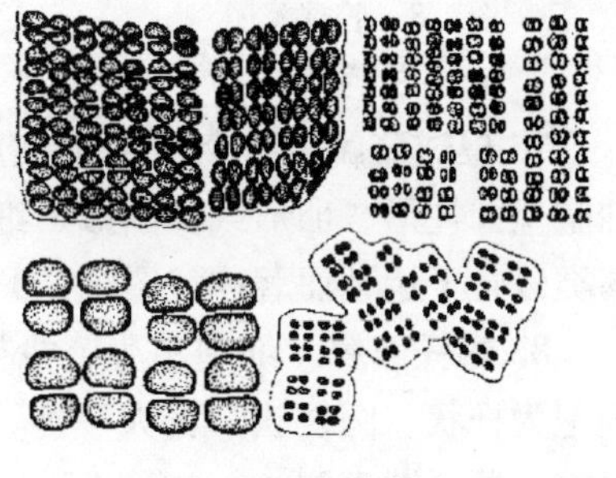

图1-6 平裂藻属
（朱浩然等）

4. 蓝纤维藻属（指杆藻属） 单细胞，或由少数细胞聚集形成群体。群体内细胞呈细长形、纺锤形、椭圆形、圆柱形，两端狭小而尖，直或略作螺旋形旋转成S形，或不规则弯曲。群体胶被无色透明，宽厚而均匀。细胞内含物均匀，呈淡蓝绿色或亮蓝绿色（图1-7）。

5. 腔球藻属 由许多细胞组成的中空群体，或大或小。群体内细胞呈球形、半球形、椭圆形、卵形，内含物均匀，呈蓝绿色、棕绿色、橄榄绿色或红绿色。群体中空呈球形、椭圆形、长圆形。群体内细胞呈辐射状排列，位于群体胶被表面下，中央为一空腔。群体胶被宽厚、透明无色，个体胶被不明显或无。假空泡有或无（图 1-8）。

6. 楔形藻属（束球藻属） 为球形、卵形、椭圆形的微小群体。群体内细胞呈卵形、梨形、偶尔球形，内含物均匀或具小颗粒，呈淡蓝色或鲜绿色，无假空泡。群体胶被薄、透明、无色、均匀不分层。群体内 2 个或 4 个细胞为一组，每个细胞均和一条柔软或较牢固的胶质柄相连，每组的胶质柄又互相连接，胶质柄多次相连至群体中心，组成一个由中心发出的放射状、双叉分支的胶质柄系统。以细胞分裂或群体碎裂的方式繁殖。大量繁殖可形成水华（图 1-9）。

图 1-7　蓝纤维藻属
（朱浩然等）

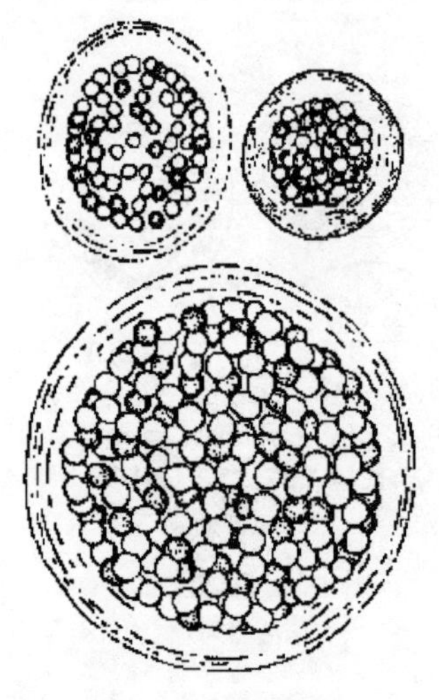

图 1-8　腔球藻属
（朱浩然等）

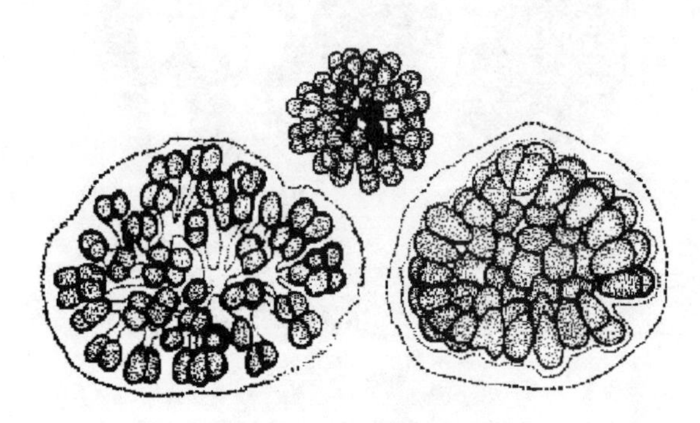

图 1-9　楔形藻属
（朱浩然等）

7. 聚球藻属　单个或两个细胞相连在一起，仅在特殊情况下，许多细胞集合成团块。细胞呈圆柱形、卵形或椭圆形。细胞内含物为淡蓝绿色或深绿色，有时含微小颗粒体。本属藻类以善于运动而著称（图 1-10）。

8. 黏杆藻属　细胞单生，少数或多数细胞集合为群体。细胞为杆状、圆柱状，长大于宽，两端广圆。常见种类有线形黏杆藻（图 1-11）。

（二）颤藻目

植物体为丝状体，不分支、假分支或真分支，有胶鞘或无胶鞘。厚壁孢子有或无。异形胞有或无，顶生、间生或基生。以段殖体或孢子进行繁殖。有些种类能颤动。常见属如下：

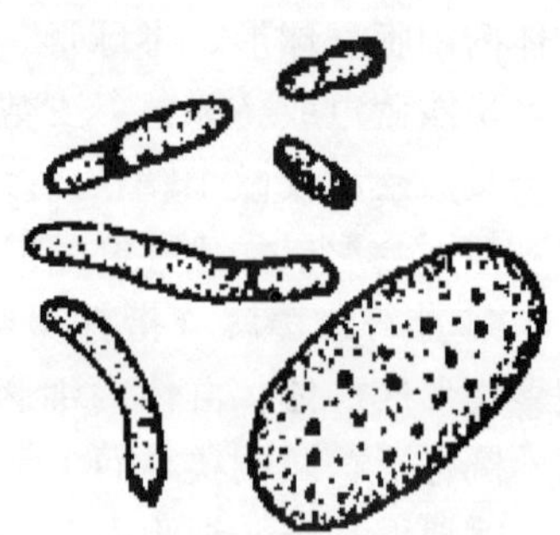

图 1-10　聚球藻属
（彭福峰等）

1. 螺旋藻属　是单细胞或多细胞组成的丝状体，不分支，无胶鞘。群体内细胞呈圆柱形，组成疏松或紧密的有规则的螺旋状弯曲的丝状体，细胞或藻丝顶部常钝圆，横壁常不明显，不收缢或收缢，外壁不增厚。藻体为淡蓝绿色。无厚壁孢子，也无异形胞。可大量繁殖形成水华。螺旋藻属种类很多，蛋白质含量高，营养丰富。目前，国内外已对螺旋藻进行商品化生产，现已成为人们喜爱的一种营养食品和保健品（图 1-12）。

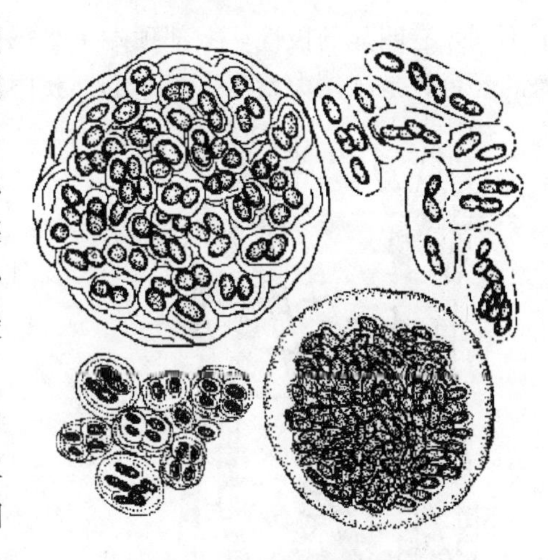

图 1-11 黏杆藻属
（李尧英，朱浩然）

2. 颤藻属 大多为不分支的单条藻丝，或由许多藻丝组成皮壳状或块状的藻块，常漂浮于水面，没有胶质鞘。横壁处收缢或不收缢，顶端细胞多样，两端细胞多呈帽状或半圆形。丝状体上细胞呈短柱形或盘形，内含物均匀或具颗粒，少数具假空泡。以段殖体进行繁殖。藻体通常为青绿色，丝状体直或扭曲，能颤动、滚动或滑动式运动，各种水体中均有分布，种类极多。养殖水体中大量繁殖可形成水华，水色呈灰蓝绿色、混浊，表明水质不佳，应采取改良措施（图 1-13）。

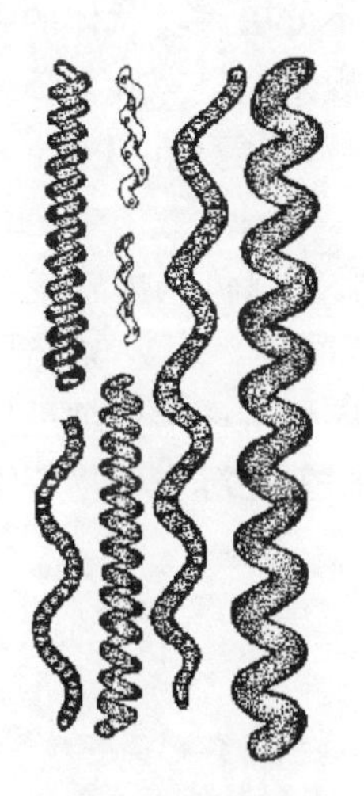

图 1-12 螺旋藻属
（李尧英等）

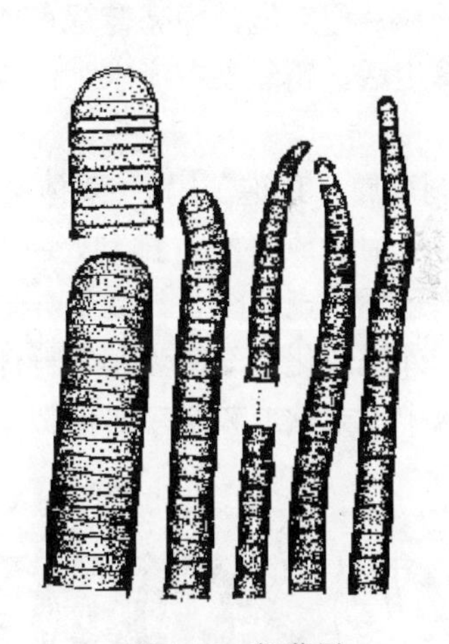

图 1-13 颤藻属
（李尧英等）

3. 席藻属（胶鞘藻属） 藻体是由单列细胞组成的不分支丝状体，藻丝直或弯曲。丝状体呈圆柱形，横壁收缢或不收缢，末端常渐尖，直或弯曲，末端细胞头状或不呈头状，许多种类具帽状体。具胶鞘，有时略硬，彼此粘连，有时部分融合，薄而无色。有时可成为单一丝体悬浮于水层中成为优势种群。营附着生活或漂浮生活（图 1-14）。

4. 束毛藻属 藻体为不分支丝状体，藻丝末端细胞钝圆或截断形，无胶质鞘，也无异形胞和厚壁孢子，由藻丝组成平行或放射的束状群体。营浮游生活。分布于海水中，可形成赤潮。我国常见的有红海束毛藻和细发束毛藻。红海束毛藻群体呈灰色、棕色或淡黄色。细胞呈短筒形，互相重叠形成藻丝，长 1～2mm，许多藻丝成束或成片并列丛生。藻丝粗细上下不同，有明显的极性，上部顶端呈半球形，基部1～3个细胞通常向下逐渐变得细长。红海的颜色就是该藻大量产生引起的。我国南海、渤海均有分布（图1-15）。

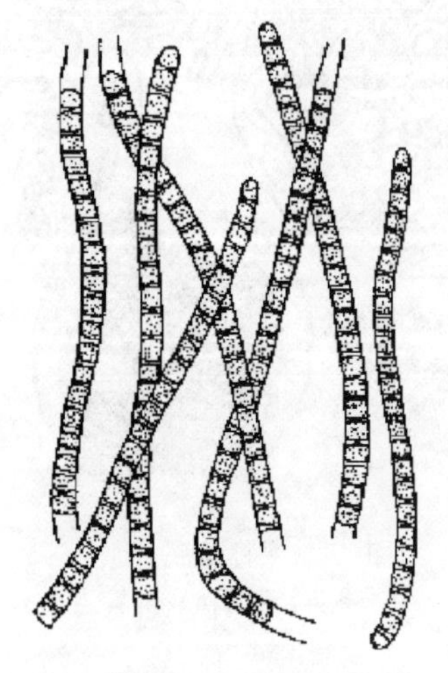

图1-14　席藻属
（Fremy等）

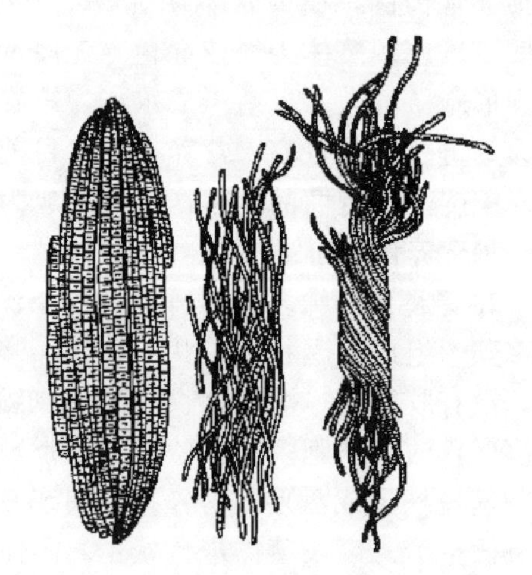

图1-15　束毛藻属
（小久保清治）

5. 鞘丝藻属（林氏藻属）　藻体为单列细胞组成的不分支丝状体，或聚集成厚薄不一的藻块，丝状体的胶鞘坚固，无色、黄色、褐色或红色，分层或不分层。丝状体的细胞内含物均匀或具颗粒及假空泡，为亮蓝绿色或灰蓝色。丝状体直或有规则地呈螺旋形缠绕。营漂浮生活或附着生活。鞘丝藻在淡水、海水中皆有分布，海生种类是紫菜育苗期的主要害藻之一（图1-16）。

6. 胶刺藻属（顶孢藻属）　藻体呈球形或半球形群体，呈橄榄绿色，柔软或坚硬。群体内丝状体呈放射状或略平行排列，常具假分支。异形胞基生或间生，多数位于假分支的基部。厚壁孢子1个至几个，与基生异形胞相接。丝状体由基部向顶端逐渐变细呈须状，基部胶鞘坚固，外侧胶化。幼时为实心群体，老成时中空。植物体附着在沉水植物等物体上或自由漂浮于水中，柔软或较坚韧，形似鱼卵，肉眼可见（图1-17）。

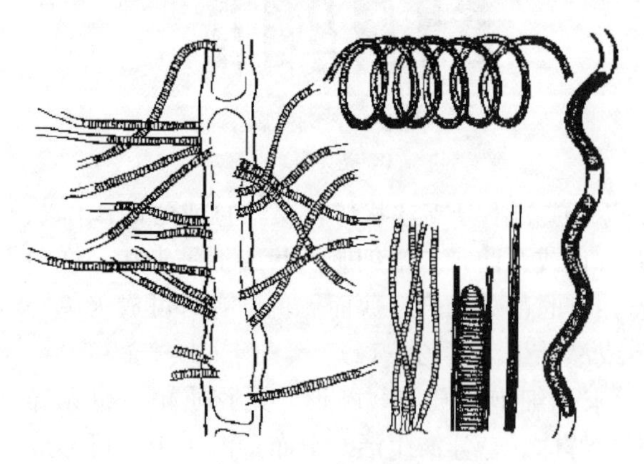

图1-16　鞘丝藻属
（Smith，李尧英）

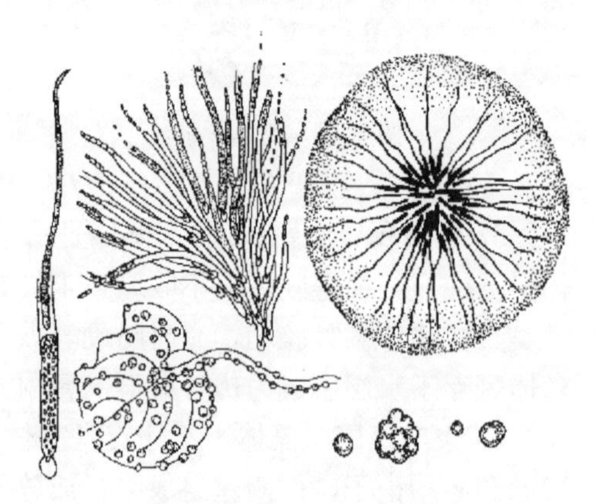

图1-17　胶刺藻属
（韩茂森）

（三）念珠藻目

藻体不分支，主要是由单列细胞所组成的丝状体，只有极少数为多列细胞组成。丝状体直或呈规则或不规则地螺旋绕曲。整个丝状体直径均匀一致，有的有基部和顶部的分化，即在丝状体的基部或中段以后，其细胞的直径逐渐狭小，最后成为毛状体；或自丝状体中段处，向两端逐渐狭小。胶质鞘有的十分“水化”，有的十分坚固，常为透明无色或呈各种色彩，质地均匀或有层次。大多有异形胞和厚壁孢子，异形胞在藻丝上的位置各不相同，但对于特定的种属其位置十分稳定。异形胞常端生或间生。

1. 拟鱼腥藻属（拟项圈藻属） 细胞呈球形、椭圆形、半球形、腰鼓形等，植物体是由单列细胞组成的不分支丝状体。藻丝较短，呈螺旋形弯曲或轮状卷曲，少数直，异形胞端生，常成对。厚壁孢子间生，远离异形胞。营浮游生活（图1-18）。

2. 念珠藻属 植物体是由单列细胞组成的不分支丝状体，埋没于胶质中，形成球状、叶状、丝状、泡状等各种中空或实心的群体。细胞呈圆形、椭圆形、桶形、圆柱形等，群体中的丝状体呈念珠状螺旋弯曲或彼此紧密缠绕。异形胞间生，幼时端生。厚壁孢子呈球形或长圆形，常成串排列（图1-19）。

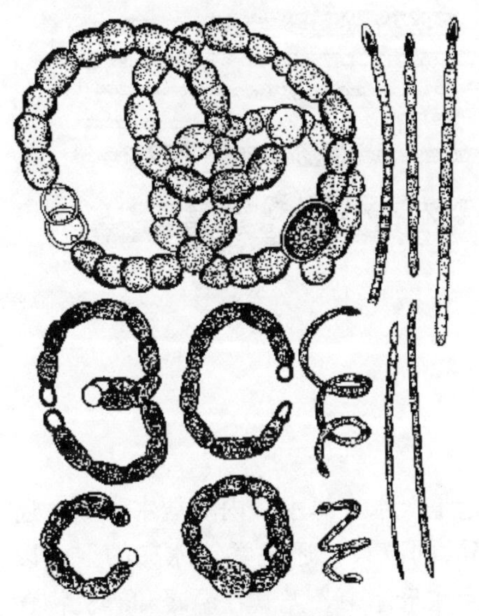

图1-18 拟鱼腥藻属
（李尧英等）

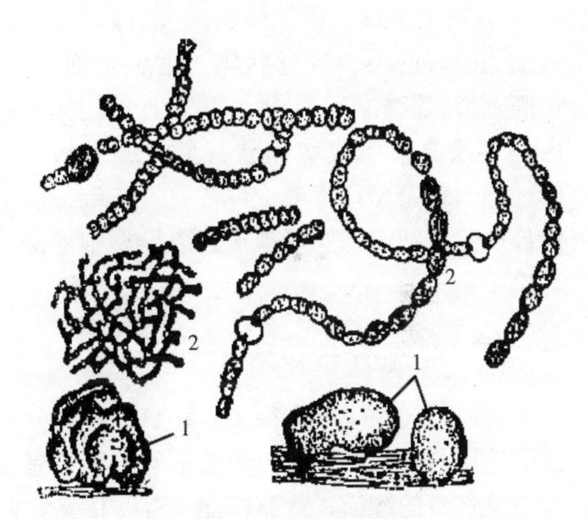

图1-19 念珠藻属
1. 群体外形 2. 群体部分放大
（李尧英）

念珠藻属的许多种类有固定空气中游离氮的能力。藻体营附着生活或漂浮生活，在各种水体及潮湿土表均有分布。有的可供食用，食用念珠藻的常见种类有发状念珠藻（发菜）、葛仙米（球形念珠藻）和普通念珠藻（地木耳）等。

3. 鱼腥藻属（项圈藻属） 植物体为单列细胞组成的不分支的单一丝状体，或由丝状体组成不定形胶质块，丝状体直或弯曲，异形胞间生，细胞呈球形、扁球形、桶形等，厚壁孢子一个或几个成串。有些种类大量繁殖可形成水华。本属许多种类具有固氮能力，满江红鱼腥藻就常作为生物氮肥被投放到稻田中，以增加稻谷产量（图1-20）。

4. 尖头藻属 为不分支丝状体，直或不规则弯曲，细胞呈圆柱形或椭圆形，假空泡有或无，藻丝一般由少于20个的细胞组成，无衣鞘。丝状体的两端尖细或一端尖细，另一端

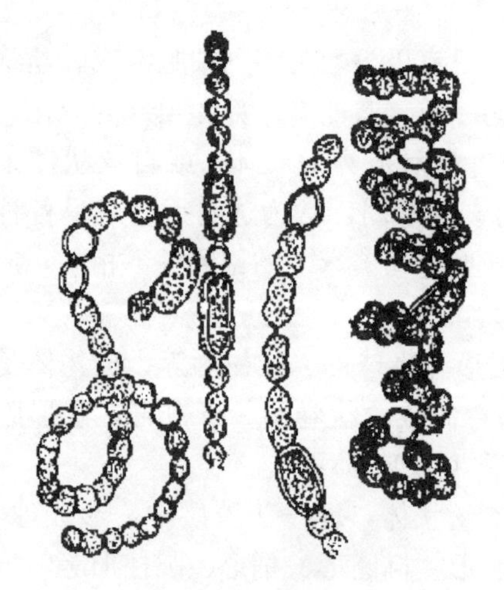

图 1-20　鱼腥藻属
（李尧英等）

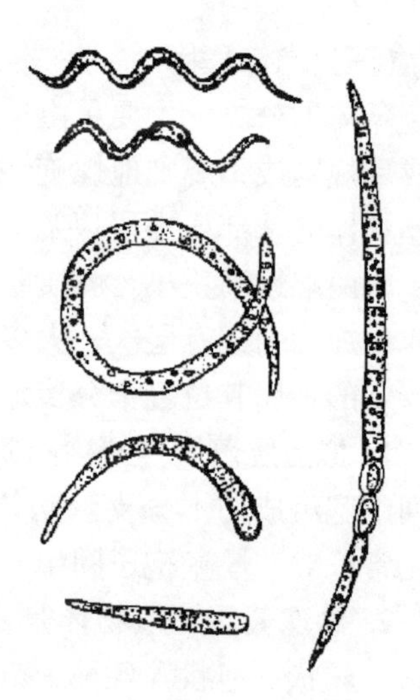

图 1-21　尖头藻属
（韩茂森）

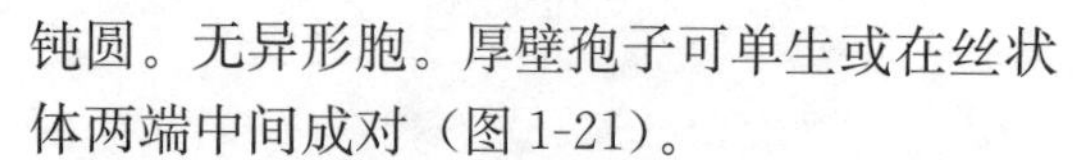

钝圆。无异形胞。厚壁孢子可单生或在丝状体两端中间成对（图 1-21）。

5. 束丝藻属（蓝针藻属）　藻体是由单列细胞组成的不分支丝状体，细胞呈桶形、长椭圆形、圆柱形，异形胞间生。植物体常由许多条藻丝集成纺锤状、盘状或束状群体。藻丝无胶鞘，直或少许弯曲，末端细胞延长成无色细胞。厚壁孢子远离异形胞（图 1-22）。

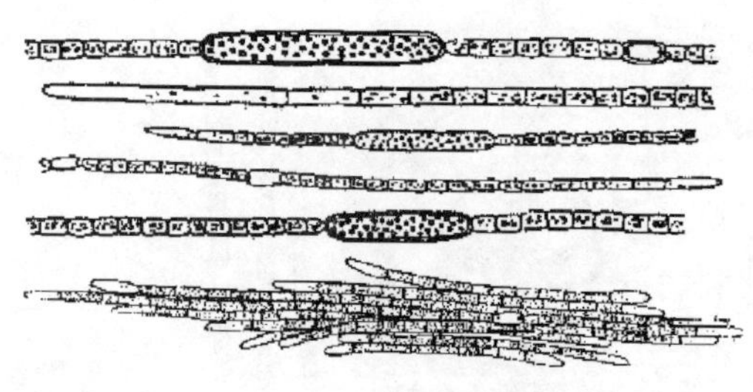

图 1-22　束丝藻属
（韩茂森）

四、生态分布和意义

蓝藻门的藻类种类很多，在自然界的分布很广，无论是淡水、海水、内陆盐水水域，还是湿地、沙漠、岩石、树干上都有；无论是温度高达 85℃的温泉，还是常年冰冻的雪山以及荒芜贫瘠的沙漠，蓝藻都能生存。但是，蓝藻大多生活在水体中，尤其在温暖和有机物含量较高的水体中。蓝藻一般喜高温、强光、高 pH 和静水，喜低氮高磷。蓝藻是淡水中重要的浮游植物，在温暖的季节常大量繁殖形成强烈水华。在我国南方几乎一年四季都可以见到由蓝藻形成的“水华”。微细蓝藻是海洋中具有重要作用的超微藻类的重要组成部分。蓝藻在水体的垂直分布中，一般表层多于底层，有假空泡的更是如此。水平分布下风位多于上风位，静水易滋生，河流中蓝藻较少。

许多蓝藻都具有固定空气中游离氮的能力，人们把这部分蓝藻称为固氮蓝藻。蓝藻的固氮作用早被人们用于农作物的生物肥源，在我国、印度和日本民间都有将固氮蓝藻引入稻田内，以增加氮肥，使稻谷增产的做法。有的蓝藻可食用，如发菜、葛仙米、地木耳和螺旋藻等。

蓝藻与渔业关系十分密切，螺旋鱼腥藻等是鲢、鳙的优质食物。陕西渭南地区发现，用该藻饲养的白鲢种苗生长比普通饲料饲养的要快 1～2 倍；大连水产学院发现拟鱼腥藻也有类似的饲养效果。但大多数蓝藻，特别是蓝球藻类和颤藻类，鱼类摄食后难以消化吸收，这些藻类甚至产生毒素，成为养鱼水体中的常见有害藻。微囊藻属是最为常见的蓝藻，其大量繁殖给水产养殖业、饮水卫生、城市景观等带来一系列问题。微囊藻水华发生时，散发腥臭味，夜间大量消耗水中溶解氧，死后会产生硫化氢等有害物质，使水生动物中毒，破坏生态平衡，危害渔业，也使水的其他利用价值降低，是水体富营养化的标志。蓝藻水华在海洋沿岸带可形成束毛藻等蓝藻赤潮。颤藻属分布极广，淡水、海水、潮湿土表等处，甚至冷却水管内也可滋生，成为冷却水管内的主要生物污垢，造成冷却循环水的污染，堵塞滤池。有的蓝藻与水体污染密切，可作为污染的指示生物，有的蓝藻可作为净化污水的材料。随着当今社会的快速发展，富营养化水体引发的蓝藻泛滥日益突出，怎样防治有害蓝藻的产生是急需解决的一个重要问题。

第三节 绿藻门

一、形态构造

绿藻门植物体多呈绿色，故名绿藻。绿藻门种类多，植物体型多样，包括单细胞、丝状体、群体、膜状体和多核管状体等。绿藻的细胞形态各异，绝大多数绿藻都具有细胞壁，仅少数种类原生质体裸露、无细胞壁。细胞壁由两层组成，外层为果胶质、内层为纤维素。细胞壁一般平滑，有时具颗粒、孔纹、瘤、刺毛等构造。运动的细胞通常具2条顶生、等长的鞭毛，少数种类4条，有的生殖细胞具一轮顶生的鞭毛。运动的细胞常具1个橘红色眼点，位于细胞前端侧面。

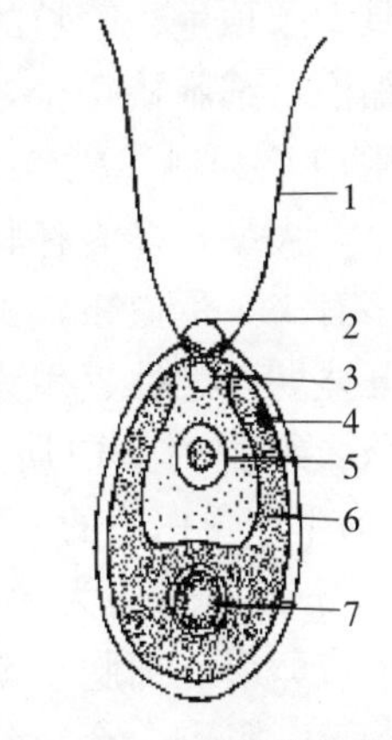

图1-23 衣藻细胞结构模式
1. 鞭毛 2. 细胞前端 3. 伸缩泡 4. 眼点 5. 细胞核 6. 色素体 7. 蛋白核

绿藻所含色素成分与高等植物相似，有叶绿素a、叶绿素b、叶黄素和胡萝卜素等。除少数无光合作用色素的种类外，绝大多数绿藻细胞内具有1个或数个色素体。色素体轴生或周生，其形态构造多种多样，主要有杯状、盘状、星状、带状、网状、叶状和板状等。在绝大多数色素体内常具有1个至多个蛋白核，同化产物为淀粉。在细胞前端、鞭毛基部一般具有两个伸缩泡。绝大多数绿藻都具有1个典型结构的细胞核，有的种类幼时具有1个细胞核，长成后具有多个细胞核，有的种类具有小而多的细胞核（图1-23）。

二、繁殖

绿藻的繁殖方法主要有营养繁殖、无性繁殖和有性繁殖3种。细胞分裂是最常见的繁殖方式。无性繁殖可产生游泳孢子、似亲孢子等。有性繁殖除了同配、异配、卵式繁殖外，在接合藻纲还有特殊的接合生殖方式。

三、分类

绿藻门分2个纲，即绿藻纲和接合藻纲。

分纲检索表

1（2）运动细胞或生殖细胞具鞭毛，能运动，有性生殖不为接合生殖 …………………………… 绿藻纲
2（1）营养细胞或生殖细胞均无鞭毛，不能游动，有性生殖为接合生殖 ……………………… 接合藻纲

（一）绿藻纲

体型多种多样，单细胞、群体、分支丝状体或不分支丝状体等。运动细胞或生殖细胞一般具有鞭毛，能运动。以孢子进行无性繁殖，有性生殖方式为同配、异配或卵配。本纲常见种类共7个目。

1. 团藻目 藻体为具鞭毛的单细胞，或呈一定形状的多细胞运动群体。一般具有2条顶生、等长的鞭毛，少数4条极少数具1条、6条、8条或具一轮环状排列的鞭毛。群体内的细胞为2的倍数。色素体杯状、星状或盘状等，1个或多个。蛋白核1个或多个。繁殖以细胞分裂为主。无性繁殖通常在环境不良时进行，单细胞种类可形成多细胞，且无一定形态的胶群体，当环境适合时，又长出鞭毛，直接转入运动时期。有性繁殖有同配、异配、卵配3种。团藻目大多产于淡水。

（1）衣藻属。为运动型单细胞，细胞呈球形、卵形、椭圆形或宽纺锤形等。细胞壁平滑，具胶被或不具胶被。具2条顶生、等长的鞭毛，鞭毛基部具1个或2个伸缩泡。细胞核1个，一般位于细胞中央。眼点位于细胞前端一侧，橘红色，呈菱形、半圆形等。色素体1个，大型，多为杯状，少数为片状、H形或星形，大多有1个蛋白核，少数2个、多个或无蛋白核。生长旺盛期以无性繁殖为主，环境不良时，形成胶群体。该属细胞内蛋白质含量可达50%以上（干重），可作为生产蛋白质的种类（图1-24）。

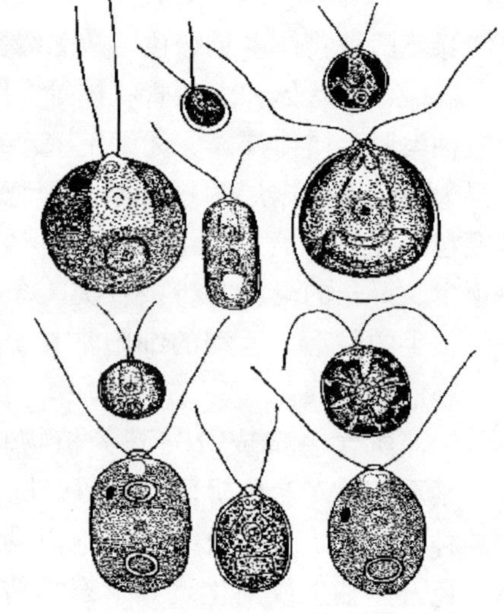

图1-24 衣藻属
（杨和荃等）

（2）扁藻属。藻体为单细胞，纵扁。细胞呈心形、椭圆形或卵形，细胞壁薄而平滑。细胞前端具4条等长的鞭毛。眼点1个，色素体大型，呈杯状，蛋白核1个。淡水、海水均有分布，其中某些种类在我国已广泛培养，作为经济动物幼体的优良饵料（图1-25）。

（3）绿梭藻属。藻体为单细胞，呈梭形或长纺锤形，细胞前端有2条顶生、等长的鞭毛，细胞壁薄而透明。细胞前端具狭长的喙状突起，后端尖窄。色素体呈明显的片状或块状。多数种类的细胞前端具1线状的眼点。蛋白核1个或2个，或无蛋白核（图1-26）。

（4）四鞭藻属（卡德藻属）。运动型单细胞，细胞为球形、卵形、椭圆形等。细胞壁平滑，细胞前端中央喙状突起有或无，有4条顶生的鞭毛，眼点有或无。色素体常呈杯状，少数为H形或星状，蛋白核通常1个，收缩泡2个。春秋季节为其繁殖高峰期，常分布于有机质较多的小水体或湖泊的浅水区。环境不良时可形成胶群体（图1-27）。

（5）盘藻属。植物体为能运动的群体，具胶被。群体内细胞的个体胶被明显，细胞彼此以胶被突起部分相连，通常由4个、16个、32个衣藻型细胞排列在一个平面上，组成扁平盘状群体，群体内细胞具鞭毛的一端向群体的外侧。细胞呈卵形或梨形，前端具2

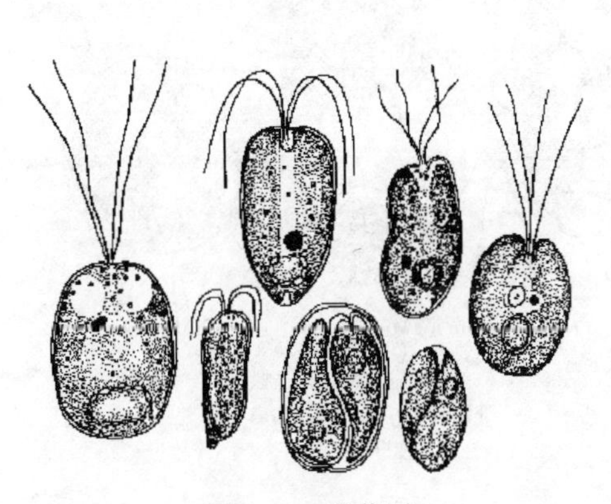

图 1-25 扁藻属
(B. 福迪等)

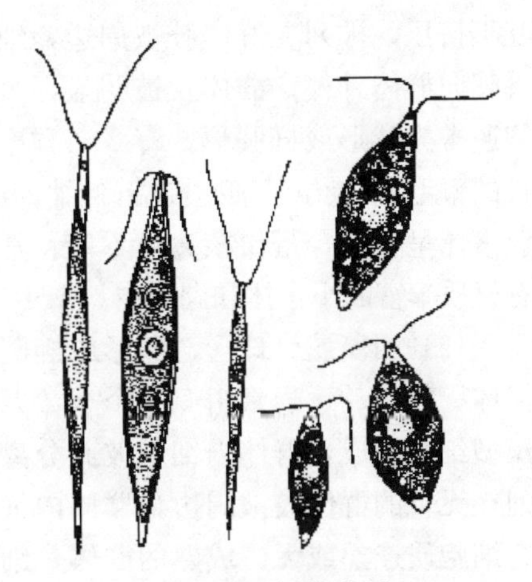

图 1-26 绿梭藻属
(Smith)

条鞭毛。色素体呈杯状，蛋白核 1 个。细胞前端大多有 1 个眼点。该属常见于池塘和浅水湖泊中（图 1-28）。

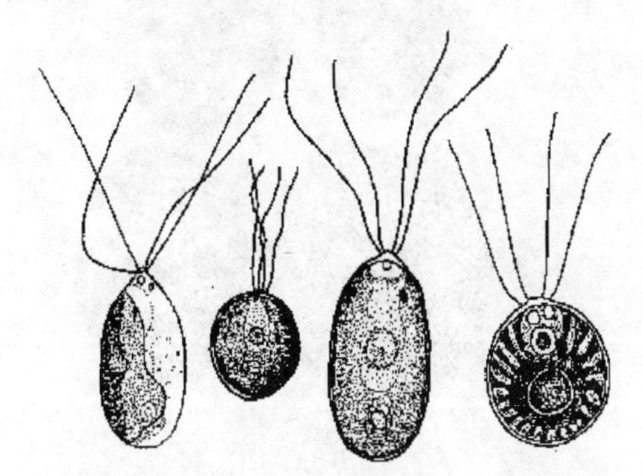

图 1-27 四鞭藻属
(魏印心等)

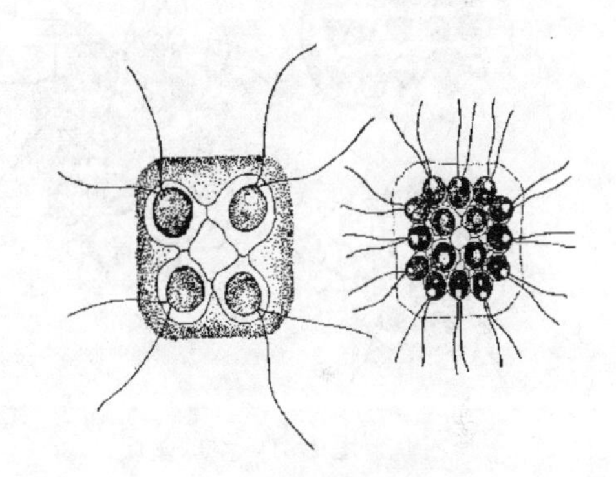

图 1-28 盘藻属
(魏印心等)

（6）杂球藻属（多球藻属）。植物体为能运动的群体，群体胶被明显，通常由 64 个或 128 个衣藻型细胞无秩序地组成球形、椭圆形群体。色素体呈杯状，眼点明显或不明显。群体内细胞有大、小两种，较大的为生殖细胞，较小的为营养细胞，但在幼群体中，两种细胞难以区分，在长成的群体中，生殖细胞比营养细胞大 2～3 倍（图 1-29）。

（7）实球藻属。植物体为能运动的群体，群体外有胶被，通常由 4 个、8 个、16 个、32 个细胞组成球形或椭圆形群体。群体内细胞衣藻型、彼此紧贴于群体中心，具鞭毛的一端位于群体外侧，细胞间常无空隙，或仅在群体中心有小的空隙。与空球藻属的主要区别是细胞位于群体中心。常见于有机质含量较多的浅水湖泊和鱼池等水体中（图 1-30）。

（8）空球藻属。植物体通常由 16 个、32 个或 64 个衣藻型细胞组成空心球状或卵形能运动的群体，细胞彼此分离，相

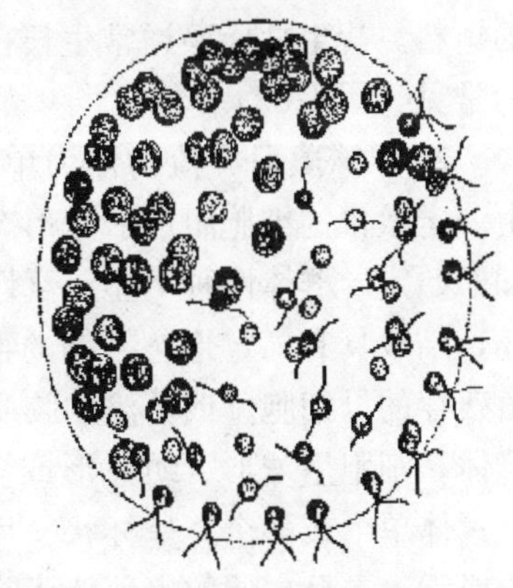

图 1-29 杂球藻属
(魏印心等)

互不挤压，排列在群体胶被周边，细胞前端朝向群体外侧。群体胶被明显，个体细胞通常为球形或椭圆形，有2条顶生、等长的鞭毛，眼点位于细胞前端，伸缩泡2个。色素体呈杯状，蛋白核数目不定。常见于有机质丰富的小水体和湖泊中（图1-31）。

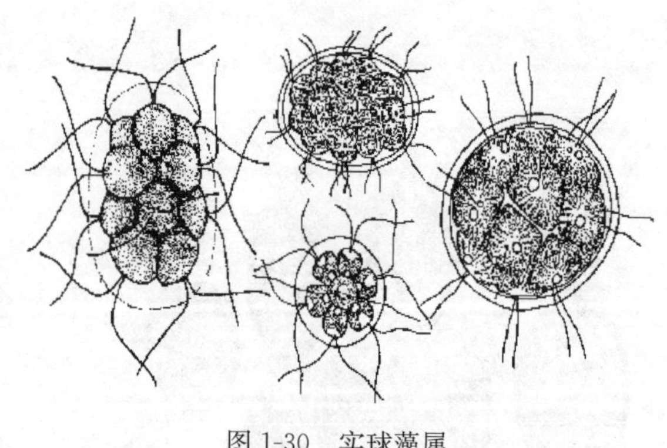

图1-30　实球藻属
（魏印心等）

（9）团藻属。球形、卵形或椭圆形的群体，能运动，通常由512个至数万个衣藻型细胞组成，群体内细胞彼此分离，排列在无色的群体胶被周边。群体内细胞具有细胞质连丝或无。成熟的群体，细胞分化成营养细胞和生殖细胞，在群体内常可见到若干个幼小的子群体。春季常大量繁殖，喜生活于有机质含量较多的浅水水体中（图1-32）。

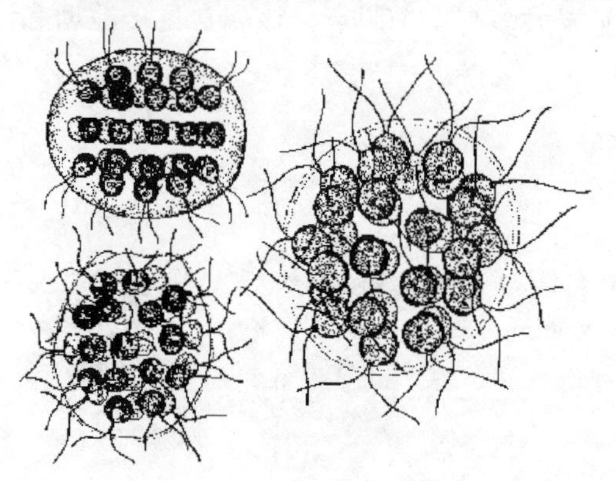

图1-31　空球藻属
（魏印心等）

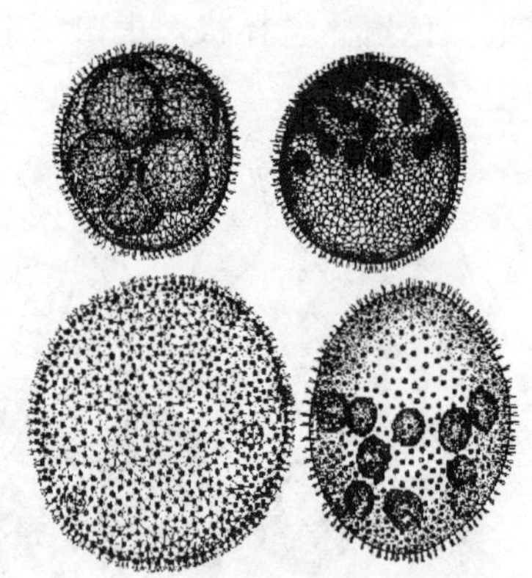

图1-32　团藻属
（Smith等）

（10）盐藻属（杜氏藻属）。植物体为能运动的单细胞，具2条顶生、等长的鞭毛。色素体杯状，基部有1个蛋白核，细胞前端有1个大的眼点。在养殖生产中盐藻已可人工培养，作为某些经济动物幼体的饵料。盐生杜氏藻通常生长在高盐度的石沼中，在我国沿岸一带较为常见（图1-33）。

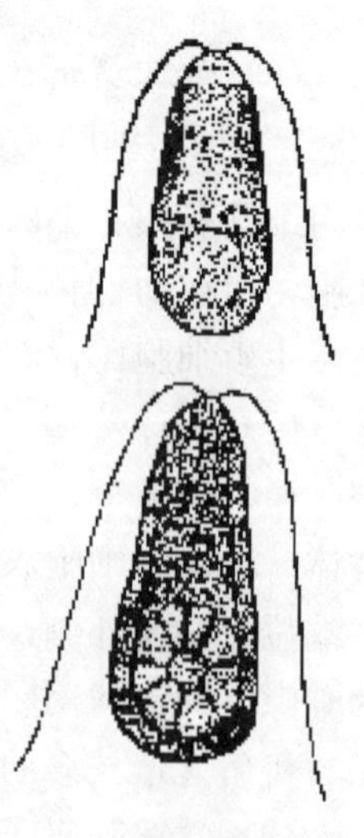

图1-33　盐藻属
（B. 福迪等）

2. 绿球藻目　植物体为单细胞、群体或定形群体。定形群体是由一定数目的细胞组成一定形态和结构的群体，可分为真性定形群体和原始定形群体两种类型。真性定型群体内细胞彼此直接由细胞壁相连，结成具有一定形态结构的群体。原始定形群体内细胞彼此分离，由残存的母细胞壁或分泌的胶质连接，而形成具有一定形状和结构的群体。细胞呈球形、纺锤形或多角形等，细胞核单个，有的为多个。色素体单个或多个，呈杯状、片状、盘状或网状等。蛋白核单个、多个或无。本目主要的繁殖特征是营养细胞失去细胞分裂的能力，无性繁殖时形成似亲孢子或动孢子，有的可进行有性生殖。常见属如下：

（1）小球藻属。细胞呈球形或椭圆形。植物体为单细胞或聚集成群，群体内细胞大小相差明显。细胞壁或薄或厚。色素体1个，大型，周生，杯状或片状，蛋白核1个或无。以似亲孢子进行繁殖。本属藻类在淡水、咸水中均有分布。细胞的蛋白质含量很高，以干重计可达50%左右，是生产蛋白质的良好藻类，可作为养殖贝类、虾类等幼体的饵料。产量高峰期为春、夏两季。在养殖生产中，常大规模人工培养，以作为经济水生动物重要的生物饵料（图1-34）。

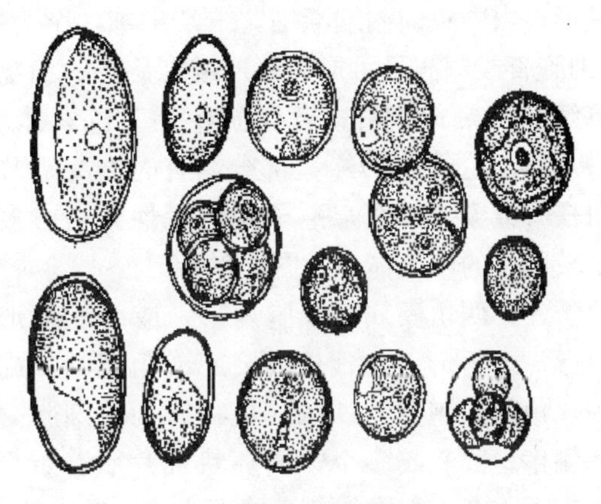

图1-34 小球藻属
（胡鸿钧）

（2）盘星藻属（板星藻属）。细胞为多角形，通常由2～128个细胞排列成一层细胞厚的定形群体。边缘细胞常具1个、2个或4个突起，有时突起上有长的胶质毛丛，细胞壁平滑无花纹，或具颗粒或细网纹。植物体为星状或圆盘状群体，营浮游生活。幼小细胞色素体周生，呈圆盘形，蛋白核1个，随细胞成长色素体扩散于整个细胞内，蛋白核多个。成熟细胞有1个、2个、4个或8个细胞核。本属在各种淡水水体中都可见到，分布广泛（图1-35）。

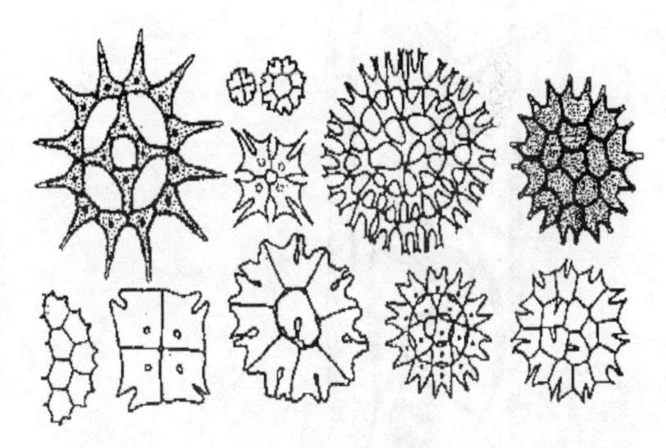

图1-35 盘星藻属
（Smith等）

（3）绿球藻属。细胞呈球形，有时压扁，大小相差悬殊。植物体为单细胞，或聚集为膜状团块，或包被在胶质被中。幼小细胞的细胞壁薄，老年细胞常不规则增厚，并明显分层。在幼年细胞中色素体周生，呈杯状，具1个蛋白核，随细胞生长，色素体分散，并充满整个细胞，具有几个蛋白核和多数淀粉颗粒。无性繁殖可产生动孢子和静孢子。本属种类少数生活于水体中，大多为陆生，以潮湿土壤为多（图1-36）。

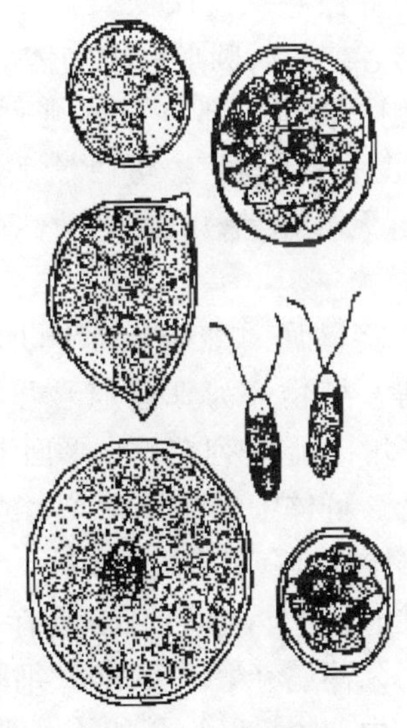

图1-36 绿球藻属
（Smith）

（4）集星藻属。细胞呈梭形或截顶的纺锤形，或两端尖细的棍棒形。植物体为原始定形群体，无胶被，营浮游生活。通常由4～16个细胞组成，群体细胞以一端在群体中心彼此连接，呈辐射状排列。色素体呈长片状，周生。蛋白核1个，以似亲孢子进行无性繁殖（图1-37）。

（5）纤维藻属。细胞细长，呈针形至纺

锤形，由中央向两端渐细，末端尖细，罕为钝圆；细胞直或弯曲呈弓形、镰形或螺旋形。植物体为单细胞或聚集成群，营浮游生活。色素体1个，呈片状，占细胞的绝大部分，有时裂为数片。蛋白核有或无。以似亲孢子进行无性繁殖。多生长于较肥沃的小水体中（图1-38）。

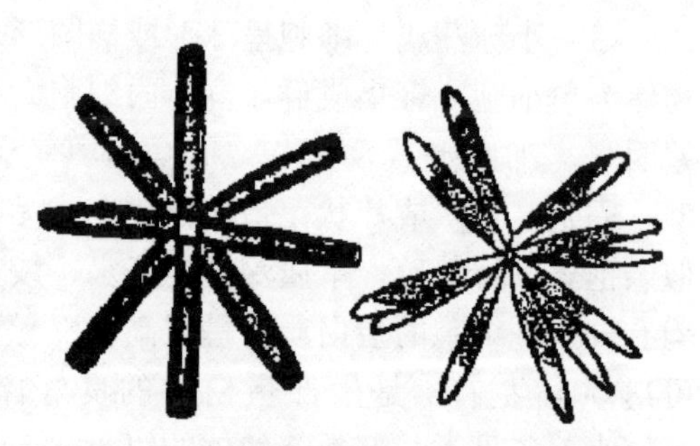
图1-37　集星藻属
(Smith)

(6) 四角藻属。细胞扁平，或为三角形、四角形、五角形，角延长成突起或角宽圆，或成粗刺，角间细胞壁略凹入。植物体为单细胞。色素体侧生，1个或多个，呈杯状或片状，蛋白核1个或无。老年细胞的色素体为块状，充满整个细胞，蛋白核多个，有时色素体4块，每块具1个蛋白核。以似亲孢子进行无性繁殖。营浮游生活，常见于各种静水水体中（图1-39）。

图1-38　纤维藻属
(Smith)

图1-39　四角藻属
(胡鸿钧)

(7) 顶棘藻属（柯氏藻属）。细胞呈卵形、椭圆形、扁球形、柱状长圆形。植物体为单细胞。细胞壁较薄，细胞两端和中部有对称排列的长刺。色素体1～4个，呈片状或盘状。蛋白核1～4个或无。以似亲孢子进行无性繁殖。该属在小型淡水水体中常见（图1-40）。

(8) 十字藻属。细胞呈半圆形、椭圆形、三角形、梯形等。植物体为真性定形群体，通常由4个、16个或更多的细胞排列在一个平面上，形成长方形或方形的群体。群体中央常具有或大或小的方形或十字形空隙。群体常具有不明显的胶被，常多个真性定形群体的胶被粘连在一个平面上，形成板状的复合真性定形群体。每个细胞具有1～4个片状、周生的色素体，蛋白核有或无（图1-41）。

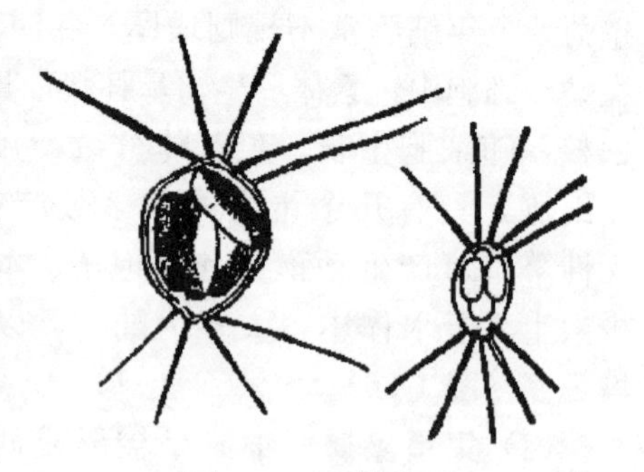
图1-40　顶棘藻属
(彭福峰等)

(9) 月牙藻属（聚镰藻属）。细胞呈镰刀形或新月形，两端尖。植物体为群体，罕为单细胞。通常由4个、8个或16个细胞组成一群，有时数个群体彼此联合成多达100余个细胞的群体。群体内同一母细胞产生的个体彼此以凸出的一侧相靠排列。色素体1个，呈片状，几乎充满整个细胞。蛋白核1个或无。以似亲孢子进行无性繁殖。该属在各类淡水水体中较常见（图1-42）。

图1-41　十字藻属
（胡鸿钧）

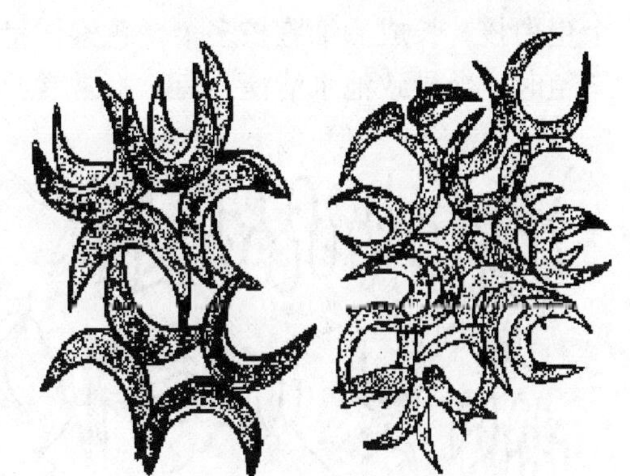

图1-42　月牙藻属
（Smith）

（10）网球藻属（胶网藻属）。细胞呈卵形、球形、椭圆形或肾形。植物体为原始定形群体，群体外具胶被。常4个或2个细胞为一组，彼此分离，以分裂为4片的母细胞壁相连接。群体内各细胞常同时产生似亲孢子，形成似亲群体，从而成为复合的原始定形群体。色素体1个，杯状，侧生。蛋白核1个。本属常见于湖泊、池塘中，酸性水体中也时常见到（图1-43）。

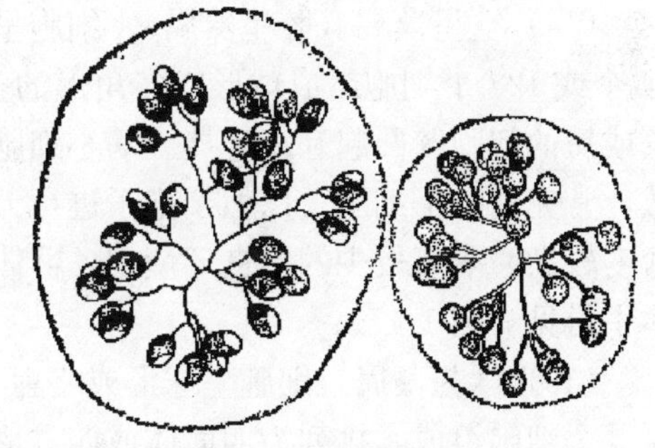

图1-43　网球藻属
（胡鸿钧）

（11）卵囊藻属。细胞呈卵圆形、椭圆形或纺锤形，细胞壁平滑，常在两端中央增厚成为短而粗的圆锥形突起。植物体为单细胞或群体，营浮游生活。群体常由2个、4个、8个或16个细胞组成，包被在部分胶化膨大的母细胞壁内。色素体多为1～5个，呈片状、多角形或盘状，周生，各有1个蛋白核或无。以似亲孢子进行无性繁殖。在有机物较多的小水体中和浅水湖泊中常见（图1-44）。

（12）栅藻属（栅列藻属）。细胞呈卵形、长圆形、纺锤形、椭圆形等，植物体为真性定形群体，群体常由4～8个细胞，有时由2个或16～32个细胞组成，极少数为单细胞。群体内各细胞以长轴互相平行，排列在一个平面上，互相平齐或互相交错，排成一列，或排成上下两列或多列。细胞壁平滑或具颗粒、刺、齿状凸起、隆起线等特殊构造。色素体1个，周生，蛋白核1个。本属是淡水中极为常见的浮游绿藻，湖泊、池塘、沟渠等各种水体中均有分布，而静止小水体更适合栅藻属的生长繁殖，通常以似亲孢子进行无性繁殖（图1-45）。

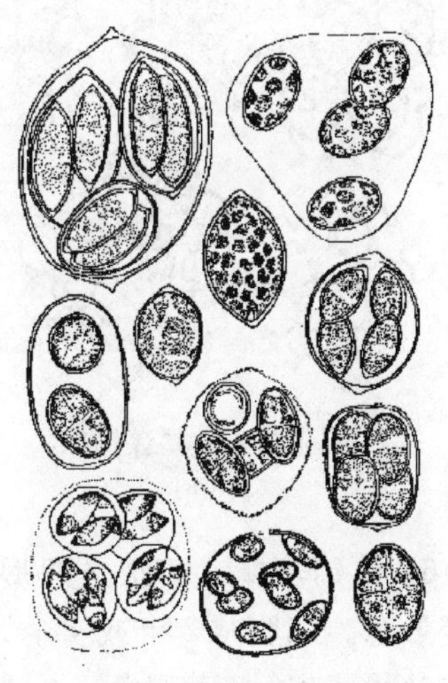

图1-44　卵囊藻属
（胡鸿钧等）

（13）水网藻属。藻体由圆柱形或长卵形的细胞彼此以两端相连，组成网状群体，网眼多为五至六边形。植物体大型，肉眼可见。细胞幼小时具1个细胞核、1个片状色素体和1个蛋白核。长成后细胞核多个，色素体呈网状，蛋白核多个。分布广泛，在养殖池塘中大量繁殖时，会导致池水清瘦，鱼、虾常常会被缠死，危害严重（图1-46）。

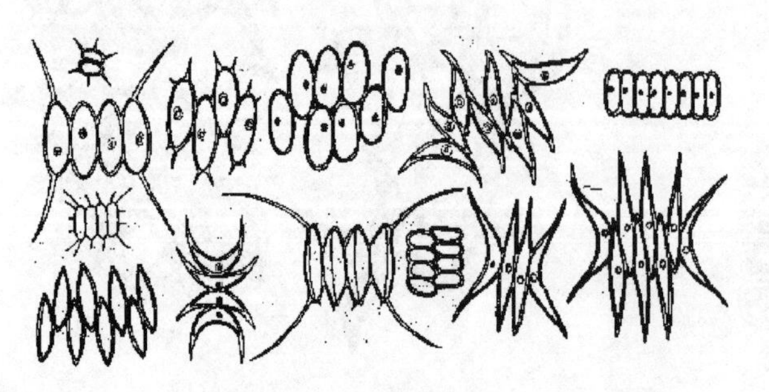

图1-45 栅藻属
（胡鸿钧）

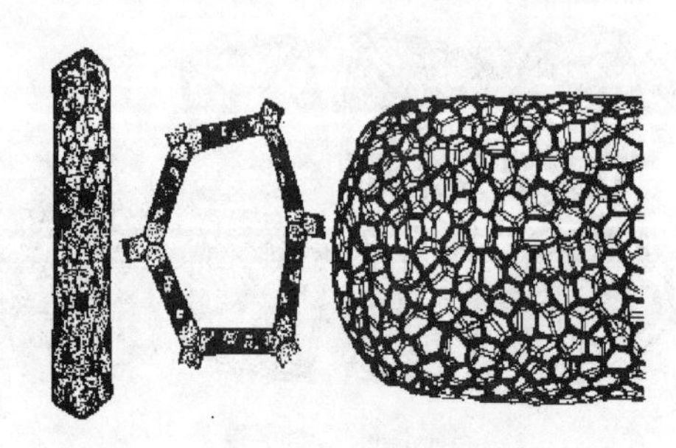

图1-46 水网藻属
（Smith）

（14）空星藻属（腔星藻属）。细胞呈球形或椭圆形，通常由4个、8个、16个、32个、64个或128个细胞组成球形或多角形的空心球状群体。植物体为真性定形群体，细胞以或长或短的细胞壁凸起互相连接。幼小细胞的色素体呈杯状，蛋白核1个。成熟细胞色素体扩散，常充满整个细胞。以似亲孢子进行无性繁殖。群体内细胞紧密连接，常不易分散，但在盐度较高、溶氧较少的不良环境中，群体内细胞离解成游离的单个细胞。在湖泊、池塘等水体中常见（图1-47）。

（15）微芒藻属。细胞呈球形或略扁平，植物体为复合真性定形群体。一个定形群体常由4个细胞组成，排列为四面体或四方形，有时由8个细胞组成，排列成球形。一个复合群体常由4～16个或更多的定形群体组成。细胞壁的一侧有1～10条粗长的刺，1个色素体，呈杯状，1个蛋白核。生活于各种静水中，一般在夏末秋初大量出现，以似亲孢子繁殖（图1-48）。

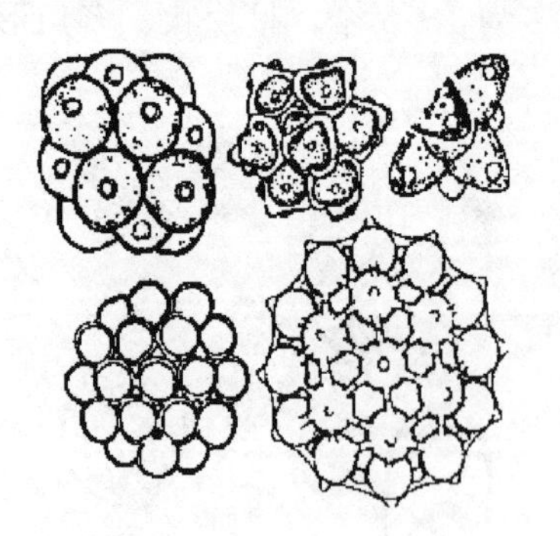

图1-47 空星藻属
（Smith）

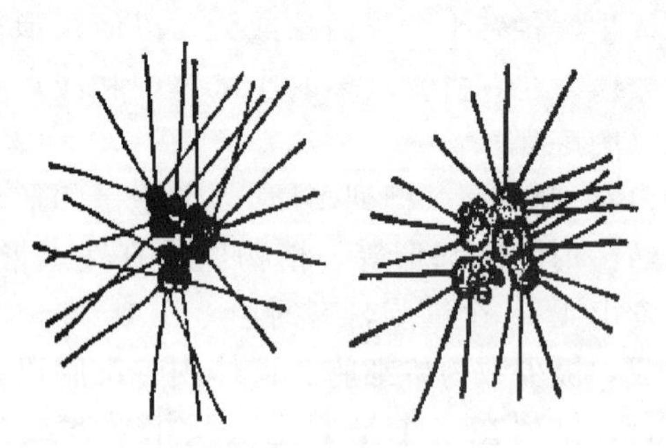

图1-48 微芒藻属
（彭福峰等）

（16）葡萄藻属。细胞呈卵形、椭圆形或楔形，罕为球形。植物体为原始定形群体，无一定形态。细胞常2个或4个为一组，多数包被在半透明的群体胶被的顶端。色素体呈杯状或叶状，1个，黄绿色。蛋白核1个。为湖泊中常见种类，能形成水华。营浮游生活（图1-49）。

（17）韦氏藻属（四球藻属）。细胞呈球形至近球形，植物体为真性定形群体，常由4个细胞呈四方形排列在一个平面上，细胞之间以细胞壁紧密连接。群体之间以残存的母细胞壁相连接，常由30～100个细胞组成复合真性定形群体。幼年细胞色素体呈杯状、周生，老年细胞的色素体常略分散，蛋白核1个。群体有时有胶被（图1-50）。

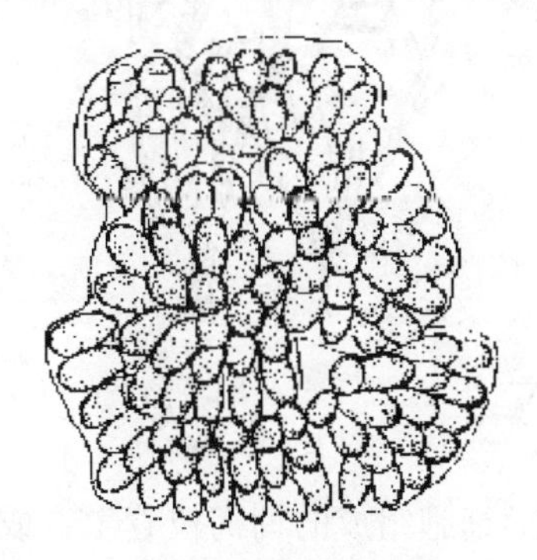

图1-49 葡萄藻属
（胡鸿钧）

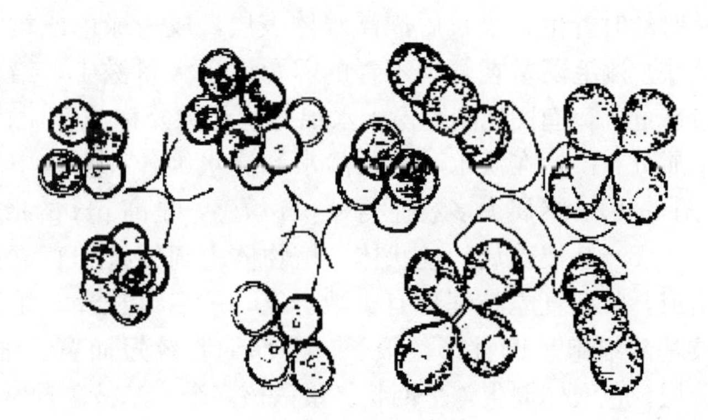

图1-50 韦氏藻属
（Smith）

3. 鞘藻目 藻体为不分支或分支的丝状体。丝状体细胞进行分裂时，在细胞的顶端发生环状裂缝，自此逐渐延伸出新生的子细胞，并留下一个帽状环纹。这种分裂方式可在同一个细胞上连续发生多次，因此，常可在营养细胞顶端见到1个至多个帽状环纹，帽状环纹是鞘藻目的主要特征。无性繁殖产生大的动孢子；有性繁殖为卵式生殖，比较复杂，可分为几种类型。大小动孢子、精子等运动的生殖细胞，在细胞前端都具有一轮环状排列的鞭毛。植物体以基细胞或假根状分支着生在其他物体上，或成长后漂浮于水面，成漂浮藻团。鞘藻属种类为常见绿藻，主要分布于淡水中或潮湿土壤上。

鞘藻属：细胞呈圆柱形，顶端细胞末端呈帽状、短尖形或变成毛样。植物体为单列细胞组成的不分支丝状体。色素体周生，呈网状。蛋白核1个至多个。有的幼时着生，长成后漂浮水层中，在温暖季节生长旺盛。本属分布广，在稻田、水沟、池塘等各种水体中均常见，植物体以基细胞着生在水生植物或其他物体上（图1-51）。

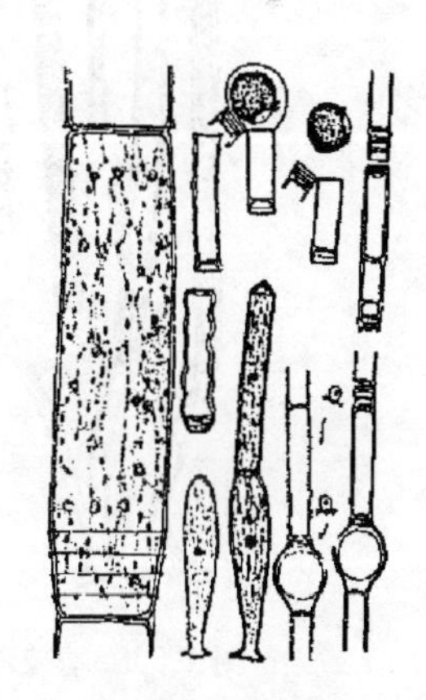

图1-51 鞘藻属
（Smith，Oltmann）

4. 刚毛藻目 植物体由多核细胞组成，为不分支或分支丝状体。分支或从细胞顶极下侧面长出，或从细胞顶极长出；分支渐尖，顶端细胞直或弯曲。每个细胞具多数、周生的盘状色素体，有时色素体形态模糊不清，蛋白核多个。营养繁殖以藻丝断裂进行。有的种类以主轴基部和厚壁的假根渡过不良环境。无性生殖形成具4条鞭毛的动孢子或厚壁孢子。有性生殖时藻丝顶端或近顶端细胞形成具2条鞭毛的同形配子。着生种类借助于基细胞和藻丝基部细胞形成分支的假根，或借助于基细胞下壁形成简单的盘状固着器固着在其他物体上。多数种类细胞壁厚，有时分层。刚毛藻属具有同形世代交替的特性。合子萌发时进行减数分裂，本目藻类仅刚毛藻科一科。在淡水、海水中均有分布。

刚毛藻科特征同目。

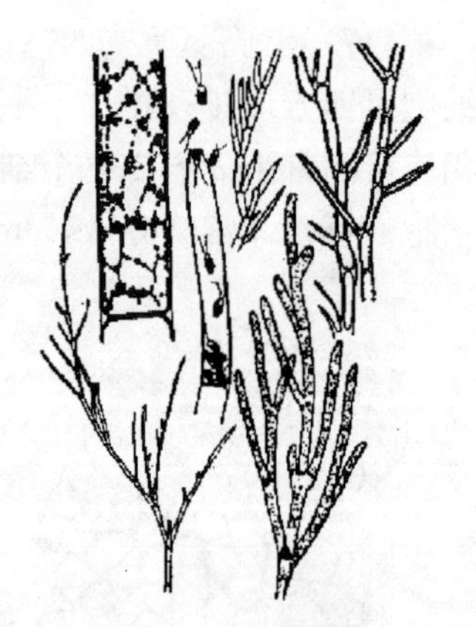
图 1-52　刚毛藻属
（Smith 等）

（1）刚毛藻属。细胞呈圆柱形或长腰鼓形，植物体为分支丝状体，分支较多，具顶端和基部的分化。分支为互生、对生型，有时为双叉型、三叉型。多数种类细胞壁厚，分层，色素体多数，周生，呈盘状。蛋白核多数。植物体通常以基部着生，有时幼时着生，成长后漂浮水体表层，成为绿色或黄绿色漂浮藻块。刚毛藻常在管理不善的养鱼池中大量滋生，给养鱼生产带来危害，渔民把刚毛藻、水绵等丝状绿藻称为青泥苔或青苔。本属分布广，在淡水、海水、静水和流水等各种水体中均有分布（图 1-52）。本属大多数种类对 pH 敏感，是高 pH 的指示生物。

（2）基枝藻属。丝状体，植物体由匍匐枝和直立枝两部分组成，常在直立枝基部有少数分支，故名基枝藻。植物体直立枝基部细胞呈圆柱形，很长，上部细胞较短而宽。细胞壁厚，分层。色素体周生，呈网状。蛋白核多个。基枝藻通常以近方形细胞组成的匍匐枝着生，或仅以直立枝基部末端细胞形成的假根状突起着生，常常着生在淡水龟的被甲上，这种龟俗称为绿毛龟，或着生在木船上以及水体中其他物体上。基枝藻属常见的有龟背基枝藻和基枝藻两种。其中，龟背基枝藻在人工培养绿毛龟中是必不可少的重要材质（图 1-53）。

（3）黑孢藻属。本属植物体外形与刚毛藻极为相似，很难区分。但黑孢藻属最大特点是：长成后的植物体上具有顶生或间生的厚壁孢子，这是与刚毛藻属的最明显的区别（图 1-54）。

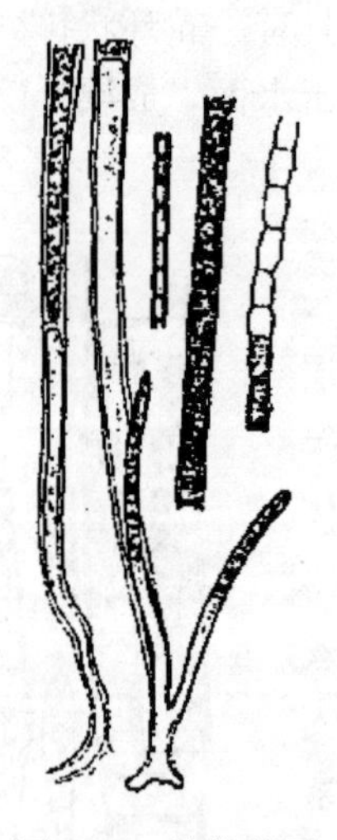
图 1-53　基枝藻属
（Smith 等）

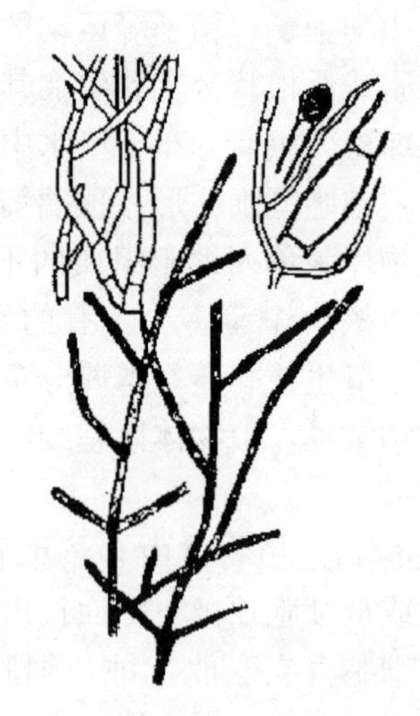
图 1-54　黑孢藻属
（Prescott）

5. 管藻目　植物体为多核体，呈球状或管状，具有或疏或密的分支。除在繁殖时期孢子囊或配子囊与丝体之间产生横隔壁以外，藻丝上不具横隔壁。色素体多个，蛋白核有或无。细胞核小型，较多。大部分分布于海水中，淡水中常见的为无隔藻科的种类。

无隔藻属：藻丝呈圆柱形，侧面分支或不规则分支，形成毡状团块，常具无色假根。细胞壁薄，细胞质内层具有许多小的细胞核，外层具有许多椭圆形、透镜形的色素体。通常为雌雄同株，卵式生殖，也可通过动孢子进行无性繁殖。海滨含盐的沼泽中常见，但多分布在淡水水体或潮湿土壤上（图 1-55）。

6. 丝藻目 植物体多为一列细胞组成的不分支丝状体，或分支丝状体，少数为多列的或成假薄壁组织状。大多数种类细胞壁多由完整的一片构成，少数种类由 2 半片构成，正面观呈 H 形。多为 1 个细胞核，少数具多个细胞核。色素体呈片状、带状、盘状、星状或网状，侧生、周生或轴生。繁殖方法有营养繁殖、无性繁殖和有性繁殖。营养繁殖为丝状体断裂；无性繁殖产生厚壁孢子、动孢子或静孢子；有性繁殖为同配繁殖、异配繁殖及卵配繁殖 3 种。

（1）毛枝藻属。植物体为分支丝状体，着生，由匍匐枝和直立枝组成，大多具胶质。直立枝常形成互生或对生的分支，分支顶端逐渐尖细，形成多细胞的毛，通常无色透明，被称为胶毛。丝状体的每个细胞均有 1 个周生呈带状的色素体。蛋白核 1 个或几个。植物体以丝状体断裂进行营养繁殖；无性繁殖产生动孢子；有性繁殖为同配方式。本属主要分布于淡水中。植物体以匍匐枝附着在水中物体上，是周丛生物的组成部分，静水水体或流水中皆可生活（图 1-56）。

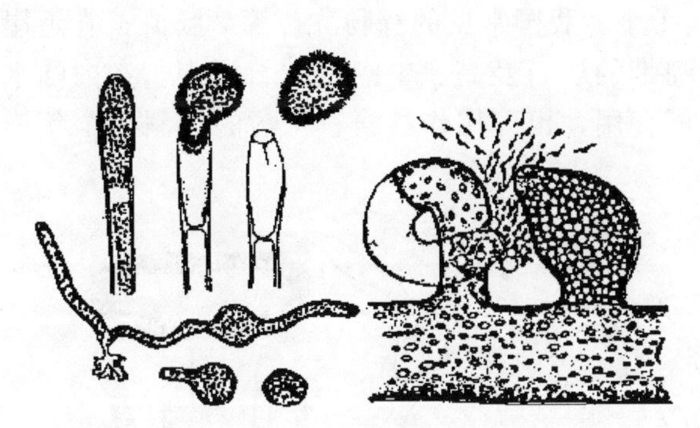

图 1-55 无隔藻属
（Smith）

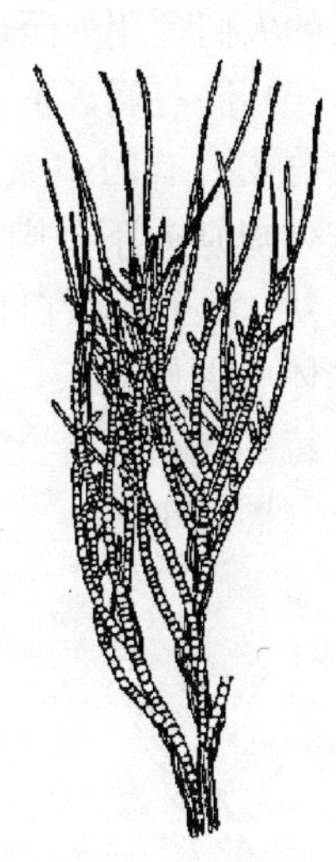

图 1-56 毛枝藻属
（魏印心）

（2）丝藻属。细胞为圆柱形，有时略膨大，一般宽大于长。植物体由单列细胞组成不分支的丝状体，少数种类具有胶鞘。细胞壁一般为薄壁，有时为厚壁或略分层。色素体 1 个，周生或侧生。蛋白核 1 个或多个。营养繁殖为丝状体断裂，无性繁殖可形成动孢子或静孢子，有性繁殖为同配繁殖。植物体通常以长形的基细胞着生在基质上。本属藻类分布广，淡水、海水、半咸水中均有，大多喜低温（图 1-57）。

（3）竹枝藻属。植物体大型，长可达数厘米，为分支丝状体，有胶质，以假根着生。主支和分支区分明显，主支较分支粗大而长，细胞略呈腰鼓形，色素体小、呈带状、边缘具缺刻，围绕细胞中部，蛋白核 1～3 个。分支的细胞小而短，色素体大，常围绕整个细胞周壁，顶端常具多细胞的毛。本属多为冷水性种类，春季和夏初生长繁茂。常着生在湖泊、池塘和江河中的石块、木桩上（图 1-58）。

（4）溪菜属。植物体常为不分支的丝状，或不规则片状，或狭带状，由一层细胞组成。常常以增厚的柄，或以基部边缘形成的假根状突起固着在基质上。繁殖时以具生长能力的片段脱离母体，着生于基质上长成独立的个体进行营养繁殖。通常 4 个细胞一组，每组细胞常

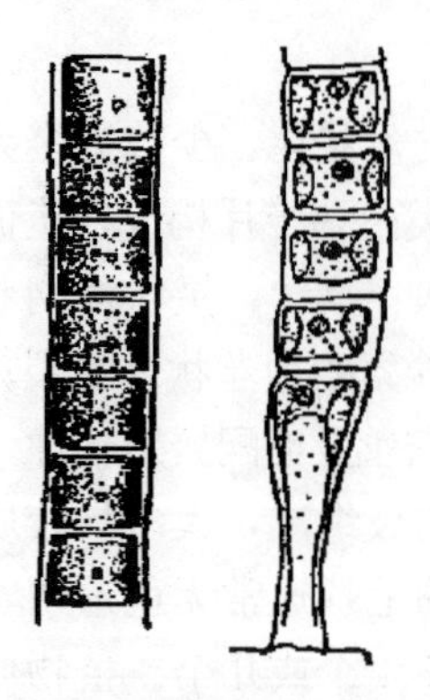
图 1-57 丝藻属
（彭福峰等）

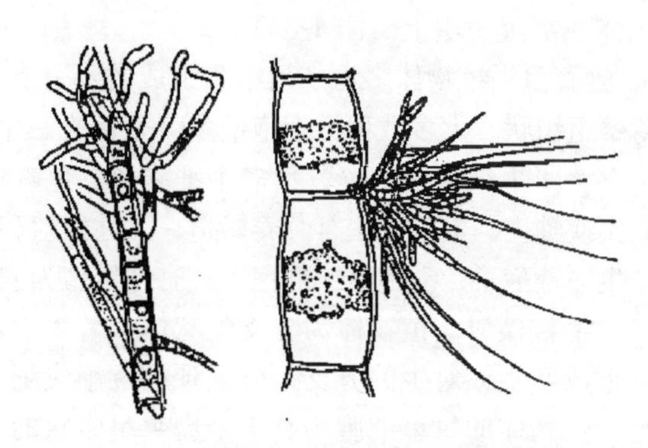
图 1-58 竹枝藻属
（Prescott 等）

被或宽或窄的间隙分隔。色素体轴生，呈星状。蛋白核 1 个。溪菜早在 800 多年前就被一些地区的人们食用，至今仍被视作佳肴。本属种类在海水和淡水中均有分布（图 1-59）。

（5）浒苔属。植物体大型，长可达数十厘米，绿色，中空管状，由一层细胞组成，单条或分支，有时中央两层细胞互相粘连，呈细长带状或叶片状，边缘中空。植物体的细胞排列规则或不规则。植物体基部细胞向下延伸出许多假根丝组成盘状固着器。色素体呈片状，1 个，蛋白核常为 1 个。细胞核 1 个。我国常见的有肠浒苔等，肠浒苔在近岸海滨水体中大量生长，还分布在海湾内低潮带的岩石及高、中潮带的石沼中。在内陆水域中，特别在富营养化水体中分布广泛。可食用，也可用作牲畜、家禽的饲料。全年皆可生长（图 1-60）。

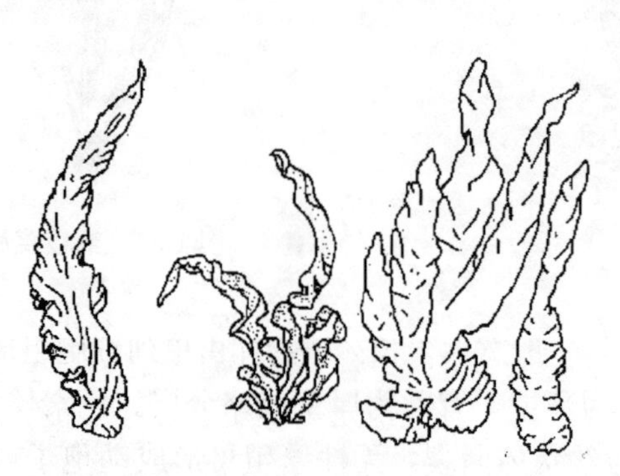
图 1-59 溪菜属
（饶钦止）

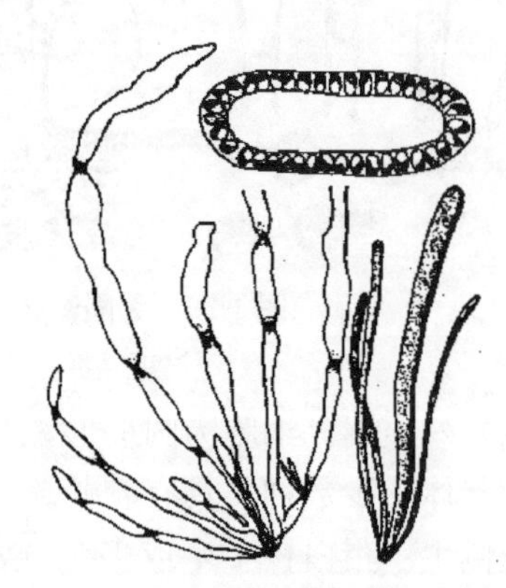
图 1-60 浒苔属
（Smith，Kylin）

（6）石莼属。植物体为两层细胞组成的膜状体，基部细胞延伸出假根丝，在两层细胞间向下延伸组成固着器。色素体呈杯状，1 个蛋白核，1 个细胞核。石莼可作为蔬菜食用；又可作为禽畜的饲料；还是水产动物（如海参、海胆等）的饵料（图 1-61）。

7. 四孢藻目 本目藻体为具胶被的群体，群体内细胞仅排列在胶被四周，或无规则地分散在胶被中。营养细胞不能运动，大多数种类无鞭毛，有的种类具有假鞭毛。具 1 个杯状色素体，1 个蛋白核。常见属如下：

（1）四孢藻属。植物体为大型或微型群体，群体胶被无色。群体胶样，呈球形、柱形、块状或呈囊状，分叶或不分叶。群体内细胞为球形，常常是 4 个为一组，故称四孢藻。色素体呈杯状，蛋白核 1 个。每个细胞有 2 条或 4 条假鞭毛。假鞭毛全部埋于胶被中或先端伸出胶被外，无运动能力。多在早春低温季节出现，喜生活于静水或微流动的浅水水体中（图 1-62）。

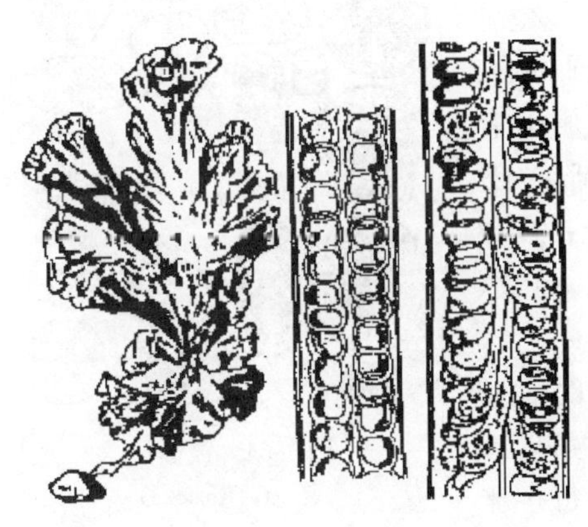

图 1-61 石莼属
（Sengletoranith，Thuret）

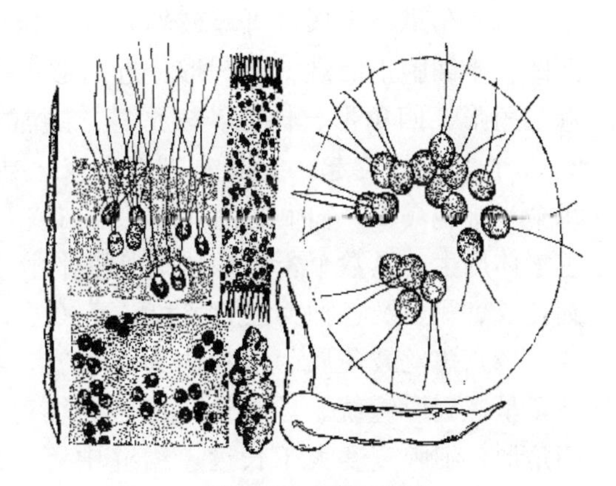

图 1-62 四孢藻属
（Smith）

（2）胶囊藻属。植物体为球形或不定形群体，通常由 4 个、8 个、16 个或 32 个细胞组成一组，包被在无色的胶质被中。个体胶被明显分层，色素体常因贮存物质而形态模糊不清，蛋白核 1 个。营浮游生活，主要生活在淡水或半咸水中（图 1-63）。

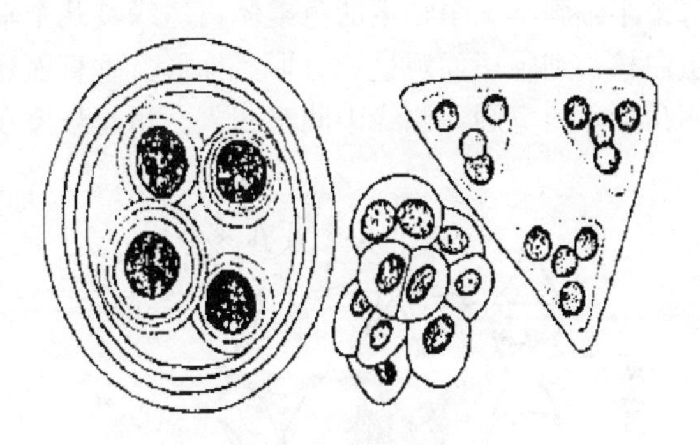

图 1-63 胶囊藻属
（魏印心）

（二）接合藻纲

本纲植物体的一个主要特征是有性生殖为特殊的接合生殖。在有性生殖过程中，由营养细胞形成没有鞭毛的能变形的配子，配子相互成对融合，进行接合生殖。接合子位于接合管内或位于配子囊内。营养细胞和生殖细胞都不具鞭毛。本纲植物体只分布在淡水水体中，很少在咸水中出现。

1. 鼓藻目 大多为单细胞，少数为不分支丝状体或不定形群体。细胞形态多样，明显对称。典型的细胞，在细胞的中部明显凹入，凹入处称缢缝（藻腰）。缢缝将细胞分成均等的两部分，每一部分称为 1 个“半细胞”，2 个半细胞的连接处称缢部。细胞两顶端边缘称为顶缘，顶缘至缢缝的细胞壁称为侧缘。顶缘与侧缘相交处称为顶角。每个半细胞具 1 个或 2 个轴生的色素体，具 4 个或 4 个以上的，则为周生。营养繁殖为细胞横分裂，每个子细胞各获得母细胞的 1 个半细胞。本目种类全部分布于淡水中，一般分布在软水水体中，湖泊沿岸带和沼泽中种类多，数量也多；少数分布于硬水中。本目仅鼓藻科一科。

（1）鼓藻属。单细胞，缢缝常深凹，1 个细胞明显由 2 个均等的半细胞组成。半细胞正面观为半圆形、椭圆形、卵形、梯形、长方形、楔形等，顶缘圆，平直或平直圆形。垂直面观呈半圆形、长方形，侧面观绝大多数呈圆形。细胞壁平滑，或具点纹、圆孔纹或具一定方式排列的微瘤、乳头状突起。每个半细胞具 1 个、2 个或 4 个轴生的色素体，每个色素体具

1个或数个蛋白核，少数种类具6～8条带状色素体，每条色素体具数个蛋白核。本属植物较常见，有时会大量繁殖，成为优势种群（图1-64）。

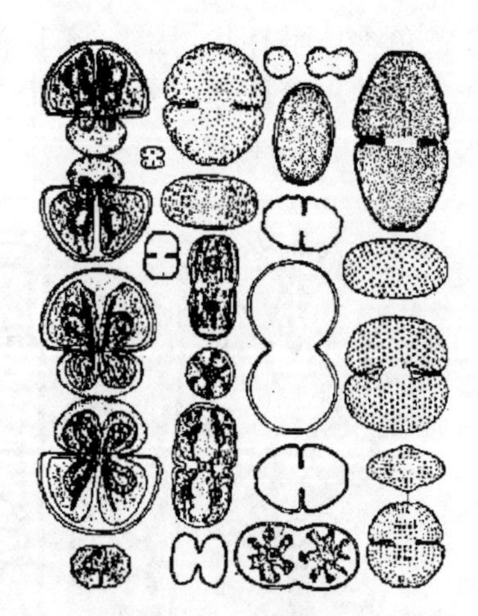

图1-64　鼓藻属
（Fott，Ruzicka）

（2）角星鼓藻属（叉星鼓藻）。单细胞，多数种类缢缝深凹。半细胞正面观呈半圆形、近圆形、椭圆形、圆柱形、近三角形、四角形、梯形、楔形等，通常每个半细胞上有2～5个角状的突起，突起末端有分叉，或末端逐渐尖细。每个半细胞具1个轴生的色素体，蛋白核1个至数个；少数色素体周生，具数个蛋白核。细胞壁平滑或具波纹、点纹、圆孔纹、颗粒及各种类型的刺和瘤等（图1-65）。

（3）角丝鼓藻属。植物体为不分支丝状体，有时有胶被，呈螺旋形缠绕。丝状体的细胞为辐射对称的三角形或四角形，细胞宽度大于长度，缢缝中等深度凹入。每个半细胞的顶部或顶角平直，或具1个短的突起，与相邻半细胞的相应部位彼此相连形成丝状体，相邻两半细胞紧密连接无空隙或具1个椭圆形的空隙。每个半细胞具1个轴生的色素体，边缘具几个辐射状脊片伸展到每个角内，每一脊片具1个蛋白核。细胞正面观呈长方形、梯形。垂直面观呈椭圆形，侧缘有乳头状突起，为三角形或四角形，角宽圆，侧缘中间略凹入。角丝鼓藻在酸性水体中常见（图1-66）。

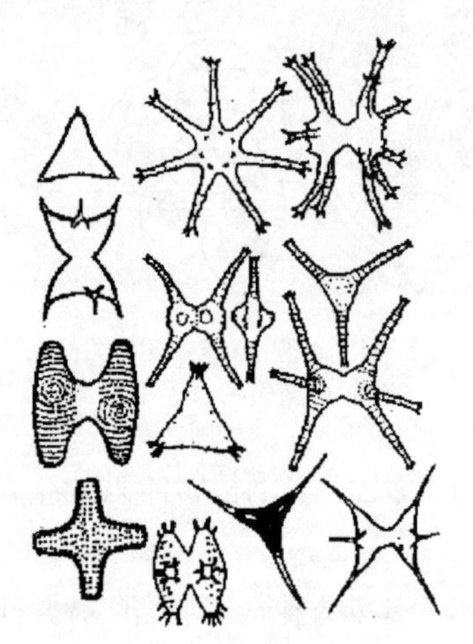

图1-65　角星鼓藻属
（魏印心）

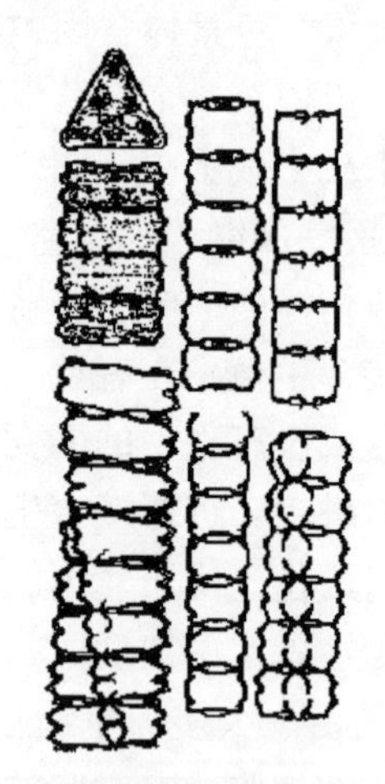

图1-66　角丝鼓藻属
（魏印心）

（4）新月藻属。单细胞，无缢缝。细胞呈新月形，腹缘中部膨大或不膨大，细胞略弯曲或明显弯曲，少数平直，中部不凹入，细胞两端钝圆、呈喙状或逐渐尖细。横断面呈圆形。细胞壁平滑，具纵向的线纹或纵向的颗粒，无色或因铁盐的沉积而呈淡红褐色或褐色。细胞两端各具1个液泡，含1个或多个石膏结晶。每个半细胞具有1个色素体，色素体由1个或数个纵向脊片组成，每一脊片上具一列蛋白核（图1-67）。

2. 双星藻目　植物体为单列圆柱形细胞组成的不分支丝状体，偶尔产生假根状分支。接合生殖产生接合管，分为梯形接合和侧面接合两类。接合孢子位于接合管或配子囊中。细胞核1个，位于细胞中央。色素体为螺旋形带状，周生；呈板状、星状，轴生。蛋白核1个或多个。丝状体沉没于水底或漂浮于水面形成碧绿色漂浮藻团。本目仅双星藻1科，为淡水产植物。

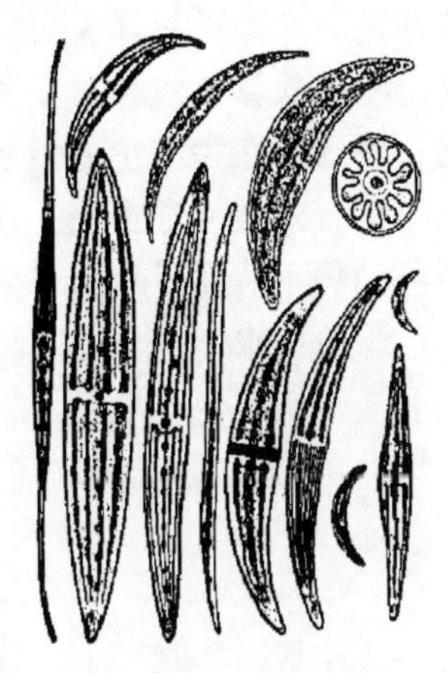

图1-67 新月藻属
（魏印心）

（1）水绵属。植物体为单列圆柱形细胞组成的不分支丝状体，偶尔产生假分支。色素体呈长带状，1～16条，周生，沿细胞壁作螺旋盘绕。每条色素体具一列蛋白核。接合生殖具接合管，为梯形接合和侧面接合。水绵是人们熟悉的丝状绿藻，分布很广。水绵在养鱼池中大量滋生成为有害藻类，危害鱼虾，还会导致池水清瘦，而鱼池一旦滋生水绵，几乎都会连年发生，很难彻底清除，人们也称它为青泥苔或青苔（图1-68）。

（2）转板藻属。细胞呈圆柱形，通常长度比宽度大4倍以上。植物体由单列细胞组成的不分支的丝状体，接合生殖常为梯形接合。藻丝形态与水绵相似，但转板藻的每个细胞具1个（极少2个）板状色素体，轴生。板状色素体可随日光强弱变化而转动，故称为转板藻。蛋白核多个，成行排列或分散排列（图1-69）。

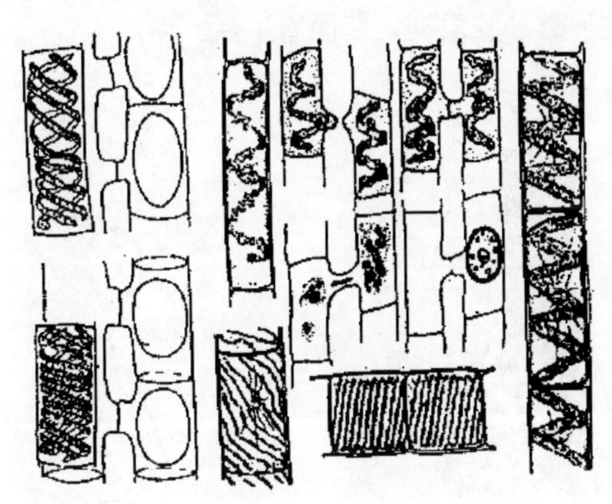

图1-68 水绵属
（胡鸿钧）

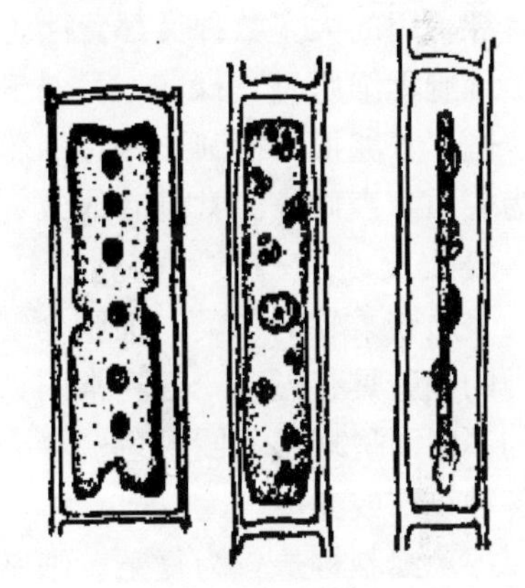

图1-69 转板藻属
（严楚江等）

（3）双星藻属。植物体为单列圆柱形细胞组成的长而不分支的丝状体。接合生殖常为梯形接合。藻丝形态与水绵非常相似，但双星藻属的每个细胞具2个星芒状、轴生的色素体，沿细胞长轴排列。细胞核1个，位于2个色素体之间。每个色素体中央有1个大的蛋白核（图1-70）。

四、生态分布和意义

约90%的绿藻分布在淡水水体中，仅约10%的种类分布于海水中。接合藻纲和鞘藻目只见于淡水或内陆水体中，而管藻目主要分布于海水中。绿藻中有些种类具有较高的经济价值，海水中浮游种类（如盐藻属、扁藻属、小球藻属等）是海产经济动物幼体的重要饵料，在我国现已广泛培养；石莼既可当作蔬菜，又可用作畜禽的饲料，还可提取胶质。淡水绿藻是淡水水体中藻类植物的重要组成部分，其中

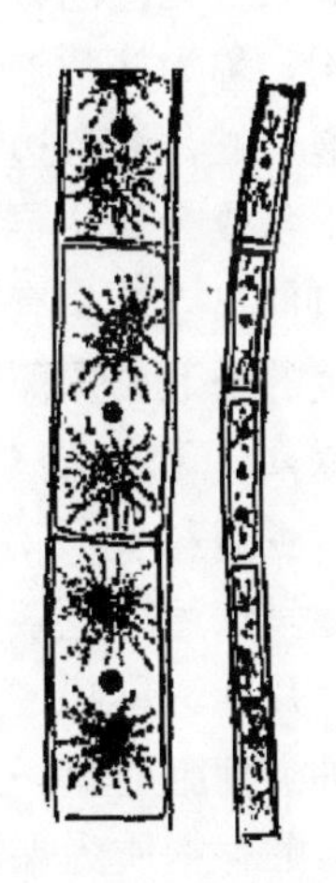

图1-70 双星藻属
（严楚江等）

绿球藻目、团藻目藻类是鱼池中浮游生物的主要组成成分，有些种类可作为滤食性鱼类的饵料。刚毛藻目、丝藻目、鞘藻目、双星藻目藻类是底栖藻类的主要组成部分，其中刚毛藻属、水绵属在鱼池中大量繁殖，俗称“青泥苔”或“青苔”。这些丝状绿藻在鱼池中大量繁殖时会带来很大危害，不仅会与其他藻类争夺营养和生活空间，而且还会裹缠鱼、虾等水产经济动物，从而导致鱼、虾大量死亡。

绿藻在水体净化、水环境保护方面具有一定意义。对渔业来说，绿藻在水体的物质循环和能量转换、生物增氧、食物链和调节水体理化性状等方面均具有积极作用。

第四节 裸藻门

裸藻是一类具鞭毛、能运动的单细胞藻类。裸藻又称眼虫藻，它同金藻门、甲藻门、隐藻门和绿藻门中具有鞭毛的种类一起被称为鞭毛藻类。

一、形态构造

裸藻门的大多数种类都营浮游生活，仅少数种类具胶质柄，营固着生活。

细胞无细胞壁，裸露，呈纺锤形、圆柱形、圆形、卵形、椭圆形等。细胞质外层特化为表质，表质表面常具有线纹、点纹或光滑。表质较硬的种类，细胞保持一定的形态；表质较柔软的种类，细胞会变形。有些种类的细胞具有囊壳。囊壳常因铁质沉淀程度的不同而呈现出不同颜色；囊壳表面常具有各种纹饰或光滑、无纹饰。

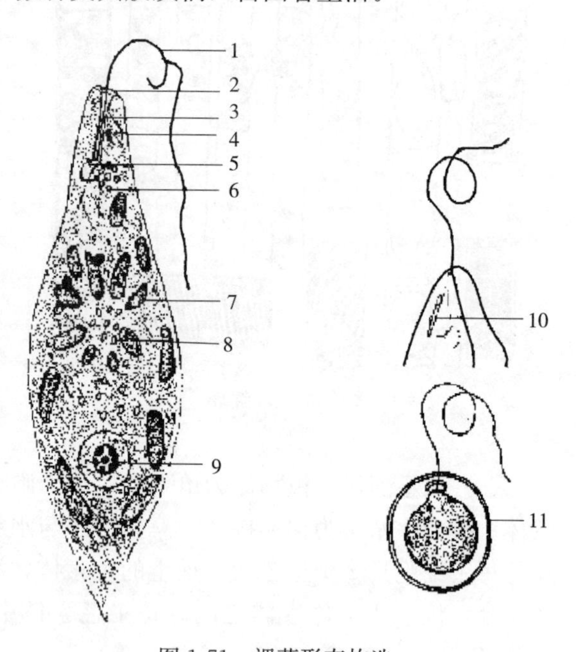

图 1-71 裸藻形态构造
1. 鞭毛 2. 胞口 3. 胞咽 4. 眼点 5. 贮蓄泡 6. 伸缩泡 7. 色素体 8. 副淀粉 9. 细胞核 10. 杆状器 11. 囊壳
（曾呈奎，冈村）

裸藻细胞构造较为复杂。细胞前端由胞口与外界相通，胞口下面的狭窄部分为胞咽，某些无色的种类，胞咽附近有呈棒状的结构，称为杆状器。胞咽下方膨大部分为贮蓄泡，贮蓄泡旁边有 1 个至几个伸缩泡。鞭毛 1 条或 2 条，罕见 3 条，从贮蓄泡基部经胞口伸出体外。有色素体的种类大多具 1 条顶生的鞭毛。裸藻所含色素主要有叶绿素 a、叶绿素 b 和 β-胡萝卜素，植物体一般呈绿色，少数种类具有特殊的“裸藻红素”，使细胞呈红色。色素体多，一般呈盘状，也有的呈片状、星状。有的种类无色素。有色素的种类细胞前端一侧有一个红色的眼点；无色素的种类一般没有眼点（图 1-71）。

贮存物质为裸藻淀粉，又称副淀粉。裸藻淀粉遇碘不变色，反光性很强，具有同心的层理结构，有球形、环形、杆形、假环形、圆盘形、线轴形、哑铃形、颗粒形等，裸藻淀粉在细胞中易见。

二、繁殖

通常裸藻主要以细胞纵分裂方式进行繁殖，有些种类在环境不良时可形成休眠孢囊。

三、分类

裸藻门仅一纲——裸藻纲，本纲仅裸藻目。

根据鞭毛的数目及其基部的构造、表质、色素体、眼点和杆状器等特征，以及营养方式的不同，裸藻目分为4科，即裸藻科、柄裸藻科、变胞藻科、袋鞭藻科。

分 科 检 索 表

1（4）具色素体和眼点。

2（3）细胞具胶柄，附着生活 …………………………………………………………… 柄裸藻科

3（2）细胞具鞭毛，能自由游动 …………………………………………………………… 裸藻科

4（1）无色素体和眼点。

5（6）营养方式以动物性摄食为主，具杆状器 …………………………………………… 袋鞭藻科

6（5）营养方式以腐生为主，无杆状器 …………………………………………………… 变胞藻科

（一）裸藻科

细胞形状多样，有的具囊壳。多数种类具1条鞭毛，少数种类2条或3条鞭毛。绝大多数种类具色素体。眼点明显，无杆状器。以自养为主要的营养方式。

1. 裸藻属（眼虫藻属） 藻体为具1条顶生鞭毛的运动个体，前端有一明显的橘红色眼点，表质具有螺旋形排列的线纹或颗粒。细胞呈纺锤形、圆形或圆柱形等，多数种类表质柔软，身体易变形，少数种类形态固定。色素体1个至多个，呈盘状、片状、带状或星状，呈绿色，少数种类因具有裸藻红素而呈红色，也有的无色。副淀粉形状多样，大小不等，明显易见。在有机物丰富的静水小水体中，常大量繁殖，形成绿色或红褐色的膜状水华（图1-72）。

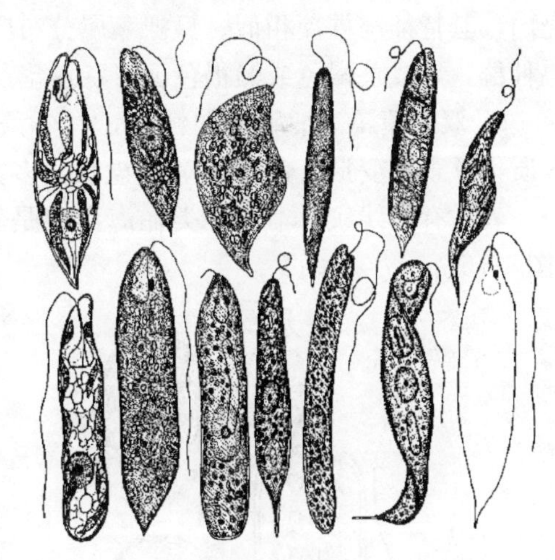

图1-72 裸藻属
（施之新）

2. 扁裸藻属 藻体为具顶生的1条鞭毛的运动个体，细胞扁平，正面观一般呈圆形、卵形或椭圆形，有的呈螺旋形扭转。细胞不变形。表质具纵向或螺旋形排列的线纹、点纹或颗粒。色素体大多为盘状，多数。细胞前端的红色眼点明显。副淀粉较大，常1个至多个，呈环形、假环形、圆盘形、球形、线轴形、哑铃形等各种形状，有时还有一些球形、卵形或杆状的小颗粒。扁裸藻属分布广，较常见（图1-73）。

3. 鳞孔藻属（定形藻属） 细胞呈纺锤形、球形、卵形、椭圆形等，有1条顶生鞭毛，后端多数呈渐尖形或具尾刺。表质较硬，细胞形状固定。色素体多数、盘状，副淀粉常为2个，大型、环形侧生。细胞前端的一侧有一个眼点，为红色。表质具线纹或颗粒，纵向或螺

旋形排列（图 1-74）。

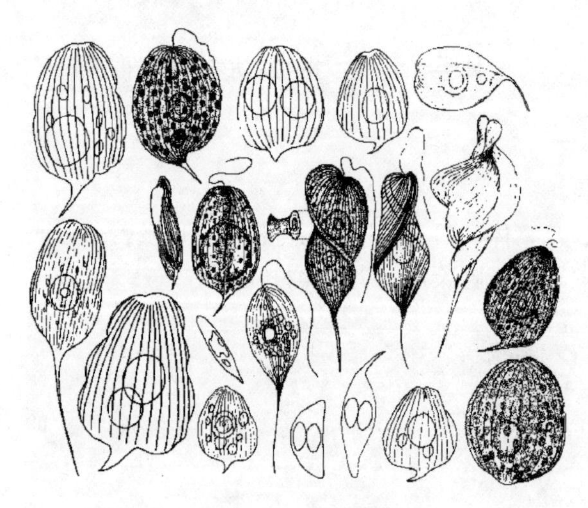

图 1-73　扁裸藻属
（施之新）

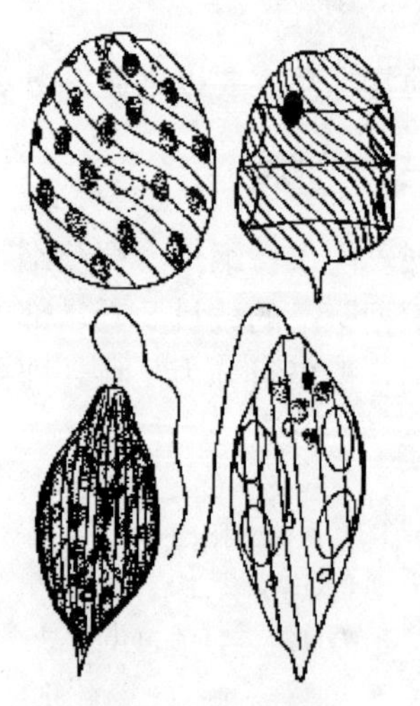

图 1-74　鳞孔藻属
（Fott，Smith，Conrad）

4. 囊裸藻属（壳虫藻属）　单细胞，具一条鞭毛，细胞外具有囊壳，囊壳形状多种多样，呈球形、椭圆形、圆柱形、纺锤形等，表面光滑或具点纹、孔纹、网纹、棘刺等纹饰，囊壳由于铁质沉淀而呈黄色、橙色或褐色，透明或不透明。囊壳前端有一圆形的鞭毛孔，有的种类鞭毛孔有突出的领，有的鞭毛孔无领，鞭毛从此孔伸出，细胞裸露无细胞壁，位于囊壳内，其特征与裸藻相似。囊裸藻属分布广，是鱼池中常见的鞭毛藻类，常可大量繁殖成优势种群，形成黄褐色或黑褐色云彩状水华（图 1-75）。

5. 双鞭藻属　细胞呈纺锤形，具 2 条顶生、等长的鞭毛，鞭毛基部各具 1 个颗粒体。表质柔软，易变形。色素体呈圆盘状，多数。前端具眼点。副淀粉多为杆形或球形的小颗粒。表质有细线纹。本属种类在海洋中是较为常见的种类之一，在污染的河口区也较常见（图 1-76）。

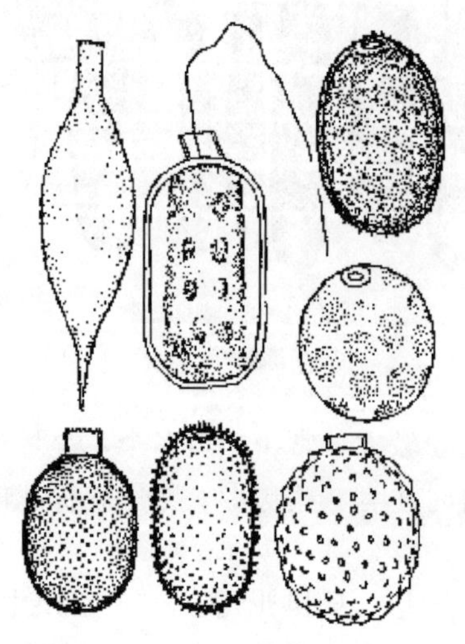

图 1-75　囊裸藻属
（施之新）

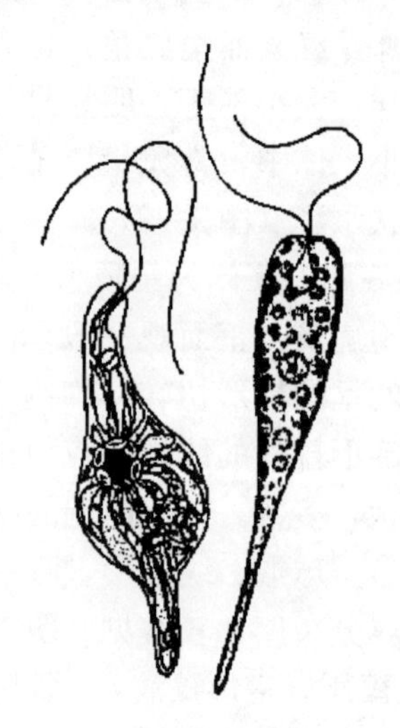

图 1-76　双鞭藻属
（施之新，Leedale）

（二）变胞藻科

表质硬或柔软，细胞形状固定或多变。具 1 条或 2 条鞭毛，鞭毛基部不具颗粒体。无色素体和杆状器。大多无眼点。

弦月藻属：细胞明显侧扁，月牙形或豆荚形，中间宽，两端窄，形态固定，横切面呈三角形。副淀粉为杆形或环形，多数。具 1 条鞭毛。表质大多具明显的纵线纹，营腐生生活（图 1-77）。

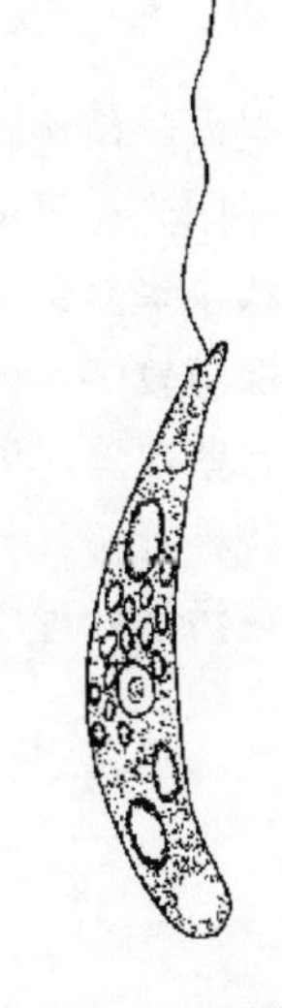

图 1-77 弦月藻属
(Stein)

（三）袋鞭藻科

细胞表质硬或柔软，形态固定或易变。具 1～2 条鞭毛，基部无颗粒体。具 2 条鞭毛的种类，向前的 1 条为游泳鞭毛，向后的 1 条为拖曳鞭毛。大多数种类具杆状器，无色素体和眼点。营养方式为动物性摄食或腐生。

袋鞭藻属：细胞表质柔软，易变形，表质具螺旋形线纹。为无色的裸藻类，无色素体和眼点，细胞前端具杆状器。鞭毛 2 条，不等长，长的较粗壮，伸向细胞前端，明显易见，短的伸向细胞后端，为拖曳鞭毛，紧贴体表，不易见到。副淀粉为圆形的颗粒，多数。营养方式为动物性摄食或腐生。在有机物较多的水体中较常见（图 1-78）。

（四）柄裸藻科

单细胞，常连成不定形群体或树枝状群体。细胞前端具一胶柄，附着在其他浮游动物上。本科仅有胶柄藻属。

胶柄藻属（柄裸藻属）：细胞呈椭圆形、卵圆形或纺锤形，单细胞，常连成不定形群体或树枝状群体。细胞外有一层胶质的包被，细胞前端具一胶质柄，藻体以胶质柄附着在其他浮游动物体上。具 1 个明显的红色眼点，色素体多个，圆盘形，蛋白核有或无。生殖时可形成具一条鞭毛的游动细胞（图 1-79）。

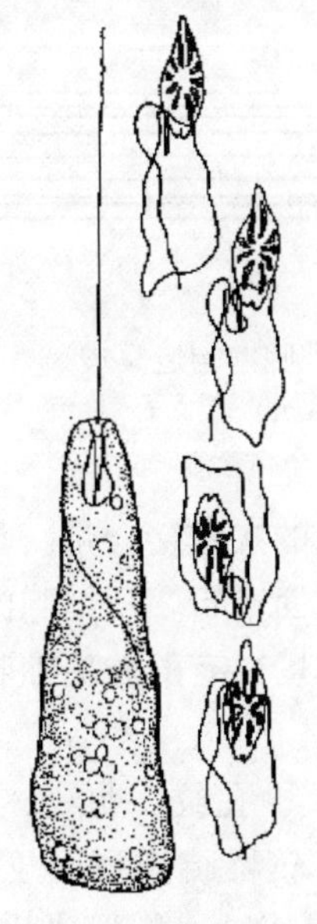

图 1-78 袋鞭藻属

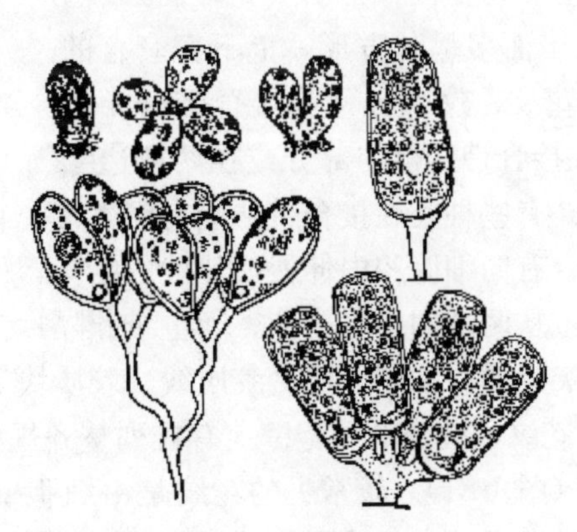

图 1-79 胶柄藻属
(Stein)

四、生态分布和意义

裸藻门植物喜欢生活在有机物质丰富的静止水体中，主要生活在淡水中，海产种类很少。在阳光充足的温暖季节，常大量繁殖成为优势种群，形成绿色膜状、血红色膜状或褐色云彩状水华。鱼池中裸藻大量繁殖是水肥、好水的标志。但是，在轮虫培养池中，如个体较大的裸藻较多，则不仅轮虫不能滤食，还影响其他单胞藻的繁殖。

有些裸藻对温度有广泛的适应性，常在肥水鱼池中周年出现，并可在北方冰下水体中形成优势种群，其光合作用对冰下水体的溶氧量起着非常重要的作用。

在污水处理中常见的无色素体植物有袋鞭藻属、变胞藻属等，对污水具有一定的净化作用。

第五节　硅　藻　门

硅藻是一类重要的藻类植物，细胞壁含有大量硅质，且硅质壁上具有排列规则而整齐的花纹，这是与其他藻类的明显区别。

一、形态构造

硅藻大多数为单细胞，或细胞连成丝状、带状、星状、放射状等群体。细胞形态多样，有圆形、多角形、纺锤形、S形、新月形、弓形等。

1. 细胞壁　细胞壁的外层为硅质，内层为果胶质。由于壁内含有大量硅质，使藻体成为坚硬、无色透明的壳体。细胞壁通常由1个稍大，1个稍小的2个半壳套合而成，像1个小盒子，断面为“凵”形。套在外面的大的半壳称上壳，套在里面的小的半壳为下壳。从半壳的正面看，这一个面称壳面，从两壳套合的一侧看，这个面称带面（壳环面）（图1-80）。带面多呈长方形，上下壳套合的部分无花纹，这部分称为接合带（相连带），在接合带两侧的部分或在两侧边缘有花纹。有些种类在接合带两侧有间生带，它是壳面与接合带之间的次级接合带。具间生带的种类，有向细胞腔内伸展成片状的结构，称隔片。隔片通常与壳面平行，从细胞的一端向内延伸或从两端向中央延伸。间生带和隔片都具有加强细胞壁的作用。有的硅藻细胞壁表面有各种突出物，如刺、毛、胶质线、胶质块等。

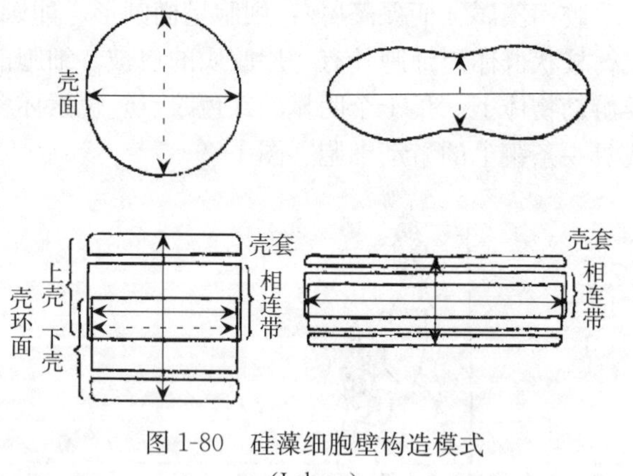

图1-80　硅藻细胞壁构造模式
（Lebour）

2. 花纹　硅藻的细胞壁上有排列整齐规则的各种花纹，有点纹、孔纹、肋纹、点线纹、线纹等（图1-81）。较常见的花纹是由细胞壁上的许多小孔紧密或较稀疏排列而成的线纹。有的种类在壳面内壁的两侧长有狭长横裂的小室，形成呈U形的粗花纹，称为“肋纹”。有的种类在壳的边缘有纵走的凸起，称为“龙骨”。壳面花纹的排列方式是分类的其中1个主要依据，通常可分为辐射排列与羽状排列 2 种类型。

3. 壳缝 通常壳面花纹为羽状排列的硅藻，壳面中部或偏于一侧，有 1 条纵向的无纹区，称为“中轴区”。在中轴区中部或偏于一侧有 1 条纵向的裂缝或管沟，称为壳缝。有的硅藻没有壳缝，仅有较窄的中轴区，称为假壳缝。还有一些硅藻其壳缝是 1 条纵走的或围绕壳缝缘的管沟，以极狭的裂缝与外界相通，管沟内壁具有数量不等的小孔与细胞内部相连，这种特殊的壳缝，称为管壳缝。壳缝是羽纹硅藻纲细胞壳上的一种重要构造，与硅藻的运动有关。

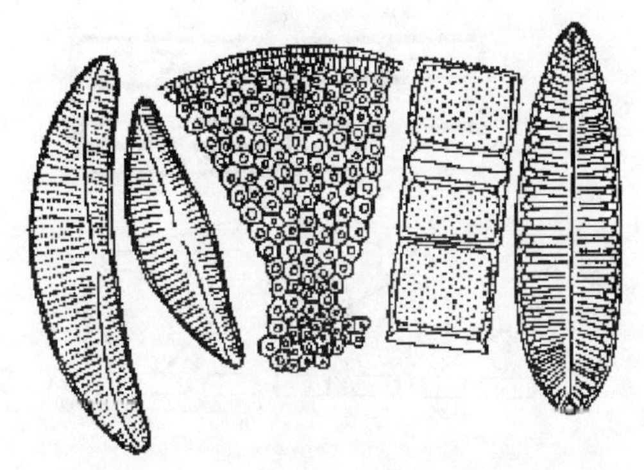

图 1-81 硅藻细胞壁上的花纹
(Hustedt，Smith)

4. 结节 羽纹硅藻纲的藻类，细胞壳面中轴区中部，横线纹较短，形成面积稍大的无纹的“中心区”，中心区中部由于壳内壁增厚而形成中央结节。如壳内壁不增厚，仅具圆形、椭圆形或横矩形的无纹区，称为假中央结节。壳缝两端内壁各有一增厚部分，称为极（端）结节。

5. 色素、色素体 主要含有叶绿素 a、叶绿素 c 及 β-胡萝卜素、硅甲藻素、岩藻黄素等，色素体呈粒状、片状、叶状、分支状或星状等，其形状和数量因种类不同而异，多呈黄绿色或黄褐色。

6. 贮存物质 主要为油滴，呈球形，反光较强。

二、繁殖

硅藻的繁殖方式有营养繁殖、无性繁殖和有性繁殖 3 种。

1. 细胞分裂（图 1-82a） 这是硅藻最普遍的一种营养繁殖方式，常在夜间进行，开始时细胞的原生质略增大，然后细胞核分裂，色素体也纵裂或横裂为 2 个。原生质体也一分为二，其中一个位于母细胞的上壳之内，另一个位于母细胞的下壳，然后两壳分开，各自再生成另一个新的下壳，这样形成的 2 个新细胞中，一个与母细胞大小相等，而另一个则比母细胞小，如此连续分裂下去，个体将越来越小，这种情况在自然界中存在，在室内培养硅藻时也常发现。

2. 复大孢子（图 1-82b） 当细胞分裂导致部分细胞小到一定程度时，在某些环境下，将产生 1 种孢子，以恢复原来的大小，这种孢子称复大孢子。复大孢子的形成，一般可分为以下 3 种形式：

（1）接合的 2 个细胞相互靠近，各自进行减数分裂，形成 2 个配子。由不同细胞产生的配子互相接合形成 2 个接合子，接合子与母体垂直方向延长成 2 个复大孢子。

（2）接合的 2 个细胞各产生 1 个配子，配子接合后只产生 1 个复大孢子。

（3）2 个细胞接合后，包在胶质内，不经过接合，各自形成 1 个复大孢子。

3. 休眠孢子（图 1-82c） 沿岸性的中心硅藻多产生休眠孢子。首先，细胞内原生质收缩，集聚于中央，然后分泌两瓣厚壳将其包围，壳上常有刺状突起物。

4. 小孢子（图 1-82d） 这是中心硅藻一种常见的生殖方式。细胞核和原生质经多次分

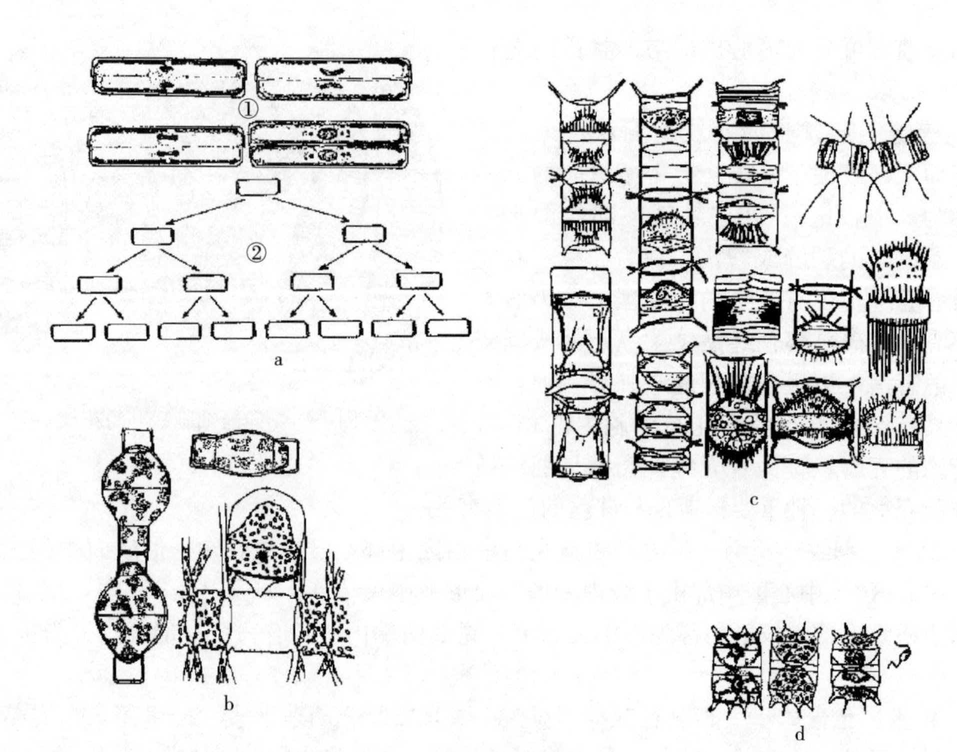

图 1-82　硅藻细胞的生殖

a. 细胞分裂（Lauterborn，Smith）①分裂的 4 个时期　②连续分裂

b. 复大孢子（Smith，Ikari）　c. 休眠孢子（Hustedt，Allen & Cupp. Gran）　d. 小孢子（Bergon）

裂，形成 8 个、16 个、32 个、64 个、128 个小孢子，每个孢子具有 1～4 条鞭毛，长成后，成群逸出，相互结合为合子，然后每个合子萌发成新个体。

三、分类

根据硅藻细胞壁的形态、结构和壳面花纹，硅藻门分成中心硅藻纲和羽纹硅藻纲 2 个纲。

分 纲 检 索 表

1（2）壳面花纹呈同心的放射状排列，无壳缝或假壳缝 ………………………………… 中心硅藻纲

2（1）壳面花纹左右对称，呈羽状排列，具壳缝或假壳缝 ……………………………… 羽纹硅藻纲

（一）中心硅藻纲

藻体为单细胞，或以壳面相连成链状群体。壳面为圆形、椭圆形、多角形等，花纹呈放射状排列，没有壳缝或假壳缝，藻体不能运动。色素体数较多，呈小盘状。细胞壁上常有凸起、刺、毛等，多为浮游种类。

中心硅藻纲分 3 个目，海洋种类为主，淡水种类较少。

分 目 检 索 表

1（2）细胞呈圆盘形、鼓形、球形。壳面多为圆形，辐射对称 ……………………………… 圆筛藻目

2（1）细胞呈长圆形、小盒形，具角状或棘刺凸起。

3（4）细胞呈小盒形，具 2 个以上的明显的圆形隆起或角状凸起，有长棘刺 ………………… 盒形藻目

4（3）细胞呈长圆形，常具对称或不对称的长角或棘刺 ……………………………………… 根管藻目

1. 圆筛藻目 单细胞，或以壳面相接连成链状，或由细的胶质丝相连，或埋于胶质管中。细胞通常为圆形、鼓形或圆柱形，少数为球形或透镜形。色素体通常多数、呈小盘状或片状。壳面平、凸起或凹入，没有角状突起和结节。带面观呈长方形、方形或椭圆形。壳缘平滑，突出、凹入或呈波状弯曲。有的种类壳缘具小刺。壳套很发达。带面多数有线纹或其他花纹。

分 科 检 索 表

1（2）细胞靠缘刺和邻胞相连，刺和链轴平行 ………………………… 骨条藻科
2（1）细胞单独生活或相连成链，如以刺毛相连，则刺毛不与链轴平行。
3（4）细胞能分泌胶质，靠一条或多条胶质线相连成链，或包埋在胶质块内 ………… 海链藻科
4（3）细胞不靠胶质相连。
5（6）壳周有长刺向外围射出。
6（7）细胞单独生活，壳面呈半球形 ………………………… 环毛藻科
7（8）细胞靠长刺的基部相连成链，壳面扁平 ………………………… 辐杆藻科
8（5）壳周边无长刺射出。
9（10）细胞呈盘形，一般单独生活 ………………………… 圆筛藻科
10（9）细胞呈近球形或圆柱形，相连成链，单独生活的很少。
11（12）细胞呈长圆柱形，壳面扁平，壳环面常有环纹 ………………………… 细柱藻科
12（11）细胞呈短圆柱形，壳面半球形，壳环面无环纹 ………………………… 直链藻科

（1）骨条藻科。细胞透镜形或圆柱形。壳面四周有1圈硅质细刺和邻胞的相对细刺互相连接。细刺（或称小刺），和链轴平行。细胞壁上的孔纹呈六角形，有的属很难看见。近海生活，具休眠孢子。

分 属 检 索 表

1（2）细胞壁没有明显的孔纹 ………………………… 骨条藻属
2（1）细胞壁有明显的六角形孔纹 ………………………… 冠盖藻属

骨条藻属：细胞呈球形、透镜形或圆柱形。壳面着生1圈细刺与贯壳轴平行，并同邻胞的对应刺相连，组成直的长链。但细胞间隙长短不一。壳面点纹非常细微，很难看清。细胞核位于细胞中央，色素体1～10个。有复大孢子。本属均分布于海水中。大部分为化石。中肋骨条藻为常见的浮游藻类，广温广盐的典型代表。分布很广，但沿岸带较多，我国近海也很常见。河口、港湾常由于有机质的污染，骨条藻大量繁殖而形成赤潮。在自然海区，骨条藻是缢蛏和牡蛎的优良饵料，硅质少，容易消化。海水贝类养殖中，骨条藻也是人工培育的一种重要的生物饵料（图1-83）。

（2）辐杆藻科。细胞呈圆柱形。壳面扁平。壳周射出1圈刺毛和贯壳轴平行，然后和邻刺相连而与贯壳轴垂直，在向四周射出一定距离后，仍旧分为两支。因此，从壳面观则见一圈Y形刺毛由壳周射出。细胞间隙小。端细胞的端壳刺因无邻刺，所以是单条的，略呈弧形弯转。浮游性群体。全部分布于海水中。仅辐杆藻属。

辐杆藻属：特征同科。透明辐杆藻为广温性沿岸种，我国南海、黄海和东海均有分布（图1-84）。

（3）圆筛藻科。藻体为单细胞，细胞多为盘形或球形，偶有短轴形。个体较大的，细胞壁较薄，个体较小的，细胞壁较厚。有的种类在壳面具小突起、真孔、小刺或翼状突。壳面

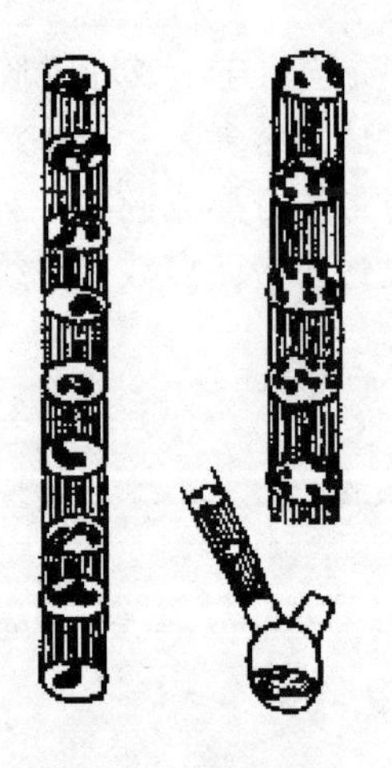

图 1-83 骨条藻属
（金德祥等）

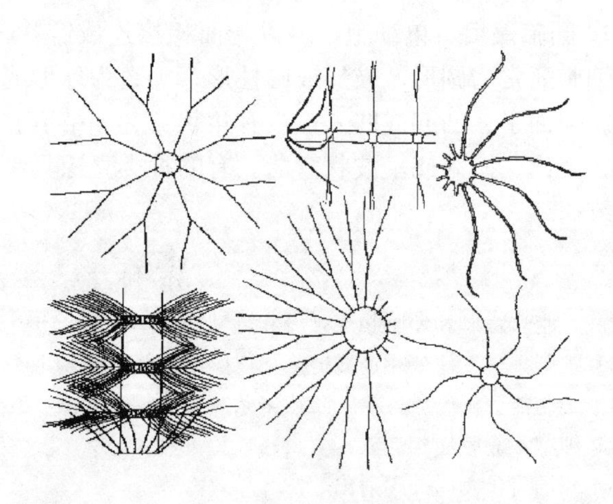

图 1-84 辐杆藻属
（金德祥）

有孔纹或点纹或杂有线纹，一般呈向心排列，少数为较不规则排列，甚至中央部分和四周构造不同，也有成块状的。本科种类较多，广泛分布于世界各海区，河口区也有部分种类。营浮游生活或底栖生活。

分属检索表

1（2）壳周有环状翼，翼上有射出肋 …………………………………………………… 漂流藻属
2（1）壳周无环状翼。如有翼状突出，则系由胶质组成，而无放射肋。
3（4）壳周有长刺。呈射出状排列，并与壳面平行 ………………………………… 顾氏藻属
4（3）壳周无长刺。
5（8）壳面有肋纹，由中央向四周射出。分为若干小块。中央区排列规则。
6（7）壳面的射出肋纹等宽。壳面分为若干块，凹凸相间。中央区无纹 ……………… 辐裥藻属
7（6）壳面射出肋纹之一小于其他，分块不整齐。中央区有少数线纹 ……………… 星脐藻属
8（5）壳面中央无明显射出肋纹。
9（10）壳面中央有不规则的中央区，常常高低不一，四周则有很多射出状肋纹 ……… 小环藻属
10（9）整个壳面有细孔纹，无射出状肋纹。
11（12）壳缘缺无纹点。有的具小形真孔两个。个别种在细胞外缘有胶质小翼 ……… 圆筛藻属
12（11）壳缘有一圆形无纹点 ………………………………………………………… 辐环藻属

①小环藻属。细胞呈圆盘形，壳面呈圆形，罕为椭圆形。多为单细胞体，少数以壳面相连成直或螺旋状的丝状群体。色素体小，盘状多数。壳面花纹排列分周围区和中央区，周围区有向心排列的肋纹或点线纹，中央区为无纹或有向心排列的点纹，或不规则花纹。壳面平直，或有波状起伏，或中央鼓起。带面呈长方形，长与宽相差不大，两侧平直或波状。有复大孢子。小环藻在肥水池塘中常大量出现，是高产鱼池的优势种群之一。有的种类常出现在冬季冰下水体中，其数量与水中硅酸盐的含量关系极大。大部分分布于淡水中，少部分分布于海水中（图 1-85）。

②圆筛藻属。为单细胞，细胞多呈圆盘状。色素体小而多，呈粒状、小片状，常分布在细胞四周较浓的原生质中。壳面呈圆形，平坦或鼓起近半球形，其中央部分平坦或凹入。壳面孔纹一般为六角形或圆形，排列成辐射状、束状和线形。壳面中心的孔纹有时

特别粗大，称中央玫瑰区。正中心有时具小块无纹区称裂隙，较大时称中央无纹区。最外围孔纹间有刺，有时有真孔。带面钱币形、柱形或楔形等。本属多分布于海水中，种类较多（图 1-86）。

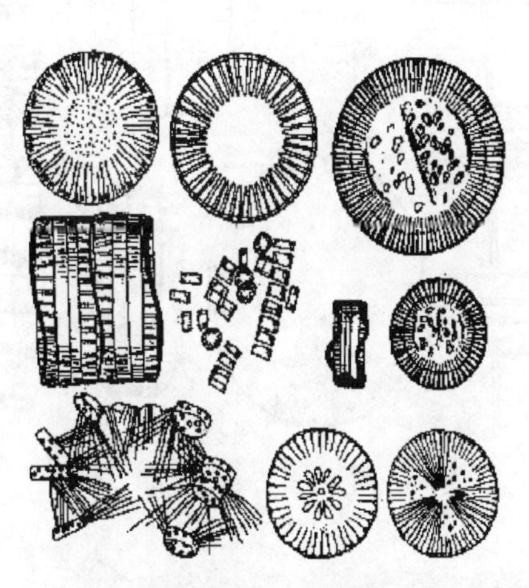

图 1-85　小环藻属
（Hustedt，Gran & Angst）

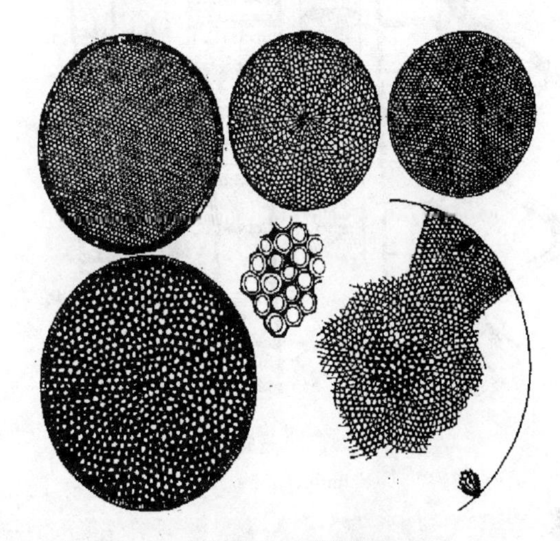

图 1-86　圆筛藻属
（Hustedt，Gran & Angst）

（4）直链藻科。细胞多呈球形，也有呈盘形或短柱形的。常常以壳面胶质相连成直链，或以壳面紧连，或由刺相连。大多营浮游生活，也有的营底栖生活。大部分种类分布于海水中，淡水种类较少，但却是最常见的种类。

分 属 检 索 表

1（2）壳面有大孔纹。壳面呈半球形突起 ………………………………………… 圆箱藻属
2（1）壳面有孔纹或点纹，花纹相似 ……………………………………………… 直链藻属

直链藻属：细胞以壳面相连成丝状群体。细胞呈圆柱形，长大于宽，壳面常为圆形或扁平状，带面为方形，一般所见都是带面观。丝状体两端的壳面具长短不一的棘刺或不具棘刺。色素体为盘状、小型、多数。在接合带两侧常各有一线形的环沟。环沟以外的部分多有斜行孔纹。有的种类无环沟，整个带面都有花纹，或没有花纹。本属在淡水中常见，可在湖泊、池塘中大量出现，成为优势种群。早春晚秋生长旺盛（图 1-87）。

（5）海链藻科。细胞呈圆盘形，或呈半球状突起，也有呈短轴状的。大部分种类有休眠孢子。胶质线位于壳面中央，1 条或多条，或位于壳缘，或具胶质块。细胞以胶质线相连，或包埋于胶质块内。有的壳面边缘有小刺。壳面花纹呈射出状排列。壳环面常有领纹。有的在纹间还有微小的孔纹。

海链藻属：群体，少数单个。细胞呈圆盘状，以胶质线相连成串，或埋在胶质块内。色素体呈板状，多数，且很小。壳面平或鼓起，少数壳面中央凹入，壳缘有许多小棘。壳面点纹较难见到。间生带明显，呈环纹状。有复大孢子和休眠孢子（图 1-88）。

2. 盒形藻目　细胞的形状像一袋面粉，各角隅常有突起，有的还具小刺。单细胞，或形成链状群体。极少数生活于淡水中，大部分在海洋中营浮游生活，但有的种类营固着生活。

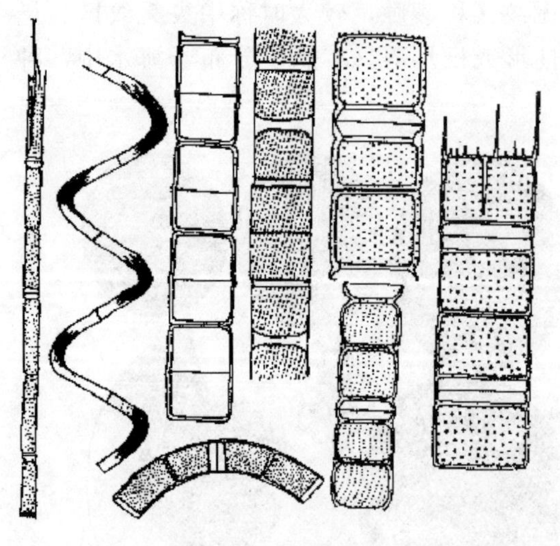

图 1-87 直链藻属
(Schmidt)

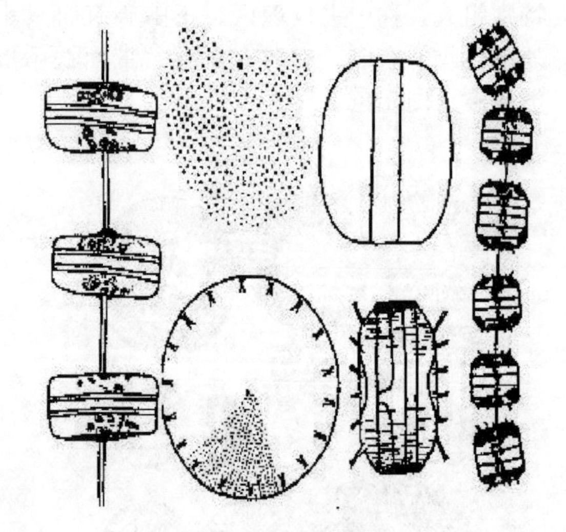

图 1-88 海链藻属
(Hustedt)

分科检索表

1（2）刺毛长于细胞，刺端无爪，细胞靠刺毛相连 ………………………………… 角毛藻科
2（1）刺短于细胞，或无刺，如长于细胞则有爪。
3（4）壳面呈长椭圆形，壳环面较阔，突起或有或无 ……………………………… 弯角藻科
4（3）壳面呈扁椭圆形、三角形或多角形。壳面突起和壳环面平行，一般突起短于细胞，
如长于细胞则有爪 ……………………………………………………………… 盒形藻科

（1）角毛藻科。壳面呈椭圆形，有的呈圆形。长轴带面呈长方形或正方形。壳面有两个突起，并连有长角毛。角毛基部和邻胞角毛相连成链，细胞间常有空隙。本科海产浮游种类只有角毛藻属。

角毛藻属：细胞呈扁椭圆形，常借助角毛与邻胞交接成链，或靠壳面相互连接成链，少数种类为单细胞。色素体1个或2个，或多数，大多为颗粒状，分布于细胞内和粗大中空的角毛中。壳面平坦，凸起或凹下，有的还有小刺。壳面呈椭圆形（宽椭圆形或窄椭圆形），极少数是圆形的。长轴带面为四角形，短轴带面为长方形。本属休眠孢子的特征较稳定，是分类的主要依据之一。种类多，分布广，是常见而重要的浮游硅藻之一（图1-89）。

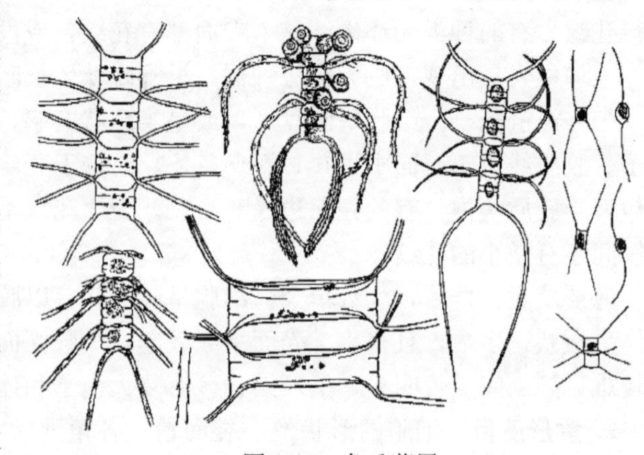

图 1-89 角毛藻属
(金德祥等)

（2）盒形藻科。单细胞，有的靠突端分泌的胶质相连成锯齿状链。壳面呈椭圆形、三角形、四角形、多角形或近圆形。壳面有2个突起，或每角有突起1个，也有少数种类不具突起。仅个别种类生活于淡水中，绝大部分生活于海水中。营浮游生活，也有的营固着生活。

分属检索表

1（2）壳面中央各有大刺一根 …………………………………………………………… 双尾藻属
2（1）壳面中央无大刺。
3（4）壳面中部凹入，两端各有两根粗长的刺状突起，细胞壁极薄 ………………………… 四棘藻属
4（3）壳面非上述情况，细胞以突起相连，壳面中央部分不相连。
5（6）壳面椭圆形，细胞直形，壳面有两个短突起，突间大多数有两个或多个短刺 ………… 盒形藻属
6（5）壳面三角形、四角形或多角形 …………………………………………………… 三角藻属

①双尾藻属。单细胞。细胞呈三角形、四角柱形或圆柱形。细胞壁薄，花纹不明显。色素体小而多。壳面中央有1条粗长中空的长刺，与贯壳轴平行。在中央大刺四周的壳面上，有的种类有许多小刺，也与贯壳轴平行。壳环面随间生带多少而有长短。营浮游生活（图1-90）。

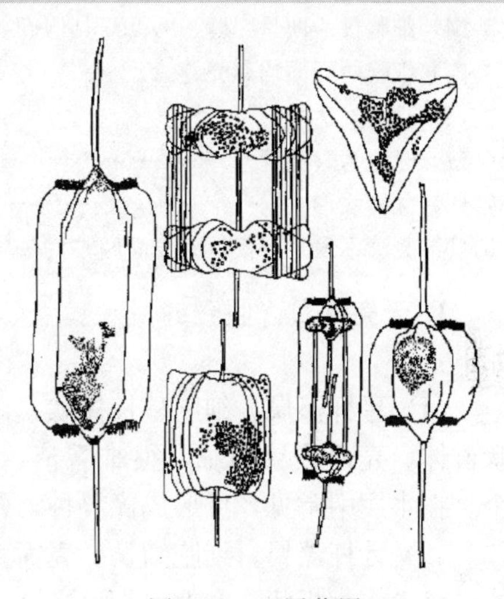

图1-90 双尾藻属
（金德祥等）

②盒形藻属。细胞形状像一袋面粉或近圆柱形。浮游种类常为单细胞。色素体小而多。壳面一般呈椭圆形，两端有突起，突起的末端常有小形的真孔，能分泌胶质，使细胞连成直链或锯齿状链。以胶质附着，营固着生活，且多半形成群体。仅少数分布于淡水或半咸水中，大部分生活于海水中（图1-91）。

3. 根管藻目 细胞贯壳轴拉长而呈管状。相连带有纹。横断面呈椭圆形，少数呈圆形。壳面突起呈半球形、锥形、斜锥形或鸭嘴形等，末端常有小刺。仅有根管藻一科。

根管藻科仅有根管藻属。

根管藻属：细胞呈长圆柱形，直或略弯，断面呈椭圆形或圆形。单细胞或组成链状，链直或弯曲，或略呈螺旋状排列。色素体为小颗粒状、小盘状，多数；或大，片状，少数。壳面扁平或略凸，或十分伸长呈圆锥形突起，其末端具刺，刺常伸入邻胞而连成链状。壳环面长。细胞壁上有点纹，排列规则。分布广，多为海水种类，淡水种类少（图1-92）。

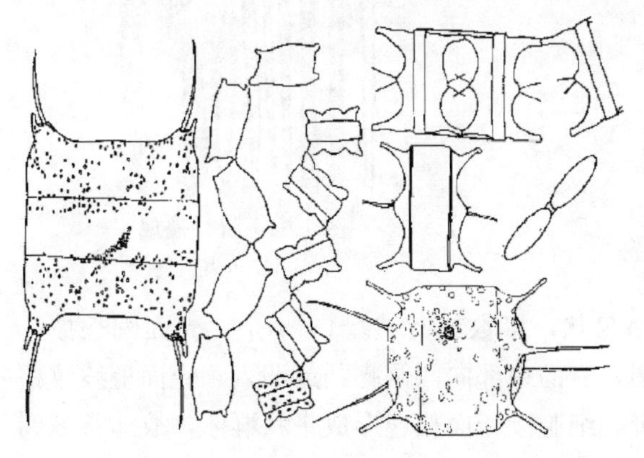

图1-91 盒形藻属
（Hustedt，Lebour等）

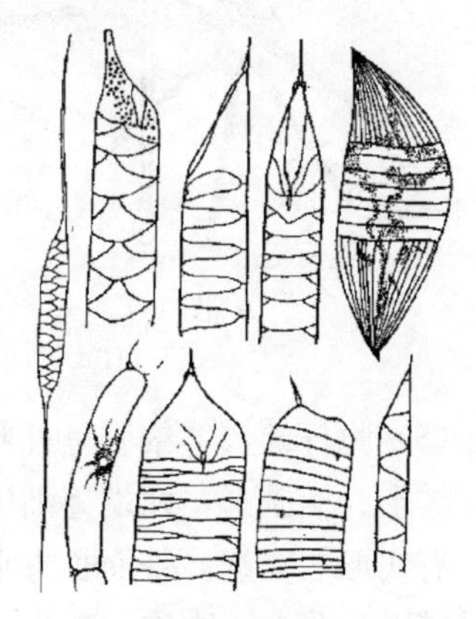

图1-92 根管藻属
（金德祥）

（二）羽纹硅藻纲（羽纹纲）

壳面有壳缝或假壳缝。壳面花纹左右对称，呈羽状排列。色素体多为叶状，大形，通常1～2个，罕为多数，颗粒状。本纲大多数生活在淡水中。

根据壳缝有无及结构的变化，本纲常见的淡水种类可分为5个目：

分 目 检 索 表

1（2）细胞壳面具假壳缝 …………………………………………………………… 无壳缝目
2（1）细胞壳面具壳缝。
3（4）细胞仅一面具壳缝，另一面具假壳缝 ………………………………………… 单壳缝目
4（3）细胞两壳面均具壳缝。
5（8）壳缝发达。
6（7）壳缝为管壳缝 ………………………………………………………………… 管壳缝目
7（6）壳缝线形 ……………………………………………………………………… 双壳缝目
8（5）壳缝不发达，仅位于壳面两端的一侧 ………………………………………… 短壳缝目

1. 无壳缝目（假壳缝目） 上、下壳均无壳缝，只有假壳缝。细胞不能运动。常见属如下：

（1）星杆藻属。细胞呈长棒状，两端膨大，但两端不等大。通常以较大的一端相连成星状群体。壳面线纹精细，很难看清。假壳缝较窄。色素体为小颗粒状，多数；或板状，2个。在水库中常见，可形成优势种，营浮游生活（图1-93）。

（2）针杆藻属。细胞细长，壳面直线形或狭披针形，细胞单生或以一端相连成放射状群体。色素体为板状，2个；或颗粒状，多数。具细线纹，有假壳缝，壳面中央常有无纹区。带面直线状长方形。浮游生活或固着生活，分布广，淡水、海水中均有（图1-94）。

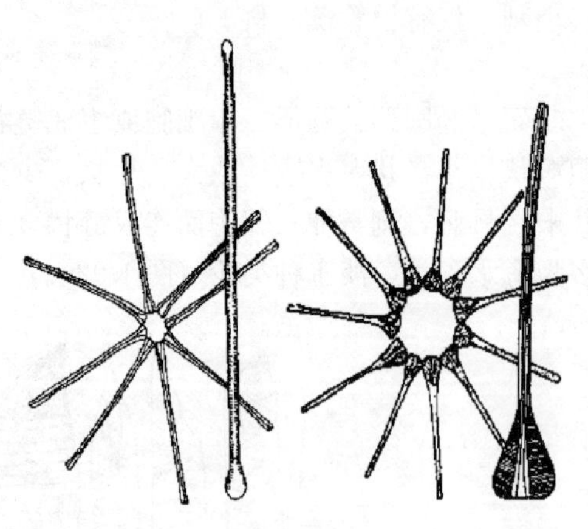

图1-93 星杆藻属
（Hustedt）

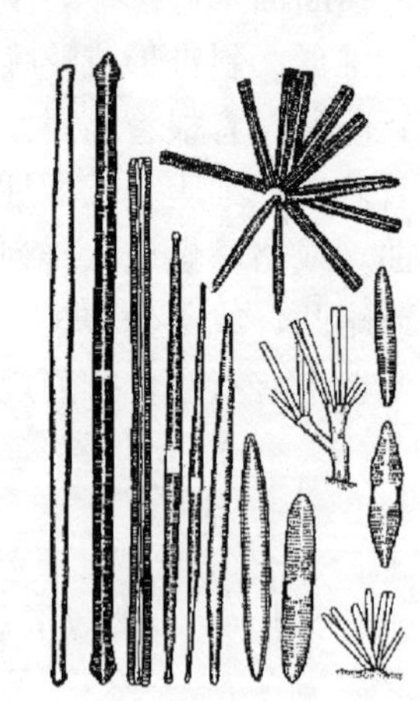

图1-94 针杆藻属
（Hustedt）

（3）脆杆藻属。细胞呈杆状，色素体呈小盘状，多数或叶状，1～4个。壳面细长披针形、梭形、椭圆形，两端逐渐狭窄，末端钝圆，有的中部向两侧膨凸或凹入，壳面上线纹精细，有线形假壳缝。带面长方形，常有间生带。细胞以壳面相连形成带状群体，故通常见到的是带面。分布于水沟、池塘、缓流的江河和湖泊等处，主要分布于淡水中（图1-95）。

（4）等片藻属（横隔硅藻）。细胞以角相连成锯齿状或带状群体。色素体为卵形，小型，

多数。壳面为长椭圆形或棒形，带面为长方形。有间生带和横隔片，并有横肋纹。主要分布于淡水中，少部分生活在海水中（图1-96）。

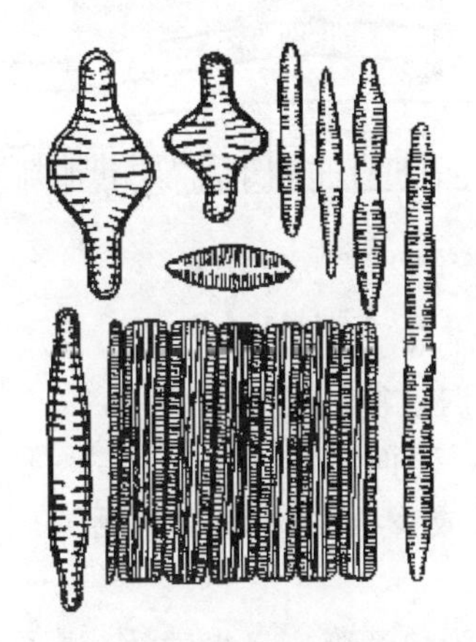

图1-95　脆杆藻属
（Hustedt）

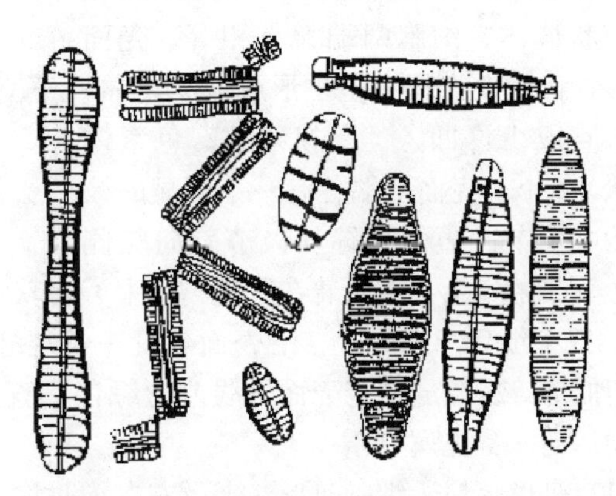

图1-96　等片藻属
（Hustedt）

2. 单壳缝目　一壳面具壳缝，另一壳面具假壳缝。壳面两侧对称，上下花纹常不同。细胞能运动。

（1）卵形藻属（异壳藻属）。细胞扁平，上下壳面构造不同，壳面近圆形或椭圆形，上壳具假壳缝，下壳为真壳缝，并有中央节和极节。色素体呈板状，1个，位于上壳，有1个或2个蛋白核。带面在横轴方向呈弧形或屈膝形弯曲，无间生带。常常以下壳附生在沉水植物、丝状藻类及大型藻类上。广泛分布于海水和淡水中，极少数营浮游生活，大多营附着生活，有些种类大量黏附在紫菜叶状体上，会对紫菜的生长造成影响（图1-97）。

（2）曲壳藻属。细胞单生，或以壳面相连成带状，或以胶质柄附着在其他物体上。色素体小型，呈盘状，多数；或呈片状，1～2个。壳面为披针形、长椭圆形、纺锤形或棒状。上壳凸起具假壳缝，下壳凹入有真壳缝，中央节明显，极节不明显。带面长轴弯曲成“<”形。海水和淡水中皆有分布，有的种类是紫菜的害藻之一，有的种类是鲍鱼的优良饵料（图1-98）。

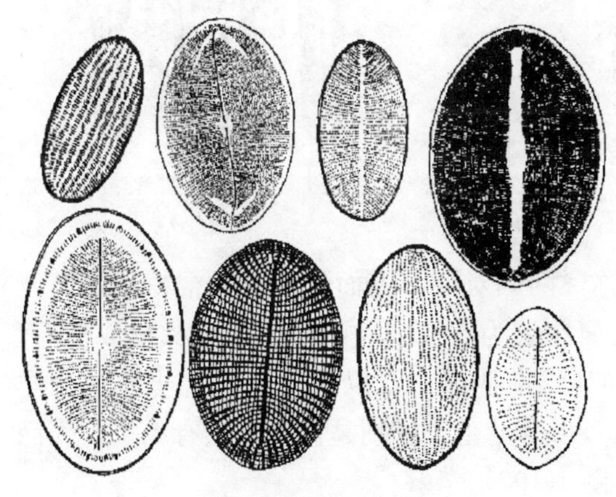

图1-97　卵形藻属
（Hustedt）

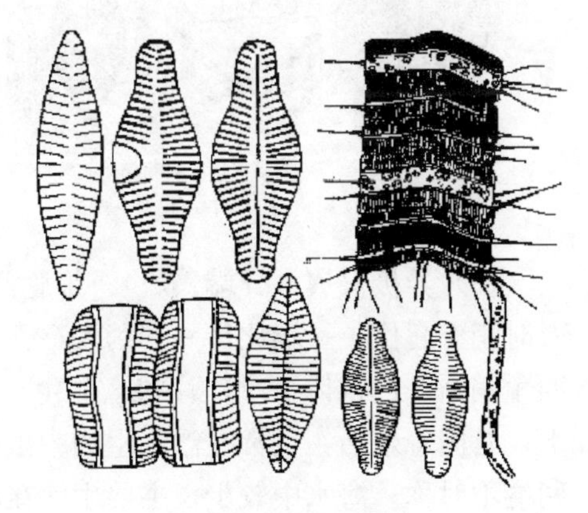

图1-98　曲壳藻属
（Lebour等）

3. 短壳缝目 细胞上、下壳面的两端均具很短的壳缝。本目一科一属。

短壳缝藻属：单细胞，或以壳面互相连成带状群体。细胞两端大小相等，壳面呈弓形，背侧少许膨突呈拱形或波状弯曲，腹侧平直或少许凹入。具横线纹。色素体呈片状，2个。壳面两端各有一个明显的极节，无中央节。短的壳缝从极节斜向腹侧边缘。营浮游生活，或附着在其他物体上，在软水池塘、水沟中常见（图1-99）。

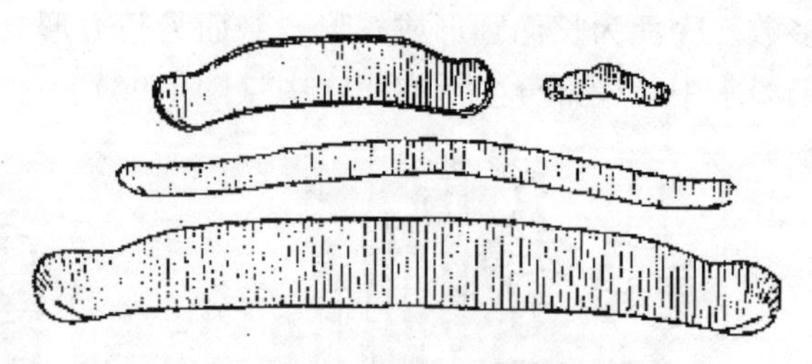

图1-99 短壳缝藻属

（朱蕙忠）

4. 双壳缝目 细胞上、下壳面各具一条裂缝状真壳缝，壳面纺锤形、S形、弓形、楔形及扭曲形等。壳缝位于壳面中线或边缘，呈直线形、S形或V形。营自由生活或固着生活，能运动。常见属有：

（1）舟形藻属。细胞舟形，上下左右均对称。绝大多数为单细胞，自由生活。壳面纺锤形或椭圆形，两端头状或钝圆。壳缝直，位于中线。花纹由点纹或线纹组成。中央节和极节大多明显。带面呈长方形，无间生带。色素体大多呈带状或板状，2个，左右对生，罕为4～8个。本属是淡水中常见的一类硅藻，种类多，数量大，常见于各种水体（图1-100）。

（2）羽纹藻属。单细胞或以壳面相连成带状群体，壳面呈长椭圆形，两侧大体平行，两端圆，有的种类中部稍膨大。带面呈长方形，无间生带。壳面花纹为粗的肋纹，近中央及两端的肋纹略呈放射状排列。2个色素体，板状，位于细胞两侧，有蛋白核。有明显的中央节和端结节。多分布于淡水的浅水水体中，种类很多（图1-101）。

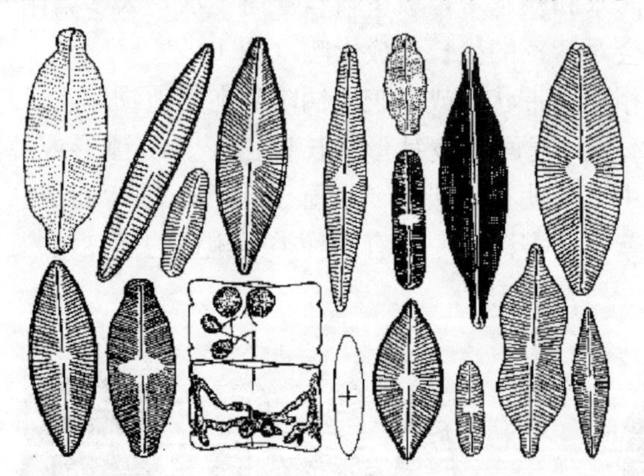

图1-100 舟形藻属

（Hustedt）

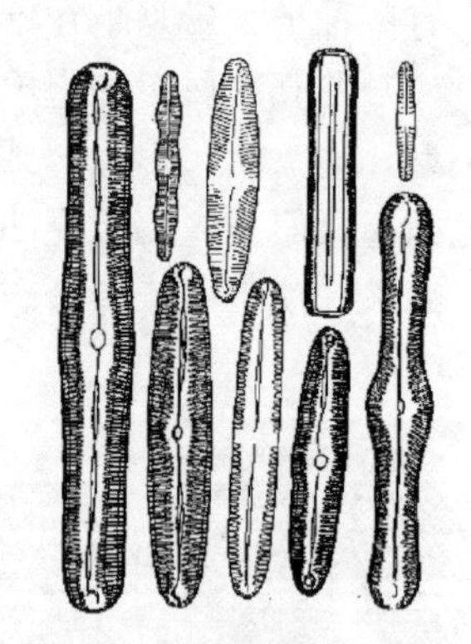

图1-101 羽纹藻属

（朱蕙忠）

（3）异极藻属（异端藻属）。细胞两端不对称，两侧对称。壳面呈楔形、棍棒形，两侧有时稍有起伏，一端比另一端稍大，壳缝直，壳面花纹为点纹或线纹。带面呈梯形或楔形，四角稍圆。色素体1个，片状，侧生。中央节和端结节明显。常以胶质柄附着于其他物体上，营固着生活，也常在浮游生物中出现。它与舟形藻的主要区别是色素体只有1个，壳面两端不对称。海水中较少，主要生活在淡水中（图1-102）。

（4）布纹藻属（双缝藻属）。单细胞，壳面略呈S形，壳缝在壳面中线上，也呈S形，具小型的中央节和极节。壳面从中部向两端逐渐尖细，末端尖或钝圆。壳面花纹为纵线纹和

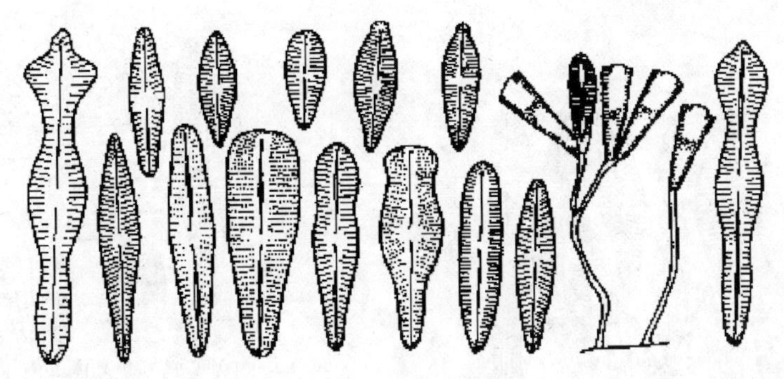

图 1-102 异极藻属
(朱蕙忠)

横线纹相交组成的方格刻纹，但不易看清。带面呈宽披针形。色素体 2 个，板状。广泛分布于各种水体中（图 1-103）。

（5）双眉藻属（月形藻属）。单细胞，壳面呈新月形，两侧不对称，一侧向外膨突，另一侧平直或向内凹入。壳面有细小的点纹。色素体 1～4 个。壳缝和中央节偏向凹入一侧。由于壳面甚膨凸，带面观像切去两端的广椭圆形，并能同时见到上下壳缝（图 1-104）。

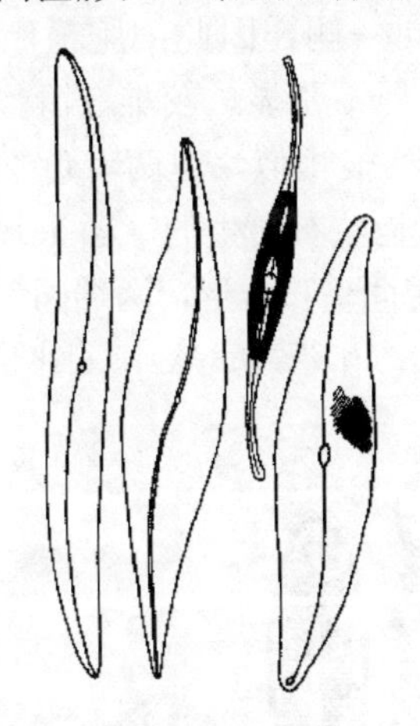

图 1-103 布纹藻属
(Hustedt)

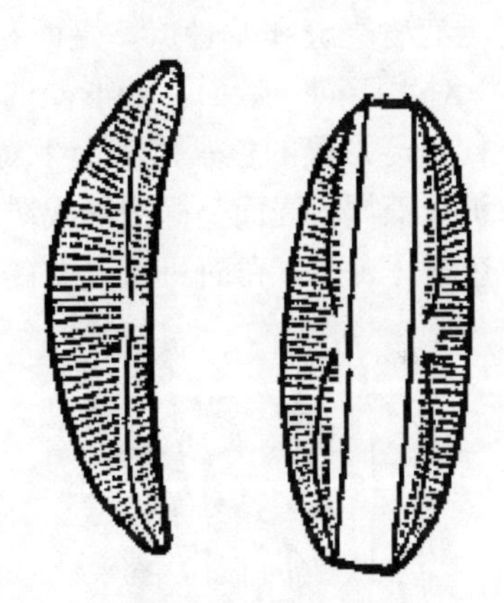

图 1-104 双眉藻属
(Hustedt)

（6）桥弯藻属（新月藻属）。单细胞，壳面上下对称，而两侧不对称，背侧凸出，腹侧平直或中部稍膨凸，壳面呈半椭圆形、新月形、近纺锤形，带面呈长方形。中轴区两侧也不对称，壳缝偏向腹侧，有明显的中轴区、中央节和极节。色素体 1 个、板状。壳面花纹为点纹、线纹、肋纹，略呈辐射状排列。桥弯藻与月形藻的主要区别是不能同时见到 2 个壳缝，壳面不膨凸，带面观呈长方形（图 1-105）。

5. 管壳缝目 壳缝均呈管状，管壳缝位于壳的一边或两边的龙骨上或翼状隆起上。管壳缝常有龙骨突和龙骨点。

（1）双菱藻属（龙骨藻属）。细胞呈椭圆形、卵圆形或圆锥形等。带面呈楔形、长方形等。壳面两侧均有龙骨和管壳缝，上下共有 4 条管壳缝。壳面中央有 1 条假壳缝。色素体呈板状，1 个。壳面有粗的横肋纹。藻体一般较大型，单细胞，种类多，较常见（图 1-106）。

（2）菱形藻属（扁缝藻属）。细胞呈舟形、棒状、梭形等。壳面为直的纺锤形、椭圆形、

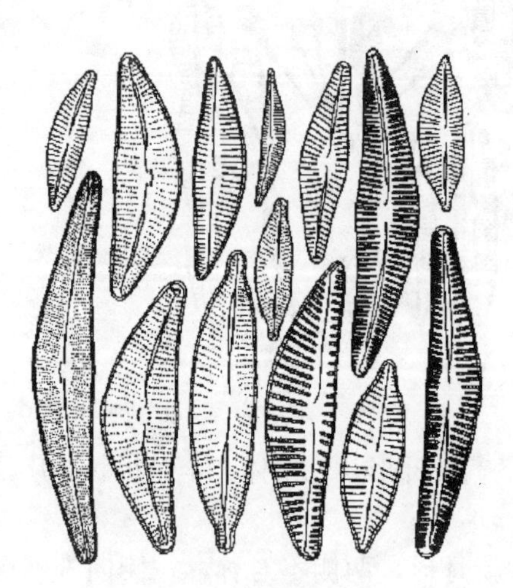
图 1-105　桥穹藻属
(Hustedt 等)

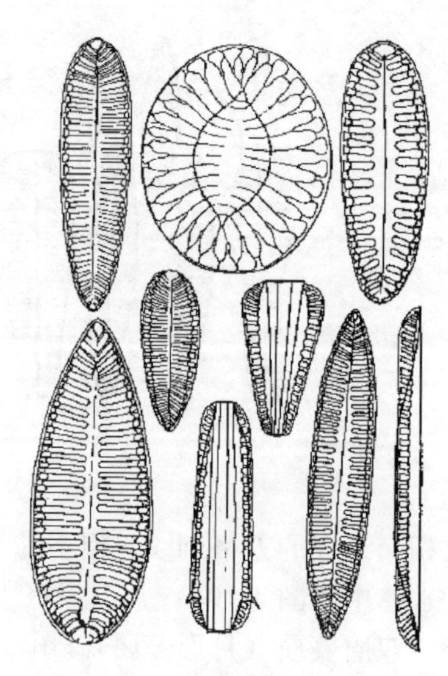
图 1-106　双菱藻属
(金德祥等)

S形等，两端尖或钝。壳面一侧有龙骨突，上下龙骨突不在同一侧，因此细胞横断面呈菱形。龙骨上有管壳缝和龙骨点。壳面花纹为横线纹或横点纹，但不明显，较难看清。色素体2个，上下对生于同一带面。菱形藻的某些种类，形态与舟形藻很相似，但两者色素体的排列位置不同：菱形藻的色素体为上下对生的，舟形藻的色素体是左右对生的（图 1-107）。

(3) 波纹藻属。壳面呈椭圆形或纺锤形，有的中部收缩。带面呈长方形，两端同大，边缘呈波状。色素体 1 个。壳面两侧边缘有龙骨，其中有管壳缝。大多生活在淡水中（图 1-108）。

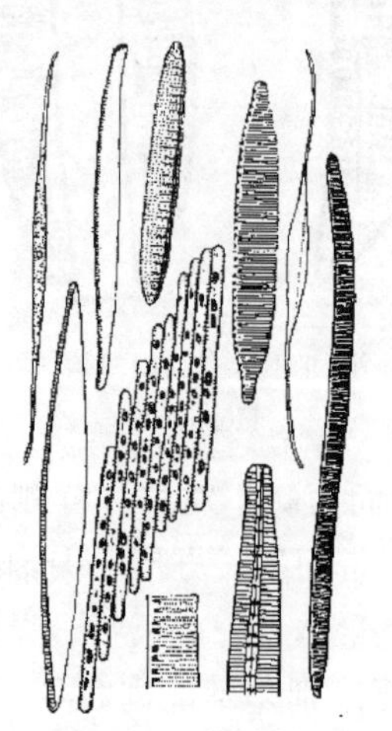
图 1-107　菱形藻属
(Hustedt 等)

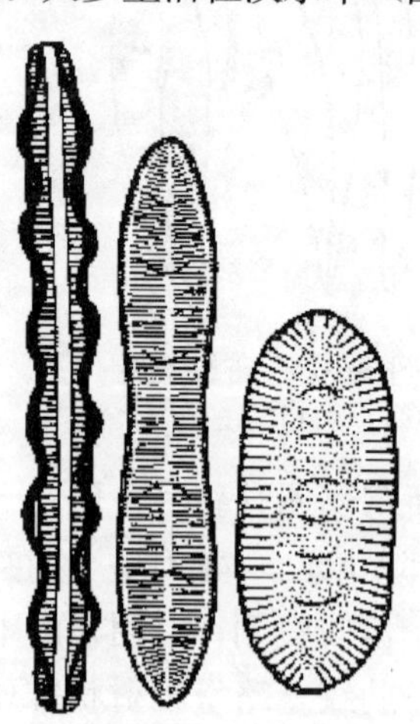
图 1-108　波纹藻属
(朱蕙忠等)

四、生态分布和意义

硅藻在自然界中分布广泛，几乎所有的水体中（包括海洋、湖泊、水库、池塘，甚至其他藻类难以生存的河流中）都可以找到硅藻。硅藻一年四季都能大量生长繁殖，甚至在冰冻三尺的鱼类越冬池中，某些浮游硅藻也能形成优势种群。

硅藻是海洋浮游植物的主要组成部分，是海洋初级生产力一个重要指标。虽然硅藻植物的细胞壁较坚硬，但因其分为上下两瓣，很易碎裂，因而原生质体很易裸出，容易被其他动物消化、吸收，所以，硅藻是鱼、虾、贝类及其幼体的优良饵料。差不多所有的单细胞硅藻都是滤食性浮游动物的食物，在我国沿海四大贝类的饵料中，硅藻占首要位置。中国毛虾的全年食物中，硅藻占54%，而沙丁鱼、鲱等幼体也以硅藻为主要摄食对象。此外，鉴于许多硅藻的广温习性，在冬季也能繁殖，成为冰下生物增氧的重要组分。

如果海洋环境富营养化程度很高或其他原因，导致某些硅藻繁殖过盛，会引发赤潮，给渔业及其他水产动物带来严重危害。

硅藻死亡后的硅藻外壳，大量沉积在水底形成硅藻土，在工业上有广泛用途。硅藻化石对石油勘探和古地理的研究都有重要的意义。

第六节　隐 藻 门

一、形态构造

隐藻门的种类较少，多为单细胞的运动藻类，少数种类形成不定形群体。细胞呈长椭圆形或卵形，大部分种类没有细胞壁，细胞外有一层周质体，柔软或坚固。大多数种类具有鞭毛，能运动。细胞前端较宽、钝圆或斜向平截，有背腹之分，背侧略凸，腹侧平直或略凹入，前端偏于一侧具有向后延伸的纵沟。鞭毛2条，略等长，自腹侧前端伸出或生于侧面。有的种类具有1条口沟，自前端向后延伸。纵沟或口沟两侧常具有多个棒状的刺丝胞，有的无刺丝胞（图1-109）。

隐藻的光合作用色素有叶绿素a、叶绿素c、β-胡萝卜素和藻胆素。色素体大型、叶状，1个或2个，多为黄绿色或黄褐色，也有蓝绿色、绿色或红色的，有的种类无色素体。贮存物质为淀粉和油滴。蛋白核有或无，伸缩泡位于细胞前端。

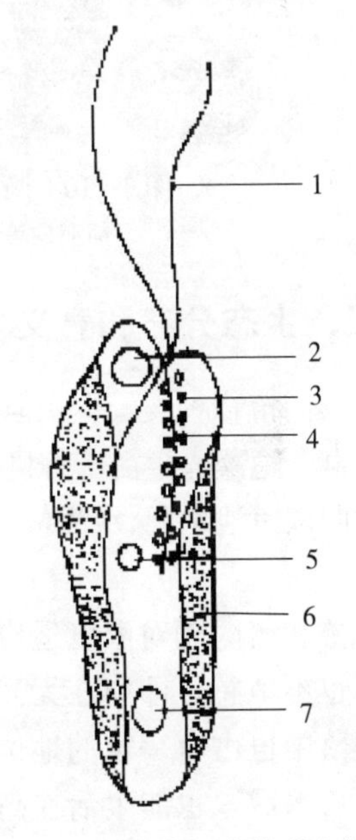

图1-109　隐藻细胞的形态构造
1. 鞭毛　2. 伸缩泡　3. 刺丝泡　4. 纵沟
5. 蛋白核　6. 色素体　7. 细胞核

二、繁殖

隐藻的繁殖方式多为细胞纵分裂，群体或不具鞭毛的种类产生游动孢子。

三、分类

隐藻门仅一纲——隐藻纲，分为5个科，我国仅发现隐鞭藻科。

1. 隐藻属　单细胞藻类，细胞呈椭圆形、豆形、卵形、圆锥形、S形等，前端钝圆或呈斜截形，后端呈或宽或狭的钝圆形。背腹扁平，背侧明显隆起，腹侧平直或略凹入。细胞前端有一条明显的口沟，自前端向后延伸，长度一般不超过细胞长度的1/2。鞭毛2条，略不等长，自口沟或腹侧伸出，通常短于细胞长度。色素体2个，有时1个，位于背侧、腹侧或细胞两侧，呈黄绿色或黄褐色，有时为红色。细胞核1个，位于细胞后端。本属在高产鱼池可形成云彩状水华，水色呈红褐色。在进行细胞分裂时，核先分裂，接着原生质体自口沟处一分为二，形成两个子细胞（图 1-110）。

2. 蓝隐藻属 单细胞藻类，细胞呈长卵形、椭圆形、近球形、近圆柱形、圆锥形或纺锤形。2 条鞭毛自身体前端伸出，不等长。细胞前端斜截形或平直，后端钝圆或渐尖，背腹扁平。色素体多为 1 个，也有 2 个的，呈盘状，边缘常具浅缺刻，周生，呈蓝色到蓝绿色。细胞核 1 个，位于细胞下半部。纵沟或口沟不明显。本属藻类可在鱼池中形成水华，甚至在冰下水体中也可形成优势种群，有些种类还可生活在混盐水体中（图 1-111）。

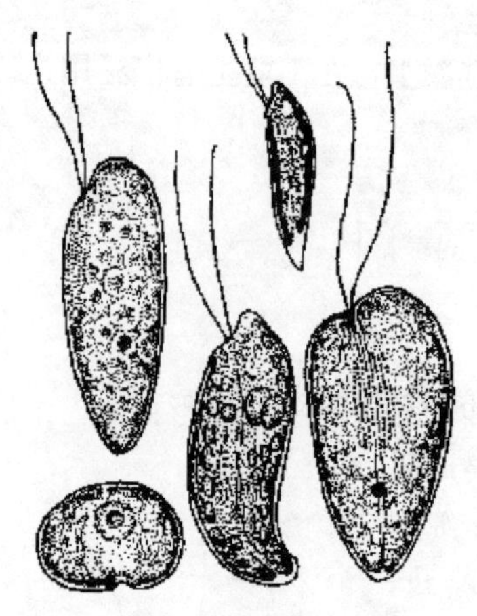

图 1-110 隐藻属
（胡鸿钧等）

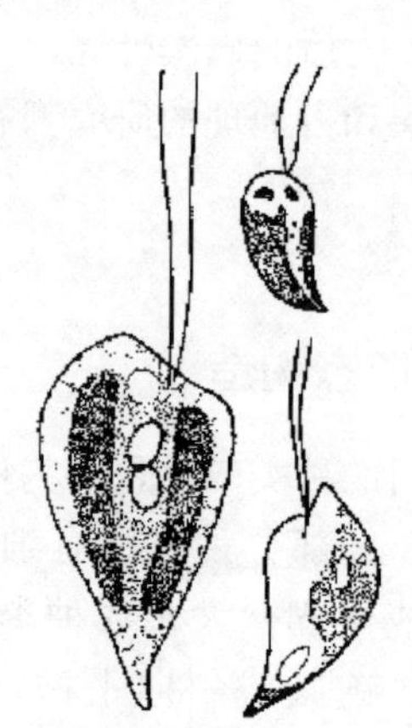

图 1-111 蓝隐藻属
（Lackey）

四、生态分布和意义

隐藻门植物种类较少，但分布广，淡水、海水中皆有。在肥水鱼池中极为常见，且常成为优势种群。隐藻喜生活于有机物和氮含量丰富、流动或静止的水体中。鱼池中有隐藻形成的水华，说明该鱼池水肥、水活，是好水。隐藻又是鲢等以浮游植物为食的滤食性鱼类的良好的天然饵料。

隐藻和蓝隐藻对温度适应性极强，无论是夏季还是冬季冰下水体中均可形成优势种群。对光照也不敏感，即使在无光的环境中也能用异养方式生活相当长的时间。隐藻在海洋浮游生物群落中也占有一定的地位，有些种类对盐度的适应性也很强，如沼盐隐藻既能生活在低盐的河口水域，也能生活在高盐的盐沼池中。

第七节 甲 藻 门

绝大部分的甲藻生活在海洋中，甲藻又称双鞭虫藻，在海洋中又被称为双鞭甲藻。其大多数种类有色素体，能进行光合作用，属自养生物。

一、形态构造

大多数甲藻是能运动的单细胞个体，少数种类为群体或丝状体。细胞呈球形到针形，背腹扁平或左右侧扁。少数种类细胞裸露，无细胞壁。多数种类细胞分成细胞壁和原生质体两部分。细胞壁的主要成分为纤维素，或薄或厚而硬，称为壳壁。在横裂甲藻亚纲，细胞壁大多由许多小板片组成，也有的无细胞壁或具一薄壁。细胞表面有纵沟和横沟。横沟位于细胞中部，将细胞分为上、下两部分，位于横沟上半部的称上壳（上甲）或上锥部，下半部称下壳（下甲）或下锥部。在下壳的腹面有1条纵沟（又称腹沟）。在纵裂甲藻亚纲，细胞壁由左右2片组成，无纵沟和横沟（图1-112）。

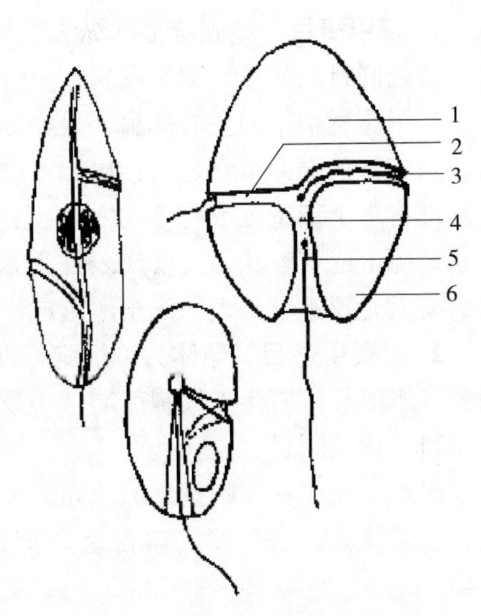

图1-112 横裂甲藻的形态、构造
1. 上锥部 2. 横沟 3. 横沟鞭毛
4. 纵沟 5. 纵沟鞭毛 6. 下锥部
（杨和荃等）

运动型甲藻个体具有2条鞭毛，或位于细胞前端、顶生，或位于细胞腹侧纵、横沟交界处，分别为横沟鞭毛和纵沟鞭毛。横沟鞭毛呈带状，环绕在横沟内，纵沟鞭毛呈丝线状，由纵沟伸向体外。光合作用色素除含有叶绿素a、叶绿素c、β-胡萝卜素等色素外，还含有甲藻特有的多甲藻素和甲藻素，极少数种类无色素。色素体呈圆盘状、带状、棒状或片状等，多个，分散于细胞表层或呈辐射状排列，一般呈金黄色、黄绿色、蓝绿色、黄褐色或红褐色等，贮存物质为淀粉和油滴。大多数甲藻细胞内含有1个特殊的细胞核，在有丝分裂中核膜不消失，不形成纺锤体。

二、繁殖

甲藻的繁殖方式最常见的是细胞分裂。纵裂甲藻亚纲和横裂甲藻亚纲的翅甲藻，为纵分裂繁殖；横裂甲藻亚纲的其他种类为横分裂或斜分裂。此外，有的种类可产生动孢子和静孢子。只在极少数种类中发现有性繁殖。

三、分类

甲藻门仅一纲——甲藻纲，根据藻体的细胞结构、鞭毛着生位置和生活习性等，分为两个亚纲：纵裂甲藻亚纲和横裂甲藻亚纲。

分亚纲检索表

1（2）细胞裸露或由一定数目板片组成细胞壁，鞭毛2条，各位于纵沟和横沟内 ········ 横裂甲藻亚纲
2（1）细胞壁由左右两瓣组成。鞭毛2条，顶生 ········ 纵裂甲藻亚纲

（一）纵裂甲藻亚纲

藻体为单细胞，细胞壁由左右两瓣组成，无横沟和纵沟。鞭毛两条，不等长，生于细胞前端。本亚纲藻类，大多数分布于海水中。

分目检索表

1（2）细胞壁可纵裂为两瓣，纵裂线明显 ········ 双甲藻目（原甲藻目）
2（1）细胞壁可纵分为两瓣，但纵裂线不明显 ········ 纵裂甲藻目

1. 双甲藻目 细胞壁上的纵裂线明显，将细胞壁纵分为左右两半。仅一科——原甲藻科，特征同目。常见为原甲藻属。

原甲藻属：细胞左右侧扁，呈卵形或心形。细胞壁自中央分成左右相等的两瓣。鞭毛 2 条，从细胞前端两半壳之间伸出。在鞭毛孔旁两半壳之间或在一个壳上，有一齿状突起。鞭毛基部有 1 个细胞核或有 1～2 个液泡。壳面上除纵裂线外，布满孔状纹。色素体 2 个，呈片状，侧生或颗粒状。主要代表种为海洋原甲藻，在我国沿岸是牡蛎、幼鱼的饵料，大量繁殖时有发光现象，是太平洋东岸形成赤潮的主要种类（图 1-113）。

2. 纵裂甲藻目 藻体为单细胞，细胞壁纵分为两半，但纵裂线不明显。鞭毛呈长带状，两条，不等长，着生于细胞前端，一条伸向前方，另一条螺旋环绕于细胞前端。本目仅纵裂甲藻科，特征同目。

纵裂甲藻属：细胞呈梨形或卵形，细胞壁薄，由左右大小不等的两瓣组成，纵裂线不明显。色素体大，呈片状，内含蛋白核。细胞前端略凹入，由此生出 2 条带状鞭毛（图 1-114）。

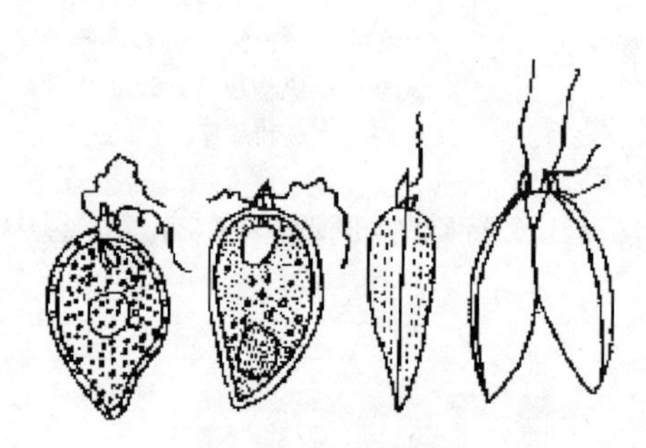
图 1-113 原甲藻属
(Schiitt)

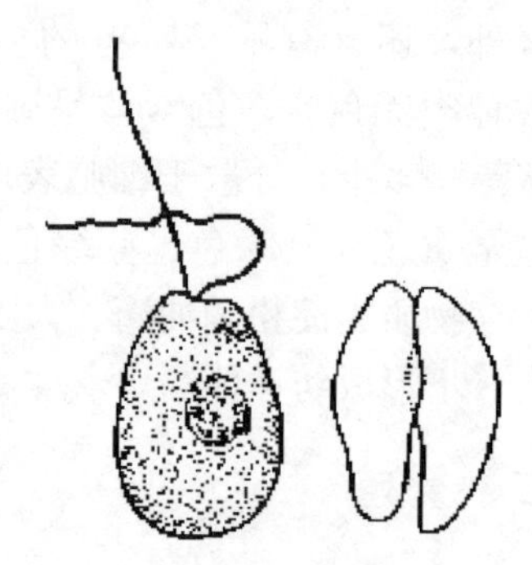
图 1-114 纵裂甲藻属
(Shiller)

（二）横裂甲藻亚纲

本纲种类很多，大多为单细胞，或由单细胞组成各种形状的群体。运动的细胞裸露，或具有或厚或薄的壳壁。薄壁由多数相同的多角形的小板片组成；厚壁由很多大小、形态都不同的多角形板片组成。横沟通常环绕细胞 1 周，多为螺旋状，少数为环形围绕。本亚纲分为 5 个目。

多甲藻目：植物体为单细胞，有时数个细胞组成各种形状的群体。细胞具明显的纵、横沟，能运动，2 条鞭毛分别位于横沟和纵沟内。本目是甲藻门中最重要的一个目，种类多，分布广。

分亚目检索表

1（2）横沟明显靠近细胞前部，邻接横沟与纵沟的各块板片都有翼状的边翅 ……………… 翅甲藻亚目
2（1）横沟不明显靠近细胞前部，板片都没有边翅。
3（4）细胞具厚而硬的壳壁，壳壁由许多大小不同的多角形板片组成 ……………… 多甲藻亚目
4（3）细胞裸露或具薄的细胞壁，薄壁由许多相同的多角形的小片组成 ……………… 裸甲藻亚目

1. 翅甲藻亚目 本亚目藻类主要分布在热带海区，细胞左右侧扁，横沟明显靠近细胞前部，邻接横沟与纵沟的各块板片都有翼状的边翅。包括 2 个科，常见的是翅甲藻科的翅甲

藻属。

翅甲藻属：细胞呈卵圆形，左右侧扁，细胞横沟的边翅斜伸向前，呈漏斗形。壳面有孔纹，色素体呈黄绿色。主要有尖翅甲藻，具尾翅甲藻等（图 1-115）。

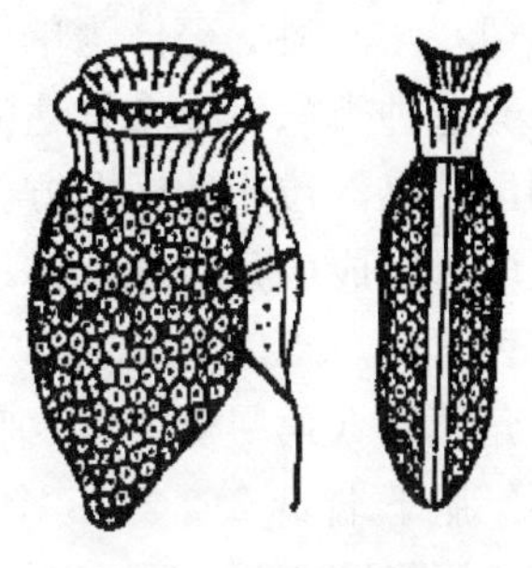

图 1-115 翅甲藻属
(Schiitt)

2. 多甲藻亚目 本亚目是甲藻门中种类最多的一类，分布广，淡水、海水、咸淡水中均有分布。本亚目甲藻多为单细胞，有时几个细胞连成链状群体。细胞具明显的横沟和纵沟，具有厚而硬的壳壁，细胞壁由数块大小不等的多角形板片组成，板片数目、形状和排列方式是分类的主要依据（图 1-116）。

（1）上甲板片。

顶孔板：位于顶端，中间常有 1 个明显的孔。

顶板：围绕顶孔板的板片。

沟前板：上锥部与横沟相邻的板片。

前间插板：顶板与沟前板之间的板片。

（2）下甲板片。

底板：下锥部末端的板片。

沟后板：下锥部与横沟相邻的板片。

后间插板：沟后板与底板之间的板片。

横沟通常由 3 块板片组成，纵沟一般由 6 块板片组成。

通常将板片从顶至底分层，分别以不同符号代表，各层板片自左方到背面再至右方以数字表示，即顶孔板（P），顶板（′），沟前板（″），前间插板（a），沟后板（‴），后间插板（p），底板（⁗），横沟（G），纵沟（V）。以这种方式表示板片组成特征的称甲片式，甲片式随种类而异。

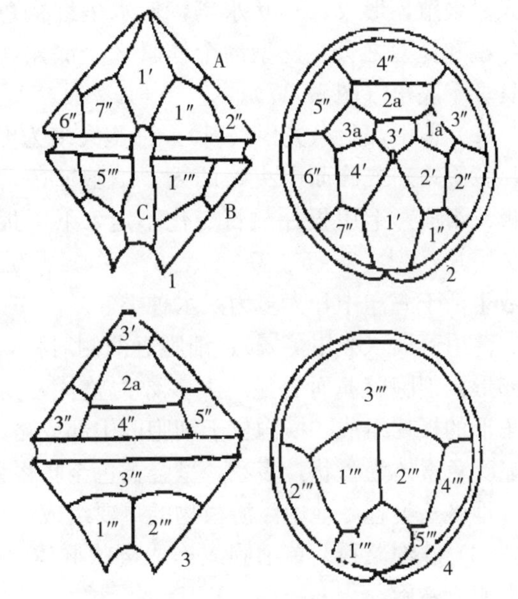

图 1-116 多甲藻板片示意
A. 上锥部 B. 下锥部 C. 腹区（纵沟）
1. 腹面观 2. 顶面观 3. 背面观 4. 底面观
（郑柏林等）

分 科 检 索 表

1（2）细胞上、下甲延伸成发达的角状突起 ………… 角藻科
2（1）细胞上、下甲无发达的角状突起。
3（4）细胞壁常为整块，或由小板片组成，每种的上甲板片数目变化不定 ………… 薄甲藻科
4（3）细胞壁不为整块，由板片组成，每种的上甲板片数目恒定。
5（6）横沟两端距离较大，为宽度的 1.5～7.0 倍 ………… 膝沟藻科
6（5）横沟两端非上述情况。
7（6）细胞为球形、椭圆形或多角形，下甲底板 2 块 ………… 多甲藻科
8（7）细胞呈扁透镜形，下甲底板 4～10 块 ………… 扁甲藻科

(1) 角藻科。藻体为单细胞或连成链状群体。细胞具1个细长的顶角，2个或3个底角，有些种类只有1个发达的底角。横沟呈环状，位于细胞中央。细胞腹面中央为斜方形的透明区，纵沟位于此区左方。甲片式为4′5″5‴2⁗。缺前、后间插板，其顶板联合组成顶角，底板联合组成底角。色素体小，为颗粒状，多数，呈金黄色、黄绿色或褐色，顶角和底角内也有色素体。

角藻属（角甲藻属）：细胞上端延伸为1个粗大的顶角，细胞下端具2个或3个底角，有的只有1个底角。横沟位于细胞中央，呈环状或略螺旋状。纵沟位于腹区左侧，壳壁表面具网状孔纹。本属是最常见的海洋浮游甲藻，分布很广。飞燕角藻广泛分布于各种淡水水体中，可大量繁殖，形成云彩状水华，使水呈红褐色，体型常有冬型和夏型之分，夏型的个体具3个底角，冬型的个体具2个底角（图1-117）。

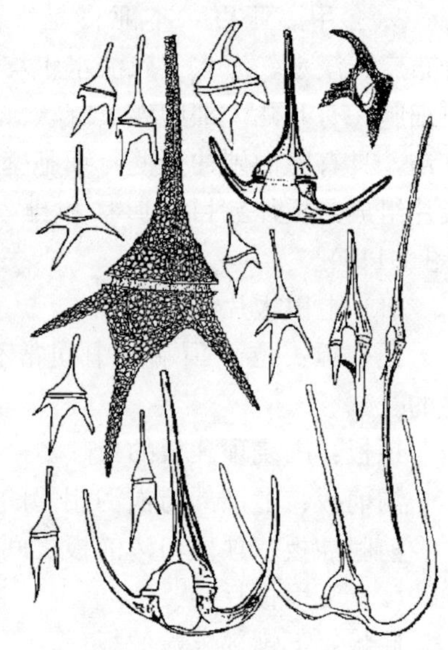

图1-117　角甲藻属

(Pellter)

(2) 薄甲藻科（光甲藻科）。细胞大多为卵圆形或球形，背腹略扁或腹面中央略凹入。细胞壁薄，整块或由小板片组成。上甲板片数目变化不定，下甲板片数目恒定。甲片式为：3～5′，0～2a，6～7″，1～5‴，2⁗。仅少数生活于海洋中，大多为淡水种类。

薄甲藻属（光甲藻属）：细胞近两侧对称，呈球形至长卵形。细胞壁薄而明显，大多数为整片，少数种类由多角形的板片组成。横沟位于细胞的中部或略偏于下甲，环状围绕，很少螺旋形环绕。纵沟明显。色素体为盘状，多数，呈金黄色至暗褐色。有的在纵沟处具一红色眼点。薄甲藻属是北方地区鱼类越冬池中浮游植物的重要组成部分。本属种类主要分布在淡水中（图1-118）。

(3) 膝沟藻科。单细胞或连成链状群体。横沟两端距离较大，为宽度的1.5～7.0倍，横沟明显左旋。

膝沟藻属：细胞形态与多甲藻属相似，不同之处是本属有1块小的延长的副顶端板，纵沟直达顶部。淡水中仅有尖尾膝沟藻，该属其他种类几乎都分布于海洋中（图1-119）。

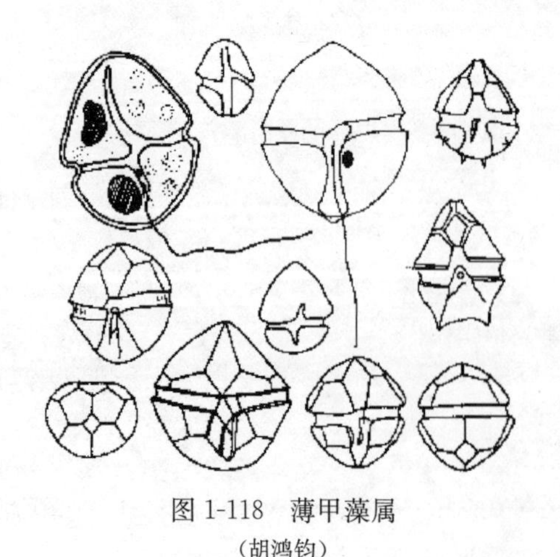

图1-118　薄甲藻属

(胡鸿钧)

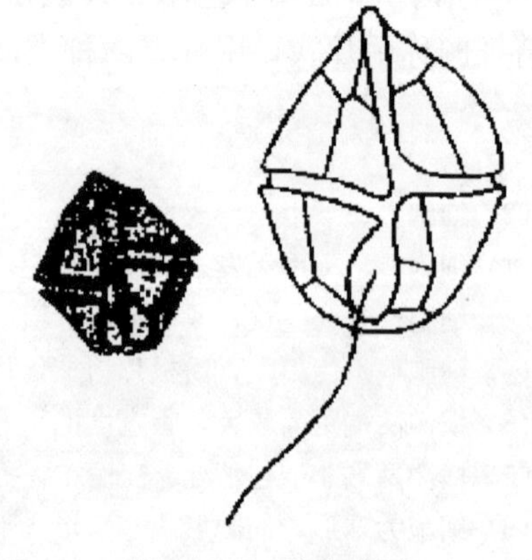

图1-119　膝沟藻属

(Hustedt)

(4) 多甲藻科。细胞大多呈双锥形、球形、椭圆形或多角形，上端常成细而短的圆顶状，或突出成角状。下端钝圆或分叉成角状。细胞腹面稍凹入，背面凸出。甲片式为1P，4′，2～3a，7″，3G，5‴，2⁗，6V。

多甲藻属：细胞常为球形、椭圆形或卵形。纵、横沟明显，板片光滑或具有纹饰。多数种类横沟位于细胞中间略偏下的部位，多为环状，有的为螺旋形。纵沟有的略伸向上锥部，有的仅限于下锥部，有的达下锥部末端。色素体呈颗粒状，多数，周生，呈黄绿色、黄褐色或红褐色。细胞核较大，位于细胞中部。本属种类很多，有200多种，绝大多数为海产种类，淡水种类较少（图1-120）。

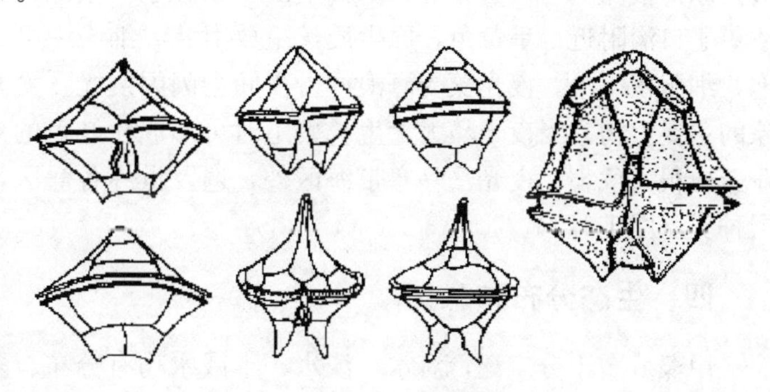

图1-120 多甲藻属
(Huber-Pestalozzi等)

3. 裸甲藻亚目 本亚目藻类在淡水、海水和半咸水中皆有分布，但多数分布于海洋中，营浮游生活，其中不少种类可形成赤潮。藻体大多为单细胞，少数为群体。细胞裸露或具很薄的壁。有纵沟、横沟，横沟呈环状或螺旋状。主要有2科。

分 科 检 索 表

1 (2) 无触手，2条鞭毛正常……………………………………………………裸甲藻科
2 (1) 具一条能动的触手，2条鞭毛，均退化…………………………………夜光藻科

(1) 裸甲藻科。单细胞，横沟位于细胞中央或靠近细胞前、后端。纵沟略延伸到上锥部。

裸甲藻属：细胞大多两侧对称，呈圆形、椭圆形或卵形，背腹扁平。上锥部和下锥部大小相等，或上锥部较大。横沟明显，通常围绕细胞1周。纵沟浅或深，有的仅位于下锥部，多数种类略向上锥部延伸。细胞裸露或具薄壁，薄壁由许多相同的多角形的板片组成。色素体多个，呈盘状或棒状，呈金黄色、蓝绿色、绿色或褐色；有的种类无色素体。本属种类海、淡水均有分布，但海产种类多，其中不少种类是形成赤潮的主要生物。淡水中的裸甲藻、真蓝裸甲藻在养鱼池中极为常见，可大量繁殖形成云彩状水华，使水呈蓝绿至墨绿色，是鲢、鳙的良好饵料。但过量繁殖会形成赤潮或水华，危害渔业生产（图1-121）。

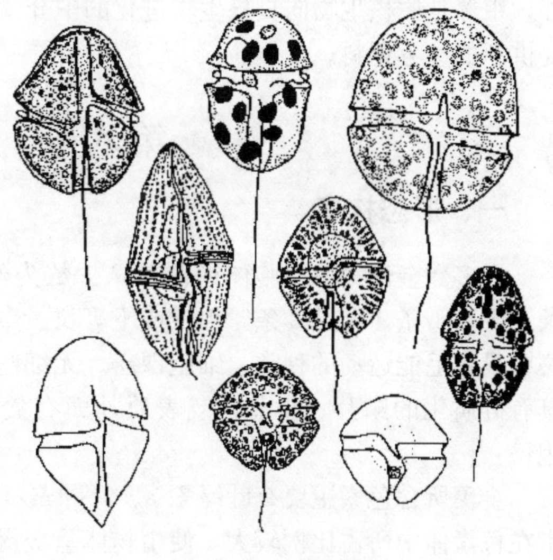

图1-121 裸甲藻属
(小文保清治等)

(2) 夜光藻科。细胞没有外壳，呈圆形、囊状，两条鞭毛皆退化，具有1条能动的触

手。幼体似裸甲藻，成长后横沟及鞭毛均不明显。仅夜光藻属。

夜光藻属：体型较大，长可达1～2mm，肉眼可见。单细胞，球形，纵沟很深，与口沟相通，末端生出1条触手，鞭毛退化。原生质浓集于口沟附近，呈黄色，原生质丝呈放射状。细胞中央有1个大液泡，细胞核1个。夜光藻受海浪冲击夜间会闪闪发光，为海洋发光现象的主要生物。当夜光藻大量生长繁殖时可形成粉红色的赤潮，对渔业造成很大危害。夜光藻除寒带海区外，遍及世界各海区，为沿岸表层种类（图1-122）。

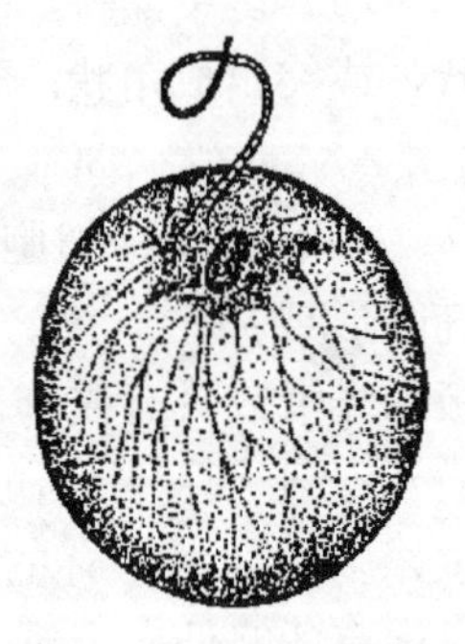

图1-122　夜光藻属
（Fort）

四、生态分布和意义

甲藻分布十分广泛，海水、淡水、半咸水均有分布。多数种类生活于海洋中，几乎遍及世界各大海区，是海洋浮游生物的一个重要类群，在海洋生态系中占有重要的地位。甲藻通过光合作用合成大量有机物，其产量可作为海洋生产力的指标。甲藻同硅藻一样，也是海洋小型浮游动物的重要饵料之一。

淡水中甲藻的种类不及海洋多，但有些种类可在鱼池中大量生殖，形成优势种群，为滤食性鱼类提供丰富的食物，如真蓝裸甲藻是鲢、鳙的优质饵料，素有“奶油面包”之称。光甲藻对低温、低光照有极强的适应能力，是北方地区鱼类越冬池中浮游植物的重要组成成分，其光合产氧对丰富水中溶氧，保证鱼类安全越冬有重要作用。

某些甲藻是形成赤潮的主要生物，对渔业危害很大。有些甲藻，如夜光藻可使海水缺氧，或堵塞动物的呼吸器官，而导致动物窒息；有些种类，如短裸甲藻分泌毒素释放到海水中，毒害其他生物，并导致鱼、虾、贝类大量死亡。有些种类，如膝沟藻分泌的毒素可积累在贝类体内，如果人或其他动物吃了这些贝类，则会引起中毒，甚至死亡。这种现象即是人们所说的贝毒。

不少甲藻具有发光能力，特别夜光藻，细胞个体大，是研究发光原理的良好材料。另外，甲藻是原核生物向真核生物进化的中介型，它们的形成、分类研究，将为生物进化理论提供新的参考资料。

第八节　金 藻 门

一、形态构造

大多数金藻为单细胞体或群体，少数为丝状体，大多数种类具鞭毛，能运动，鞭毛2条，少数1条，罕见3条，等长或不等长。金藻门细胞呈球形、椭圆形、卵形、梨形等。金藻中具鞭毛能运动的种类，细胞裸露、无细胞壁，细胞外只有一层柔软的表质，或在表质上具有硅质化的鳞片、小刺，或表质外面有囊壳；不能运动的种类具有以果胶质为主的细胞壁。

金藻所含色素主要有叶绿素a、叶绿素c、β-胡萝卜素和叶黄素，由于胡萝卜素和叶黄素在色素体中所占比例较大，使植物体呈金褐色或黄褐色，故称其为金藻。色素体1个或2个，大型，片状。贮存物质为白糖素和油滴。白糖素常为光亮而不透明的球体，称为“白糖体”，也称金藻糖，一般位于细胞后端。在鞭毛的基部，常有1个或2个液泡。

二、繁殖

运动的单细胞金藻的繁殖方式通常是细胞纵分裂成2个子细胞。群体种类以断裂成2个或更多的小段，每一小段长成1个新群体的形式进行繁殖；不能运动的种类产生动孢子进行繁殖，或以金藻特有的内生孢子进行繁殖，这种生殖细胞呈球形或椭圆形，具两层硅质的壁，顶端有一小孔，孔口有一明显胶塞，这种生殖细胞为静孢子。

三、分类

金藻门仅有一纲：金藻纲，可分4个目。

分目检索表

1（1）植物体为分支丝状体 ………………………………………… 金枝藻目
2（1）植物体为单细胞或群体。
3（4）植物体为变形虫状的单细胞或群体 ……………………………… 根金藻目
4（3）植物体不为变形虫状的单细胞或群体。
5（6）植物体为胶群体，营养细胞不具鞭毛 …………………………… 金囊藻目
6（5）植物体为运动的单细胞或群体。营养细胞具鞭毛 ………………… 金（胞）藻目

金藻目（金鞭藻目、金胞藻目）：植物体为具鞭毛，能运动的单细胞或定形群体。细胞裸露无壁，或表面有硅质或钙质的鳞片，或细胞外有囊壳，或细胞表质坚硬，形状固定。

分科检索表

1（2）细胞内有1个、2个或2个以上的硅质骨架，只见于海水中 ………… 硅鞭金藻科
2（1）细胞内无硅质骨架。
3（4）细胞壁胶质层上附有许多碳酸钙小片，老年个体细胞壁常见全钙质化。大部分
分布于海水中 ……………………………………………………… 钙板金藻科
4（3）细胞裸露，或在囊壳内，或有硅质鳞片。
5（8）具1条鞭毛。
6（7）单细胞或群体。表质上具覆瓦状排列的鳞片及长刺 ………………… 鱼鳞藻科
7（6）单细胞。表质上不具鳞片及刺 …………………………………… 单鞭金藻科
8（5）具2条鞭毛。
9（14）鞭毛2条，无固定丝体。
10（13）单细胞或群体。
11（12）单细胞或定形群体。鞭毛2条，不等长 ………………………… 棕鞭藻科
12（11）单细胞，鞭毛2条，等长 ……………………………………… 等鞭藻科
13（10）群体呈放射状排列。表质上具覆瓦状鳞片及短刺 ………………… 黄群藻科
14（9）具2条鞭毛和1条固着丝体 …………………………………… 定鞭藻科

1. 单鞭金藻科 藻体为单细胞，具1条鞭毛。细胞多裸露无壁，有的包在囊壳中。

单鞭金藻属：植物体为单细胞，前端具1条鞭毛，鞭毛基部有1个或数个液泡。细胞呈椭圆形、卵形、梨形、纺锤形或球形等。细胞裸露无细胞壁，能变形。色素体1个或2个，片状，有两个色素体的种类，色素体侧生。贮存物质主要是白糖体，大型球状，位于细胞后端。有的在鞭毛基部还有1个红色眼点。有的生活于海水中，有的生活于沼泽、湖泊等小的

水体中，有时大量出现，以致水体混浊或形成漂浮层。有的种类可进行人工培养，作为海产动物幼体的饵料，具有一定的经济价值（图 1-123）。

2. 黄群藻科 藻体为放射状排列的细胞组成的群体。群体呈球形、长圆形或链状。表质外具覆瓦状鳞片及短刺，营浮游生活。

黄群藻属（合尾藻属）：有时为单细胞，或由少数细胞组成的群体。群体呈球形或长卵形，无胶被，群体内细胞呈梨形或长卵形，前端为广圆形，具 2 条顶生、等长的鞭毛，以后端胶质柄互相连接成放射状排列的群体。色素体 2 个，为片状。贮存物质以白糖素为主，呈一个大的颗粒，位于体后端。细胞表质坚固，外部覆盖螺旋形排列的硅质鳞片。在池塘等静水水体中可大量繁殖，形成优势种群。过量繁殖时，在水面呈黑褐色乌云状水华，在冰下水体也可大量生长繁殖。是淡水中的常见藻类（图 1-124）。

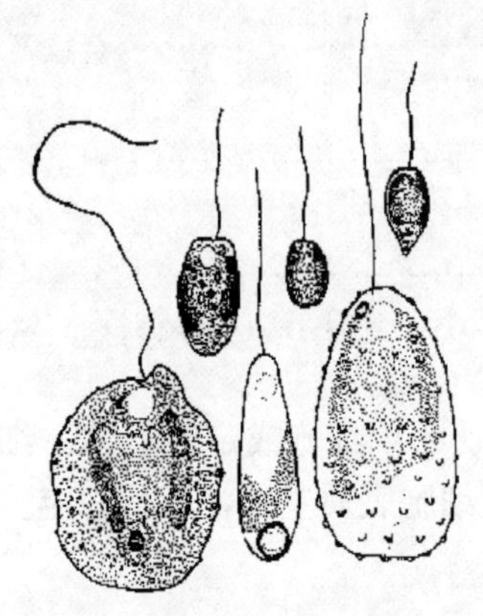

图 1-123　单鞭金藻属
（Doflein 等）

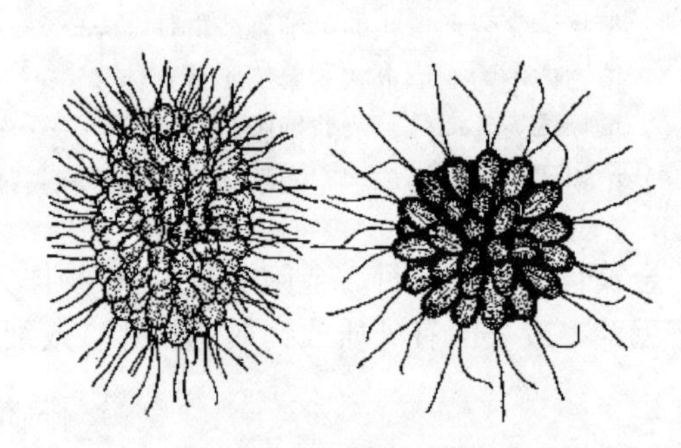

图 1-124　黄群藻属
（Smith 等）

3. 棕鞭金藻科 藻体为单细胞或定形群体。鞭毛 2 条，不等长。细胞有的裸露，有的外具囊壳。

（1）锥囊藻属（钟罩藻属）。藻体多为树状群体，少数为单细胞。细胞具有圆锥形、钟形、圆柱形的囊壳，囊壳前端为圆形或喇叭状开口；后端锥形，封闭，透明无色或黄褐色，原生质体为纺锤形、圆锥形或卵形，前端具 2 条不等长的鞭毛，长的 1 条伸出囊壳外，基部以细胞质短柄附着于囊壳的底部。色素体 1 个或 2 个，片状。白糖体常呈 1 个大的球体，位于细胞后端。细胞前端有 1 个眼点。锥囊藻属的有些种类生活于海水中，但多数生活在淡水中，为湖泊、池塘中常见的浮游藻类，喜低温，多在冬季出现，在越冬鱼池冰下水层中可成为优势种群（图 1-125）。

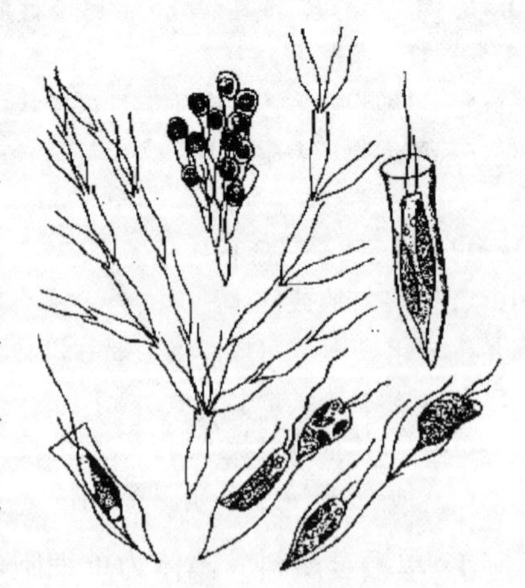

图 1-125　锥囊藻属
（Pascher，Conrad 等）

（2）棕鞭藻属。藻体为单细胞，有的形成疏松的暂时性群体。细胞前端具 2 条不等长的鞭毛，细胞裸露，不具囊壳。多数表质柔软、平滑，少数表质硬，具瘤状突起。营浮游生活，或以细胞后端的胶质柄固着生活。常在冬季出现，为湖泊、池塘中的浮游藻类（图 1-126）。

4. 钙板金藻科 藻体为单细胞，细胞前端有 2 条鞭毛，原生质外有一层胶质膜，膜上或细胞内有特殊的石灰质体，称为球石。这类植物体可作为其他浮游动物的饵料，大多分布于海水中，主要分布于热带、亚热带外海区。

钙板金藻属（图 1-127）特征同上。

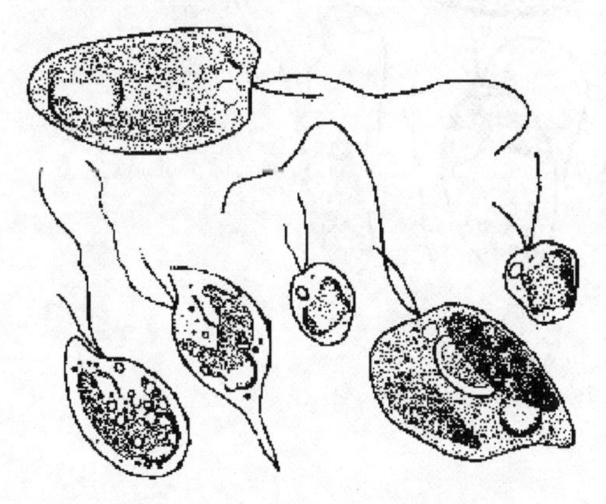

图 1-126 棕鞭藻属
（Fort）

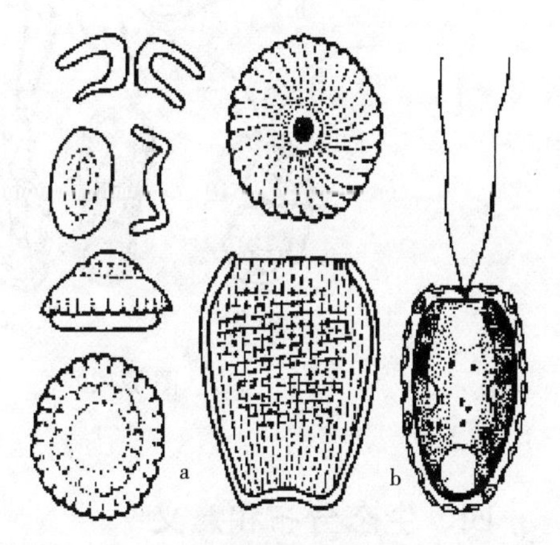

图 1-127 钙板金藻属
（郑柏林等）

5. 鱼鳞藻科 藻体为单细胞或群体，细胞前端有 1 条顶生鞭毛，有伸缩泡 1 个或 2 个。表质外具有规则排列的覆瓦状鳞片，多数鳞片上具有 1 条硅质长刺，营浮游生活。

鱼鳞藻属：藻体为单细胞，长大于宽，细胞呈圆柱形、椭圆形、纺锤形或卵形，具 1 条顶生鞭毛。表质坚硬而略具弹性，外部覆盖鳞片。鳞片的形状、鳞片上有无长刺及排列方式，均依种类不同而异。有的全部鳞片，有的仅细胞前端部分的鳞片各具 1 条长刺。色素体多为 2 个，呈片状，少数为 1 个，没有色素体的极为罕见。白糖体呈圆球形，多位于细胞后端。在鱼池冰下水层中，有些种类可形成优势种群。多数种类是池塘、湖泊中的浮游生物（图 1-128）。

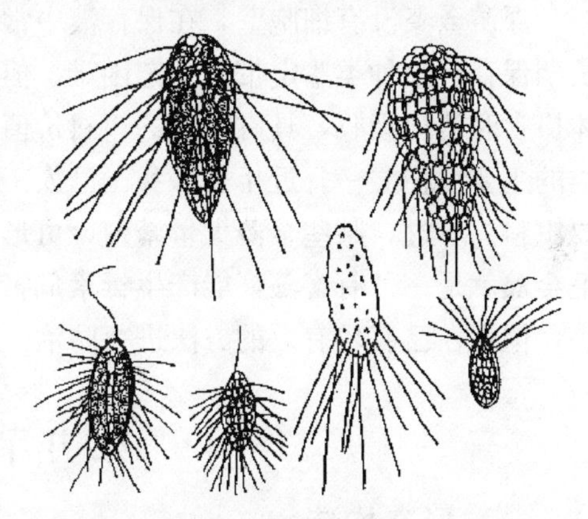

图 1-128 鱼鳞藻属
（Smith）

6. 定鞭藻科 藻体为单细胞，具 2 条等长的鞭毛，此外还有 1 条类似于鞭毛的结构，称为固着丝体。光合营养和吞食营养。

三毛金藻属（图 1-129a）：藻体为单细胞，具有 2 条鞭毛，位于细胞前端，2 条鞭毛中间有 1 条固着丝体，长度仅为两侧鞭毛的 1/4～1/3。色素体 2 个，呈片状、金黄色，位于细胞两侧。贮存物质为白糖素，累积为白糖体，1 个，大型，呈球状，位于细胞的后端。该属为有害的藻类，它能产生鱼毒素，导致鱼类中毒而大量死亡，危害渔业生产。

7. 等鞭金藻科 植物体为单细胞或群体。细胞前端有 2 条等长的鞭毛，分布于海水中。

等鞭金藻属（图 1-129b）：藻体为单细胞。细胞裸露，有 2 条鞭毛，位于细胞前端。色素体 1 个或 2 个。本属金藻是海水鱼、虾、贝类育苗过程中优良的生物饵料，目前国内外已广泛人工培养，应用于养殖生产。

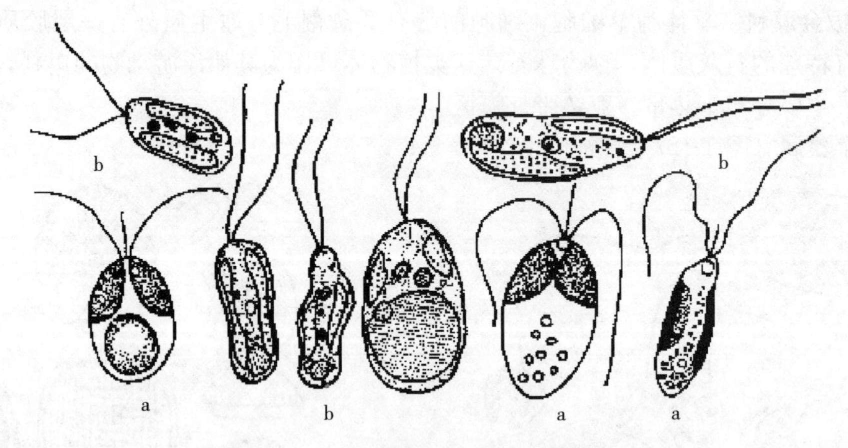

图 1-129　三毛金藻属（a）和等鞭金藻属（b）
（Conrad，M. W. Parke）

四、生态分布和意义

金藻主要生活于淡水中，并且多分布在透明度较大、有机质含量少、温度较低的水体中。通常在较寒冷的季节，特别是在早春或晚秋，水温较低时生长旺盛。金藻对环境的变化极为敏感，因此，在不同季节数量差异显著。金藻喜欢生活在水体的中、下层。

浮游金藻没有细胞壁，在保存液中常会失去几乎所有细胞的特征，所以采集的标本很难长期保存，给种类鉴定带来一定困难。但由于金藻细胞裸露，个体微小，营养丰富，适合幼体摄食和消化吸收，具有一定的饵料价值，金藻的有些种类也是白鲢等以浮游植物为食的鱼类的主要食物之一。近年来，我国已人工培养出几种金藻，作为鱼、虾、贝类育苗期间的重要饵料。不过，某些金藻大量繁殖，可形成赤潮、水华，给渔业生产带来危害。金藻中的三毛金藻就是一种有害藻，能产生毒素危害池鱼，在我国分布较广，给渔业生产造成一定的危害，但现在已有较有效的方法进行防治。

第九节　黄 藻 门

一、形态构造

黄藻含有较多的黄色素，植物体通常呈黄绿色，因此，称为黄藻。藻体为单细胞或群体，也有丝状体。细胞呈球形、椭圆形、纺锤形、圆柱形、三角形、四角形、棒形等。运动个体的细胞前端具 2 条不等长鞭毛。细胞壁的主要成分为果胶质，有的含有硅质和纤维素。单细胞或群体种类的细胞壁大多由 2 个 U 形节片套合而成；丝状种类的细胞壁由 2 个 H 形的节片套合而成；个别种类细胞壁无节片构造。黄藻色素的主要成分为叶绿素 a、叶绿素 c、β-胡萝卜素和叶黄素，色素体 1 个至多个，为盘状、片状或带状等，呈黄褐色或黄绿色。但在有些环境中，黄色素含量较少，植物体会呈现出绿色。贮存物质为白糖素或油滴。

二、繁殖

运动种类以细胞分裂进行繁殖，丝状种类由丝体断裂方式进行繁殖；无性繁殖可产生动孢子、似亲孢子或不动孢子。少数种类还可用同配或卵配方式进行有性生殖。

三、分类

黄藻门可分为黄藻纲和绿胞藻纲。

(一) 黄藻纲

黄藻纲下分 2 个目。

分目检索表	
1 (2) 植物体为单细胞，或非丝状体 ……	异球藻目
2 (1) 植物体为丝状体 ……	异丝藻目

1. 异球藻目 藻体为单细胞，定形或不定形群体。细胞壁多由相等或不相等的 2 个 U 形节片套合组成。

(1) 拟气球藻属。藻体为单细胞，呈球形，个体大小变化很大。大的细胞中央具有 1 个大而明显的液泡。幼细胞具 1 个或 2 个色素体，成熟后色素体为多数，呈椭圆形、多角形、盘状，周生。细胞壁薄（图 1-130）。

(2) 黄管藻属。藻体为单细胞或树枝状群体，细胞呈长圆柱形，长为宽的数倍，着生种类细胞较直，基部具一短柄固着于他物上；浮游种类细胞弯曲或有规则地螺旋形卷曲，两端圆形或有时略膨大，一端或两端具刺，或两端都不具刺。色素体 1 个至多个，周生，呈盘状、片状或带状。自由漂浮或固着生活（图 1-131）。

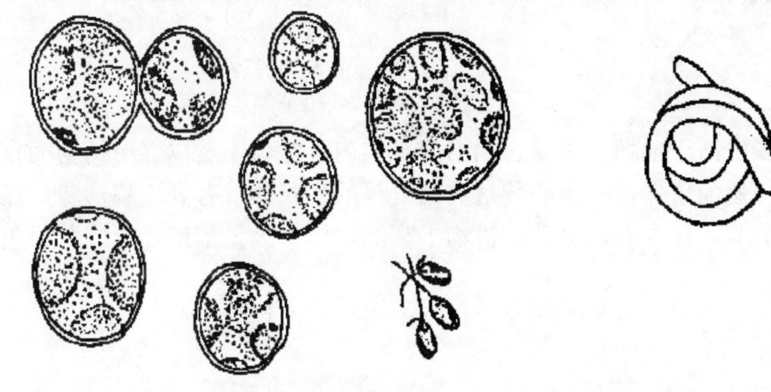

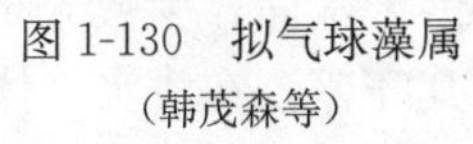

图 1-130 拟气球藻属
（韩茂森等）

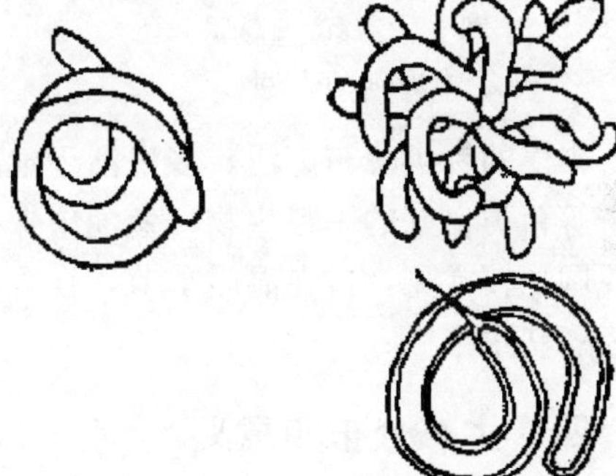

图 1-131 黄管藻属
（严生良）

2. 异丝藻目 藻体为分支或不分支丝状体。细胞呈圆柱形、桶形或两侧略膨大的腰鼓形，长为宽的 2～5 倍，细胞壁由两个 H 形节片套合而成。色素体 1 个至多个，呈盘状、带状、片状，周生。贮存物质为油滴或颗粒状白糖素。无性繁殖可产生静孢子、动孢子或厚壁孢子。有性繁殖为同配生殖。

黄丝藻属：藻体为不分支丝状体，细胞呈圆柱形或腰鼓形，细胞壁由 2 个 H 形节片套合组成。色素体 1 个至多个，呈盘状、带状或片状，周生。幼小时以基细胞固着生活，长成后漂浮生活，早春时节大量生长（图 1-132）。

(二) 绿胞藻纲

藻体有鞭毛，为运动的单细胞，没有真正的细胞壁，通常背腹扁平，腹面具有 1 条纵沟。鞭毛2条，等长或不等长，1条向前，为游泳鞭毛，1条向后，为拖曳鞭毛。细胞前端具1个大的贮蓄泡，贮蓄泡旁有1个或2个伸缩泡。色素体多数，呈卵圆形或圆盘形，有些种类无色素体。贮存物质为油滴。细胞核大，位于细胞中部或近于中部。多数种类具多个圆形或杆形的刺丝胞。本纲仅绿胞藻目，绿胞藻科。

膝口藻属（边刺藻属）：到目前为止，膝口藻的分类还未确定。细胞纵扁，正面观呈卵形或圆形，略能变形。藻体为能运动的单细胞，细胞前端有2条顶生鞭毛，等长或不等长，1条为游泳鞭毛，1条为拖曳鞭毛。贮蓄泡大形，位于细胞前端，伸缩泡大形，位于胞咽的一侧。刺丝胞多数，多为杆状，放射状排列在周质层内面，或分散在细胞质中。贮存物质为油滴。藻体固定后易解体，很难长期保存（图1-133）。

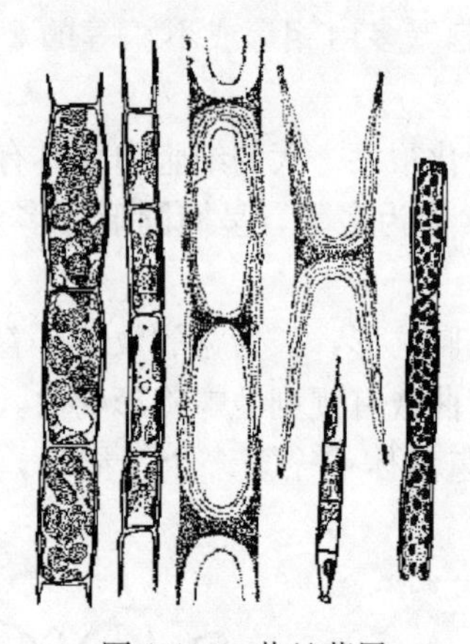

图1-132　黄丝藻属
(Derbes and Sol)

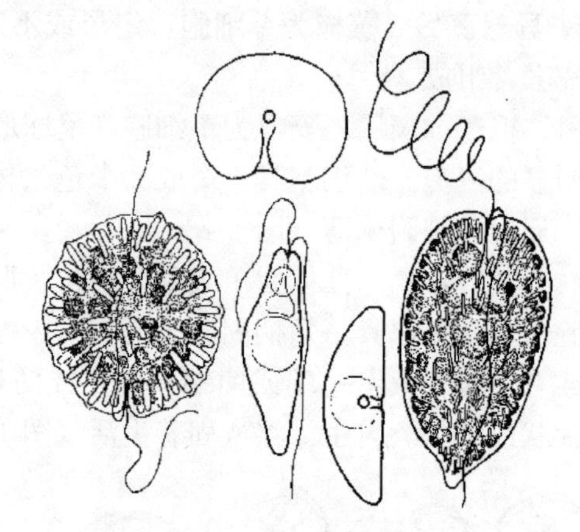

图1-133　膝口藻属
（韩茂森等）

本属的种类分布广泛，多生活于池塘、沼泽、湖泊等水体内。膝口藻是以浮游植物为食的鲢等鱼类良好的饵料生物，鱼池中保持一定的数量对白鲢等的生长非常有利。扁形膝口藻在我国比较常见，常在温暖季节，在含有机氮等有机物丰富的水体中大量繁殖，形成黄绿色的云彩状水华。

四、生态分布和意义

黄藻门植物中绝大多数生活在淡水中，营固着生活或漂浮于水面；少数分布于海洋及半咸水中。该门植物对低温有较强的适应性，早春晚秋生长尤其旺盛，在浅水水体中或间歇性水体中可形成优势种。大部分可做鲢的饵料，异胶藻目前已被人工培养，作为海水养殖育苗中的一种饵料生物。扁形膝口藻在肥水鱼池中可形成云彩状水华，是我国传统鱼池肥水的主要浮游植物。丝状种类及有厚层胶被的种类，鱼类摄食后不易消化。黄丝藻如果大量出现在养鱼水体，会导致池水清瘦，影响鱼类活动。

复习思考题

1. 列表比较各门藻类的形态构造、繁殖方式、生态分布、常见种类及与渔业的关系。
2. 名词解释

生态类群　浮游植物　水华　赤潮　假空泡　异形胞　厚壁孢子　段殖体　复大孢子　似亲孢子

第二章　浮游动物

浮游动物是水域生态系统中另一类营浮游生活的生物类群，浮游动物的种类组成极为复杂，从最低等的原生动物到较高等的尾索动物等无脊椎动物，几乎每一类都有永久性浮游动物的代表，也包括许多无脊椎动物（特别是底栖动物）的幼虫。它们种类多、数量大、分布广，对其他水生生物的生长、发育、繁殖、分布等都有一定的影响，其中，原生动物、轮虫、枝角类和桡足类在水产养殖业和生态系统结构、功能，以及生物生产力研究中都占有重要的地位，特别是有些种类是鱼、虾、贝、蟹等水生经济动物的饵料基础，与人们的生产活动更是关系密切。

第一节　原生动物门

原生动物是动物界中最原始、最低等的动物。原生动物属于单细胞动物或由单细胞集合而成的群体，具有一般细胞的基本结构，但与高等动物体内的单个细胞不同的是，原生动物的一切功能均在1个细胞内完成，相当于整个高等动物体是一个能营独立生活的有机体，具有多细胞动物所具有的一切主要特征。以其各种特化的胞器或类器官，如鞭毛、纤毛、伪足、吸管、胞口、胞咽、胞肛、伸缩泡等，完成运动、摄食、新陈代谢、感应性、生长、发育、生殖及对周围环境的适应等。原生动物的体型多样，大多身体微小，最小的只有2～3μm，一般多在10～300μm，除海洋的有孔虫个别种类可达10cm外，通常最大的约2mm。因此，必须借助显微镜才能看清原生动物的形态结构。

一、形态构造

（一）体表

体表具有细胞膜，变形虫等只有一层很薄的原生质膜，这种膜称为质膜，不能使虫体保持固定形态；多数种类细胞质表面凝集成较结实而富有弹性的表膜，这种膜可使虫体保持固定的形状。有的种类体表具有硅质、几丁质、钙质、纤维质等所构成的外壳，形状多种多样，有的壳薄而透明，有的壳厚且不透明。

（二）细胞质

细胞质通常分为2层，内层不透明，含有各种各样的内含物，称为内质；外层较透明并且均匀，无内含物，称为外质。

（三）细胞核

通常1个细胞有1个细胞核，但有的种类有2个或多个细胞核。有些种类具有小核和大核2种细胞核，小核含较少染色体，染色体分布不均匀，小核主要与生殖有关；大核含很多染色体，这些染色体均匀地分布在核内，大核主要与营养机能有关（图2-1）。

(四) 细胞器

虽然原生动物的结构比后生动物简单，没有后生动物特有的器官、系统等复杂结构，但是许多种类的部分细胞质分化成一些特殊的结构，执行着类似高等动物某些器官的功能，这些分化了的各个部分，称为细胞器或类器官。细胞器的形状和机能各有不同，如鞭毛、纤毛和伪足等具有运动的功能，称为运动胞器；胞口、胞咽和食物泡等具有营养的功能，称为营养胞器；用于排泄废物或调节渗透压的胞器有伸缩泡等。但也有少数种类的细胞质没有发生明显分化，这些原生动物的生理机能在细胞质的任何部分都可进行。

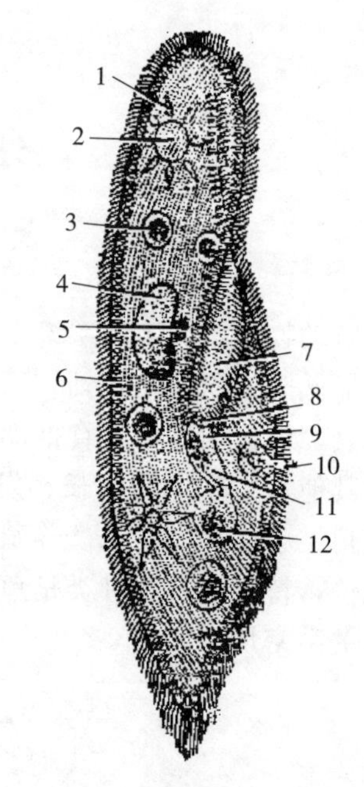

图 2-1　草履虫的形态构造

1. 收集管　2. 伸缩泡　3. 食物泡　4. 大核　5. 小核　6. 刺丝泡　7. 口沟　8. 胞口　9. 胞咽　10. 肛点　11. 波动膜　12. 食物泡

1. 运动胞器

(1) 鞭毛和纤毛。鞭毛和纤毛是细胞表面的附属物，它们的功能是运动。纤毛和鞭毛的基本结构都是微管，它们是原生质伸出细胞外形成的纤细的毛状物。两者的主要区别是长度和数量：纤毛很短，但数量很多，常覆盖细胞的全部表面。纤毛的演化是由全身分布均匀到不均匀，由长短和粗细相同到不相同，由此形成各种不同的特殊结构，如小膜、波动膜、触毛、口缘小膜带等。鞭毛较长，一般1个细胞只有1根或几根，通常不超过5根。

(2) 伪足。是原生动物的细胞质临时形成的突出部分，大多可随时形成，随时消失，肉足虫纲的种类都以伪足作为运动胞器，根据伪足形态构造的不同可分为4种：

轴状伪足：伪足中有1根相当坚硬而不易弯曲的轴丝，使伪足呈针形，很多种类的轴丝内端连一微粒，虫体被固定后，伪足仍保留。为半永久性伪足。如太阳虫。

叶状伪足：伪足呈舌状或指状，末端浑圆，伪足中含有内质和外质。如变形虫、砂壳虫、表壳虫。

网状伪足：伪足呈细丝状，只含外质，但它们都有分支并交织呈网状，又称为根状伪足。如有孔虫。

丝状伪足：伪足纤细，末端尖，只含外质，具有丝状伪足的种类并不常见。如鳞壳虫。

2. 营养胞器（摄食胞器）　纤毛类一般有胞口、胞咽、食物泡和胞肛等营养胞器。最原始的胞口为外质上一小的圆形或裂缝形的孔口。随着进化，胞口的构造逐渐复杂，胞口由前端逐渐移至腹面，由于体表逐渐向体中内陷，形成了口腔、口前庭和口腔缘。随着胞口形态上的变化，食性也发生了改变，由掠食性变为滤食性。伪足是肉足虫类用来捕食的主要的摄食胞器，肉足虫类无胞口，体表的任何部分都具有口的作用，如变形虫。

3. 排泄废物或调节渗透压胞器　大多数原生动物排泄废物或调节渗透压的细胞器是伸缩泡。伸缩泡广泛存在于生活在淡水中的原生动物，一般生活在海水中的变形虫无伸缩泡。伸缩泡不断伸缩，从细胞质中收集代谢产物，通过体表的开孔将代谢产物排出体外。纤毛虫类的伸缩泡位置固定，而数目随种类不同而不同，大多只有 1 个。动鞭虫类通常有 1 个或 2 个伸缩泡，位于身体的前端或后端。肉足虫纲的伸缩泡没有固定的位置和数目，可在身体任何部位形成，并随着细胞质的流动而流动。有些动物性鞭毛虫类没有专门的排泄胞器，依靠体表的渗透把多余的水分、二氧化碳和其他代谢产物排出体外。

二、营养和繁殖方式

原生动物的繁殖方式通常有 2 种：无性繁殖和有性繁殖。

（一）无性繁殖

无性繁殖包括出芽生殖和二分裂。有些原生动物的无性繁殖方式是出芽生殖，通常由母体产生芽体，成熟后芽体离开母体成为新个体。二分裂是一种简单的细胞分裂，细胞质和细胞核一分为二，形成 2 个基本相等的子体。当环境适宜时，原生动物可以连续进行无性繁殖，这种方式简单，繁殖速度快，个体数量以几何级数增加。

（二）有性繁殖

通常在环境条件较差、种群较长时间连续进行无性繁殖或种群比较衰老时，通过有性繁殖来增加其活力。是细胞核的更新现象，而不是专门的繁殖方法。

许多原生动物在环境不良时，可通过形成孢囊以渡过不良环境。首先原生动物变成球形，纤毛或鞭毛消失，有时其他胞器也消失，紧接着分泌胶质包裹身体，从而用于保护身体，以渡过不良环境，当环境条件转好后又恢复活力。

三、分类

原生动物的系统分类较为复杂，通常将原生动物作为动物界中的一个门，根据运动胞器的类型、生活方式的不同等特点，一般将原生动物分为 2 个亚门，5 个纲。

亚门及纲的检索表

1（8）营养期间以伪足或鞭毛为运动工具 …………………………………… 肉鞭亚门
2（5）营养期间以鞭毛为运动工具 …………………………………… 鞭毛总纲
3（4）无绿色的色素体，无例外 …………………………………… 动鞭纲
4（3）有绿色的色素体，但也有无色的 …………………………………… 植鞭纲
5（2）营养期间以伪足为运动工具 …………………………………… 肉足总纲
6（7）伪足辐射形，有轴丝 …………………………………… 辐足纲
7（6）伪足叶状、指状或丝状，无轴丝 …………………………………… 根足纲
8（1）营养期间以纤毛为运动工具 …………………………………… 纤毛亚门

其中，植鞭纲的大部分种类已在藻类中讲述了，动鞭纲种类大多寄生，在此仅介绍肉足总纲和纤毛亚门的常见种类。

（一）肉足总纲

通常以伪足作为摄食和运动胞器。大多数种类体表只有极薄的细胞质膜，身体任何部位都可随时形成伪足，伪足的伸缩可使虫体形状随时改变。因此，也称为变形动物。有些种类在细胞外具有外壳，壳上有孔，伪足常常由此伸出。

1. 根足纲 伪足叶状、指状、网状或丝状，无轴丝，能变形。

分目检索表

1（2）身体不定形，细胞裸露无外壳 ………………………………………… 变形虫目
2（1）有外壳。
3（4）伪足细长，交织成网状 ………………………………………… 有孔虫目
4（3）伪足叶状………………………………………… 有壳虫目

（1）变形虫目。伪足叶状，细胞裸露无外壳，虫体不定形。

变形虫属：伪足叶状或指状。虫体裸露无外壳，体表为一层极薄的质膜，柔软，形状随时改变。在细胞质中，有多个食物泡和1个可以经常收缩的伸缩泡。虫体较小，一般为20～500μm。本属种类多，淡水、海水和半咸水均有分布，除少数种类生活在寡污性水体营浮游生活外，多数种类营底栖生活（图2-2）。

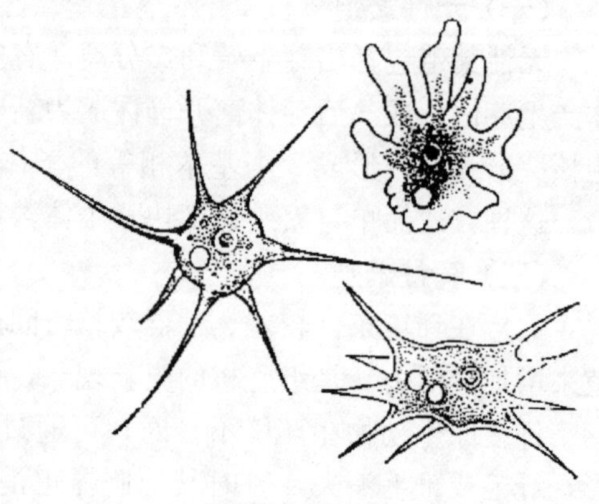
图2-2 变形虫
（孙成渤）

常见种：无恒变形虫。

（2）有孔虫目。通常有孔虫的外壳由原生质分泌出来的物质构成，外壳的形状、构造特点等是分类的重要依据。有孔虫的外壳大多由许多小室组成，根据小室的数目可分为单室类和多室类。单室类只有1室，此室常呈若干分支管状或囊状。多室类的外壳具有许多小室，每一小室均有连接孔相通，是原生质流通的孔道，故称为有孔类。伪足细长，可以伸缩，富有黏性，常交织成网状。

有孔虫全为海产种类，其中大多数营底栖生活，少数营浮游生活，浮游有孔虫为典型的大洋性浮游动物，数量很多，它们死后，大量遗壳沉积海底，形成球房虫软泥。

①抱球虫属：壳呈扭螺旋形或塔式螺旋状，房室呈球形或卵圆形，缝合线凹陷，呈辐射状排列，多孔性辐射结构。壳口位于终室内缘，开向脐部，有些种类自脐部延伸至壳缘（图2-3）。

②拟抱球虫属：本属与抱球虫属相似，主要区别是最后几个房室在背面各具1个或数个缝合线次壳口（图2-4）。

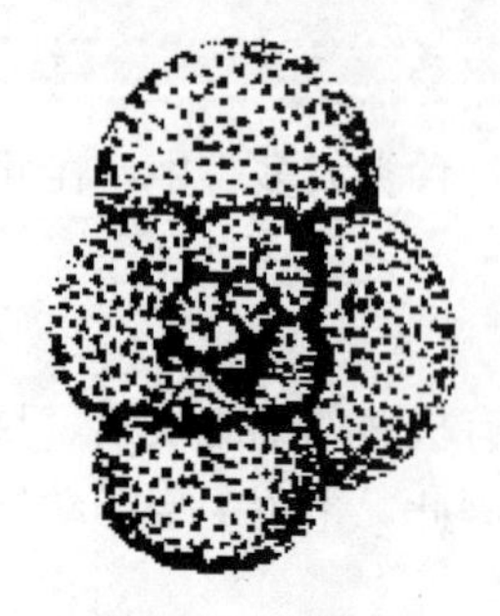
图2-3 抱球虫

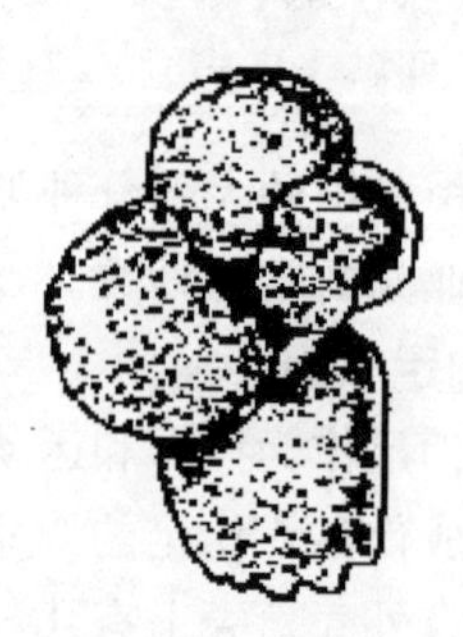
图2-4 拟抱球虫

（3）有壳虫目。细胞具外壳，伪足叶状，壳的形态结构恒定，常作为分类的依据，通常外壳上有 1 个壳口，虫体可由此完全缩入壳内。

①砂壳虫属：外壳形状多样，壳由微细的沙粒构成，有的种类外壳由硅藻空壳黏合而成。壳孔在壳体一端的中央。伪足指状，活体标本可见伪足从壳孔伸出，固定后的伪足完全缩入壳中。砂壳虫为寡污带原生动物，是大型湖泊或水库中主要的浮游原生动物，种类多，在小水坑中也很常见（图 2-5）。

②表壳虫属：虫体外具有几丁质外壳，形如表壳，壳表面布满极细致、整齐的多角形花纹。外壳正圆形，侧面观圆弧形，腹面中央有一圆形壳孔，伪足从壳孔伸出，固定后，伪足常缩入壳中，只有极少数个体能见到伪足。外壳与细胞间有空腔，壳系由细胞本体分泌物形成，壳在形成初期无色，后变为淡黄色或褐色。表壳虫多生活在污染的水体中（图 2-6）。

图 2-5 砂壳虫
（孙成渤）

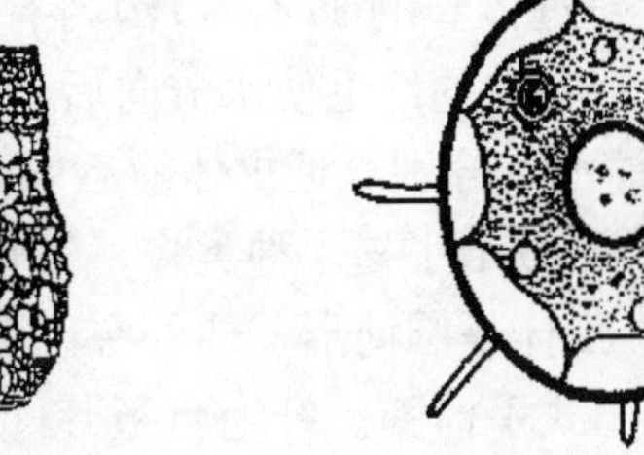
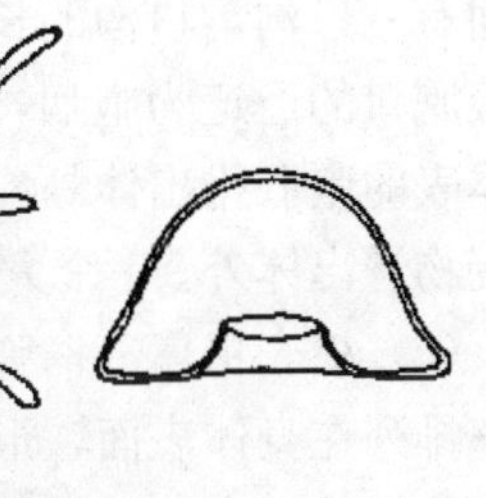

图 2-6 表壳虫
（孙成渤）

2. 辐足纲 身体大多呈圆球形，具有辐射对称的针状伪足，伪足有轴丝支持。

太阳虫目：虫体通常呈球状，无外壳，伪足放射状，具有坚硬的原生质轴丝，轴丝可释放毒汁，麻醉小动物，以便捕食。

（1）光球虫属。虫体较大，原生质呈泡沫状，细胞核多个，身体内外质两层分界明显（图2-7）。

（2）太阳虫属。虫体呈圆球形，体型较小。原生质内有空泡，似泡沫，还常有藻类共生，身体内外质两层分界不明显。细胞核 1 个，位于体中央。多根针状伪足呈辐射状，每一伪足有一坚硬的轴丝，自细胞核辐射伸出，形如太阳的光芒。主要摄食小轮虫和纤毛虫，营浮游生活或生活在水草上、泥沙底表面等（图 2-8）。

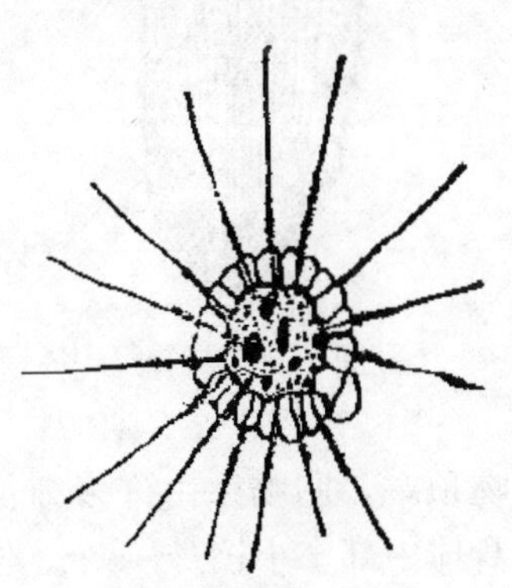

图 2-7 光球虫属
（Hyman & Leidy）

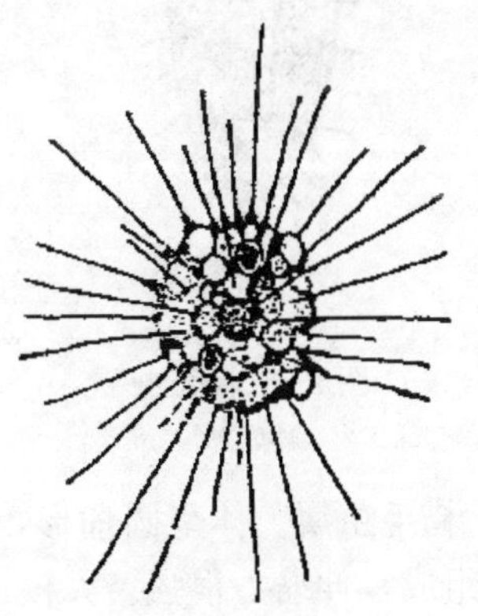

图 2-8 太阳虫属
（Hyman & Leidy）

（二）纤毛亚门

纤毛亚门以纤毛作为摄食和运动胞器，纤毛还有触觉功能，细胞体的内外质分界明显。

分目检索表

1（2）无口缘小膜带 …………………………………………………………………… 全毛目
2（1）有口缘小膜带。
3（4）口缘小膜带右旋 ………………………………………………………………… 旋唇目
4（3）口缘小膜带左旋 ………………………………………………………………… 缘毛目

1. 全毛目 体纤毛均匀分布于身体表面，但在口缘附近的纤毛较其他部位长，没有口缘小膜带。

（1）草履虫属。虫体形如草鞋，前端钝圆，中部稍宽，后端逐渐变尖。体表布满纤毛，腹面有一口沟，口沟的长度常常超过体长的1/2，口沟内有发达的纤毛，口沟后端为胞口，紧接胞口的通道为胞咽，口沟和胞咽中的纤毛使水流向后流动，从而带来食物，食物残渣可由体表的胞肛排出体外。2个伸缩泡，分别靠近虫体前后端，有规律地交替伸缩，从而将水和废物送出体外。1个大核，1个至数个小核。种类多，较常见（图2-1）。

（2）板壳虫属（榴弹虫属）。虫体呈圆筒形，体外有许多行由外质硬化形成的膜质板片，整齐排列在身体表面，形状酷似旧式手榴弹。纤毛自板片间隙伸出体外，均匀分布于全身。胞口位于前端，为较长纤毛覆盖，较难看清。游泳迅速，有“清道夫”之称，分布于有机质丰富的水体（图2-9）。

常见种：三刺榴弹虫。

（3）斜管虫属。身体呈卵圆形或椭圆形，背面略凸出，腹面扁平，腹面具有纤毛，且有一定的行列，伸缩泡2个，前、后各1个，胞口和胞咽呈管状（图2-10）。

常见种：僧帽斜管虫。

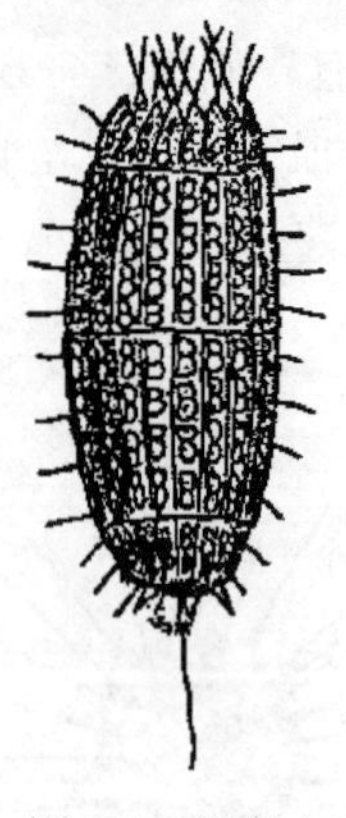

图2-9 板壳虫
（孙成渤）

图2-10 斜管虫
（Conn，Bronn & Hyman）

（4）栉毛虫属。体呈圆桶形，胞口位于圆锥形的胞吻顶端，胞吻系由许多细长的刺丝（刺杆）组成，伸缩力很强。大核1个，呈马蹄形，位于身体中部。小核2～4个。伸缩泡位于体后端，长60～200μm。身体上有1圈或2圈纤毛环绕，纤毛环上的纤毛排列整齐，身体其他部分无纤毛。为肉食性种类，以草履虫为主要食物，一般在草履虫大量出现之后大量出现。

常见种：双环栉毛虫（图 2-11）。

2. 旋唇目 胞口周围的纤毛非常发达，形成一个围绕胞口右旋的口缘小膜带，虫体其他部位也有纤毛，多营浮游生活。

(1) 筒壳虫属。虫体呈喇叭形或圆锥形，有一长圆筒形的外壳，壳上的沙粒很粗、大小不均匀、排列无序。通常外壳不透明，虫体一般藏于壳内。是淡水和海水中较常见的种类（图 2-12）。

(2) 喇叭虫属。体型较大，长 200～3 000μm。虫体呈喇叭形，伸缩性强，除浮游生活外，兼营底栖生活。伸缩泡 1 个，位于前端左侧。有的种类胞质中含有蓝或红的色素，大核球形或卵形，单个或呈念珠状（图 2-13）。

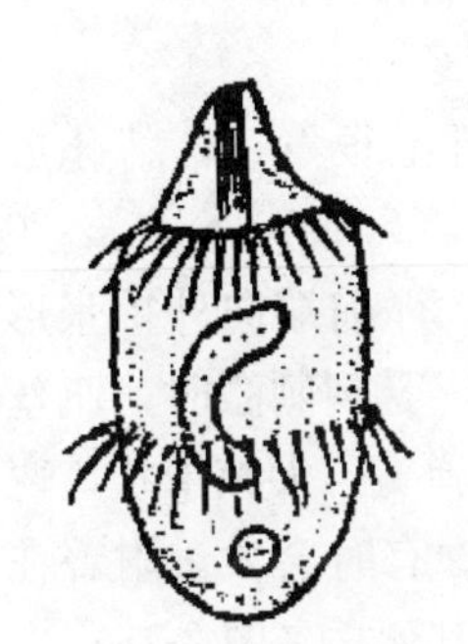

图 2-11 栉毛虫
（孙成渤）

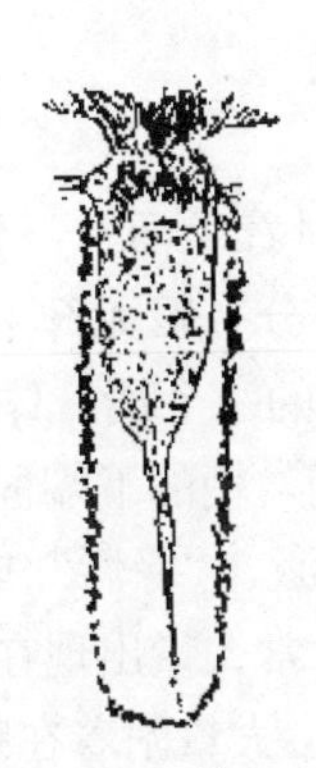

图 2-12 筒壳虫
(Entz)

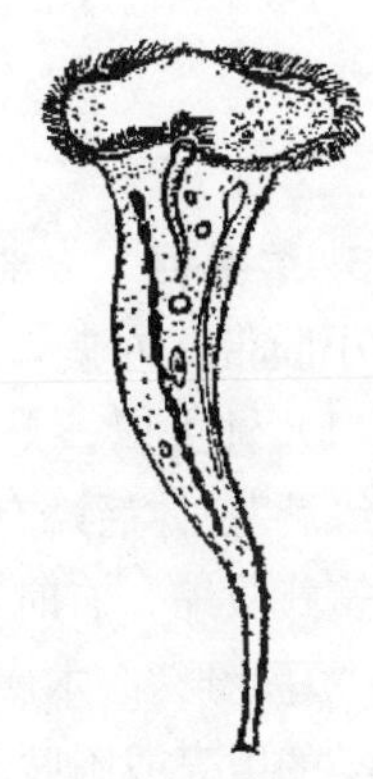

图 2-13 喇叭虫
（孙成渤）

(3) 游仆虫属。虫体大多呈椭圆形或卵圆形，腹面扁平，背面少许凸出，一般有纵长隆起的肋条，口缘小膜带发达，无侧缘纤毛，无波动膜。大核 1 个，呈长带状，小核 1 个，伸缩泡位于体后端。前触毛 6～7 根，腹触毛 2～3 根，尾触毛 4 根，肛触毛 5 根。分布广，淡、海水中皆有（图 2-14）。

(4) 似玲虫属。与筒壳虫很相似，但砂壳较短，壳上的沙粒排列较整齐，通常在壳前端沙粒排列成几圈螺旋状环纹。运动迅速。种类多，很常见（图 2-15）。

图 2-14 游仆虫
(Hyman)

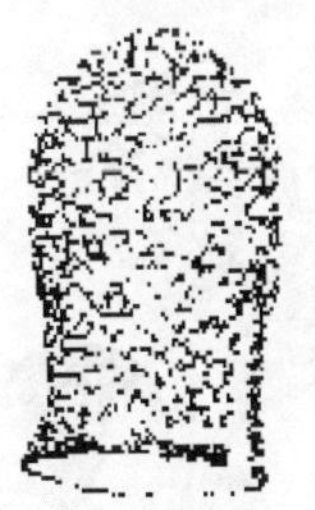

图 2-15 似玲虫
(Wang and Nie)

(5) 弹跳虫属。虫体较小，长 20～50μm，呈纺锤形或球形，具有弹跳能力。口缘的胞口右侧有一小膜，左侧有触毛，体中央周围还有 1 圈长的刺毛或触毛。大核卵圆形，伸缩泡

1个，位于胞口右边。游动时跳跃前进，有时则如陀螺旋转（图 2-16）。

（6）侠盗虫属。虫体呈萝卜形或梨形，体表有 5～6 个螺旋纹。口缘的胞口由 1 圈单层口上纤毛所围裹，身体其他部分无纤毛或有几行短的刺毛。大核位于身体前端，呈马蹄形，小核 1 个，伸缩泡 1 个。无胞咽。本属种类在淡、咸水中均有分布（图 2-17）。

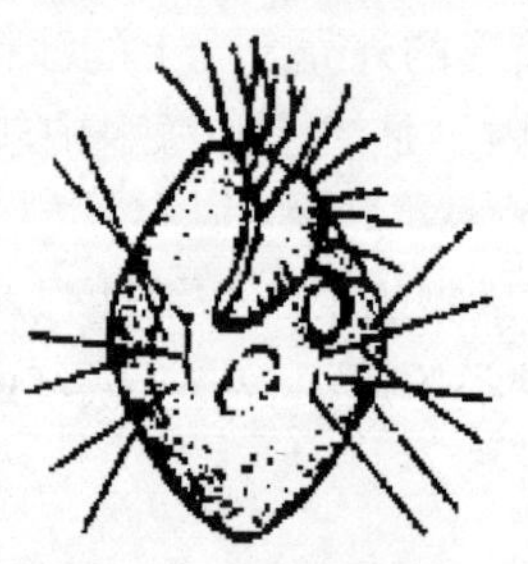

图 2-16　大弹跳虫
（孙成渤）

图 2-17　侠盗虫
（孙成渤）

3. 缘毛目　大部分种类营固着生活。身体常呈圆筒形或杯状，口纤毛很发达，特化成口缘小膜带，左旋，身体其他部分一般无纤毛。

（1）钟虫属。是本目最常见的一个属。体型似倒置的钟，单独生活。体前端向外扩张形成“缘唇”，体后端有不分支的柄，柄的下端固定在基质上。柄内有肌丝，受到刺激时，肌丝呈弹簧式收缩，有时虫体受到刺激，“缘唇”内缩，柄也收缩，似压缩的弹簧，大核带状，弯曲成“马蹄形”。本属种类较多，常大量出现在多污带和中污带肥水池塘。有时会大量附着在枝角类的甲壳或附肢上，有时也会大量附着在虾、蟹幼体的甲壳上而导致其死亡（图 2-18）。

（2）单缩虫属。群体，单个虫体的体型与钟虫相似，许多虫体长在树枝状分支的柄端上，各虫体柄内有肌丝，各个体的肌丝在群体分支处互不相连。这样，当受到刺激时，只有受到刺激的个体收缩，群体中的其他个体不收缩，故名单缩虫。个体长 80～125μm，群体大的可达 6～7mm，肉眼可见，似白绒毛，常附着在甲壳动物体上（图 2-19）。

（3）聚缩虫属。虫体外形与单缩虫相似，但群体中各虫体柄内的肌丝在分支处彼此相连，当其中某个虫体受到刺激时，群体中的所有个体都会同时收缩。生活环境与单缩虫相似（图 2-20）。

（4）累枝虫属。形态与聚缩虫相似，群体生活，但柄内无肌丝，柄较直而粗、透明。当虫体受到刺激时，虫体收缩，柄不收缩。生活环境与聚缩虫相似（图 2-21）。

图 2-18　钟虫属
（孙成渤）

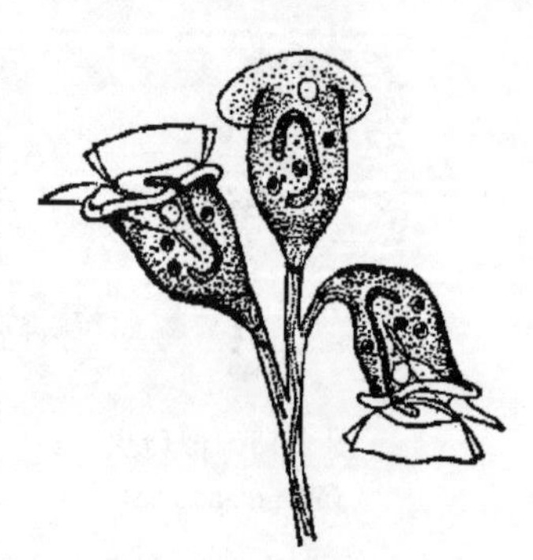

图 2-19　单缩虫属
（孙成渤）

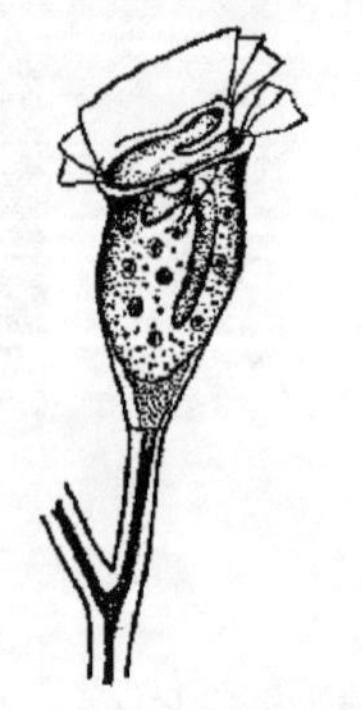

图 2-20　聚缩虫属
（孙成渤）

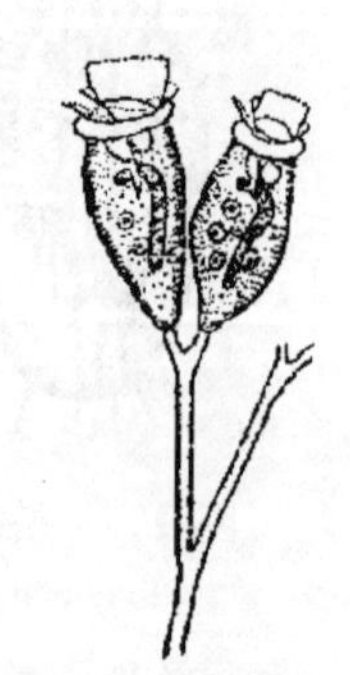

图 2-21　累枝虫属
（孙成渤）

四、生态分布和意义

(一) 分布

原生动物的生活环境多种多样，分布广泛，生活在淡水、海水以及潮湿的土壤中，也有不少种类是寄生的。多年来大量研究表明，在很多湖泊中原生动物占优势，特别是纤毛虫的丰度和生物量都随水体营养程度的增加而增加，因此，如果要全面了解湖泊的能流模式、食物网结构，原生动物是其中的一个重要方面。

原生动物的种类很多，数量很大，分布很广，凡是有水的地方就有原生动物的存在，许多种类的分布是世界性的。原生动物主要摄食单细胞藻类、细菌、各种有机碎屑及其他种的原生动物，由于这些食物在水中十分丰富，为原生动物的生存和繁殖提供了良好的条件。原生动物对周围环境有很强的适应性，当遇到不良环境时可形成孢囊，即脱去运动胞器，尽量排出体内水分，分泌囊膜，在体表形成坚厚胞壳。孢囊可使生命保持数日至数年之久，一旦外界环境转好时，虫体即破囊而出，继续进行正常生活。孢囊不但能抵御不良的外界环境，还能有效地扩大其分布范围，孢囊休眠期间极易被水鸟、水生昆虫及其他动物所携带，还可随水流、风吹等作用被带到世界各处。

原生动物的生活周期短，即使在雨后积水坑塘、水洼等间歇性水体中也能繁殖后代。各类内陆水域中浮游性原生动物的数量一般为每升水几百个到几万个，一般为几千个，夏、秋季原生动物的种类和数量通常比冬、春季多。

每种原生动物对环境都有不同的要求，如水温、pH、含氧量、盐度、盐类、光照及水域生物组成的等。因此，在不同的环境中存在不同种的原生动物。

温度对原生动物的影响十分明显，大多数原生动物最适温度为16～25℃，最适pH是6.5～8.0。原生动物少数种类既能在淡水中生活，又能在海水中生活。多数淡水种类不能在海水中生存，反之亦然，不少海水种类只分布于海洋中。根据原生动物的大类分布可以看出，肉足虫类、纤毛虫类生活于淡水、海水中，也有寄生的，其中有壳目和太阳虫目的种类，主要分布在淡水中。有孔虫类是古老的动物，从寒武纪到现代均有它的踪迹，而且数量极大，生活在海洋中，大多为底栖，很少生活在淡水中。

(二) 意义

水中有机质含量多寡对原生动物有很大的影响，所以原生动物种类的多少可以作为水体被污染程度的指标。如摄食细菌的许多纤毛虫，包括豆形虫、肾形虫、某些草履虫和钟虫等常大量出现在严重污染的水体中，而在有机质较为丰富尚属中等污染的水体中，原生动物的种类最多，常大量出现喇叭虫、旋口虫、游仆虫、尖毛虫以及某些附着生活的缘毛目种类。由于在同一水体中，原生动物之间、原生动物与其他动物之间存在着复杂的食物关系，因而形成了某些种类的周期性数量变化。当水体中细菌大量繁殖时，食细菌的原生动物（如草履虫）等大量出现，随之专食草履虫的栉毛虫、板壳虫等也大量出现，使草履虫的数量大减。

水中自由生活的原生动物，通常是鱼、虾、贝类的直接或间接的天然饵料，草履虫等原生动物，由于生产量大、营养丰富，有望大量培养作为水产经济动物苗种的开口饵料。自由生活的纤毛虫多是食菌性的，异养鞭毛虫同样大量摄食细菌，有的种类只能利用几种细菌，有的种类则没有专一性。但养鱼水域原生动物数量太大，会大量取食藻类，严重时造成水体缺氧，并且养殖水体大量出现原生动物往往是水质不良的标志。但是，原生动物中寄生性种类有的直接危害人体、禽畜和鱼类，造成病害，也有少数种类大量繁殖，形成赤潮，危害渔业。聚缩虫、钟虫等是人工繁殖中华绒螯蟹及虾类溞状幼体最常见的病虫害之一。在培养单细胞藻类时，原生动物（如尖鼻虫）大量出现，往往导致培养失败。

原生动物结构较简单，繁殖快，易培养，是研究生物科学基础的好材料。生物科学基础理论中，细胞生物学是一个重要的部分，而原生动物本身就是单个细胞，对揭示生命的一些基本规律和了解动物的演化都具有重要的科学价值。

原生动物除了可以在自然的水域中广泛分布外，还可以在处理废水和污水的人工体系中栖居。许多工厂采用活性污泥法或生物过滤法处理污水，具有活性的污泥常结合氧气并使细菌进行繁殖，从而使污水中有机物被氧化、分解，完成净化水质的过程。原生动物在活性污泥和渗滤池中都很丰富，原生动物特别是纤毛虫在污水的生物处理中是必不可少的。纤毛虫能够分泌一些物质，使悬浮颗粒物质和细菌凝为絮状物，絮凝现象关系到活性污泥氧化有机物质的能力和沉淀的能力，从而提高出水的质量。另外，以细菌为食的纤毛虫能够摄食大量的细菌，如奇观单缩虫每小时能够摄食 3 万个细菌，有助于改善出水的质量，所以在活性污泥中接种、培养、驯化纤毛虫是完全必要的。在污水处理的人工体系中，原生动物的种类及数量与生物处理的效果有着密切的关系，原生动物可以用来作为污水生物处理的指示生物。

第二节　轮　　虫

绝大多数轮虫生活在淡水中，是淡水浮游动物的主要组成部分，半咸水及海洋中的种类较少。轮虫是一类体型很小的多细胞动物，肉眼观察为针尖大小的乳白色小点，体长一般为 100～500μm，有 3 个主要特征：①身体的头部前端呈圆盘状，上面着生有一定排列顺序的纤毛，称为头冠或轮盘，是运动和摄食器官；②头冠下消化道的咽喉部膨大，形成肌肉发达的咀嚼囊，囊内有角质化的咀嚼器；③假体腔的两侧具有 1 对原肾管，原肾管的末端有焰茎球。

一、形态构造

（一）外部形态

轮虫的体型多种多样，有圆筒形、椭圆形、锥形、球形等，身体通常可分为头、躯干、足（尾）3 部分（有些种类无足）（图 2-22），体表常常被一层乳白色或淡黄色的表皮包裹。

1. 头部　大部分轮虫的头部与躯干部没有明显的界线，轮虫的头部通常较宽短。头部具有头冠，头冠的形状随种类不同变化很大。其基本构造呈“漏斗状”，漏斗的底部是口。头冠通常由口围区、围顶带和盘顶区组成。口围区位于头冠腹面口的周围，布满短纤毛；围顶带围绕头冠顶端，只有少量的长纤毛；盘顶区位于头顶，无纤毛。

头冠上的纤毛不停地旋转摆动，似转动着的轮子，轮虫由此而得名。口常位于头部腹面的纤毛沟内，由于头冠上的纤毛不停地旋转，使食物陷集在漩涡中心，流入口内，同时，在水中形成向后的涡流，使轮虫的身体呈螺旋状向前运动。有的轮虫（如椎轮虫、疣毛轮虫）

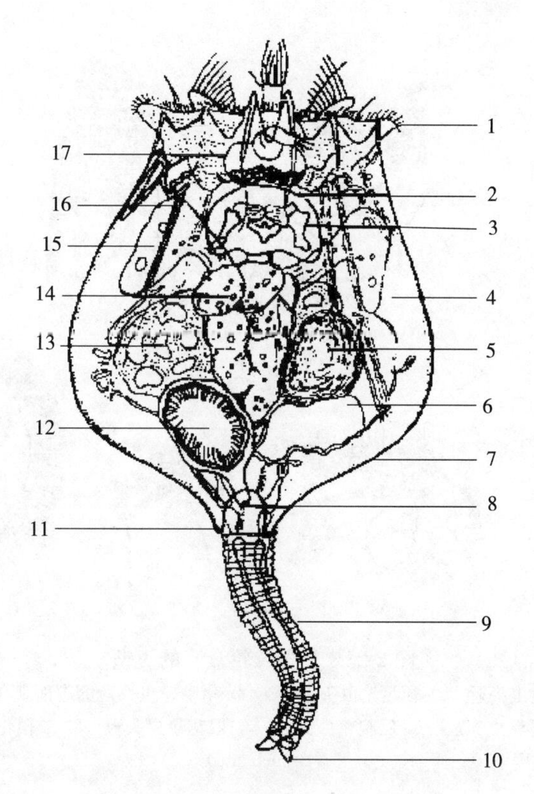

图 2-22 轮虫体制模式

1. 头冠 2. 咀嚼囊 3. 咀嚼器 4. 躯干部 5. 卵巢 6. 膀胱 7. 被甲 8. 肛门 9. 足 10. 趾 11. 足孔 12. 肠 13. 卵黄腺 14. 胃 15. 消化腺 16. 原肾管 17. 脑

（吕明毅）

头冠左右两侧各有1个具有游泳功能的"耳"，"耳"上纤毛发达。多数种类的头部有单个或成对的眼点，蛭态目头部的背面中央有一吻。

头冠主要有7种类型，是轮虫分类的主要依据之一（图 2-23）。

（1）旋轮虫头冠。头冠分成左右2个对称的轮盘，每个轮盘各具一短"柄"，口位于两短"柄"腹面中央。

（2）须足轮虫头冠。口围区上半部缩小，边缘口围纤毛变成一圈粗壮的刚毛，口与刚毛之间的大部分口围纤毛较短或消失，因此，这一圈粗壮的刚毛称为假轮环。

（3）猪吻轮虫头冠。口围区的纤毛很发达，围顶带完全消失，无盘顶区，头冠最前端通常具有一"吻"。

（4）晶囊轮虫头冠。头冠宽阔，口围区高度缩小，在口的周围有一段不发达的纤毛，围顶纤毛相当发达，但在背、腹面中央间断。

（5）巨腕轮虫头冠。围顶带形成分别位于上圈、下圈的轮环和腰环两圈纤毛环，口位于轮环和腰环之间腹面的下垂部分。

（6）聚花轮虫头冠。围顶带呈马蹄形，背面下垂，面向前方，口及口周围区位于背面。

（7）胶鞘轮虫头冠。头冠呈宽阔的漏斗状，边缘通常形成1、3、5、7个裂片，裂片上具有刺毛。口位于漏斗底部，漏斗部分为口围区。

2. 躯干部 头部的下方为躯干部，是身体最长最大部分。外包一层角质膜，内有全部

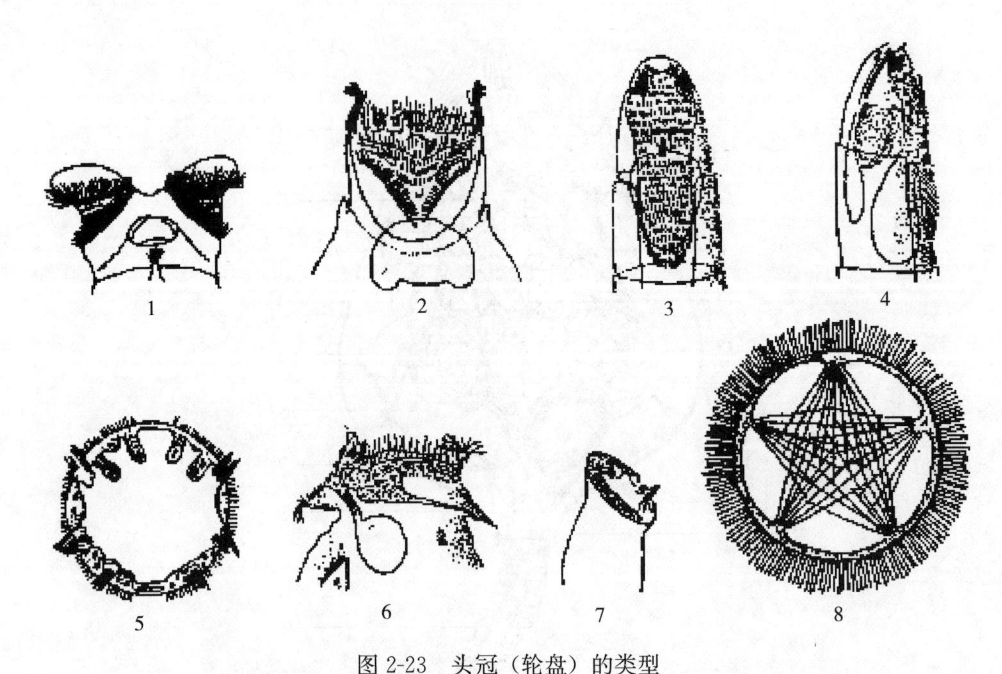

图 2-23　头冠（轮盘）的类型

1. 旋轮虫头冠　2. 须足轮虫头冠　3、4. 猪吻轮虫头冠的腹面观和侧面观
5. 晶囊轮虫头冠　6. 巨腕轮虫头冠　7. 聚花轮虫头冠　8. 胶鞘轮虫头冠
（Beauchamp）

的脏器。一般腹面扁平或略凹入，背面多隆起凸出，有的种类形成坚硬的被甲，被甲上常具有花纹、棘刺等，这些特征是分类的重要依据。有些没有被甲的种类，躯干部具有长刺状的附肢，用于跳动或游泳。

3. 足　身体的最后端大多有足，通常呈柄状，可自由伸缩，像一条"尾巴"。有的种类无足。足的末端通常有趾，大多为 1 对，蛭态亚目种类的趾为 3 个或 4 个，极少数种类的趾是 1 个，有的种类无趾。足的基部有 1 对足腺，通过细管到达足趾，足腺可分泌黏液，使轮虫的身体可黏附在其他物体上。足和趾均为运动器官，可以固着和爬行，游泳时还具有"舵"的作用。

（二）内部构造

1. 体壁　轮虫的体壁系由皮层、表皮细胞和皮下肌肉组成的，其中皮层是由表皮细胞分泌的骨蛋白稍许硬化而成，蛭态亚目骨蛋白皮层具有环形的折痕，即"假体节"，使身体能够伸缩或活动。有的种类骨蛋白皮层高度硬化，形成各式各样被甲。轮虫没有专门的呼吸器官，假体腔内有体液，轮虫的呼吸是通过体壁由外界的水和体液交换完成的。

2. 消化系统　轮虫的消化系统由消化腺和消化管两部分组成，消化腺由唾液腺和胃腺组成，消化管系由口、咽、咀嚼囊、食道、胃、肠、泄殖腔和肛门（泄殖孔）组成。口位于头冠腹面，后接管状的咽，咽与咀嚼囊相连，猎食性种类的口直接与咀嚼囊相连。咀嚼囊是一肌肉发达的囊，内有强大的咀嚼器，通常在咀嚼器的两旁附着 2～7 个唾液腺，唾液腺可能具有消化作用。咀嚼器类似牙齿，用于磨碎食物，磨碎的食物经管状食道进入胃，在胃中进行消化吸收。胃呈膨大的囊袋形或管状，疣毛轮虫的胃呈 U 形。在胃的前端与食道连接处一般有 1 对胃腺，胃腺分泌酶到胃内，具有促进消化的作用。胃的后端是与其界线不明的肠，肠呈管状或膨大成囊状。肠的后端为泄殖腔，通过肛门开口于体外，有的种类没有肛门，未消化的残渣可由口吐出体外，如晶囊轮虫。

咀嚼器是轮虫特有的结构，咀嚼器与头冠一样，是轮虫分类的主要依据之一。咀嚼器由皮层高度硬化的7片咀嚼板组成，咀嚼板分为槌板和砧板两部分，槌板由左右对称的2片槌钩和2片槌柄组成，砧板由左右对称的2片砧枝和位于左右砧枝正下方的1片砧基组成（图2-24）。咀嚼器连有肌肉，活动灵活。不同种类的轮虫，具有不同类型的咀嚼器，咀嚼器可分为8种类型，即槌型、杖型、钩型、钳型、砧型、槌枝型、枝型、梳型（图2-25）。其中臂尾轮虫、龟甲轮虫咀嚼器为槌型，晶囊轮虫咀嚼器为砧型，聚花轮虫咀嚼器为槌杖型。

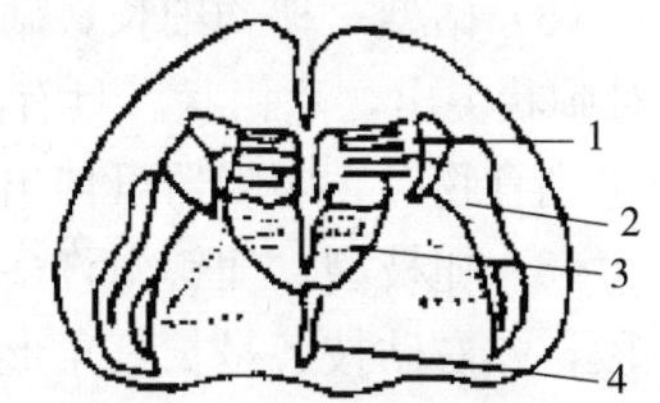

图2-24 咀嚼器
1. 槌钩 2. 槌柄 3. 砧枝 4. 砧基
（南京师范学院）

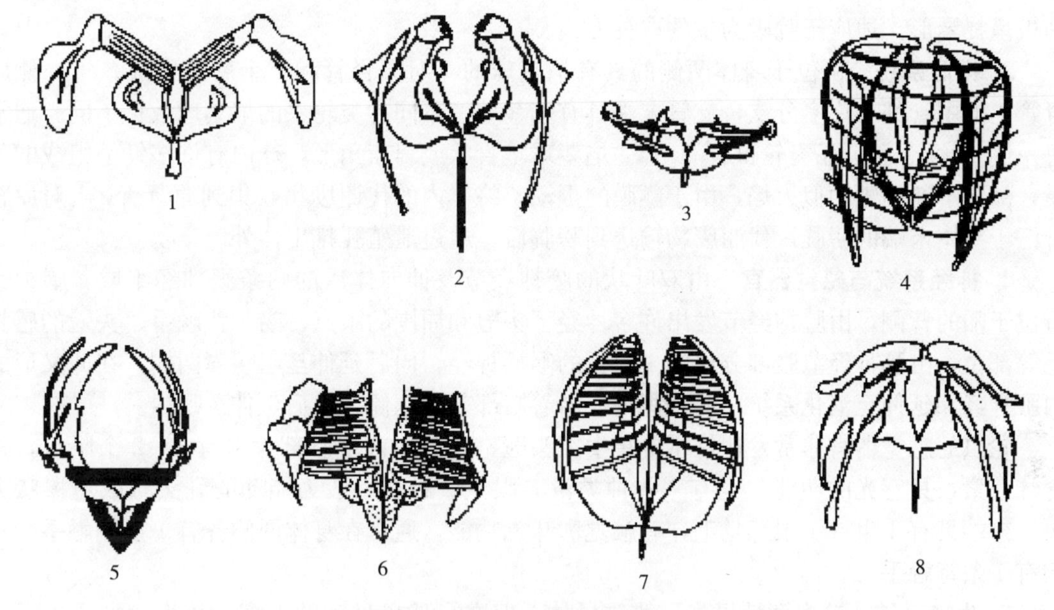

图2-25 各种不同类型的咀嚼器
1. 槌型 2. 杖型 3. 钩型 4. 钳型 5. 砧型 6. 槌枝型 7. 枝型 8. 梳型
（Beauchamp）

（1）槌型。咀嚼板粗壮而坚实，槌钩的中央具有数个长条齿，横置于砧枝上面，而砧枝内侧无齿，通过左右槌钩的活动咀嚼食物。具有须足轮虫头冠的种类咀嚼器为槌型，如臂尾轮虫。

（2）杖型。砧基和槌柄细长，呈杖形，砧枝呈三角形，槌钩具有1个或2个齿，能伸出口外，攫取食物。具有晶囊轮虫头冠的种类咀嚼器为杖形，属于凶猛种类。

（3）钩型。槌钩由少量的长条箭头状的齿组成，具有发达的联结槌钩和砧枝的副槌钩，砧枝发达宽阔，砧基、槌柄高度退化。具有胶鞘轮虫型头冠的种类，咀嚼器为钩型，适应于伏击取食方式，当食物陷入头冠的漏斗后，槌钩活动将其撕碎。

（4）钳型。砧枝长略弯曲，内侧有齿，砧基较短，槌柄、槌钩均细长，交错在一起呈钳状。碰到食物，咀嚼器可伸出口外攫取食物。唯具有猪吻轮虫头冠的猪吻轮虫咀嚼器为钳型。

（5）砧型。槌钩细长，砧基缩短，槌柄退化，只留痕迹。砧枝特别发达，内侧有1对或2对刺状突出，呈钳状。具有晶囊轮虫头冠的种类咀嚼器为砧型，适应于猎食性取食方式，当碰到食物时，咀嚼器可伸出口外，把食物猎入口内，例如晶囊轮虫。

（6）槌枝型。槌钩由许多长条齿密集排列而成，砧基短又粗，左右槌柄短而宽，各分成三段，左右砧枝各呈长三角形，内侧有不明显的锯齿或细齿。具有巨腕轮虫型头冠及聚花轮虫型头冠的种类咀嚼器为槌枝型。簇轮亚目中浮游、底栖、固着的种类的咀嚼器均为槌枝型。

（7）枝型。槌柄、砧基高度退化，左右砧枝缩小，变成三棱形的长条。左右槌钩发达，分别呈半圆形的薄片状，两片合成圆形，上面具有许多平行肋条，具有旋轮虫型头冠的种类咀嚼器为枝形，适应于沉淀取食方式。

（8）梳型。槌柄结构较复杂，其前有一前咽片，槌柄的中部分出1个月牙形弯曲的枝，砧板呈提琴形。适应于吮吸为主的取食方式。

3. 排泄系统 由位于身体两侧的具有焰茎球的1对原肾管和1个膀胱组成。每一侧原肾管上的主管都有许多分支，支管末端具有焰茎球，不同种类轮虫的焰茎球数目不同，通常每一侧4～8个，但晶囊轮虫有50个。焰茎球呈管状或扁三角形，球内有许多纤毛组成的颤膜，颤膜不断的颤动似火焰，由于颤膜的颤动，将体内的代谢废物收集到原肾管，1对原肾管汇于身体末端的膀胱，代谢废物输送到膀胱后，通过泄殖孔排出体外。

4. 神经系统与感觉器官 由双叶状的脑神经节及伸向体后的两条腹神经组成。脑神经节位于咽的背侧，由脑神经节发出许多神经至头冠和周围的眼点、吻、背触手、头冠的感觉毛等部位，由脑神经节腹部分出的1对长的咽喉神经，向后延伸至咀嚼囊两侧，在此又形成内脏神经，延伸至消化系统，两条腹神经沿着腹部前端两侧，向后延伸至足内。

轮虫的感觉器官非常发达，主要集中在头冠，在身体前端脑部大多有1～2个眼点，常含红色素，具感光的功能，也有一些种类没有眼点。触手一般为能动的乳头状或短棒状突出，末端具有1束或1根感觉毛，有触觉和味觉功能，通常在身体两侧各有1条侧触手，背侧有1条背触手。

5. 生殖系统 轮虫两性异形，雌雄异体，但在自然界见到的大多为雌性，主要进行孤雌生殖。大多数轮虫雄体的形态与雌体相差很大，雄体的长度为雌体的1/8～1/3，寿命很短，因此，在自然界很少见到。

（1）雄性生殖系统。单巢目种类的生殖系统主要由1个精巢、1条输精管组成，有的种类输精管后接交配器，有的种类无交配器，输精管从体内突出，具有交配作用。精巢膨大呈梨形或球形，占据假体腔的绝大部分，其他器官均退化甚至消失。雄体一般不摄食，但活动迅速。

双巢目未发现雄体。

（2）雌性生殖系统。单巢目种类的生殖系统系由一层薄膜包裹1个卵巢和1个卵黄腺组成的1个生殖囊，生殖囊后接1根输卵管，与泄殖腔相通。卵巢比卵黄腺小，位于囊的一端或一侧，内有正在发育的卵母细胞，当卵子成熟时，卵黄腺将卵黄输入卵内，使卵子体积增大，通过输卵管到达泄殖腔，最后排出体外。

双巢目的种类各有1对卵巢、卵黄腺、输卵管。

二、生殖与发育

轮虫的生殖可分为孤雌生殖和有性生殖，但以孤雌生殖为主，在环境条件不适宜时才会进行有性生殖。

（一）孤雌生殖

轮虫在环境条件良好时进行孤雌生殖，性成熟的雌体所产的卵不需要受精，直接孵化发育为新的个体，这种卵称为非需精卵（或称为夏卵），这种产非需精卵的雌体称为不混交雌体，非需精卵产出后浮在水中或沉入水底或附在雌体和其他植物体上。轮虫孤雌生殖的特点是生殖量大，生殖率高，卵细胞个体大，卵壳薄而光滑，卵色浅透明，种群增长迅速。一般轮虫为卵生，少数种类为卵胎生，如晶囊轮虫。

（二）有性生殖

当环境恶化或发生剧烈变化时，如低温、高温、种群密度过大、干燥、水质发生化学变化等，轮虫进行有性生殖。这时，孤雌生殖产生混交雌体，混交雌体产生的卵可以受精称为需精卵。需精卵未经受精发育为雄体，经过受精称为受精卵（或称为冬卵、休眠卵）。雄体不摄食，运动极快，完成交配后死亡，没有进行交配的雄体一般也只能存活两三天，最多存活4～7d，如晶囊轮虫。需精卵受精后分泌一种较厚的卵膜，其特点是大小与夏卵相同，色深不透明，形状多样，卵壳表面常具有花纹、壳缘刺、卵盖或呈蜂窝状等，能够抵御恶化或剧烈变化的水环境，这样便于在风、鸟、水流等传播媒介的作用下，从一个地方传到另一个地方，使轮虫广泛分布。休眠卵通常沉入水底，经过一段时间休眠，待水环境条件适宜后，才孵出新的非混交雌体，开始新一代孤雌生殖。

生殖周期：生殖周期就是指轮虫在1年内由孤雌生殖转变为有性生殖的次数。根据有性生殖的次数，可分为单周期、双周期、多周期、无周期。一般大型湖泊、水库等大型水体，环境条件稳定，生活在这里的轮虫只是在寒冷的冬季进行一次有性生殖，称为单周期。一般池塘、河溪等小型水体环境条件不稳定，生活在这里的轮虫，在夏季、冬季水温变化较大时进行两次有性生殖，称为双周期。一般间歇性小水体水量、水温、饵料等因子变化频繁，生活在这里的轮虫一年要进行数次有性生殖，称为多周期。一般热带大型水体，环境条件非常稳定，生活在这里的轮虫完全进行孤雌生殖，无有性生殖，称为无周期。生活在同一水环境的不同种类，以及同一种类生活在不同的水环境，其生殖周期也不同。轮虫的生活周期是物种的遗传性和环境因子综合作用的结果。

三、分类

轮虫在动物界的位置目前还没有定论，分类系统尚不统一，但现在许多学者根据轮虫的胚胎发育和超显微结构认为将轮虫单设一门为宜。

一般根据轮虫的卵巢是否成对、头冠和咀嚼器的构造、有无被甲和被甲的形态结构、有无足、足和足趾的形态、有无附肢和附肢的数目、有无眼点和眼点的数目等可将轮虫分为2个目，5个亚目，约2 500种。而双巢目中的海轮亚目的种类仅寄生在海洋无脊椎动物身体上，因此，下面仅介绍蛭态亚目、游泳亚目、胶鞘亚目和簇轮亚目。

目和亚目的检索表

1（2）未发现雄体。体纵长呈蠕虫形，“假体节”能做套筒式伸缩。咀嚼器为枝型，无侧触手。卵巢成对 …………………………………… 双巢目蛭态亚目

2（1）不少种类发现雄体。身体能伸缩变化，但不能作套筒式伸缩。咀嚼器为多种类型，但无枝型，一般有侧触手。卵巢 1 个 …………………………………… 单巢目

3（4）若有足，足上一定有 2 个或 1 个趾和 2 个足腺，头冠绝不是巨腕轮虫型和胶鞘轮虫型 …………………………………… 游泳亚目

4（3）若有足，足上肯定无趾，足的末端有一圈短纤毛，足腺 2 个或多于 2 个。

5（5）头冠为胶鞘轮虫型。咀嚼器为钩型 …………………………………… 胶鞘亚目

6（5）头冠为巨腕轮虫型或聚花轮虫型。咀嚼器为槌枝型 …………………………………… 簇轮亚目

（一）双巢目

蛭态亚目体纵长呈蠕虫形，“假体节”可似望远镜做套筒式伸缩，多营底栖生活。卵巢成对，咀嚼器为枝型，无侧触手，本亚目包括 2 个科，宿轮科和旋轮科，其中旋轮科常见。

分 属 检 索 表

1（2）足上的 1 对刺戟较长，躯干部皮层较坚厚，有尖刺或突起 …………………………………… 间盘轮属

2（1）足上的 1 对刺戟较短，躯干部皮层较光滑，无尖刺或突出。

3（4）1 对眼点位于背触手后面的脑部，趾 3 个或 4 个 …………………………………… 旋轮虫属

4（3）1 对眼点位于背触手前面的吻部，趾 3 个 …………………………………… 轮虫属

1. 轮虫属 头冠分为左右 2 个轮盘，爬行时轮盘缩进头部，吻伸出在前。身体纵长呈蠕虫形，身体前后两端“假体节”较中部小，两端可向中部做套筒式伸缩。眼点 1 对，位于背触手前面吻的部位。趾 3 个。本属分布广，在池塘和浅水湖泊中常见（图 2-26）。

2. 旋轮虫属 身体比轮虫属粗壮，眼点 1 对，大而显著，位于背触手后面的脑部。趾 3 个或 4 个（图 2-27）。

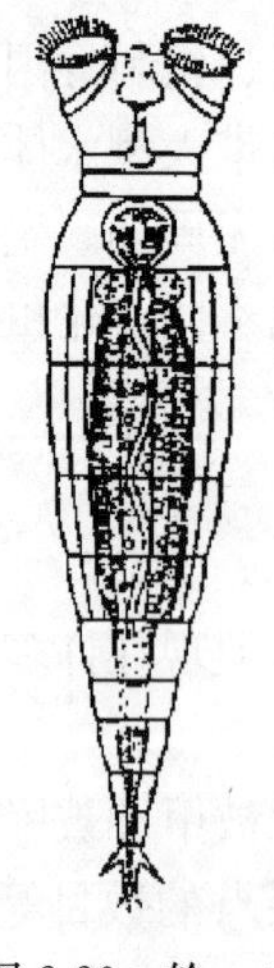

图 2-26 轮 虫

（王家楫）

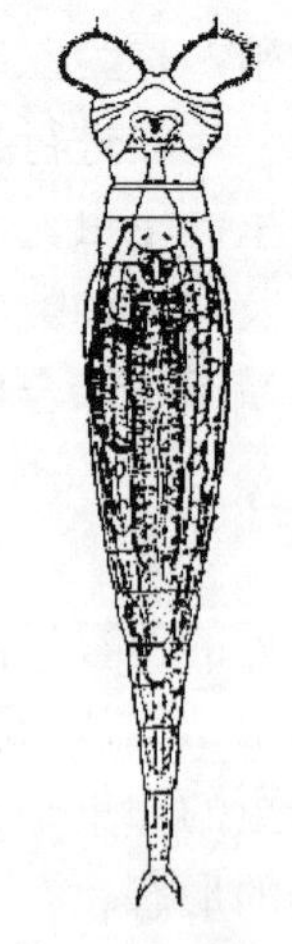

图 2-27 旋轮虫

（王家楫）

（二）单巢目

单巢目只有 1 个卵巢。身体虽能伸缩变化，但不能作套筒式伸缩。咀嚼器为多种类型，

但无枝型。一般有侧触手。营游泳和固着生活，本目的种类及数目均较多，是养殖水体中浮游动物的重要组成部分。本目包括 3 个亚目：游泳亚目、簇轮亚目和胶鞘亚目。

1. 游泳亚目 有的无足，若有足，足上一定有 2 个或 1 个趾，2 个足腺。本亚目包括 9 个科，其中主要有椎轮虫科、臂尾轮虫科及晶囊轮虫科 3 个科。

分科检索表

1（2）头冠为猪吻轮虫型。咀嚼器为钳型 ……………………………… 猪吻轮虫科
2（1）咀嚼器非钳型。
3（4）咀嚼器为梳型，槌柄复杂 ……………………………… 柔轮虫科
4（3）咀嚼器非梳型。
5（8）咀嚼器为槌型或亚槌型。
6（7）头冠纤毛不发达。口和口围很浅，非漏斗状 ……………………………… 腔轮虫科
7（6）头冠纤毛发达。口和口围呈漏斗状 ……………………………… 臂尾轮虫科
8（5）咀嚼器非槌型或亚槌型。
9（10）头冠为晶囊轮虫型。咀嚼器为砧型 ……………………………… 晶囊轮虫科
10（9）咀嚼器为杖型。头冠为椎轮虫型、猪吻轮虫型或晶囊轮虫型。
11（12）胃无盲囊，身体纵长，足和趾位于身体最后端 ……………………………… 椎轮虫科
12（11）胃有盲囊，身体短宽，若有足，足位于身体的腹面 ……………………………… 腹尾轮虫科
13（14）咀嚼器为杖型，但左右不对称 ……………………………… 鼠轮虫科
14（13）咀嚼器为杖型，左右对称 ……………………………… 疣毛轮虫科

（1）臂尾轮虫科。头冠为须足轮虫型，咀嚼器为槌型或亚槌型。

分属检索表

1（20）身体具有被甲。
2（5）躯干部外包被甲，头部也被钩状小甲片所掩盖。
3（4）背腹两面被甲扁平，紧密连成 1 片 ……………………………… 鞍甲轮虫属
4（3）左右 2 片被甲侧扁，在背面镶合似蚌壳 ……………………………… 狭甲轮虫属
5（2）只有躯干部外包被甲。
6（13）体后端有足，被甲为整块，很少裂痕，很难区分左右甲片或背腹甲片。
7（10）足可伸出很长，蠕动灵活，无节，有环纹。
8（9）足后端分裂为二，被甲较纵长，不包括前后棘刺，被甲长度超过宽度 ……………… 裂足轮虫属
9（8）足后端不分裂为二，被甲较宽阔，近方形，长度很少超过宽度，有趾 2 个 ………… 臂尾轮虫属
10（7）足较短而固定，不能灵活蠕动，有节，无环纹。
11（12）趾 1 对很短，长度不超过躯干部长度，无跳跃动作 ……………………………… 平甲轮虫属
12（11）趾 1 对很长，长度超过躯干部长度，有跳跃动作 ……………………………… 真跻轮虫属
13（6）被甲裂痕明显，可区分左右甲片或背腹甲片。
14（15）有足，背甲总是大于腹甲 ……………………………… 须足轮虫属
15（14）无足。
16（17）被甲前后两端无棘刺 ……………………………… 龟纹轮虫属
17（16）被甲前端有棘刺，有的种类后端也有棘刺。
18（19）被甲较光滑，未隔成小块片，但常有纵长的条纹 ……………………………… 叶轮虫属
19（18）被甲被隔成许多规则的小块片，小块片常有很细的小刺 ……………………………… 龟甲轮虫属
20（1）身体无被甲。无吻。身体侧面观为倒圆锥形或囊袋形。趾 1 对，左右对称 ………… 水轮虫属

①鞍甲轮虫属。头部前端有一钩状小甲片，游动时小甲片遮盖头冠。被甲背面略隆起，腹面扁平，前端的背、腹面常有显著的颈圈，甲片的背面和腹面除前端的孔口和后端的足沟外，周边完全愈合。足一般3节，趾1对，咀嚼器为槌型。本属种类兼有游泳与底栖习性，多分布于岸边沉水植物多的地方（图2-28）。

②狭甲轮虫属。头部前端有一钩状小甲片掩盖头冠，游泳时小甲片张开似伞。被甲由左右两甲片在背面镶合而成，腹面或多或少裂开，有显著的裂缝。左右侧扁，似蚌壳。本属种类具有一定的游泳能力，但主要营底栖生活，常出现在沉水植物中（图2-29）。

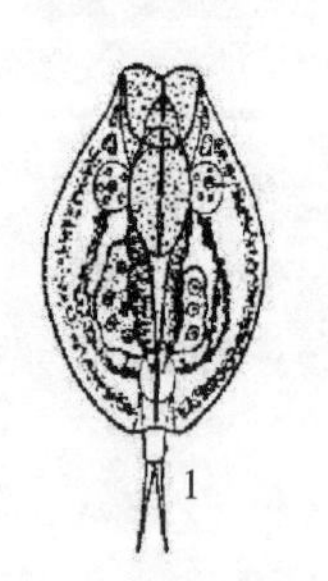

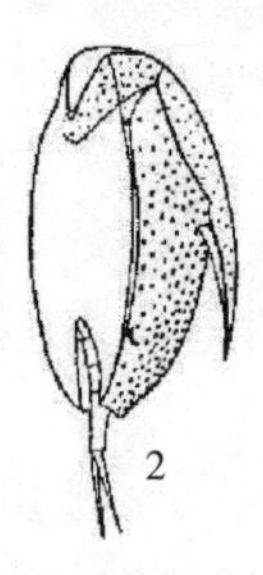

图2-28 冠突鞍甲轮虫
1. 背面观 2. 侧面观
（王家楫）

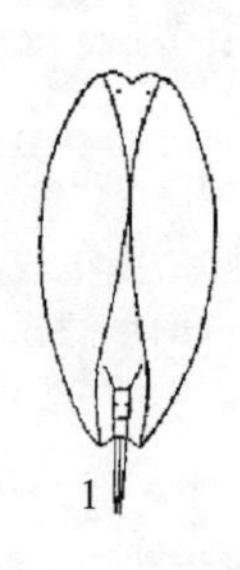

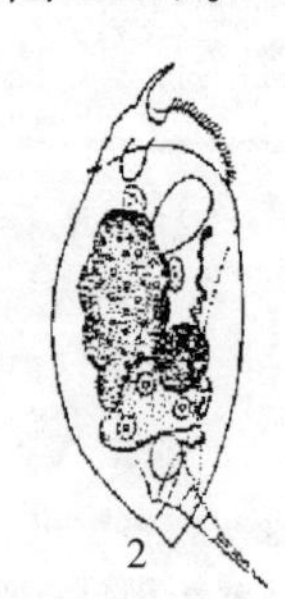

图2-29 钩状狭甲轮虫
1. 腹面观 2. 侧面观
（王家楫）

③水轮虫属。身体呈倒圆锥形、囊袋形或方块形。无被甲，有足，具2个对称趾。本属种类喜生活在有机质丰富的水体中（图2-30）。

④须足轮虫属。被甲由一片背甲和一片腹甲愈合而成，背甲显著大于腹甲，腹甲扁平或近扁平，绝大多数种类被甲、腹甲的两侧和后端由一层薄且较柔软的皮层所连接，形成纵长的侧沟和后侧沟。足分成2节或3节，但不显著，在第1节后端常有1对或2对细长的刚毛，趾1对，有的种类很长，有的种类较短。本属种类主要营底栖生活（图2-31）。

⑤裂足轮虫属。足后端约1/4处裂开分叉，每叉末端各有1对爪状趾。被甲较纵长，长度超过宽度，被甲具有前棘刺2对，中央1对较细短，两侧1对较粗长，被甲有后棘刺1对，位于足孔两旁直或弯，不对称，右侧长度远远超过左侧。本属仅有一种裂足轮虫，是典型的浅水池塘的浮游动物（图2-32）。

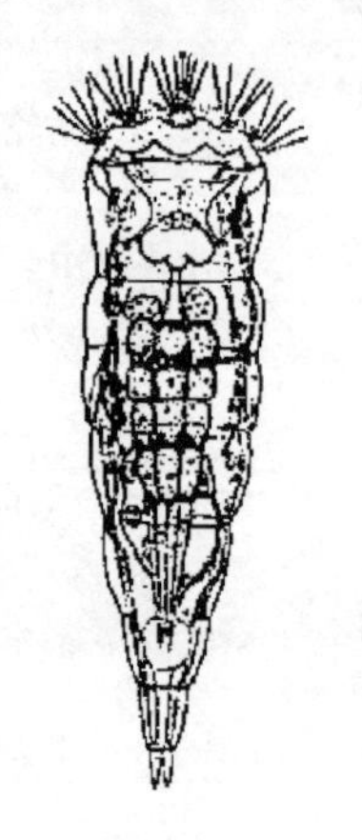

图2-30 椎尾水轮虫
（王家楫）

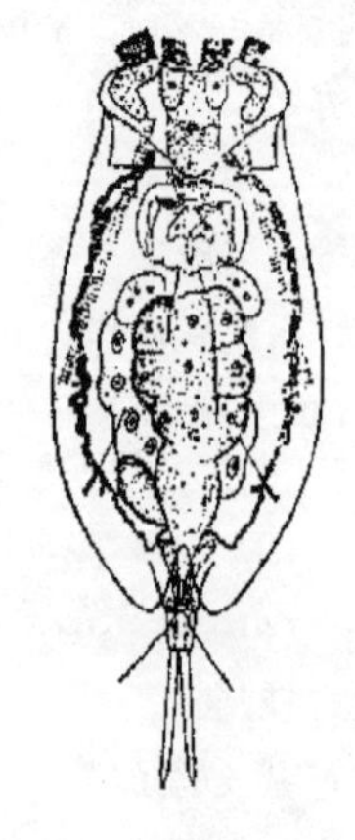

图2-31 大肚须足轮虫
（王家楫）

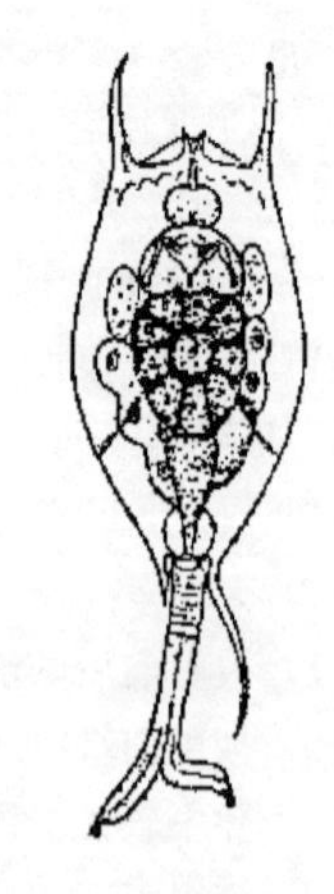

图2-32 裂足轮虫
（王家楫）

⑥臂尾轮虫属。被甲前端有1～3对前棘刺，有的种类还有侧棘刺和后棘刺。被甲较宽阔，一般近正方形。足很长，不分节，伸缩摆动灵活，有环形沟纹。趾1对。主要营浮游生活，但也常以趾附着在其他物体上，营底栖生活（图2-33）。

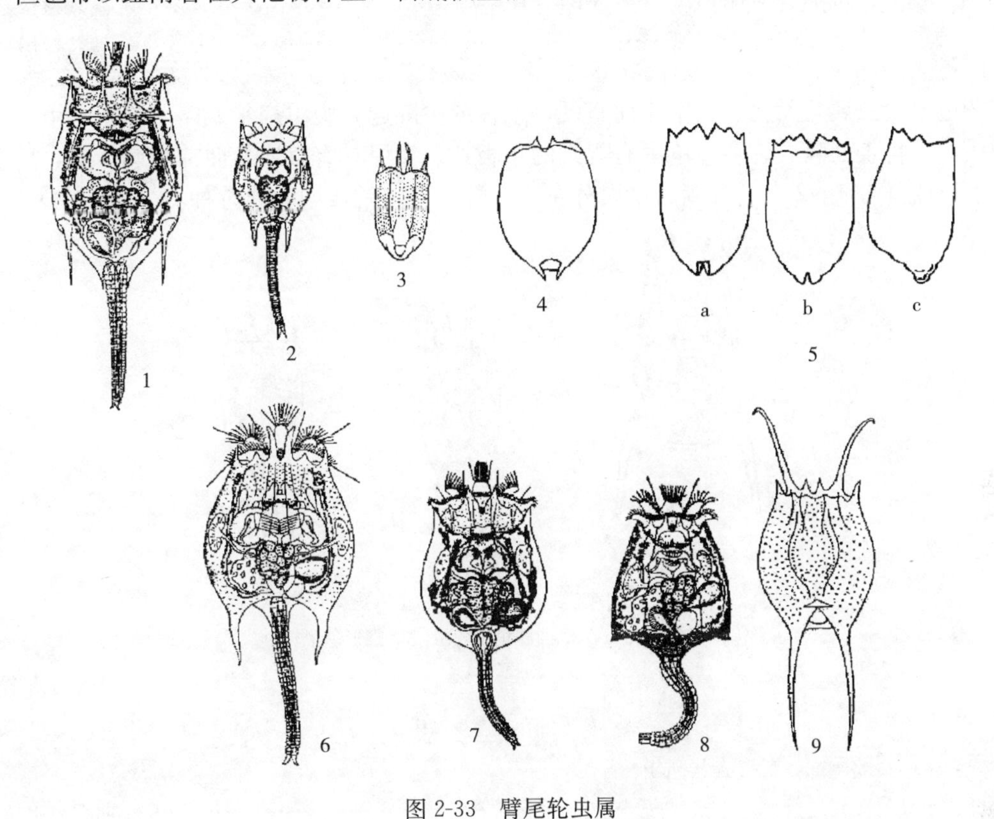

图2-33 臂尾轮虫属

a. 背面观 b. 腹面观 c. 侧面观

1. 萼花臂尾轮虫 2. 剪形臂尾轮虫 3. 蒲达臂尾轮虫 4. 角突臂尾轮虫
5. 褶皱臂尾轮虫 6. 花篋臂尾轮虫 7. 壶状臂尾轮虫 8. 矩形臂尾轮虫 9. 镰状臂尾轮虫

（王家楫、孙成渤等）

臂尾轮虫属常见种的检索表

1（8）被甲前棘刺少于3对。
2（7）被甲具有2对突出的前棘刺。
3（6）被甲也有后棘刺，如果没有，围绕足孔两旁，一定有尖角形突起。
4（5）被甲前棘刺2对，总是侧边的两个较长 ………………………………………… 剪形臂尾轮虫
5（4）被甲前棘刺2对，中央1对较长或2对近等长 ……………………………… 萼花臂尾轮虫
6（3）被甲后端完全浑圆，无后棘刺，足孔两旁无尖角形突起 ……………………… 蒲达臂尾轮虫
7（2）被甲只有1对突出的前棘刺 ……………………………………………………… 角突臂尾轮虫
8（1）被甲前棘刺3对。
9（16）3对前棘刺长短相差不大，或中央1对较长。
10（11）被甲腹面前缘有3个凹痕，分为4片 ………………………………………… 褶皱臂尾轮虫
11（10）被甲腹面前缘无凹痕。
12（13）足孔位于一个显著的管状突出之上 ………………………………………… 花篋臂尾轮虫

13（12）足孔之处无管状突出。
14（15）被甲表面布满网状刻纹 …………………………………………………… 矩形臂尾轮虫
15（14）被甲表面光滑，无网状刻纹 ………………………………………………… 壶状臂尾轮虫
16（9）第二对前棘刺非常长且发达…………………………………………………… 镰状臂尾轮虫

⑦龟甲轮虫属。无足，被甲厚而坚硬，或多或少隆起，腹甲扁平或略凹陷，背甲具有明显的线纹，将表面隔成许多似龟甲有规则的小板片。背甲具有直或弯曲前棘刺 3 对，后端浑圆光滑，或具有 1～2 个后棘刺。本属分布广，数量多，是典型的浮游种类（图 2-34）。

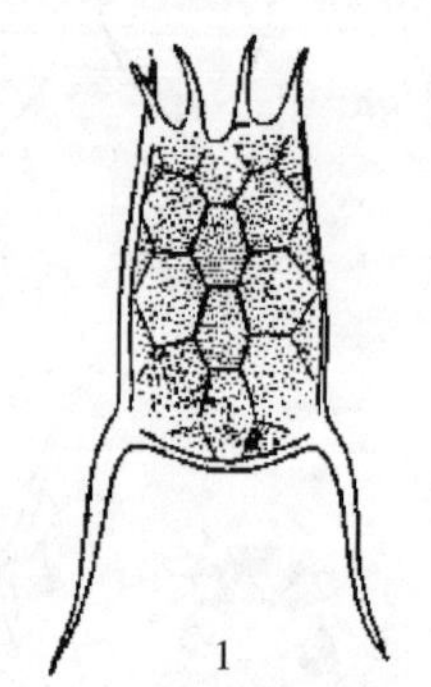

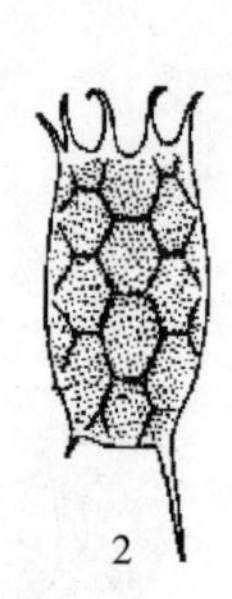

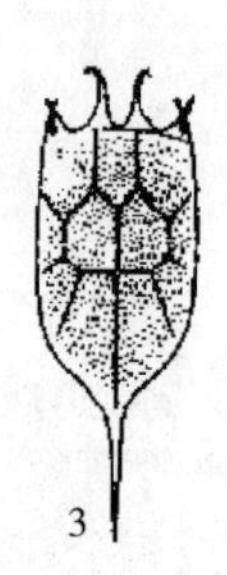

图 2-34　龟甲轮虫属
1. 矩形龟甲轮虫　2. 曲腿龟甲轮虫　3. 螺形龟甲轮虫
（王家楫）

分种检索表

1（4）背甲中央略突起，无线条状凸出。
2（3）背甲具有 1 对后棘刺，一长一短 ………………………………………… 曲腿龟甲轮虫
3（2）背甲具有 1 对后棘刺，等长 ……………………………………………… 矩形龟甲轮虫
4（1）背甲中央显著隆起，有一线条状凸出…………………………………… 螺形龟甲轮虫

（2）椎轮虫科。头冠为典型的椎轮虫型，总是或多或少偏向腹面，椎轮属和盲囊轮属的头冠已完全位于腹面，并向后伸展一定距离，形成下颚。身体纵长，腹面扁平，有的种类具有被甲。咀嚼器为杖型，极少数种类变态为槌型。本科大多数种类以底栖生活为主，兼营浮游生活，少数种类以浮游生活为主。

分属检索表

1（6）无被甲。
2（5）无盲囊。咀嚼器的砧枝呈半圆形或三角形。具有消化腺。
3（4）无“耳”。咀嚼器左右对称。有 1～3 个明显的眼点 ……………………… 柱头轮虫属
4（3）头冠两侧有能伸缩的“耳”。咀嚼器左右不对称 …………………………… 椎轮虫属
5（2）胃前具有 1 对向上分叉的盲囊。咀嚼器的砧枝呈提琴形。无消化腺 ………… 盲囊轮虫虫
6（1）有被甲。
7（10）被甲较薄且光滑，表面无刻纹。
8（9）足和趾均长，两者长度近相等 ………………………………………… 高跻轮虫属
9（8）足短而趾长，且足短于趾 ……………………………………………… 巨头轮虫属
10（7）被甲较厚且坚硬，表面有立状刻纹 …………………………………… 间足轮虫属

椎轮虫属：头冠位于腹面，其中央有一狭长的凹沟。头冠两侧具有能伸缩的“耳”，“耳”的末端具有长而发达的纤毛，作为游泳时的工具。身体纵长呈纺锤形，头部、颈部、躯干部及足部明显，躯干部后端背面常有腹尾突出。咀嚼器为杖型。本属主要营底栖生活，常见于沉水植物及有机碎屑多的沼泽、池塘及湖泊的沿岸（图 2-35）。

（3）晶囊轮虫科。头冠大而发达，为典型的晶囊轮虫型。皮层很薄，身体透明呈囊袋形、钟形、梨形或卵圆形，个别种类的身体两侧及背面和腹面常有瘤状或翼状突出，咀嚼器为典型的砧型，或介于砧型和槌型之间。具有背触手和侧触手各 1 对。多数种类无肠和肛门。大多数种类为卵胎生。是典型的浮游种类。

分属检索表

1（2）无足和趾 …………………………………………………… 晶囊轮虫属
2（1）有足和趾。
3（4）咀嚼器介于砧型与槌型之间。具有肠和肛门 ………………… 哈林轮虫属
4（3）咀嚼器为砧型。无肠和肛门 …………………………………… 囊足轮虫属

晶囊轮虫属：卵胎生。身体透明似灯泡，呈囊袋形，无足，体后端浑圆。咀嚼器为典型的砧型，碰到食物时，咀嚼器能迅速伸出口外摄取食物，然后缩入体内。胃发达，无肠和肛门，胃中不能消化的食物残渣由口吐出。为典型的浮游种类（图 2-36）。

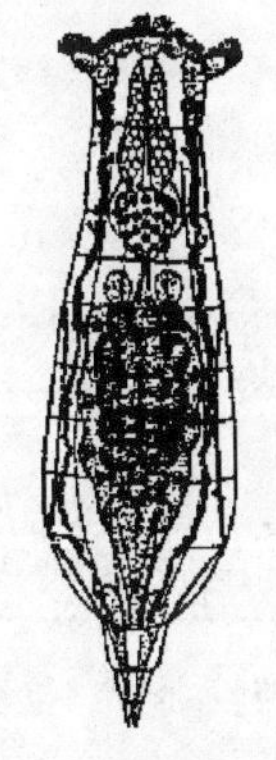

图 2-35　椎轮虫属
（王家楫）

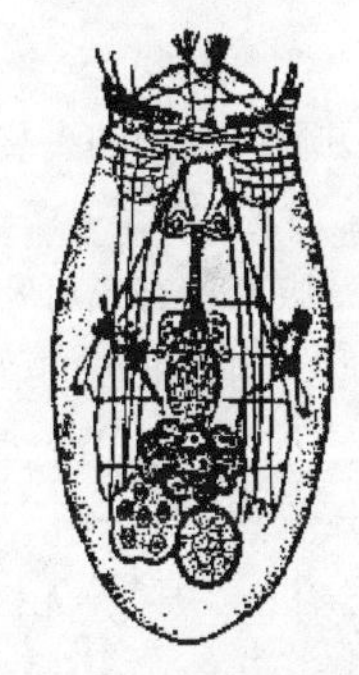

图 2-36　晶囊轮虫属
（王家楫）

（4）鼠轮虫科。身体呈倒圆锥形、纺锤形或圆筒形，多少弯转扭曲，左右不对称。被甲为一纵长的整片，表面常有纵长的脊和沟痕或“龙骨片”，前端常有齿或刺。咀嚼器为杖型，不对称，可伸出口外掠食。趾细长呈针状或刺状，左右两趾等长，或略不等长，或长短相差很大。在趾的基部至少有 2 个极短的附趾。为典型的浮游种类或底栖种类，但兼有两种习性的较多。

分属检索表

1（2）趾 2 个，短趾已退化，其长度不超过长趾的 1/3，长趾的长度超过体长的 1/2 ……… 异尾轮虫属
2（1）趾 2 个，短趾长度超过长趾的 1/3，长趾的长度不超过体长的 1/2 …………………… 同尾轮属

①异尾轮虫属。趾 2 个，左趾很长，长度超过体长的 1/2，右趾已退化，很短，或只留一些痕迹，其长度不超过长趾的 1/3。本属多营浮游生活（图 2-37）。

②同尾轮虫属。趾2个，等长或一长一短，但相差不大，短趾长度超过长趾的1/3，短趾和长趾的长度均不超过体长的1/2。本属多营底栖生活（图2-38）。

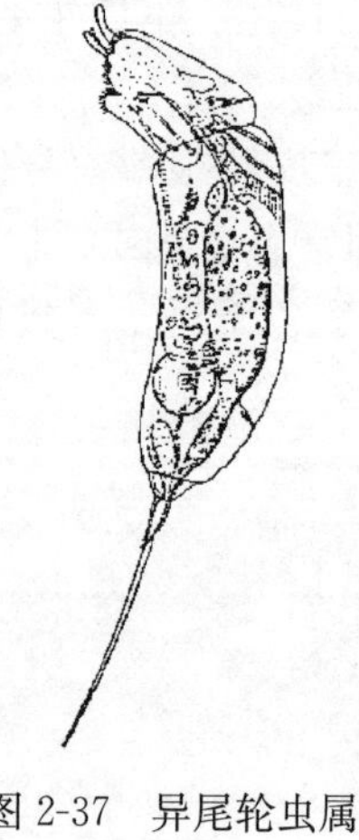

图2-37　异尾轮虫属
（王家楫）

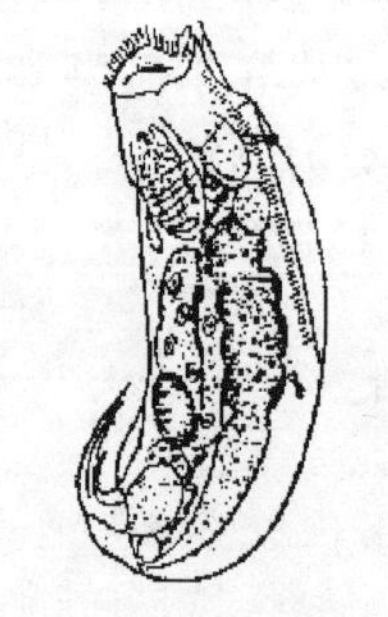

图2-38　同尾轮虫属
（王家楫）

（5）疣毛轮虫科。头冠为晶囊轮虫型。身体呈圆锥形、钟形、梨形或囊袋形，唯皱甲轮虫属具有被甲。咀嚼器为杖型，有的种类身体两侧背腹面具有许多针状或叶状的附肢，足的有无因种类不同而异。为典型的浮游种类。

分属检索表

1（4）身体呈长方形或椭圆的囊袋形。无足，皮层柔韧，但体型不能变动。
2（3）身体光滑，无附肢 …………………………………………………………… 无肢轮虫属
3（2）身体两侧背腹面具有6对叶状附肢 ………………………………………… 多肢轮虫属
4（1）身体呈钟形、倒圆锥形或梨形。有足，被甲有或无。
5（6）无“耳”，有被甲，被甲上常有网状刻纹或肋和沟。足不分节，但很长，具有环状沟纹，由被甲腹面的中部伸出 …………………………………………………………… 皱甲轮虫属
6（5）头冠两旁各有一“耳”，无被甲。足不分节，一般粗而短，而有的种类较细长，位于身体最后端 …………………………………………………………… 疣毛轮虫属

①多肢轮虫属。身体呈圆筒形或长方形，背腹略扁平。头冠上无长刚毛及“耳”。身体两侧背腹面具有6对叶状或针状附肢，用于跳跃和游泳。身体后端无足。为典型的浮游种类，广泛分布于湖泊、水库、池塘等水体中（图2-39）。

常见种：针簇多肢轮虫。

②疣毛轮虫属。头冠上面有4根长而粗壮的刚毛，头冠非常宽阔，两侧各有一“耳”，“耳”上纤毛非常发达，“耳”能促使身体加速游动。身体呈倒圆锥形或钟形。咀嚼器为典型的杖型，咀嚼囊内肌肉发达，具有横纹的V形肌肉明显。足不分节，位于身体的最后端。趾1对，小而短。为典型的浮游种类，分布广泛（图2-40）。

（6）腔轮虫科。背腹扁平，一般被甲呈卵圆形，由背甲和腹甲各一片组成，其两侧及后端由柔软的薄膜连在一起，上面具有侧沟和后侧沟，足很短，分2节，仅后一节能动，趾1个或2个，较长。本科包括2个属，种类很多，是典型的底栖种类。

分属检索表

1（2）足很短，趾 1 个较长 ………………………………………………………… 单趾轮虫属
2（1）足很短，趾 1 对较长且对称 ……………………………………………………… 腔轮虫属

腔轮虫属：具趾 1 对，有些种类 2 个并列的趾正处于融合成 1 个趾的过程中。极少数种类没有真正的被甲。本属主要营底栖生活（图 2-41）。

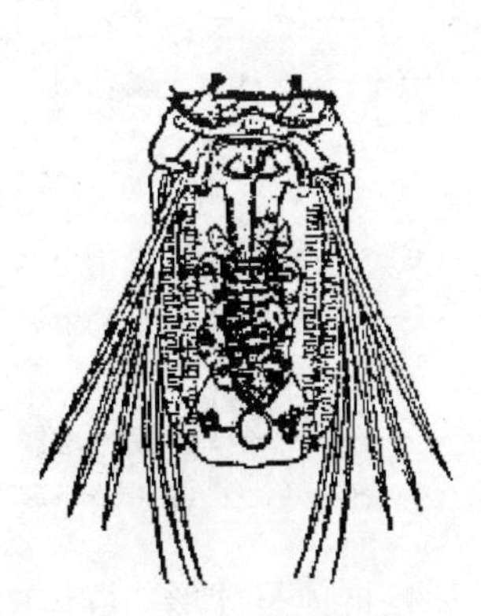
图 2-39 多肢轮虫属
（王家楫）

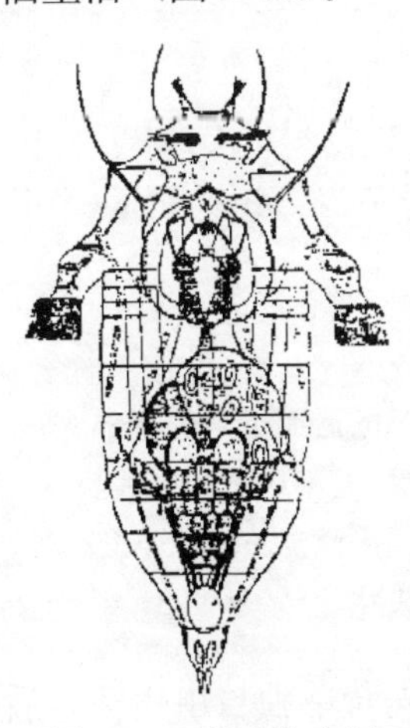
图 2-40 疣毛轮虫属
（王家楫）

图 2-41 腔轮虫属
（王家楫）

2. 胶鞘亚目 头冠为胶鞘轮虫型。咀嚼器为钩型。头冠口围区高度发达，向周围张开呈宽阔的漏斗状，漏斗边缘有 1～7 片突出的裂片，裂片上或裂片的顶端常射出许多成束或不成束的刺毛或针毛，漏斗边缘的其他部分无纤毛，漏斗状头冠形成捕食的陷阱。本亚目的绝大多数种类营固着生活，少数种类营浮游生活。只有胶鞘轮科一科。

分属检索表

1（2）无头冠。无胶鞘。头部呈漏斗状，足退化移至腹面中央成一吸盘 ………………… 箱轮虫属
2（1）有头冠。有胶鞘。漏斗状头冠边缘有 1～7 片突出的裂片，但无触毛状的臂 ………… 胶鞘轮虫属

胶鞘轮虫属：咀嚼器为钩型，身体具有一大的透明胶鞘。身体借头冠周围的刚毛、刺毛或针毛摄食藻类和其他浮游动物。本属少数种类营浮游生活，大部分种类营固着生活（图 2-42）。

3. 簇轮亚目 头冠为聚花轮虫型或巨腕轮虫型，咀嚼器为槌枝型。本亚目的种类营浮游生活、底栖生活或固着生活。

分科检索表

1（4）成年个体营固着生活，群体营自由生活。足部由胶质或管室围裹或掩蔽。
2（3）头冠为聚花轮虫型。头冠的围顶带不分裂，呈明显的马蹄形 ……………………… 聚花轮虫科
3（2）头冠为巨腕轮虫型。头冠的围顶带常分裂成 2 片、4 片、8 片裂片 ………………… 簇轮虫科
4（1）所有个体均自由生活，不形成群体。无围裹或掩蔽身体或足部的胶质或管室机构。无足或有足，有足的种类足上无趾，只有一圈纤毛 ……………………………………………………… 镜轮虫科

（1）簇轮科。身体大多略呈喇叭状，头部向四周扩张，形成圆形、卵圆形、肾形、心形盘状头冠，头冠的围顶带常分列成 2 个、4 个或 8 个裂片。足细长呈柄状，外部有胶质或管室围裹或掩蔽，可用足固着在沉水植物或其他物体上。本科绝大多数种类营固着生活。

分属检索表

1（6）头冠边缘分裂成显著的裂片。
2（3）2 片头冠裂片……………………………………………………………… 沼轮虫属
3（2）头冠裂片多于 2 片。
4（5）无管室。头冠裂片 8 片 ………………………………………………… 八盘轮虫属
5（4）有管室。头冠裂片 4 ……………………………………………………… 簇轮虫属
6（1）头冠边缘无显著裂片。
7（10）头冠轮廓呈肾形、卵圆形、四方形或心形。
8（9）头冠轮廓常呈心形。无卵托 ……………………………………………… 团胶轮虫属
9（8）头冠轮廓不呈心形。卵托位于肛门的后面近足的基部 ………………… 巨冠轮虫属
10（7）头冠轮廓浑圆，或呈卵圆形，或形成不显著的裂片。
11（12）背触手非常小，不易观察，呈乳头状 ………………………………… 细簇轮虫属
12（11）背触手非常细长且突出，呈指头状 …………………………………… 蒲氏轮虫属

巨冠轮虫属：固着种类的幼体先营单独自由生活，后营群体生活，群体呈球形。群体中的个体在足的末端围裹胶质。本属营浮游生活或固着在沉水植物的茎叶上（图 2-43）。

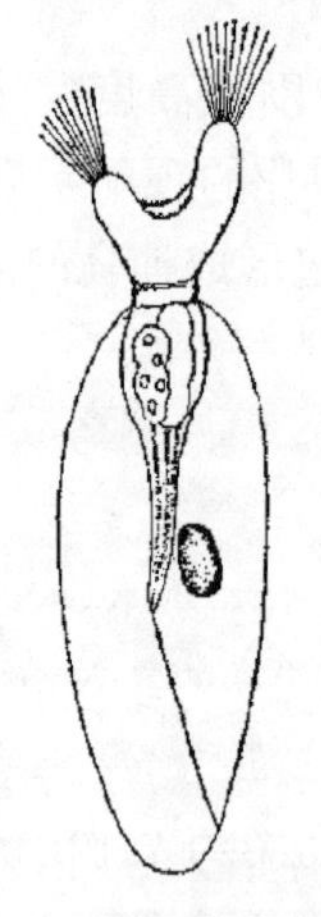

图 2-42　胶鞘轮虫属
（王家楫）

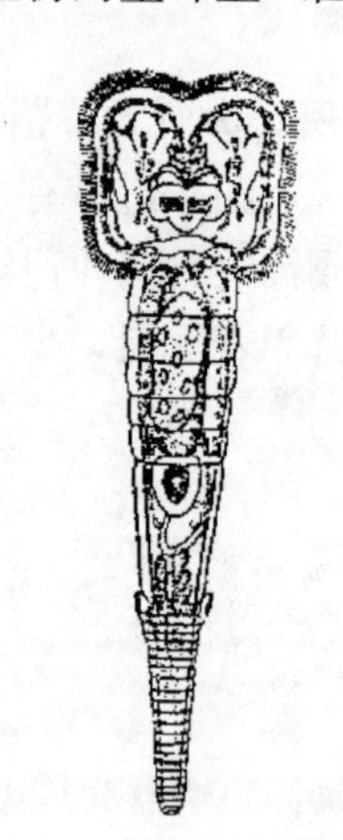

图 2-43　巨冠轮虫属
（王家楫）

（2）镜轮虫科。头冠为巨腕轮虫型，无围裹或掩蔽身体或足部的胶质或管室机构。无足或有足，有足的种类足上无趾，只有一圈纤毛。本科除镜轮属为底栖生活外，其他各属均为典型的浮游种类，一般不形成群体。

分属检索表

1（4）有被甲。
2（3）无足。被甲较薄且柔韧，绝大部分种类背腹不扁平 ……………………… 泡轮虫属
3（2）有足。被甲较厚且坚硬，背腹扁平 ………………………………………… 镜轮虫属

4（1）无真正的被甲。
5（10）身体具有附肢。
6（7）具有6个粗壮且能动的附肢，附肢末端具有许多长的羽状刚毛 ………………………… 巨腕轮虫属
7（6）“肩部”具有2条细长且能动的附肢，身体后端或后半部有1或2条不能动的附肢，附肢末端无刚毛。
8（9）身体后端或后半部具有2条不能动的附肢，一长一短 ………………………………………… 四肢轮虫属
9（8）身体后端或后半部具有1条不能动的附肢 ……………………………………………………… 三肢轮虫属
10（5）无附肢，身体呈光滑的圆球形 ……………………………………………………………… 球轮虫属

①三肢轮虫属。无被甲，体呈卵圆形。身体上面有3根又细又长的附肢，前端2根能够自由划动，使身体跳跃，后端1根不能活动。本属分布极广，一年四季在有机质丰富的水体中均能大量繁殖，为典型的浮游种类（图2-44）。

②巨腕轮虫属。无被甲，无足。身体前半部周围具有6个粗壮的腕状附肢，可以不断地划动，使身体在水中自由跳跃。本属为典型的浮游种类，分布广泛（图2-45）。

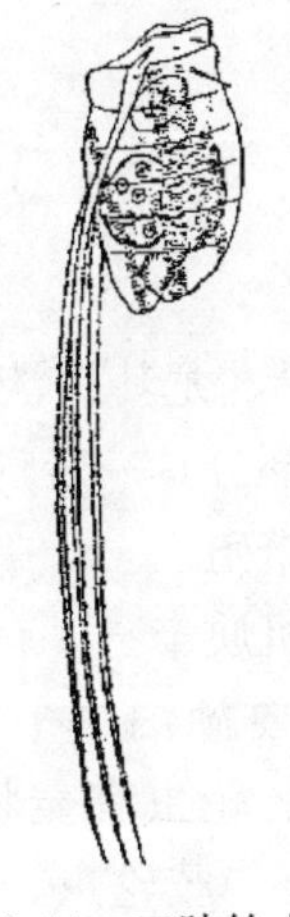
图2-44 三肢轮虫属
（王家楫）

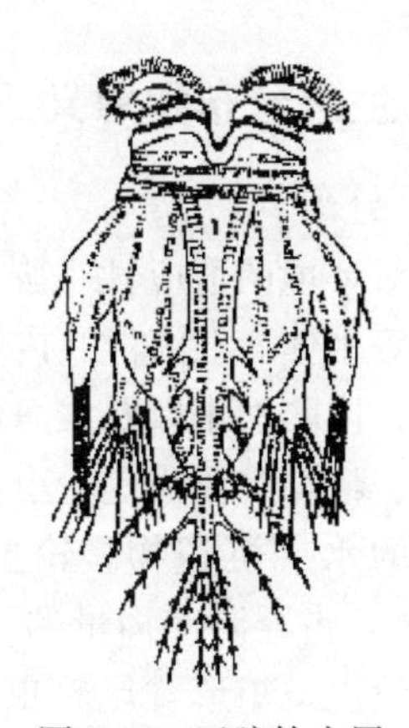
图2-45 巨腕轮虫属
（王家楫）

（3）聚花轮虫科。头冠为聚花轮虫型。围顶带呈马蹄形，口靠近围顶带的背面。透明的胶质将单独个体连成群体，绝大多数种类都是自由游动的群体，是典型的浮游种类。

分属检索表

1（2）眼点1对，较小且不发达。腹触手位于躯干部前半部的腹面。肛门的高度距离咀嚼器较远 ……………………………………………………………………………………… 拟聚花虫轮属
2（1）眼点1对，较大且发达。腹触手位于头冠的盘顶上。肛门的位置距离咀嚼器较近 … 聚花轮虫属

①拟聚花轮虫属。单个，或由极少数个体联合形成不规则的群体。群体由1个单独的、大的母体和许多未完全成熟的、较小的雌体组成的暂时群体，个体长且粗壮，躯干部前半部的腹面有一腹触手，头部、躯干部呈卵圆形，足呈圆柱形，躯干部的1/3后端或后半部及足外包胶质。本属仅叉角拟聚花轮虫一种。喜温暖，常见于池塘、小型浅水湖泊和沼泽中（图2-46）。

②聚花轮虫属。群体种类。大的群体由 25～100 个个体组成，直径约 4mm，小的群体由 20～25 个个体组成，直径约 1mm。分布广，在中、小型浅水湖泊及池塘中常见。本属为典型的浮游种类（图 2-47）。

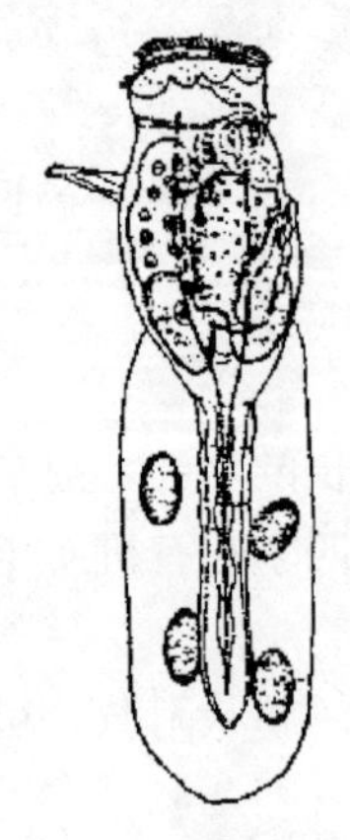

图 2-46　拟聚花轮虫属
（王家楫）

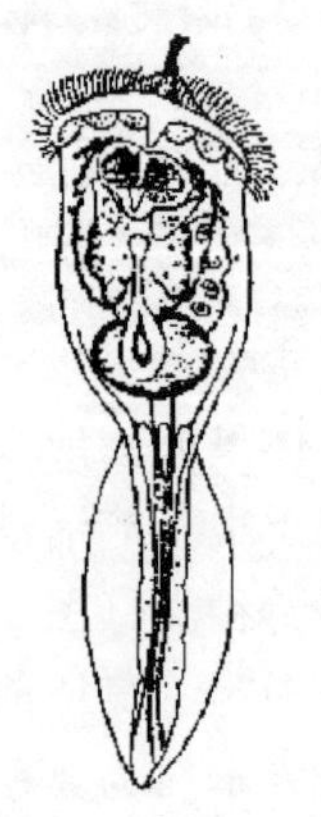

图 2-47　聚花轮虫属
（王家楫）

四、生态分布和意义

（一）分布

轮虫对环境的适应性很强，广泛分布在淡水、半咸水和海水中，尤其是淡水湖泊、水库、池塘等水体。在海洋、内陆咸水中也有其踪迹，但种类稀少。部分具一定耐盐性的种类可在河口、内陆盐水以及浅海沿岸带的混盐水体中生活，甚至大量繁殖。

湖泊、池塘、沼泽是轮虫生活的理想水域，那里水体平静、有机质丰富，有大量适合休眠卵藏身的水底沉积物。轮虫的生物量也很大，在我国 25 个主要湖泊中平均生物量达 0.809g/m^3，占浮游动物量的 30.6%（何志辉，2000）。我国常见的轮虫有壶状臂尾轮虫、角突臂尾轮虫、矩形臂尾轮虫、萼花臂尾轮虫、螺形龟甲轮虫、长三肢轮虫、针簇多肢轮虫、前节晶囊轮虫、颤动疣毛轮虫、梳状疣毛轮虫等 20 余种。半咸水、海水中的轮虫的种类和生物量较少，主要种类是褶皱臂尾轮虫。

各种水环境因子对轮虫的分布都有一定影响，在碱性、酸性及中性水域中都有不同种类的轮虫。一般食物丰富、条件适宜的天然水体或养殖水体，轮虫均能大量繁殖，形成优势种群。在同一水体中的轮虫，其水平和垂直分布受水流、光照、水温等多种生态因素的影响，特别是水流、当风浪激起水体的垂直环流时，轮虫不是随波逐流集中水体的下风位，而是随着上升流从下层上升聚集在水体的上风位处。无风浪时，轮虫数量的水平分布比较均匀。轮虫的垂直分布也与风浪有关，有风浪时大多数个体沉降至中下层，风平浪静时全池分布均匀，白天相对集中于中上层。水温对轮虫的新陈代谢有直接影响，控制着轮虫的生长、发育、数量消长和分布等。同时，水温还影响着食物的丰度和水中理化因子的变化，从而间接影响着轮虫的生存和生活，一般水温 20℃以上，出现轮虫数量高峰期。

（二）食性

轮虫的摄食方式主要有滤食和捕食两种。大多数轮虫是滤食性种类，它们依靠头冠上的纤毛不停地旋转，使食物陷集沉淀在漩涡中流入口内，同时在水中形成向后的涡流，使轮虫呈螺旋式运动。主要食物是细菌、单细胞藻类、有机碎屑等。轮虫对食物有一定的选择性，食物的大小取决于头冠的类型和咀嚼器的结构，过大的食物和不可食的颗粒被口围纤毛阻挡在外。一部分轮虫是捕食性种类，如晶囊轮虫、疣毛轮虫、多肢轮虫等，咀嚼器可迅速伸出头冠外直接捕食，然后缩回，主要食物是原生动物、其他轮虫、小型枝角类及鞭毛藻类等。一般情况下，当臂尾轮虫培养池中出现晶囊轮虫，常预示着臂尾轮虫高峰期将要结束。

（三）经济意义

轮虫含有绝大多数水生动物所需的氨基酸和不饱和脂肪酸，它们通常是其他水生动物重要的生物饵料，几乎是所有鱼类在鱼苗阶段最适宜的开口饵料。轮虫分布广，数量大，具有适应力强、繁殖迅速、营养丰富、高峰期长、适口性好等特点，是广泛人工培养的重要生物饵料。另外，不同水体中轮虫种类的多少与各类水体的污染程度有关，而在某些污染严重的水体中，一些污生种类的数量可以极高。因此，轮虫在环境监测、生态毒理研究中作为一种指示生物，也发挥着非常重要的作用。

第三节　枝 角 类

枝角类是一类小型的甲壳动物，隶属于节肢动物门、甲壳动物纲、鳃足亚纲、双甲目、枝角亚目，通称水溞，俗称红虫、鱼虫。全世界约400多种，其中绝大部分广泛分布在淡水中，是淡水浮游动物的重要组成部分，少数种类分布在海水中。枝角类在水域中数量多、生长快速、营养丰富、运动缓慢，是许多鱼类和甲壳动物的优质饵料。枝角类更是一些水产经济动物的幼体在取食轮虫和人工颗粒饲料的过渡阶段难以代替的适口饵料，而且对藻类、原生动物、轮虫等的发生、发展起到调控作用。

枝角类的体长通常为0.2～10.0mm，多数种类不超过1mm。身体分节不明显，躯干部的左右两侧被2片透明壳瓣包被起来。左右复眼愈合为一，周边有水晶体。第二触角十分发达，不断摆动，分支明显，呈树枝状，这也是枝角类名称的由来，第二触角是运动和滤食的主要器官。

一、形态构造

（一）外部形态

枝角类成体身体不分节，通常可分为头部和躯干部两部分（图2-48），有些种类在头部和躯干部之间的背侧略向内凹入，形成颈沟，颈沟的有无也是分类的重要依据之一。

1. 头部　侧面观多为半圆形或近三角形，稍向下弯曲。头部最上端为头顶，头顶大多呈圆弧形，也有些种类头顶突起或呈三角形，称为头盔。有的种类头盔的形状随季节变化呈周期性变化。头部前端有一球状复眼，两旁各连接3块肌肉，可使复眼转动。单眼1个，位于复眼与第一触角之间，通常较小，单眼的有无及形状随种类不同而异。复眼和单眼都有感受光线强弱的功能，复眼还有识别光源的颜色和方向的功能。头部在复眼之前的部分，称为额。额向下后方延伸，形成鸟喙状突起，称为吻。吻的有无及形状是分类的重要依据之一。在头部左右两侧，各有1条由头甲增厚而成的脊状隆线，称为壳弧。少数种类在头部背侧有一吸附器，呈马蹄形，有1对肌肉发达的吸盘，可使身体吸附在水中各种物体上。

枝角类头部通常有5对附肢，头肢的前两对为第一、第二触角。第一触角也称为小触角，位于头部腹侧、吻的两侧，单肢型，呈棒状，1节或2节。触角的末端有能活动的嗅毛，嗅毛是感化器，嗅毛的数目随种类不同而不同。触角的中部常常有1根具有触觉功能的触毛，少数种类为2根。第一触角性征非常显著：雄体第一触角较大，一般可以活动；雌体第一触角较小，基部与头部愈合，不能活动。第二触角也称为大触角，是游泳和滤食的主要器官，位于头部两侧，除单肢溞科雌体的第二触角为单肢型外，其余均为双肢型，粗大发达，原肢1节或2节，在原肢末端分出外肢（背肢、下肢）和内肢（腹肢、上肢），内外肢又分成几节，并着生许多游泳刚毛，内、外肢节数及每节的羽状刚毛的数量随属不同而异，通常可用游泳刚毛式表示。游泳刚毛式是外肢的节数和刚毛数/内肢的节数和刚毛数，如溞属的游泳刚毛式为0-0-1-3/1-1-3，即表示外肢分为4节，第一、二节无游泳刚毛，第三节有1根游泳刚毛，第四节有3根游泳刚毛；内肢分为3节，第一、二节各有1根游泳刚毛，第三节有3根游泳刚毛。

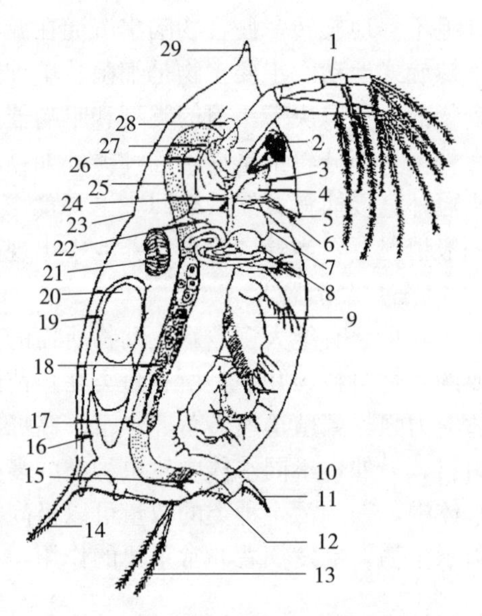

图2-48　枝角类模式（雌体）

1. 第二触角　2. 复眼　3. 单眼　4. 脑　5. 吻　6. 第一触角　7. 上唇　8. 颚腺　9. 胸肢　10. 后腹部　11. 尾爪　12. 肛刺　13. 尾刚毛　14. 壳刺　15. 直肠　16. 腹突　17. 生殖孔　18. 卵巢　19. 孵育囊　20. 夏卵　21. 心脏　22. 大颚　23. 颈沟　24. 食道　25. 中肠　26. 壳弧　27. 动眼肌　28. 盲囊　29. 头盔

（蒋燮治，堵南山）

头部的另外3对附肢分别是1对大颚，2对小颚，它们与1片上唇和1片下唇共同组成枝角类的口器。大颚坚硬，无颚须，滤食性种类的大颚由颚柄和咀嚼面组成，肉食性种类的大颚无咀嚼面，但有发达的锐齿。第一小颚位于大颚与下唇之间，有推送食物到大颚的功能，有的种类第二小颚完全消失，有的种类退化。上唇大且侧扁，呈斧状，位于口前突出于壳瓣之外，下唇极小，位于第一小颚下面。

2. 躯干部　包括胸部和腹部两部分，由左右两壳瓣包被，壳瓣薄而透明，壳瓣表面光滑或有花纹。侧面观呈圆形、卵圆形或近方形。左右壳瓣在背缘相连成一条线，有的种类这条线增厚，形成隆脊。壳瓣的后缘和腹缘左右分离，腹缘一般生有刺或刚毛，有的种类壳瓣的后背角或后腹角延长，形成壳刺。胸部具有4～6对胸肢，其数量随种类不同而异，通常由原肢、外肢与内肢3部分组成，胸肢的主要作用是摄食。根据胸肢形态特点可将枝角类摄食方式分为两种，一种为捕食性，胸肢呈圆柱形，外肢退化或完全消失，具有真正的关节，上面有粗壮的刚毛，主要捕食原生动物、轮虫和小型甲壳动物等；另一种为滤食性，胸肢扁平叶状，上面密生刚毛，可滤取食物，滤食时胸肢拨动，引起水流，食物随水流进入壳瓣，经过传递，最后进入口中，主要滤食藻类、细菌、有机碎屑和原生动物等，胸肢还有交换气体、进行呼吸的功能。

躯干部的背部，两壳瓣内有一空腔，称为孵育囊，是夏卵孵化的地方。枝角类的腹部无附肢，腹部的背侧有1～4个指状突起，称为腹突，有堵塞孵育囊，防止卵子脱落的作用。在腹突之后的1小节突上，有1对羽状刚毛，称为尾刚毛，具有感觉功能。腹部自着生尾刚毛的小节突起至末端的部分，称为后腹部，后腹部是腹部的最后一节，后腹部的形状是鉴定种的重要依据之一。后腹部的末端具有1对尾爪，尾爪弯曲，在其凹面上常具有棘刺，位于尾爪基部较大的一、二个棘刺称为基刺，其余排成一行较小的棘刺，称为附栉或栉刺。近尾爪基部，后腹部的背缘或左右两侧具有1～2行单独的或成簇的小刺，称为肛刺，有的在肛门附近有一行或数行侧刺。

（二）内部构造

1. 消化系统 消化道由口、食道（前肠）、中肠、直肠和肛门组成。口位于大、小颚之间，后接食道。食道细而短，后端伸入中肠，与中肠区别明显。中肠也称为胃，十分发达，中肠的形状随种类不同而不同，有的中肠较直，有的中肠很长，后端部分盘曲，直肠较短，与中肠的界限不明显，直肠后端紧接肛门，肛门多位于后腹部的背缘或末端，肛门的位置是重要的分类依据之一。大多数枝角类在中肠前端有1对耳状的附属器官，称为盲囊。有些种类附属器官为一短的盲肠，位于中肠后端腹侧，这些附属器官可能有分泌消化酶的作用。

2. 呼吸系统 以扩散性呼吸为主。通过整个体表进行气体交换，特别是通过壳瓣内层上皮及胸肢表面交换气体。不同种类的枝角类还具有特化的呼吸器官，有的具有头楯，位于头的后半部背侧，呈马鞍状。其余枝角类均具有鳃囊，位于胸肢基部的上肢，呈囊状。有的幼溞具有颈呼吸器，位于头背部。

3. 循环系统 大多只有心脏，没有血管。心脏位于头部后方背侧的围心窦内，围心窦周围无薄膜。心脏为囊状，呈卵圆形或球形，心脏共有3个心孔，前端的1个为动脉孔，后端的2个为静脉孔。当心脏收缩时，血液由动脉孔流出向前到达头部，然后向后折回，分布到全身，最后汇入围心窦，经过静脉孔流回心脏。心脏每分钟跳动约250次。枝角类的血液无色透明，有时呈淡黄色，但在缺氧时血液呈红色，这是因为许多枝角类血液中含有血红素，血红素的含量与水中溶氧量成反比。因此，在一些缺氧的水体中看到的枝角类常常是红色的，这也是人们把枝角类称为红虫的原因。

4. 排泄系统 排泄器官为1对触角腺（缘腺）和1对颚腺（壳腺）。触角腺是幼体的排泄器官，由末端囊和肾管两部分组成。通常发育到成体，触角腺完全退化。颚腺是枝角类成体的主要排泄器官，也由末端囊和肾管两部分组成，排泄孔开口于第二小颚的基部。

5. 生殖系统 雌雄异体，雄性生殖器官由1对精巢和1对输精管组成，精巢呈腊肠形，位于躯干部消化道的左右两侧，末端的雄性生殖孔位于肛门或尾爪附近，少数种类的雄性生殖孔开口于1对阴茎状的突起上，这对阴茎状的突起即为交接器。雌性生殖器官由1对卵巢和1对输卵管组成，长形的卵巢位于躯干部消化道的左右两侧，输卵管很短，末端的雌性生殖孔开口于孵育囊。

6. 神经系统 枝角类的神经系统比较原始。左右两条神经干分离，神经干上的各对神经节基本不愈合。中枢神经系统的主要部分为脑，十分发达，位于头部复眼的下方，并由此发出许多神经到复眼、单眼、触角等身体各部分。

枝角类的感觉器官主要有4种：感化器、触觉器、颈感器（额器）及视觉器。第一触角上的嗅毛就是感化器；除第一触角上的触毛外，后腹部的尾刚毛及身体上的所有毛状体均是触觉器；颈感器分布于头部，连接脑发出的神经；单眼和复眼是视觉器。

二、生殖与发育

枝角类在温度适宜、食物丰富、水质良好等环境条件适宜的情况下，进行孤雌生殖。而在水温低、食物不足、种群密度过大、水质不好等环境条件不适宜的情况下，进行两性生殖。

（一）孤雌生殖

雌体所产的卵，称为夏卵，夏卵不需要受精就能发育成新的个体，又称为非需精卵。夏卵从输卵管中排出后，在孵育囊中迅速发育，经过很短的时间孵出幼溞。夏卵孵出的幼溞，除最末一代外，基本上全部是雌体。幼溞发育到一定阶段，离开母体独立生活。幼溞离开母体后，母体随即脱壳，接着又一批夏卵排入孵育囊中，通常成熟的雌体脱壳 1 次就产生 1 批夏卵。每胎卵数称为生殖量，生殖量随种类、年龄和季节的不同而异，一般大型种类的生殖量比小型种类大。同一种类生殖量的变化与龄期有关，一般随着龄期的增加生殖量逐渐增大，当达到最大后，又逐渐减小，直至不产卵。影响生殖量的因子很多，水温、溶氧量、食物和种群密度等都会影响生殖量。其中食物是影响生殖量的主要因子，食物种类优良，在一定食物数量的范围内，随食物数量的增加生殖量增大。饥饿的枝角类雌体一般不排卵，即使卵已排入孵育囊，也会因食物不足而被吸收。一般富营养型水体中的枝角类生殖量比贫营养型水体大。

（二）两性生殖

枝角类在环境不良时会进行两性生殖，这时，种群中孤雌生殖最末一代雌体所产的卵孵出的幼体既有雌体也有雄体。雄体一般较小，无吻，复眼特别大，第一触角长大能活动，末端具有 1 根长刚毛，交配时雄体和雌体腹面相对，雄体的后腹部伸入雌体壳瓣内，将精子排入孵育囊或输卵管中，使卵受精。两性生殖雌体所产生的卵常发生在冬季，因此称为冬卵，冬卵每胎产 1～2 个，冬卵必须受精才能发育，又称为需精卵。冬卵在输卵管或孵育囊中受精后，在孵育囊里 2d 之内发育到囊胚阶段后就离开母体，暂时停止发育，待环境条件适宜后再继续发育，孵出幼体。由于冬卵在外界要经历一段滞育期，因此又称为滞育卵或休眠卵。冬卵孵出的幼溞均是雌体，长大后就成为下一周期第一代孤雌生殖的雌体。

冬卵的卵膜很厚，有的在卵膜外有硬壳，还有的在卵膜外由母体部分壳瓣参与构成卵鞍（图 2-49），卵鞍有网纹，呈暗黑色，荚状壳，具有卵鞍的受精冬卵随母体脱壳时与壳瓣一同脱出，脱出的卵鞍及其中的冬卵一般漂浮于水面，少数种类的卵鞍沉入水底，无卵鞍的受精冬卵脱离母体后立即散落水中，黏附于其他物体上或沉于水下。

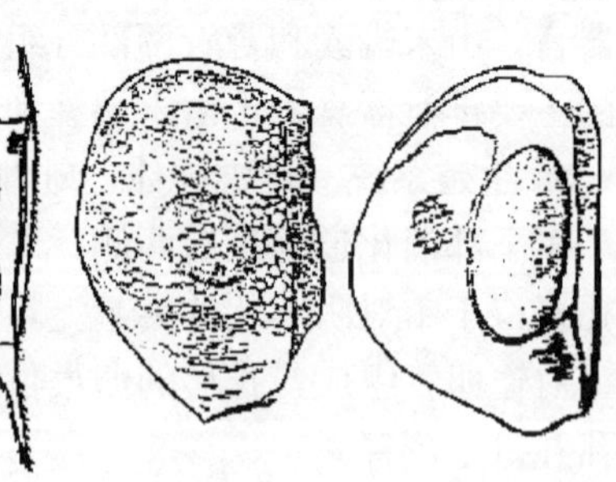

图 2-49　枝角类卵鞍
（蒋燮治，堵南山）

冬卵能抵抗各种不良的环境条件，甚至在泥土中干燥 20 年以上仍能孵出幼溞。冬卵及其卵鞍还能借助于风的作用或附着在水鸟等动物体上进行传播，这样有助于种的广泛分布。

（三）生殖周期

枝角类大多为直接发育，由冬卵孵出幼溞到新的冬卵形成为止，这一过程称为 1 个生殖周期。依据枝角类1年内进行几次两性生殖，可将生殖周期分为单周期、双周期、多周期及无周期。

水域条件不同，枝角类的生殖周期也不同。通常在湖泊、水库等大型淡水水域的敞水区及海洋中生活的枝角类为单周期，因为这些水域只有秋末冬初水温急剧下降，而其他时节条件较稳定，所以每年只有1个生殖周期，中纬度地区的大型淡水水域单周期种类占绝对优势。而生活在大型水域中的有些枝角类是双周期种类，在春末夏初以及秋季各进行1次两性生殖。一般在池塘和间歇性水域中生活的枝角类为多周期，因为这些水域环境条件多变。无周期种类，是在环境条件特别稳定的水体中，连续数年都不进行两性生殖，或两性生殖的强度极小，并非绝对不进行两性生殖。

(四) 个体发育

枝角类的个体发育通常可分为4个阶段：卵期、幼龄期、成熟期和成龄期。

1. 卵期 卵子在孵育囊中发育的时期，在由卵巢排入孵育囊的前15min，外部环境都可能影响未来幼体的性别，低温、缺食、干旱等都会导致夏卵孵出雄体。受精的冬卵在母体孵育囊中发育至囊胚期后就离开母体，在外界经滞育期后才继续发育，而夏卵不需受精就可在母体孵育囊中完成胚胎发育，孵出幼溞，幼溞离开孵育囊即进入幼龄期。

2. 幼龄期 夏卵在孵育囊中发育成幼溞后，母体移动后腹部，幼溞便离开母体，成为第1龄幼溞，自此每蜕壳1次即增加1龄，同时身体显著增大。幼龄期数因种类不同而不同，一般有2个或3个幼龄期。

3. 成熟期 指最后1个幼龄期和第1成龄期之间单独的1个时期，这时卵巢中的第1批卵子已发育成熟，但还未排入孵育囊。

4. 成龄期 从孵育囊中出现夏卵后，即进入成龄期。此后，每壳蜕1次即产出1批幼溞，但通常在最后的少数龄期没有生殖力而不再产卵。1个成龄期的天数相差很大，1d至几周不等，通常在条件良好时约需2d。成龄期后，每龄延续时间要比幼龄期几乎长1倍。

三、分类

枝角亚目分为两个部：单足部、真枝角部。

检 索 表

1 (2) 体长大，不侧扁。有6对近圆柱形的游泳肢，外肢完全退化。冬卵间接发育，先孵化出后期无节幼体……………………………………………………………… 单足部

2 (1) 体较短，少许侧扁。具有5对或6对叶状胸肢，或4对近圆柱形的游泳肢，外肢不退化，冬卵直接发育 ……………………………………………………………… 真枝角部

(一) 单足部

单足部仅一科、一属、一种。

薄皮溞科：体长且分节，近圆柱形，壳瓣短小，不能包被躯干部和游泳肢。无单眼，复眼大，位于头顶部。第一触角细小，第二触角很大，基节粗大，内肢、外肢均为4节。腹部长，有1对大尾爪。有6对圆柱形的游泳肢，外肢退化。

薄皮溞属：分类特征与科相同。

透明薄皮溞（图 2-50）：体型大，是枝角类中最大型的种类，雌体长约 10mm。身体很长，呈圆筒形，透明无色，身体分节明显。头顶上的复眼很大，呈球形。壳瓣小，不包被躯干部及胸肢。第一触角能活动，短小不分节。第二触角发达，特别是基节粗大，游泳刚毛式为 0-10（12）-6（7）-10（11）/6（7）-11（13）-5（6）-8，有 6 对游泳肢，呈圆柱形，分节明显，外肢完全退化。腹部分 4 节，第二节最短，腹部末端有 1 对粗大的尾爪。雄体较小，第一触角长鞭状。本种为典型的浮游种类，通常分布在湖泊的敞水区，有时在小型湖泊和大型池塘中也能发现，捕食性生活。

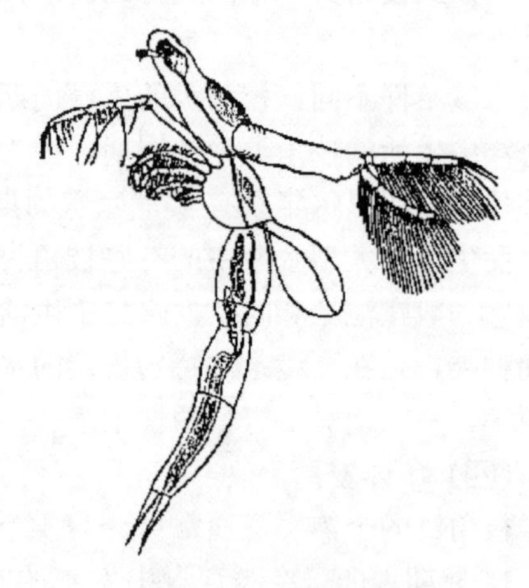

图 2-50 透明薄皮溞
（蒋燮治，堵南山）

（二）真枝角部

分科检索表

1（14）躯干部和胸肢完全包被在壳瓣内。
2（5）胸肢 6 对，同形，呈叶状 ……………………………… 仙达溞总科
3（4）第二触角雄溞为双肢型，有 5 根游泳刚毛（我国尚未发现）。雌溞为单肢型，有 3 根游泳刚毛 ……………………………… 单肢溞科
4（3）第二触角雌、雄溞都为双肢型，有多根游泳刚毛 ……………………………… 仙达溞科
5（2）胸肢 5 对或 6 对，前 2 对呈执握状，其余各对呈叶状 ……………………………… 盘肠溞总科
6（7）肠盘曲，其后部一般有盲囊。第二触角内、外肢均为 3 节 ……………………………… 盘肠溞科
7（6）肠一般不盘曲，其后部无盲囊。第二触角外肢 4 节（除基合溞属为 3 节外），内肢 3 节。
8（9）第一触角与吻愈合呈象鼻状，不能活动，靠近第一触角基部的前侧生有嗅毛 ………… 象鼻溞科
9（8）第一触角不呈象鼻状，第一触角的末端生有嗅毛。
10（11）雌溞第一触角短小，不能活动。壳弧发达 ……………………………… 溞科
11（10）雌、雄溞的第一触角长，能活动。壳弧不发达或缺少。
12（13）后腹部上的肛刺周缘无羽状毛，最后 1 个肛刺不分叉 ……………………………… 粗毛溞科
13（12）后腹部上的肛刺周缘有羽状毛，最后 1 个肛刺分叉 ……………………………… 裸腹溞科
14（1）躯干部和胸肢裸露于壳瓣之外 ……………………………… 大眼溞总科
15（18）腹部较长，呈圆柱形或圆形。尾突长，明显超过尾刚毛。
16（17）第一胸肢比第二胸肢长很多。尾突比尾刚毛长许多，有尾爪 ……………………………… 长棘溞科
17（16）第一胸肢比第二胸肢稍长。尾突比尾刚毛稍长，无尾爪 ……………………………… 大眼溞科
18（15）腹部短而尖，尾突短，不超过尾刚毛（海产） ……………………………… 圆囊溞科

1. 仙达溞科 头部和躯干部之间有明显的颈沟，头很大。第一触角能活动，第二触角粗大，双肢型，有 10 根以上游泳刚毛。肠管直，没有盲囊。胸肢 6 对，呈叶状。绝大多数为海水种类。

分属检索表

1（4）第二触角外肢3节。
2（3）无吻。第二触角内肢3节 …………………………………… 湖仙达溞属
3（2）有吻。第二触角内肢2节 …………………………………… 仙达溞属
4（1）第二触角外肢2节。
5（6）吻特别尖。第二触角内肢2节 ………………………………… 尖头溞属
6（5）无吻。第二触角内肢3节 …………………………………… 秀体溞属

（1）仙达溞属。头部与躯干部之间有颈沟，头部宽阔，吻尖，第一触角呈棒状，嗅毛约9根。第二触角粗大，内肢2节，外肢3节。尾刚毛着生于腹部背面的圆锥形突起上，尾刺粗大。后腹部背缘具有肛刺。本属仅有晶莹仙达溞一种（图2-51）。

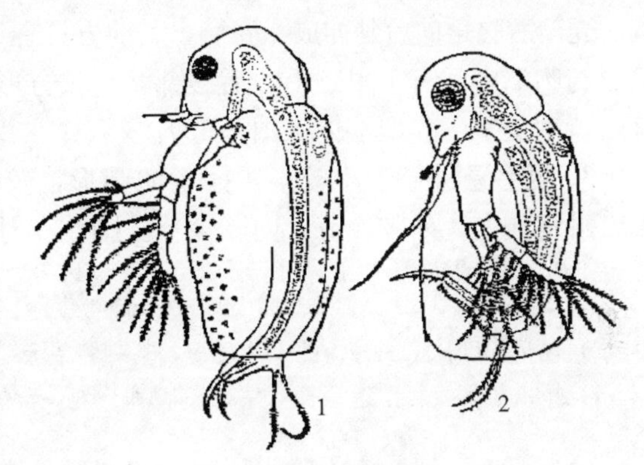

图2-51 仙达溞属
1. 雌体 2. 雄体
（蒋燮治，堵南山）

（2）尖头溞属。有颈沟，身体透明，头部较小，额角尖。后腹部狭长，尾爪细长，具有2个基刺。游泳刚毛式2-6/1-4。本属主要分布于海洋中（图2-52）。

（3）秀体溞属。颈沟明显，头大稍圆，壳瓣薄而透明，无吻，也无单眼和壳弧。第一触角较短，前端具有1根长触毛和1簇嗅毛，第二触角粗大，游泳刚毛式4-8/0-1-4。后腹部小，呈锥形。无肛刺。爪刺3个。本属广泛分布于热带、亚热带或温带地区的湖泊、水库等较大型水体中（图2-53）。

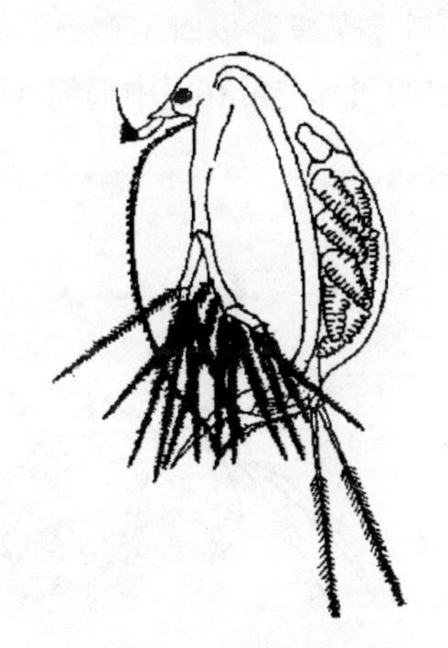
图2-52 尖头溞属
（蒋燮治，郑重）

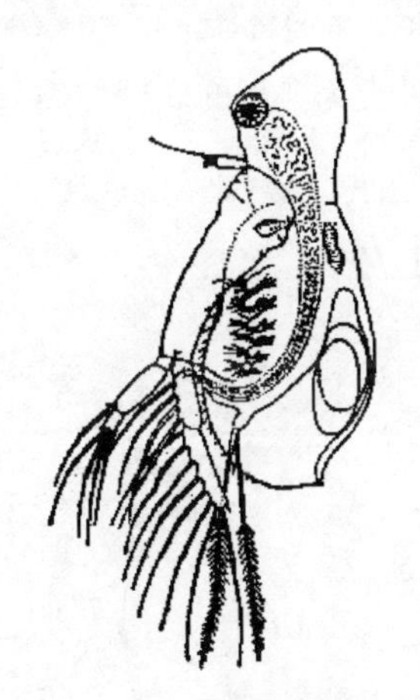
图2-53 秀体溞属
（蒋燮治，堵南山）

2. 象鼻溞科 身体较小，躯干部短而高，壳瓣卵圆形，无单眼。雌体第一触角长，与吻愈合，呈象鼻状，不能活动。第二触角短，仅达壳瓣的腹缘。胸肢6对，第六对胸肢几乎完全退化。肠管不盘曲，无盲囊。后腹部左右侧扁，无腹突。

分属检索表

1（2）第一触角基部合并，第二触角外肢和内肢均为 3 节。有颈沟 ································ 基合溞属
2（1）第一触角基部不合并，第二触角内肢 3 节，外肢 4 节。无颈沟 ······························ 象鼻溞属

（1）基合溞属。第一触角基部左右愈合，末端弯曲，并在末端具有 1 束嗅毛。具有颈沟。无壳刺。腹缘后端列生棘刺。游泳刚毛式 0-0-3/1-1-3。本属种类仅有 1 种颈沟基合溞，为暖水性种类，春末夏季较多（图 2-54）。

（2）象鼻溞属。第一触角与吻愈合，呈象鼻状，不能活动，靠近中部具有 1 束嗅毛。无颈沟。壳瓣后腹角向后延伸成一壳刺，其前方具有 1 根羽状刺毛。游泳刚毛式 0-0-1-3/1-1-3。在复眼与吻端中间有 1 根额毛。后腹部略呈长方形。本属种类分布很广，湖泊、水库、池塘都有，特别是富营养型水体（图 2-55）。

3. 粗毛溞科 个体较小，体近卵圆形，较侧扁。第一触角细长，位于吻端，能活动。第二触角强大，外肢 4 节，内肢 3 节。胸肢 5 对或 6 对。单眼近第一触角基部。

分属检索表

1（2）尾爪长度比第一触角的 1/2 还短，基刺短或无 ······································ 粗毛溞属
2（1）尾爪与第一触角近等长，并有长基刺 ·· 泥溞属

（1）粗毛溞属。头大吻小，体呈卵圆形。背部有明显隆脊。第一触角能活动。第二触角发达，游泳刚毛式 0-0-1-3/1-1-3，特别是内肢第一节上的刚毛特别粗长。胸肢 5 对。尾爪短，无基刺。后腹部短而宽，无腹突。本属分布广，多数种类生活在小的溪流及水塘里（图 2-56）。

（2）泥溞属。头部很小，额顶呈锐角状，体近三角形，有颈沟。吻较短，壳弧发达，伸至额顶。后腹两缘列生羽状刚毛。第一触角 2 节，能活动。第二触角短，基肢粗大。胸肢 6 对。尾爪长，有 2 个基刺。腹突 1 个，有许多不等长的肛刺。壳瓣蜕皮时不脱落，重叠成壳层。本属种类为典型的底栖种类，生活于湖泊、水库、池塘的底部，常在泥中匍匐（图 2-57）。

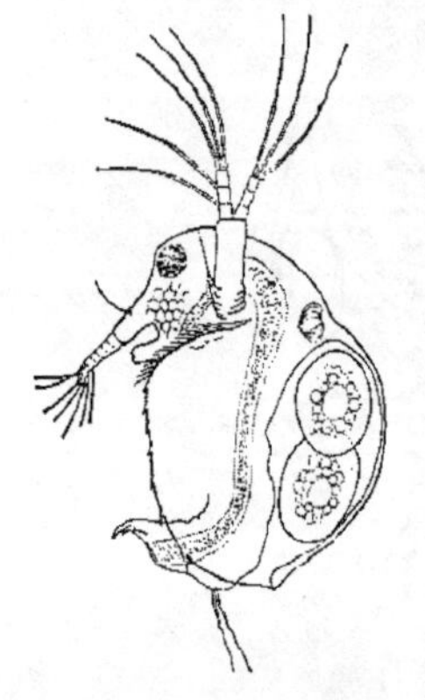

图 2-54 基合溞属
（蒋燮治，堵南山）

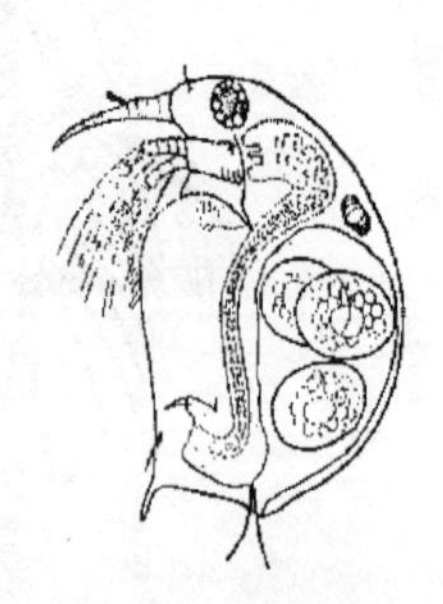

图 2-55 象鼻溞属
（蒋燮治，堵南山）

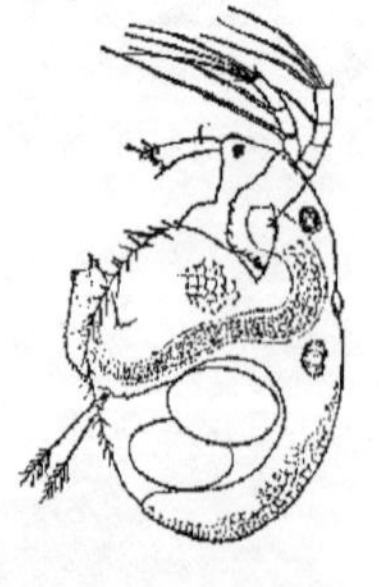

图 2-56 粗毛溞属
（蒋燮治，堵南山）

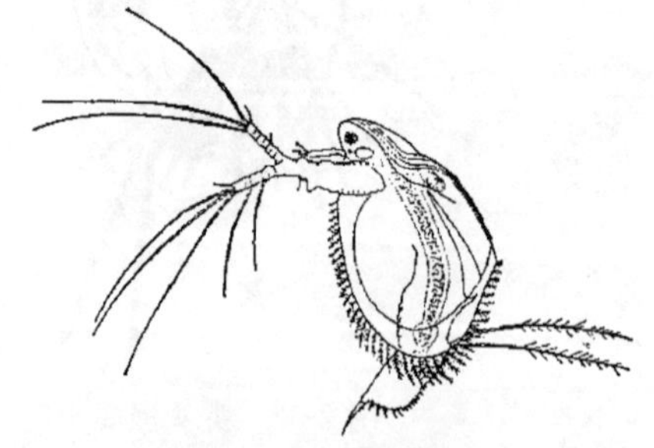

图 2-57 泥溞属
（蒋燮治，堵南山）

4. 裸腹溞科 有颈沟，头部与躯干部分界明显。头部大，头顶浑圆，无吻。第一触角细长呈短棒状，能活动。壳弧发达。壳瓣薄，背缘外凸，腹缘呈弧形，并且列生各种

刚毛或小棘。后腹部具有1列肛刺，最末一肛刺分叉，其余肛刺周缘具有羽状刚毛。无壳刺。

分属检索表

1（2）颈沟深。头部低，不呈三角形。通常无单眼。后腹部露在壳瓣外 ……………………… 裸腹溞属
2（1）颈沟浅。头部高，近三角形。有单眼。后腹部完全由壳瓣包被 ……………………… 拟裸腹溞属

裸腹溞属：颈沟明显，头部大，无吻。体呈圆形或宽卵圆形，较侧扁。第一触角细长，通常环生细毛，能动。后腹部浑圆，露在壳瓣之外，尾爪短，无壳刺。卵鞍内有冬卵1个或2个。本属分布广，喜生活于肥水中、温暖季节，在养鱼池塘中大量繁殖，是鱼苗的适口饵料。多呈周期性繁殖（图2-58）。

分种检索表

1（12）雌体第一胸肢倒数第二节具有前刺。
2（9）尾爪基部背侧具有栉刺。
3（4）肛刺3～6个 ……………………………………………………… 微型裸腹溞（模糊裸腹溞）
4（3）肛刺7～15个。
5（6）复眼较小，不靠近头部的边缘 ……………………………………………… 兴凯裸腹溞
6（5）复眼较大，靠近头部的边缘。
7（8）卵鞍表面的后缘沿边及中央无网纹。雄体第一触角的触毛靠近中部，末端具有钩状刚毛5～6根。壳瓣腹缘前端的长刚毛20～27根 ……………………………………… 直额裸腹溞
8（7）卵鞍表面布满网纹。雄体第一触角的触毛靠近基端，末端具有钩状刚毛4根。壳瓣腹缘前端的长刚毛35～41根 ……………………………………………………… 近亲裸腹溞
9（2）尾爪基部背侧无栉刺。
10（11）雄性第一触角的触毛靠近中部，末端有钩状刚毛5～8根。后腹部的腹侧无横列刚毛 ……………………………………………………………………… 多刺裸腹溞
11（10）雄体第一触角的触毛靠近基端，末端具有钩状刚毛4根。后腹部的腹侧有数根横列刚毛 ……………………………………………………………………… 双卵裸腹溞
12（1）雌体第一胸肢倒数第二节无前刺 ……………………………………………… 蒙古裸腹溞

5. 溞科 吻大，复眼大，壳弧发达。壳瓣后背角或后腹角明显突起，有的种类的突起向后延伸成壳刺，多数种类壳面具有网状花纹。第一触角短小，不能活动或稍能活动，具有1根触毛，9根嗅毛。第二触角粗大，游泳刚毛式0-0-1-3/1-1-3。胸肢5对，无爪刺。肠不盘曲，前端有1对盲囊。肛刺2行。

分属检索表

1（6）有吻。
2（3）后腹角具有壳刺，壳瓣腹缘平直 ……………………………………………… 船卵溞属
3（2）后腹角浑圆，壳瓣腹缘弧形。
4（5）头小而低垂，壳瓣后端无壳刺，背面无脊棱 ……………………………… 低额溞属
5（4）头大，壳瓣后端有发达的壳刺，背面有脊棱 …………………………………… 溞属
6（1）壳瓣多角形网纹清晰，无吻 ……………………………………………………… 网纹溞属

（1）船卵溞属。头大且低垂。身体近长方形，颈沟明显。复眼很大，单眼很小。壳瓣腹缘平直或略呈弧形，后腹角向后延伸成壳刺。腹突 1 个。壳瓣腹缘上的刚毛常常使身体倒悬，腹面向上，漂浮于水面（图 2-59）。

常见种：平突船卵溞。

（2）低额溞属。颈沟明显，身体呈卵圆形，前狭后宽。头部小且低垂，吻短小。壳弧很宽。单眼呈点状或纺锤状。壳瓣背缘后半部通常具有锯齿状的小棘。腹突多为 2 个，后腹部宽阔，背侧在肛门处向内凹陷。肛门前有一突起，尾爪直。腹缘内侧列生刚毛，无壳刺。本属分布广，但数量不多，常年出现，主要生活在水坑、池沼等水草较多的小型水体中（图 2-60）。

常见种：老年低额溞。

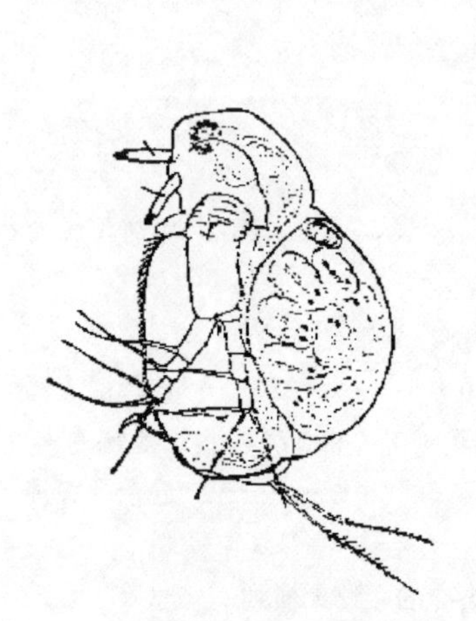

图 2-58　裸腹溞属
（蒋燮治，堵南山）

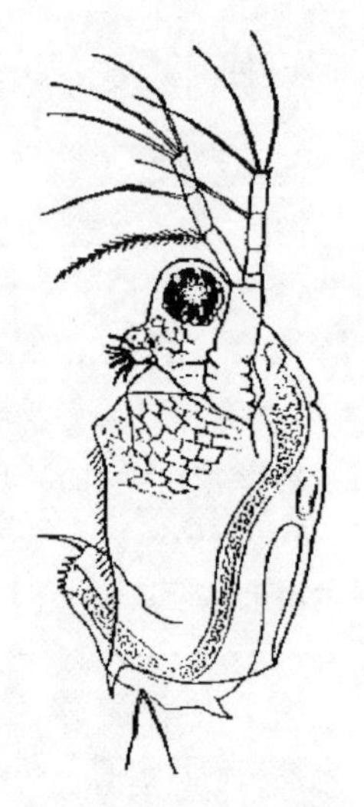

图 2-59　船卵溞属
（蒋燮治，堵南山）

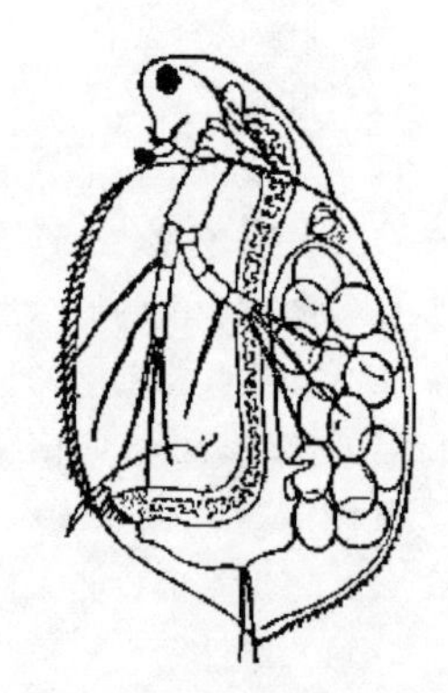

图 2-60　低额溞属
（蒋燮治，堵南山）

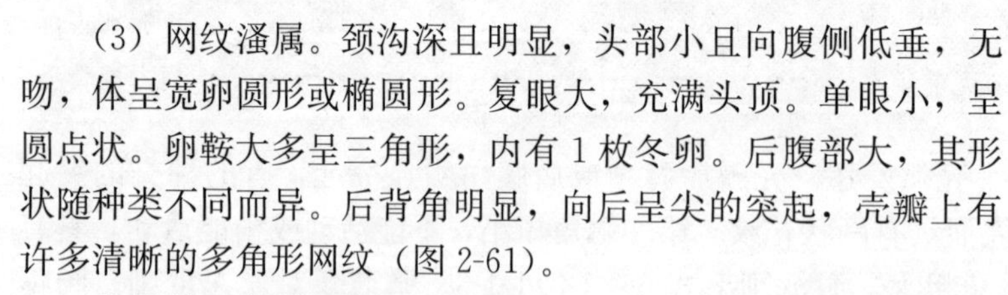

（3）网纹溞属。颈沟深且明显，头部小且向腹侧低垂，无吻，体呈宽卵圆形或椭圆形。复眼大，充满头顶。单眼小，呈圆点状。卵鞍大多呈三角形，内有 1 枚冬卵。后腹部大，其形状随种类不同而异。后背角明显，向后呈尖的突起，壳瓣上有许多清晰的多角形网纹（图 2-61）。

常见种：方形网纹溞。

（4）溞属。大多无颈沟，吻明显且尖。体呈卵圆形或椭圆形，壳瓣背面具有背棱，向后端延伸成长壳刺，壳面有菱形和多角形网纹。一般有单眼。第一触角短小，部分或几乎全部被吻掩盖，不能动。腹突发达，常为 3 个或 4 个。卵鞍近矩形或三角形，内有 2 枚冬卵。本属种类多，分布广，尤以温带最普遍，喜栖息于水草茂盛的小水体中（图 2-62）。

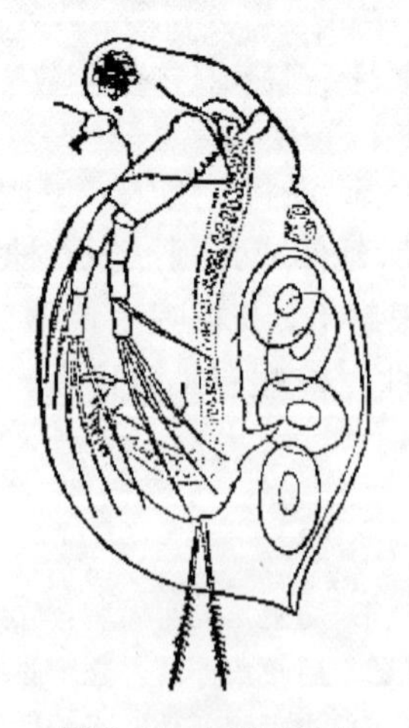

图 2-61　网纹溞属
（蒋燮治，堵南山）

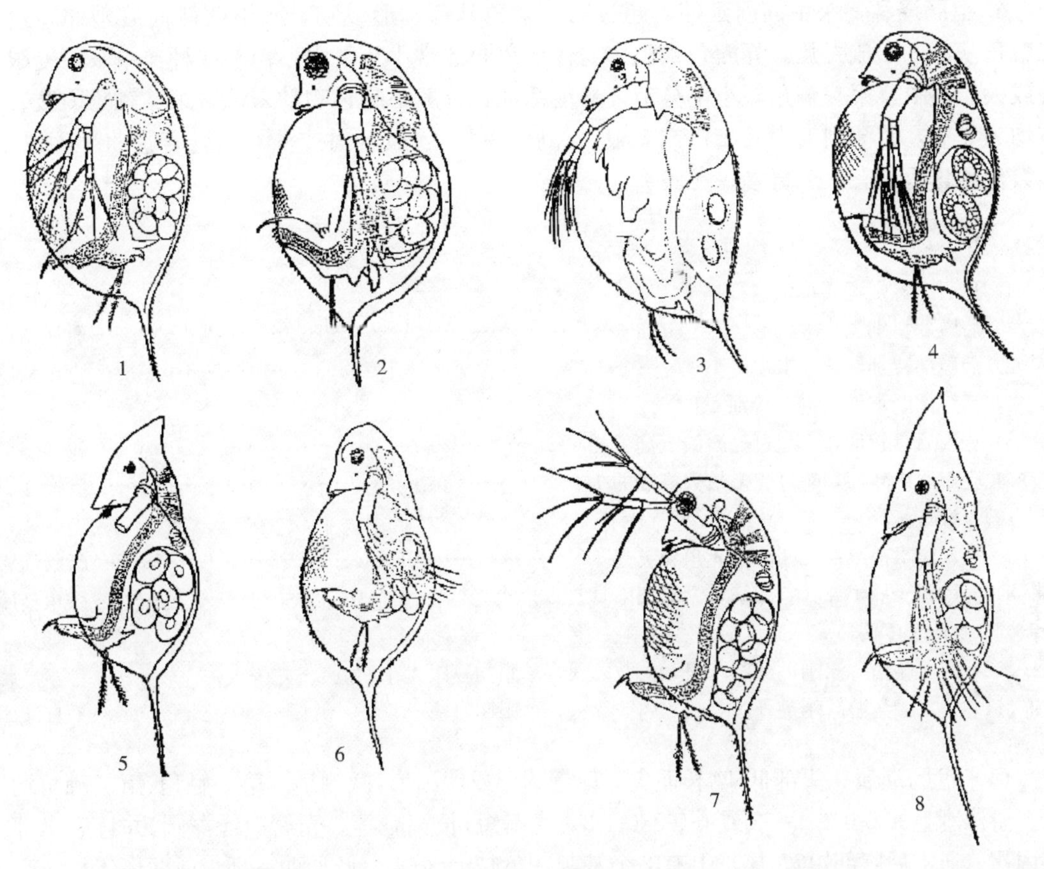

图 2-62 溞属

1. 大型溞 2. 蚤状溞 3. 鹦鹉溞 4. 隆线溞 5. 小栉溞 6. 透明溞 7. 长刺溞 8. 僧帽溞

（蒋燮治，堵南山）

常见种的检索表

1（8）尾爪具有栉刺。

2（3）后腹部背侧凹陷很深，将肛刺列分为前后两部分 ……………………………… 大型溞

3（2）后腹部背侧无凹陷，肛刺列连贯。

4（5）壳弧向后凸出，呈圆弧状 ……………………………… 蚤状溞

5（4）壳弧后端弯曲，呈锐角状。

6（7）吻长而尖，头部较高 ……………………………… 隆线溞

7（6）吻短而钝，头部较低 ……………………………… 鹦鹉溞

8（1）尾爪无栉刺。

9（10）第二触角内肢的游泳刚毛共 4 根 ……………………………… 小栉溞

10（9）第二触角内肢的游泳刚毛共 5 根。

11（14）有单眼，吻长而尖，嗅毛束末端不超过吻尖。

12（13）季节变异不显著，夏季型无头盔，壳瓣背棱不伸展到头部 ……………………………… 长刺溞

13（12）季节变异显著，夏季型具有钝而尖的头盔，壳瓣背棱伸展到头部 ……………………………… 透明溞

14（11）通常无单眼，吻短而钝，嗅毛束末端超过吻尖 ……………………………… 僧帽溞

6. 盘肠溞科 头甲向前延伸，超过第一触角基部，形成吻。头甲两侧向后延伸超过第二触角基部，形成壳弧。壳瓣包被整个身体。单眼通常小于复眼，但有些种类单眼与复眼等大或大于复眼。第一触角短小不分节，略能活动，一般不超过吻的末端。第二触角内肢、外肢均为3节，游泳刚毛内肢4根或5根，外肢3根。胸肢5对或6对。肠管盘曲1圈以上。多数种类肠后部有1个盲囊。无腹突。

分属检索表

1（4）后腹部特别宽或特别细长。
2（3）后腹部特别宽，呈靴形 …………………………………………………… 靴尾溞属
3（2）后腹部特别细长，末端瘦小 ……………………………………………… 弯尾溞属
4（1）后腹部既不细长也不特别宽。
5（6）壳瓣后缘较低，不超过壳瓣最大高度的1/2 ……………………………… 锐额溞属
6（5）壳瓣后缘较高，超过壳瓣最大高度的1/2 ………………………………… 尖额溞属
7（10）身体近球形。
8（9）壳瓣腹缘前半部无凹陷，无角状突起 …………………………………… 盘肠溞属
9（8）壳瓣腹缘前半部具有凹陷，紧靠凹陷具有1角状突起 …………………… 腹角溞属
10（7）身体长度明显大于高度，左右侧扁。
11（12）第二触角游泳刚毛外肢3根，内肢4根，单眼与复眼大小相近 ……… 弯额溞属
12（11）第二触角游泳刚毛外肢3根，内肢5根，单眼明显小于复眼 ………… 平直溞属

（1）盘肠溞属。头部低，吻长而尖。体近圆形或卵圆形，微侧扁。第一触角、第二触角均短小。游泳刚毛式0-0-3/1-1-3或0-0-3/0-1-3。壳瓣短，长宽略等。壳瓣腹缘浑圆，并且后半部大多内褶。通常后腹部短宽，尾爪上有2个基刺，内侧1个很小。肠回曲一环半或两环(图2-63)。

常见种：圆形盘肠溞。

（2）尖额溞属。头小，体呈长卵圆形或近矩形，吻短而钝。单眼、复眼均小。壳瓣后缘较高，通常其高度超过壳瓣最大高度的1/2。胸肢多为5对。尾爪上有1个基刺。后腹角浑圆，壳面上通常有纵纹（图2-64）。

常见种：方形尖额溞。

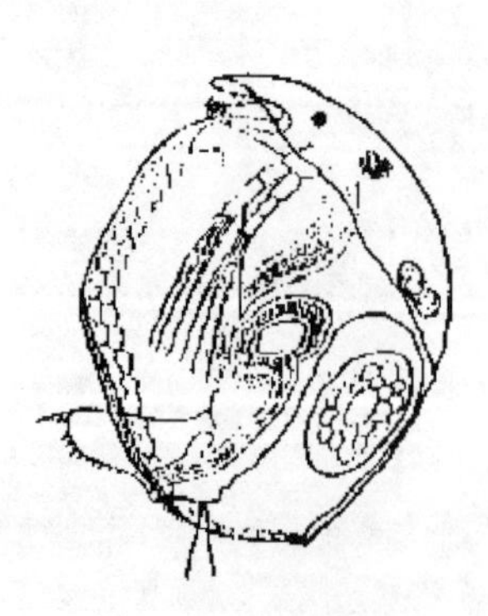

图2-63 盘肠溞属
（蒋燮治，堵南山）

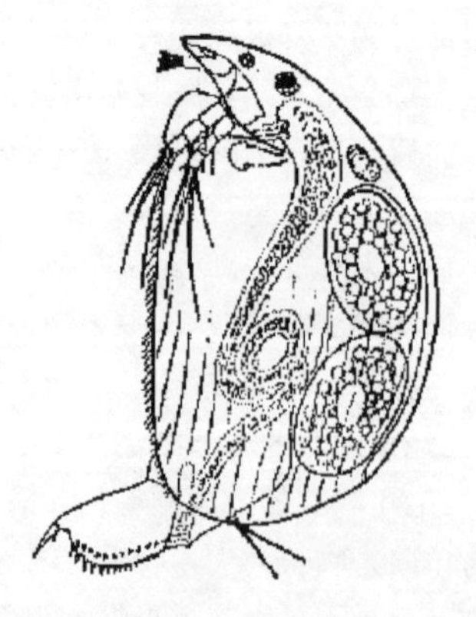

图2-64 尖额溞属
（蒋燮治，堵南山）

7. 圆囊溞科 体很短，头部大，复眼也大，无单眼。壳瓣包被头部及胸肢以外部分。

第一触角小，不能活动。第二触角内肢3节，游泳刚毛6根；外肢4节，游泳刚毛6根或7根。分布于海水中。

分属检索表

1（2）壳瓣长，呈喇叭状，无颈沟 ………………………………………………… 三角溞属
2（1）壳瓣圆，呈囊状，颈沟深……………………………………………………… 圆囊溞属

（1）三角溞属。无颈沟，体近三角形。吻短且钝，孵育囊呈锥形。游泳刚毛式0-1-1-4/1-1-4。本属种类适盐幅广，我国沿海均有分布（图2-65）。

（2）圆囊溞属。有颈沟，壳瓣圆，呈囊状。孵育囊半圆形。游泳刚毛式0-1-2-4/1-1-4。本属种类适盐范围广，可生活在半咸水中，广泛分布于近海海岸（图2-66）。

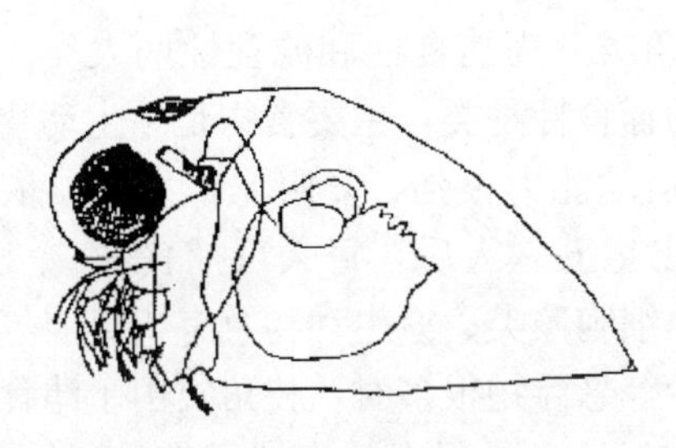

图2-65 三角溞属
（蒋燮治）

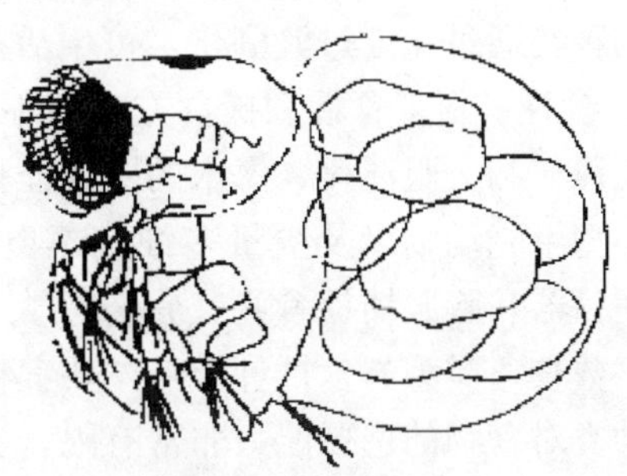

图2-66 圆囊溞属
（蒋燮治）

8. 大眼溞科 头较大，复眼非常大，充满头顶，无单眼。壳瓣仅包被孵育囊，不包被其他部分。无壳弧。第一触角小，能活动。第二触角也相当短小，游泳刚毛式0-1-2-4/1-1-5。后腹部较短，尾突呈杖形，上面有2根较长的尾刚毛，无尾爪。肛门位于第四胸肢之后。

本科仅有大眼溞属（图2-67）一属，属的形态特征与科相同。本属的种类较少，只有分布于海水中的小型大眼溞和淡水产的虱形大眼溞2种。

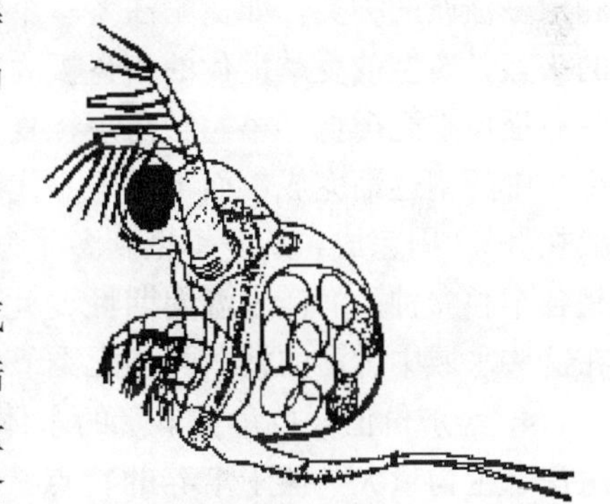

图2-67 大眼溞属
（蒋燮治）

四、生态分布和意义

1. 分布 枝角类广泛分布于淡水、海水和内陆咸水水域，但绝大多数种类生活在淡水中，海水及内陆咸水水域种类和数量很少。随环境的不同，其种、量差异极大。在江河中，枝角类的种类和数量都相当贫乏。而流速缓慢的河道下游和支流中数量多，常见的种类有长额象鼻溞、长刺溞、颈沟基合溞等。在废旧的河道和闭塞的支流处其种量要多许多，甚至可与湖泊相比；施肥后的池塘中枝角类的种类和数量也相当丰富，特别是多刺裸腹溞、隆线溞等。湖泊是枝角类的主要分布水域，尤其是蔓生水草的沿岸区，种量特别丰富，敞水区种类较少。枝角类广布于淡水水体，也分布于内陆盐水水体，但真正的海洋枝角类不过10余种。

在深水区域，枝角类垂直分布显著。枝角类在不同季节及昼夜均有垂直移动现象，即光强时下移，光弱时上移，尤其是晴天，昼夜垂直移动现象更为显著。

绝大多数枝角类是广温性种类，通常水温16～18℃时，开始大量繁殖，如大型溞、隆线溞、蚤状溞的适温为17～25℃，多刺裸腹溞的适温为25～28℃。少数种类是冷水性的，如短尾裸腹溞的适温为8～13℃。

枝角类在酸性、中性以及微碱性水域中均能生活，但更适应碱性水域，如大型溞、隆线溞在pH10～11的水域中也可以生活，而对酸性则较敏感。有的种类比较适应酸性水域，如单肢溞在pH4.0～7.3的水域中可以生活。圆形盘肠溞发育有2个最适pH，分别是pH5和pH9。盐度对枝角类的分布也有影响，常见的淡水枝角类在盐度2～3的半咸水中均可生活，有些种类具有很强的耐盐性，如大型溞在盐度11的水域中仍能生活。海洋中的枝角类只有10余种，少数种类生活在内陆高盐水体中，如蒙古裸腹溞、圆形盘肠溞、内蒙古秀体溞等，可在盐度40的超盐水体中生活。枝角类对盐度的适应范围很广泛，生活在淡水或低盐度水体中的种类通过盐度过渡驯化，可生活在高盐度水体中。

2. 食性　根据食性和摄食方式的不同，可将枝角类分为捕食性和滤食性两大类。淡水的薄皮溞科和大眼溞科、海水的圆囊溞科等是典型的捕食性种类，主要食物是原生动物、轮虫、小型甲壳动物以及少量多细胞藻类等。它们的运动能力很强，复眼非常发达，依靠视觉，用口器和胸肢捕捉食物，食量很大，如薄皮溞出生五六天后，每天可捕食30个水溞。绝大多数枝角类为滤食性种类，主要食物是细菌、单细胞藻类、原生动物及有机碎屑等。滤食性种类对食物的选择能力非常有限，当水中的泥沙等悬浮物很多时，枝角类由于滤食了大量泥沙而得到很少食物，导致其逐渐死亡。因此，在泥沙含量很大的水域很难采到枝角类。水中食物密度过大也是不利的，枝角类的滤食器官容易被堵塞。同时，滤食过多，降低了食物的利用率。

3. 季节变异　随着一年四季的周期变化，水温也表现为季节变化，而同一种枝角类在一年的不同季节，外形会发生一些变异，即季节变异。表现出周期变态的枝角类主要是溞属和象鼻溞属的种类，如僧帽溞冬季个体头小而钝圆，春季随着水温的上升，逐渐产生尖而长的头盔，典型的夏季世代的头盔极为发达，秋季随着水温的下降又逐渐恢复冬季体型。简弧象鼻溞冬季壳瓣低，第一触角短；夏季壳瓣高，第一触角长。季节变异需要通过几个世代和许多中间型逐渐完成，而不是同一代同一个体变异的结果。从冬季型到夏季型转变较快，一般在2～3周完成，从夏季型到冬季型的转变则较慢。容易将同一个种的不同季节型误认为是各个独立种。海洋水温周期性变化不明显，内陆极地水域和高原水域水温不超过16℃，在这些水域中生活的枝角类均无季节变异。

4. 经济价值　枝角类丰富的水体，鱼产量一般都很高，而且枝角类具有适应性强、繁殖快、生物量大、便于培养的特点。因此，在水产养殖中，常常可人工培养枝角类作为鱼类、甲壳动物幼体继轮虫之后的适口饵料。

枝角类摄食大量细菌和腐殖质，对水体自净起着重要作用。枝角类对毒物十分敏感，是污水毒性试验的合适动物，同时可做污染水体的监测生物。此外，在药物微量测定、繁殖、育种与变异等科学研究以及生物学教学上也被广为利用。

第四节　桡足类

桡足类隶属于节肢动物门、甲壳纲、桡足亚纲，是一类小型的甲壳动物，体长一般为

1～4mm。桡足类大部分种类生活在海洋里，少部分种类生活在淡水、半咸水中，是浮游动物中的重要组成部分，也是水产养殖中稚、幼鱼等经济水生动物的重要的生物活饵料，但也有一些营寄生生活的种类，寄生在鱼的体表、鱼鳃、肌肉等部位而引发鱼病，危害渔业生产。

一、形态构造

（一）外部形态

1. 体节 桡足类的身体通常呈圆筒形，体纵长，明显分节，一般由16～17节体节组成，由于部分体节愈合，实际上体节不超过11节。桡足类的身体可分为头部、胸部和腹部3部分，通常将头部与胸部合称为头胸部（图2-68）。

（1）头部。通常由6节愈合而成，也称为头节。头节前方腹面的突起，称为额角。在头部的腹面有6对附肢，即第一触角、第二触角、大颚、第一小颚、第二小颚和颚足，后4对附肢共同构成口器。

（2）胸部。通常由5节组成，每一胸节有1对游泳足，最末节后侧角的形状随种类不同而不同，是分类的重要依据之一。哲水溞的第四与第五胸节常常愈合，剑水溞和猛水溞的第一胸节与头节也常常愈合。

（3）腹部。无附肢，腹部一般为3～5节。第一腹节也称为生殖节，具有1个或2个生殖孔。哲水溞雌体腹部2～4节，雄体腹部5节；剑水溞雌体腹部4节，雄体腹部5节；猛水溞雌体腹部4节或5节，雄体腹部5节。最末腹节称为尾节，由于肛门位于该节的末端背面，故此节又称为肛节。肛节末端有1对尾叉，尾叉末端有2～5根羽状刚毛，尾叉和尾刚毛的数量、形状都是分类的依据。桡足类还有活动关节，哲水溞位于第五胸节与生殖节之间，剑水溞和猛水溞的活动关节位于第四和第五胸节之间。

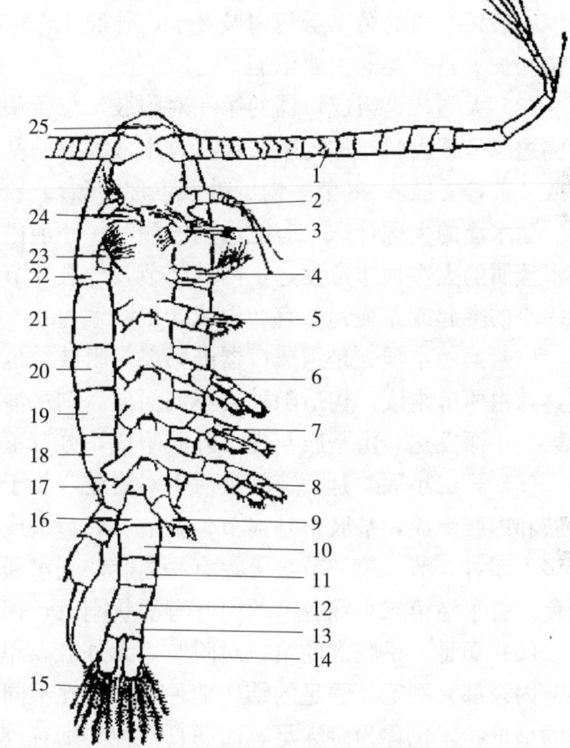

图2-68 桡足类模式（哲水溞雄体腹面观）
1. 第一触角 2. 第二触角 3. 第一小颚 4. 颚足 5. 第一胸足 6. 第二胸足 7. 第三胸足 8. 第四胸足 9. 第五胸足 10. 第二腹节 11. 第三腹节 12. 第四腹节 13. 第五腹节 14. 尾叉 15. 尾刚毛 16. 生殖节 17. 第五胸节 18. 第四胸节 19. 第三胸节 20. 第二胸节 21. 第一胸节 22. 头节 23. 第二小颚 24. 大颚 25. 额角
（沈嘉瑞等）

2. 附肢

（1）第一触角。成对，单肢型附肢，位于头部前端腹面的两侧，强壮而细长，为主要的游泳器官。第一触角的长短和节数随种类不同而不同，哲水溞的第一触角有22～25节，通常向后伸展至生殖节，甚至超过尾刚毛的末端。猛水溞的第一触角很短，一般不超过10节，短者仅为头节长度的1/5，长者也不超过头节的末端。剑水溞第一触角的长度，介于哲水溞和猛水溞之间，不同类群节数变化较大，短者仅为头节长度的1/3，长者可达头胸部的末端，通常不超过17节。

雌雄个体的第一触角性征明显，雌体第一触角左右对称，节数相同，雄体则特化成执握器。哲水溞雄性成体右侧的第一触角弯曲特化成执握器，剑水溞和猛水溞雄性成体左、右两侧的第一触角对称弯曲，特化成1对执握器，在交配时用来抱住雌体。

（2）第二触角。位于第一触角之后，头节腹面前端，为1对双肢型附肢，短而粗壮，也是游泳器官。哲水溞和猛水溞第二触角的内、外肢都很发达。淡水哲水溞第二触角的基肢2节，由基节和底节组成，内肢2节，外肢7节，各节的内缘和内肢、外肢的末端都有羽状刚毛。一般猛水溞的第二触角内肢2节，外肢1～3节。剑水溞的第二触角单肢型。内外肢的结构和长短是分类的主要依据。

（3）大颚。是组成口器的第一对附肢，位于头节腹面第二触角之后，双肢型。大颚基节内侧边缘呈锯齿状，称为咀嚼缘。哲水溞大颚的基肢2节，由基节和底节组成，一般内肢1节或2节，外肢4～8节，内、外肢也称为颚须。在咀嚼缘上及内外肢上均有不同数目的刚毛。猛水溞的大颚特殊，有能活动的颚叶，一般内肢、外肢各1～3节。淡水剑水溞中的镖剑水溞属的大颚须非常发达，内肢2节，外肢4节，各节都有刚毛。剑水溞属的大颚须退化为一小的突起或无突起，有2根或3根刚毛。

（4）第一小颚。是组成口器的第二对附肢，位于大颚之后，又称为小颚。双肢型，原肢发达，由两节组成，构造随种类不同而异。剑水溞和大多数猛水溞的第一小颚退化，哲水溞的第一小颚发达，由基肢与内、外肢组成，分节不明显，具有许多凸起的内、外颚叶。

（5）第二小颚。是头节的最后1对附肢，位于第一小颚之后，叶片状。单肢型，一般由基肢和内肢组成，基肢由基前节、基节、底节组成，基节和底节每一节上有1对内叶。内肢最多不超过5节，第一节显著，有一内叶。剑水溞和猛水溞第二小颚有强大的爪状刺，用于捕食。哲水溞第二小颚各节的内叶有羽状刚毛，相互交织成网状，可过滤食物。

（6）颚足。是胸部的第一对附肢。无外肢，单肢型，基肢分两节，较粗大；内肢5节，各节内缘都有刚毛。颚足的结构随种类和食性不同而异，捕食性种类特别强大，有硬刺，而有的呈爪状，也称为游泳足，而滤食性种类则有较多刚毛。

（7）胸足（胸肢、游泳足）。共5对，位于胸部的腹面，每一胸节有1对胸足，胸足上生有羽状刚毛，具有游泳功能，又称为游泳足。哲水溞、剑水溞和猛水溞的前4对胸足基本结构相同，双肢型，基肢2节，由基节和底节组成。每对胸足的基节间由1小块几丁质小板连接，使所有胸足的运动方向一致。内肢和外肢各3节，有的科、属内肢减少至1节或2节，哲水溞内肢的节数是分科的依据之一。第五对胸足的结构随种类不同而异，且雌体和雄体有显著区别，是分类的重要依据。哲水溞雌体第五胸足双肢型，与前4对胸足基本相同，雄体第五胸足左、右不对称，右侧外肢末端呈螯状，具有辅助交配功能。剑水溞的第五胸足退化，很少超过2节，通常基节上有1根外刚毛，末节上有数根刚毛。猛水溞的第五胸足常退化为2节（图2-69）。

（二）内部构造

1. 消化系统 桡足类的消化系统通常为一狭长的管道，口位于头部前端腹面的中央、

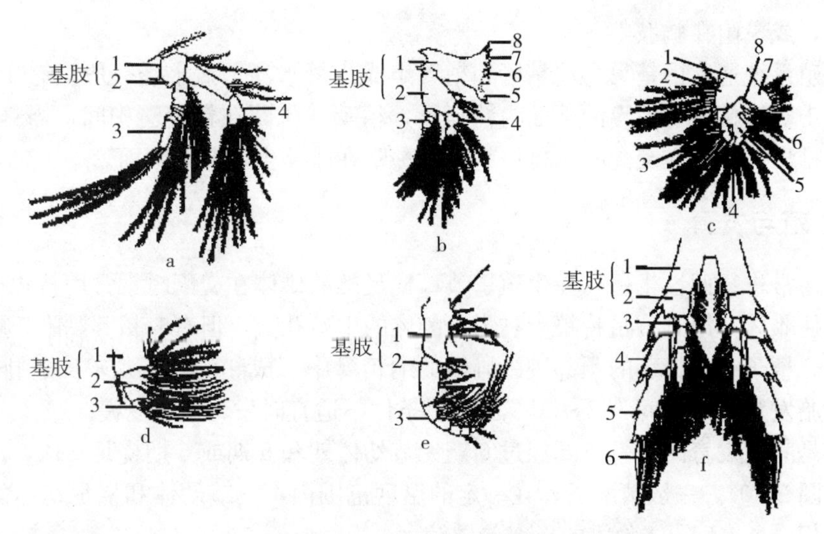

图 2-69 桡足类的附肢

a. 第二触角 1. 基节 2. 底节 3. 外肢 4. 内肢

b. 大颚 1. 基节 2. 底节 3. 外肢 4. 内齿 5. 腹齿 6. 中央齿 7. 背齿 8. 刚毛

c. 第一小颚 1. 基节 2. 外小叶 3. 外肢 4. 内肢 5. 底节 6. 第三内小叶 7. 颚基 8. 第二内小叶

d. 第二小颚 1. 基节 2. 底节 3. 内肢

e. 颚足 1. 基节 2. 底节 3. 内肢

f. 胸足 1. 基节 2. 底节 3. 内肢 4. 外肢 5. 外缘刺 6. 顶刺

（梁象秋等）

两个大颚之间，后面紧接细长的食道，食道与1个较大的胃直接相连。胃的后边是肠，肠管渐细，肠的最后一段为直肠，肛门开口于肛节后缘的中间。

2. 循环系统 剑水溞和猛水溞均无心脏和血管，通常是通过消化道的蠕动以及外部附肢的运动促使血液流动，从而完成血液循环。哲水溞不仅具有心脏，还有血管，心脏呈囊状或管状，位于胸部，有3个心孔，在心脏的前面有一不分支的动脉通向头部。

3. 排泄器官 无节幼体期的排泄器官为触角腺，桡足幼虫的触角腺开始退化，并逐渐消失。桡足类成体的排泄器官是颚腺（壳腺），为1对不规则盘曲状的管道，颚腺开口于第二小颚的基部，而有些种类的颚腺萎缩或消失。此外，身体的表皮和消化道的后部也有一定的排泄功能。

4. 神经系统与感觉器官 在头部和胸部的腹面形成中枢神经。哲水溞的中枢神经前端为脑，由脑发出腹神经索至胸部，腹神经索的腹神经节分出神经伸入胸足，而进入腹部的神经分支沿肠道向后延伸。剑水溞的中枢神经的神经节形成咽神经环。桡足类第一触角上的触肢具有感觉作用。桡足类通常没有复眼，有些种类在头部前端中央有1个无节幼体眼。

5. 生殖系统 桡足类为雌雄异体，雌体和雄体都有生殖腺。雌体的生殖系统通常由卵巢、子宫和输卵管组成。输卵管开口于腹部生殖节腹面的生殖孔，生殖孔两侧一般还有纳精囊，输卵管末端通过一短管与纳精囊相连。成熟的卵子离开子宫，通过输卵管末端时受精，然后通过生殖孔排出体外。输卵管末端常常有腺细胞分泌的黏液，在雌体产卵时，把卵细胞黏在一起，形成1个或2个卵囊，卵囊一般黏附在生殖节上。哲水溞、猛水溞雌体通常有1个生殖孔，所以常形成1个卵囊。而剑水溞雌体通常有2个生殖孔，所以一般形成2个卵囊。卵囊中的卵细胞数量随种类不同而异，一般为几个到几十个不等。也有些桡足类直接把卵产在水里，或黏附在胸肢上。

雄体生殖系统通常由精巢、输精管和精囊组成。哲水溞、猛水溞一般只有 1 根输精管，而剑水溞有 1 对输精管。精囊的下面为精荚囊，精荚就包藏在精荚囊中间，当精荚成熟后，通过射精管排出体外，在交配时，雄体将精荚黏附在雌体生殖节的腹面。

二、生殖与发育

桡足类通常进行两性生殖，在生殖季节，桡足类的雄体在交配时常常用特化成执握器的第一触角抱住雌体，第五胸足将精荚黏附于雌体的生殖孔上，但有时精荚黏附于雌体的位置是不确定的。精子通过精荚的颈部进入雌体的纳精囊中，成熟的卵子从输卵管排出时受精。受精卵的胚胎发育所需时间为 2～5d，当环境条件不适宜时发育速度变慢。

桡足类是间接发育的，一般要经过 6 期无节幼体期和 5 期或 6 期桡足幼体，最后才能发育为成体（图 2-70）。一般情况下，在一定的温度范围内，无节幼体和桡足幼体的发育时间与温度呈负相关，2 个幼体阶段的形态差异较大。

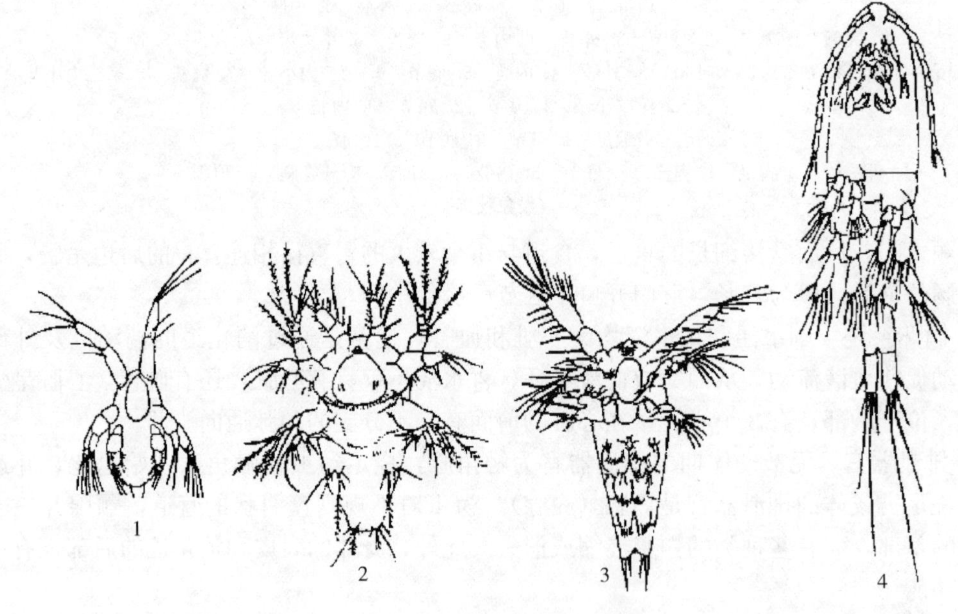

图 2-70　桡足类的幼体

1、2. 无节幼体　3、4. 桡足幼体

（沈嘉瑞等）

无节幼体：身体不分节，呈长卵圆形，大多背腹扁平，身体前端有一暗红色的眼点，体末端有 1 对尾触毛，第一期无节幼体具有 3 对附肢，即第一触角、第二触角和大颚，因此，也称为六肢幼体。第二期无节幼体，体末端出现分叉。第三期无节幼体，开始出现第一小颚，体末端有 2 对尾触毛。第四期无节幼体，第一小颚已完全形成。第五期无节幼体，第二小颚也已出现，体末端有 3 对尾触毛。第六期无节幼体，开始出现颚足和前两对胸足的原基，身体也逐渐拉长，直至发育变态为桡足幼体。

桡足幼体：哲水溞桡足幼体的体色、眼点与无节幼体相近，身体变长，可分成头胸部和腹部，形成尾叉，第一期桡足幼体，头胸部 5 节，腹部 1 节，开始出现第三胸足原基，有 5

对尾刚毛。第二期桡足幼体，头胸部6节，腹部1节，出现4对胸足，尾刚毛增至6对。第三期桡足幼体，腹部2节，有5对胸足。第四期桡足幼体，腹部增至3节。第五期桡足幼体的雌体和雄体头胸部均为6节，但腹部雄体为4节，雌体仍为3节。身体各部分节清晰，腹面各对附肢逐渐发育完全，第五期桡足幼体经过蜕皮后即为成体，成体一般不再蜕皮。

三、分类

桡足亚纲的种类很多，淡水、海水均有，通常分成7个目，即哲水溞目、剑水溞目、猛水溞目、背囊水溞目、怪水溞目、鱼虱目和颚虱目。其中，哲水溞目、剑水溞目、猛水溞目营自由生活，哲水溞目基本上都营浮游生活，剑水溞目部分种类营浮游生活，猛水溞目几乎完全营底栖生活，怪水溞目的无节幼体和成体营自由生活，在多毛类身体中度过其他发育期，背囊水溞目、颚虱目、鱼虱目主要营共栖、半寄生和寄生生活。在此主要介绍哲水溞目、剑水溞目和猛水溞目的一些常见种类。

分 目 检 索 表

1（2）头胸部与腹部之间通常等宽，无明显界限。第一触角很短，雌体第一触角不超过8节……猛水溞目

2（1）头胸部呈椭圆形或圆筒状，明显较腹部宽，雌体第一触角至少8节。

3（4）头胸部和腹部之间有一活动关节。雄体第一对触角左右不对称，其中一肢特化成执握器，雌体第一触角22～25节，通常接近或超过尾刚毛的末端……哲水溞目

4（3）头胸部的第四胸节和第五胸节间有一活动关节。雄体第一对触角的左右肢均特化成执握器，雌体第一触角最多17节，短于头胸部……剑水溞目

（一）哲水溞目

头胸部明显比腹部宽。头胸部和腹部之间有活动关节。有的种类头部和第一胸节、第四胸节及第五胸节常愈合。第一触角很长，通常有22～25节，雌体左右对称。第五对胸足的形态与前4对不同，有的退化或全缺。腹部2～4节，生殖节很大，大多有1个生殖孔。雄体第一触角的右肢常特化成执握器，第五对胸足不对称，常变成辅助交接器，用于夹取精荚并黏附在雌体生殖节上，腹部一般为5节。

分 科 检 索 表

1（2）头部两侧具有尖突或侧钩。雄体第五右胸足末端呈钳状……角水溞科

2（1）头部两侧没有尖突或侧钩。

3（6）雌、雄个体第五胸足与前4对基本一样，为游泳型。

4（5）雌体第五胸足外肢第2节内缘具有1粗刺，雄体第五右胸足外肢末端呈钳状……胸刺水溞科

5（4）雌体第五胸足基节内缘具有锯齿，雄体第五左胸足外肢较右胸足外肢长……哲水溞科

6（3）雌、雄个体的第五胸足均退化，非游泳型。

7（8）雌体第五胸足双肢型，外肢3节，内肢退化……镖水溞科

8（7）雌体第五胸足单肢型，无内肢。

9（10）雌体第五胸足退化为2节，第二末节末端具有1锥状刺。雄体第五胸足无上述特征……纺锤水溞科

10（9）雌体第五胸足各节均短。雄体第五胸足不对称，右胸足外肢呈屈膝状，第五左胸足内肢、外肢呈钳状……宽水溞科

11（14）头部与第一胸节愈合。

12（13）雄体第五胸足不对称，无长刀状突出物，雌体第五胸足 2～4 节 ………………………… 拟哲水溞科
13（12）雄体第五左胸足第二基节内缘具有 1 长刀状突出物，雌体第五胸足 4 节 ………… 伪镖水溞科
14（11）头部与第一胸节不愈合。雄体第五胸足呈镰刀状，雌体第五胸足末节呈镰刀状 …… 歪水溞科

1. 哲水溞科 大多为中型桡足类。头胸部呈长圆筒形，一般头部与第一胸节分开，胸部 4 节或 5 节，后端钝圆。第一触角很长，超过尾叉。雌体的第一触角有 25 节，雄体有 24 节，末第二、三节各有 2 条羽状刚毛。胸足的内、外肢均为 3 节，第五对胸足仍保持游泳足形状，未变形，雄体第五左胸足外肢比右胸足略长，雌体第五对胸足与第四对相似。

分属检索表

1（4）第五胸足基节内缘具有锯齿。
2（3）第五胸足基节内缘锯齿数少于 16 个 ……………………………………………………… 小哲水溞属
3（2）第五胸足基节内缘锯齿数常多于 16 个 ……………………………………………………… 哲水溞属
4（1）第五胸足基节内缘无锯齿。
5（8）第一胸足底节腹面末缘具有 1 粗刺，基部有 1 小突起。
6（7）第一胸足内肢第一、第二节外末缘具有粗突起，基节腹面末缘无齿突 ……………… 新哲水溞属
7（6）第一胸足内肢第一、第二节外末缘无突起，基节腹面末缘具有 1 齿突 ……………… 刺哲水溞属
8（5）第一胸足底节腹面末缘无粗刺，基部无突起。
9（10）第五胸足雄体左侧外肢比右侧外肢发达，内肢显著退化，雌体的内肢和外肢均为
 3 节……………………………………………………………………………………………………… 波水溞属
10（9）第五胸足雄体左侧外肢比右侧外肢稍长，内肢 1 节，雌体的内肢和外肢均为
 2 节 ……………………………………………………………………………………………………… 似哲水溞属

哲水溞属：第五胸足基节内缘有锯齿，胸节的最后 2 节分开，最后 1 节的后侧角钝圆。雄体第五左胸足外肢比右胸足稍长。本属分布很广，数量大，是须鲸和许多海洋经济鱼类的主要饵料，是海洋中重要的桡足类。中华哲水溞广泛分布于黄海、渤海、东海，是鲐等经济鱼类的重要饵料。飞马哲水溞与海流、水团的关系十分密切，可根据它的分布研究海流及水团，从而为生产提供重要的参考资料（图 2-71）。

2. 胸刺水溞科 第四和第五胸节不愈合，胸部最后 1 节的后侧角呈刺状或圆钝。第五胸足雄体不对称，右胸足外肢末端具有钩状刺，雌体为游泳足。腹部雄体 4 节或 5 节，第一至第四胸足内肢 2～3 节，外肢均为 3 节，第三节的末端刺呈锯齿状。雌体 3～5 节，生殖节不对称，具有刺毛。

分属检索表

1（2）雄体第五胸足外肢右足 3 节，左足 2 节。雌体腹部 3 节 ……………………………… 胸刺水溞属
2（1）雄体第五胸足外肢左、右均为 2 节。雌体腹部 4 节 …………………………………… 华哲水溞属

（1）胸刺水溞属。胸部后侧角尖刺状。腹部雌体 3 节，生殖节常不对称。第五胸足雄体不对称，右足外肢 3 节，最后两节呈钳状，左足外肢 2 节；雌体内、外肢均为 3 节，外肢第二节的内缘具有 1 大刺。尾叉较长。本属种类为近海或半咸水种。

常见种：瘦尾胸刺水溞（图 2-72）。

（2）华哲水溞属。头胸部狭长，第五胸节的后侧角不扩展，左右对称，顶端多具细刺。

腹部雄体 5 节，雌体 4 节。第五胸足雄体左、右外肢均为 2 节，右胸足的第二节基部膨大，末部呈钩状，左胸足第二节末端有 1 直刺；雌体对称，内、外肢均为 3 节，外肢第二节内缘有刺。尾叉细长，内缘具有细毛。本属在淡水、半咸水中均有分布。

常见种：汤匙华哲水溞（图 2-73）。

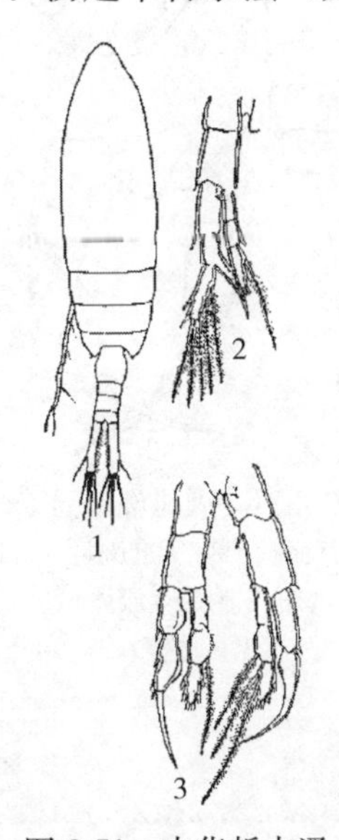

图 2-71 中华哲水溞
1. 雌性整体 2. 第五左胸足（雌体）
3. 第五胸足（雄体）
（沈嘉瑞等）

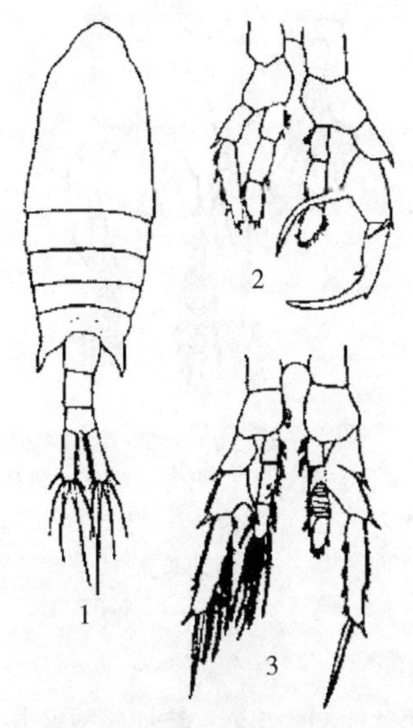

图 2-72 瘦尾胸刺水溞
1. 雌性背面观 2. 第五胸足（雄体）
3. 第五胸足（雌体）
（郑重等）

3. 伪镖水溞科 本科体型较小。额部前端宽圆或狭长，第四和第五胸节愈合，胸部后侧角钝圆或尖锐。腹部雄体 5 节，第一至第四胸足的内、外肢均为 3 节；雌体 4 节或 5 节，生殖节常不对称，腹面明显突出。卵囊成对，左右不对称。第五胸足雄体结构复杂，4 节或 5 节，内肢退化；雌体单肢型，对称。

分属检索表

1（2）雄体第五左胸足双肢型，底节内缘突起很小。雌体第五胸足最末端的棘刺短小 …… 伪镖水溞属

2（1）雄体第五左胸足单肢型，底节内缘具有发达的突起。雌体第五胸足最末端的棘刺尖长 ………………………………………………………………………………………… 许水溞属

许水溞属：第四与第五胸节愈合，胸部后侧角钝圆，大多有数根刺毛。第五胸足雄体单肢型，不对称，左胸足底节内缘向后方伸出 1 个长而弯的镰刀状或粗短的腿状突起；雌体单肢型，对称，最末端的棘刺尖长。本属种类在淡水和半咸水中均有分布。

常见种：火腿许水溞（图 2-74）。

4. 镖水溞科 本科体型较小，头部与第一胸节分界明显。多数种类雄体第四和第五胸节不愈合，两后侧角无翼状突。雌体的第四和第五胸节常部分愈合，第五胸节两后侧角多少伸展成翼状突。第五胸足雌体对称，雄体不对称，右胸足比左胸足大，右胸足外肢第二节外缘有 1 侧刺，末端有 1 个长而弯曲的钩状刺，内肢退化，1 节或 2 节，左胸足内、外肢 1 节或 2 节。腹部雄体 5 节，雌体 2～4 节。

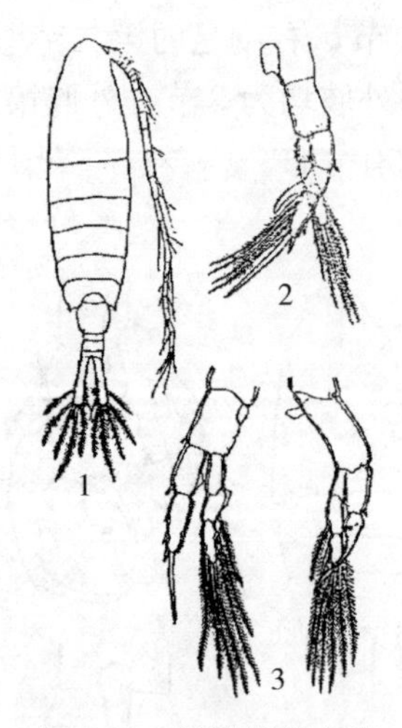

图 2-73　汤匙华哲水溞
1. 雌性背面观　2. 第五右胸足（雌体）
3. 第五胸足（雄体）
（沈嘉瑞等）

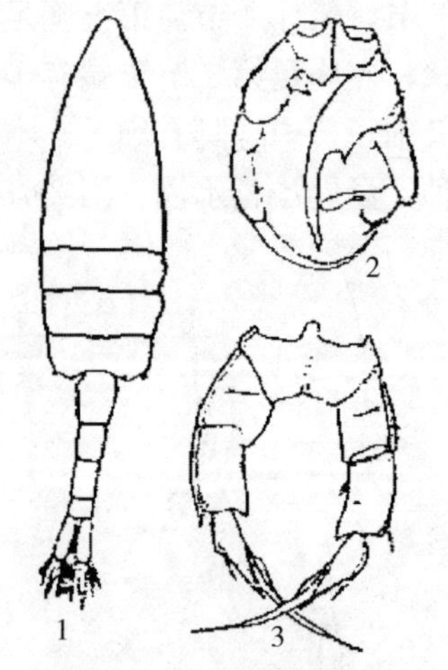

图 2-74　火腿许水溞
1. 雌性背面观　2. 第五胸足（雄体）
3. 第五胸足（雌体）
（沈嘉瑞等）

分属检索表

1（2）雌性体型较粗壮，第四胸节背部的中央有一矩形突起 ………………………………… 中镖水溞属
2（1）雌性体型较窄长，第四胸节背部的中央有 1 个小小的突起，或无突起。
3（4）雄体第五右胸足的内肢又长又粗，第五左胸足外肢末节的钳板及钳刺都较发达，明显超过外肢第二节的长度 ……………………………………………………………………………… 北镖水溞属
4（3）雄体第五左胸足外肢末节的钳板和钳刺较长，但第五右胸足的内肢短且小，或第五左胸足外肢末节钳板和钳刺短小。
5（10）雄体执握肢倒数第三节的外末角有 1 个锯齿状或长指状突起。
6（7）雄体第五右胸足内肢近半圆形，外肢第二节外缘后半部具有一侧刺 ………………… 原镖水溞属
7（6）雄体第五右胸足外肢第二节外缘中部有一侧刺。
8（9）雄体第五右胸足内肢基部和中部较宽大，呈圆锥形，左胸足外肢钳刺和钳板几乎等长。雌体第五胸足内肢没有刺状突起 ……………………………………………………………… 蒙镖水溞属
9（8）雄体第五右胸足内肢基部比末端稍宽，形如棒槌，左胸足外肢的钳刺比钳板长。雌体第五胸足内肢的内末角有 1 个刺状突起 ……………………………………………………… 新镖水溞属
10（5）雄体执握肢倒数第三节外缘具有透明膜，或在外末角有小三角形突起。
11（12）雄体第五右胸足内肢末端不超过外肢第 1 节的中部，呈舌状，第四腹节的后缘有 4 个波状隆起 ……………………………………………………………………………………… 舌镖水溞属
12（11）雄体第五右胸足内肢末端达到或超过外肢第一节的末端，第四腹节后缘平直 …… 荡镖水溞属

（1）原镖水溞属。身体较狭长，第四和第五胸节愈合，两后侧角各有 2 刺。雄体腹部分 5 节，第五右胸足的内肢很发达，内缘末端有细锯齿，外肢第二节外缘末端有一侧刺。雌体腹部分 3 节，第五胸足内肢条状，末端较尖。

常见种：中华原镖水溞（图 2-75）。

（2）中镖水溞属。雄体第四胸节背面无突起，腹部 5 节。第五右胸足内肢短小，只有 1 节，外肢第二节的背部靠近外末缘具有一圆丘形突起，左胸足外肢末端钳板较粗壮，内侧面

具有横向梯级形隆起。雌体第四胸节背面有一矩形突起，腹部为3节，生殖节长且宽，前半部两侧缘隆起，顶部具有1个刺，第二腹节窄且短。第五胸足内肢两节，短而小，外肢第二节末端具有发达的爪状刺，并且内、外缘均具有锯齿，第三节分节不明显，末端有2根不等长的刺。

常见种：大型中镖水溞（图2-76）。

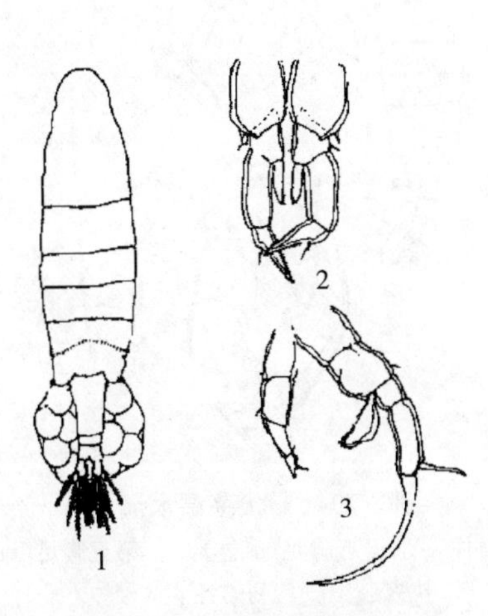

图2-75 中华原镖水溞
1. 雌性背面观 2. 第五胸足（雌体）
3. 第五胸足（雄体）
（沈嘉瑞等）

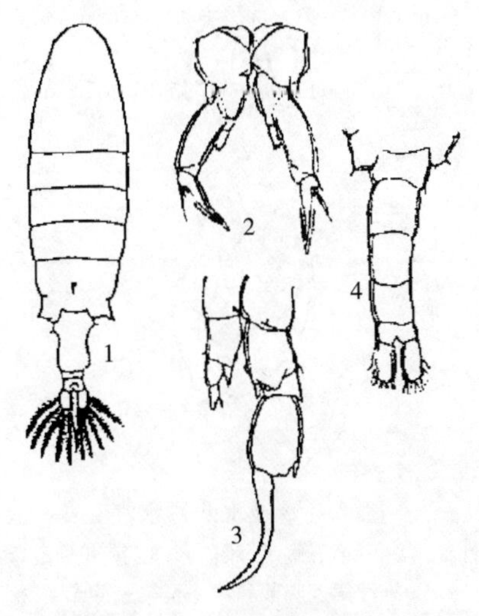

图2-76 大型中镖水溞
1. 雌性背面观 2. 第五胸足（雌体）
3. 第五胸足（雄体） 4. 雄性腹部
（沈嘉瑞等）

（3）新镖水溞属。头部与第一胸节分界明显，第四和第五胸节中部愈合，有的在节间具有一列小刺，头部后侧角的顶端和后缘各有一小刺。雄体执握肢倒数第三节具有一长指状突起，第五右胸足基节内末角具有一片状突起，第二基节内缘具有一丘状透明突起，内肢发达，呈棒槌形，外肢第一节的外末角尖锐突出，第二节狭长，外缘中部具有一侧刺。雌体第五胸足短小，第一基节背面的刺长且粗，内肢不分节，呈条状，内末角具有一刺状突起，末缘具有1列细刺，外肢分2节，第一节短而粗。

常见种：右突新镖水溞（图2-77）。

（4）北镖水溞属。雄体的第四和第五胸节愈合，但仍有节痕，最末胸节后侧角扩展，顶端有尖刺，雄体第五左胸足外肢末端钳板很长，钳刺也长，右胸足内肢发达，末端尖锐。雌体第五胸足内肢末端有细刺。

常见种：咸水北镖水溞（图2-78）。

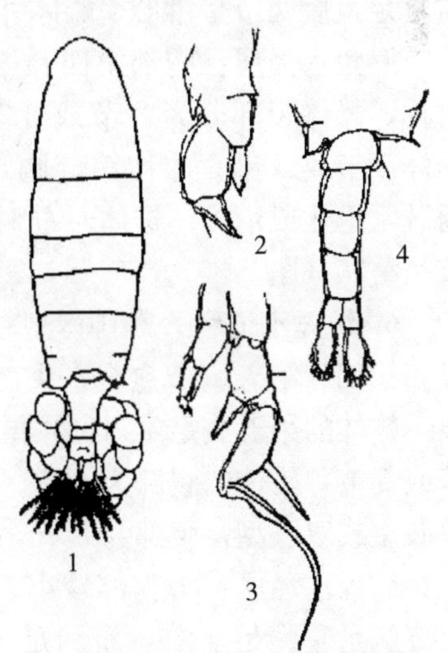

图2-77 右突新镖水溞
1. 雌性背面观 2. 第五胸足（雌体）
3. 第五胸足（雄体） 4. 雄性腹部
（沈嘉瑞等）

（5）荡镖水溞属。雄体执握肢倒数第三节外缘常有1条窄的透明膜，节的外末角大多有一齿状突起。第五左胸足外肢末端的钳板和钳刺短小，内肢1节或2节，第五右胸足外肢第一节的外末角钝圆。雌体头胸部的后侧角常向两侧扩展，生殖节前半部的两侧隆起或突出呈乳头状，顶端有一小刺。第五对胸足内肢末端尖锐，密生细毛，常有1根或2根较长的刺状刚毛。

常见种：翼状荡镖水溞（图2-79）。

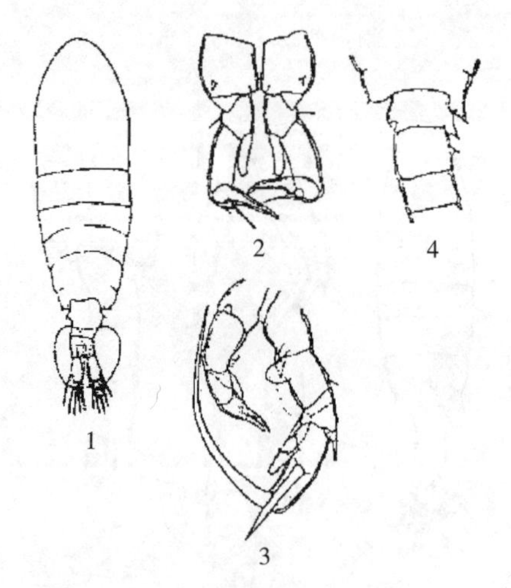

图2-78 咸水北镖水溞
1. 雌性整体 2. 第五胸足（雌体） 3. 第五胸足（雄体）
4. 雄性第五胸节和第一至第三腹节
（沈嘉瑞等）

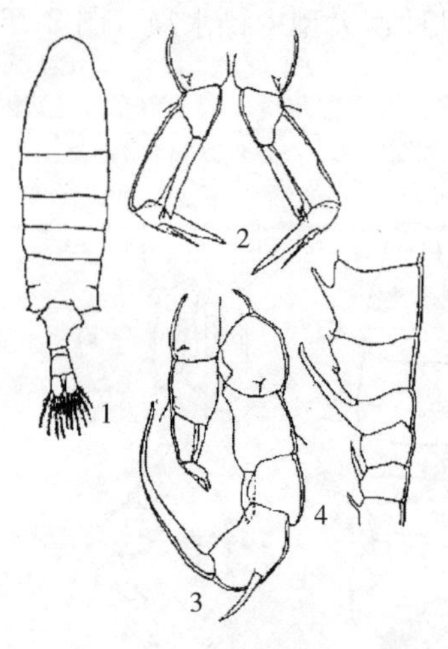

图2-79 翼状荡镖水溞
1. 雌性整体 2. 第五胸足（雌体） 3. 第五胸足（雄体）
4. 执握肢中段具刺的各节（雄体）
（沈嘉瑞等）

5. 角水溞科 为大中型桡足类。身体前额背面具有1对晶体，头部两侧具有尖的突起，或有侧钩。胸部后侧角常延伸呈锥状或刺状突起，雄体常不对称。腹部短，常常不对称，雄体4节或5节，雌体1～3节，雌体生殖节和尾叉常不对称。第五胸足雄体一般为单肢型，右胸足最后两节呈钳形，雌体外肢1节或2节。

唇角水溞属：胸部第四和第五节愈合，后侧角较尖，不对称。雌体腹部分为2节或3节，生殖节与尾叉常不对称，雄体4节或5节。雌体第五胸足的内肢和外肢均只有1节，内肢常退化或消失。雄体左右胸足均为4节，右胸足的最后2节呈螯状（图2-80）。

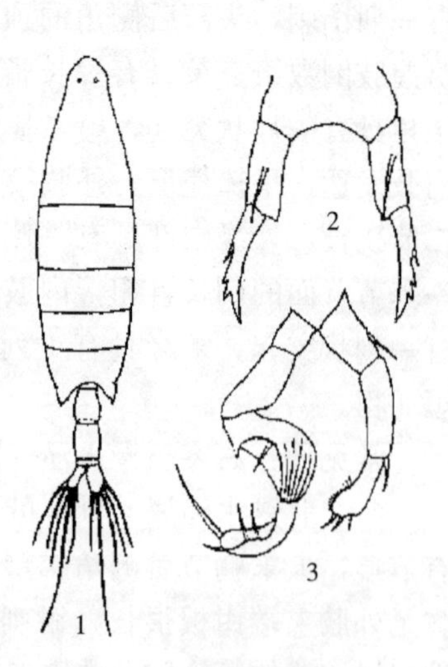

图2-80 真刺唇角水溞
1. 雌性整体 2. 第五胸足（雌体）
3. 第五胸足（雄体）
（郑重等）

6. 纺锤水溞科 本科体型较小。头部与第一胸节分界明显，第四和第五胸节愈合。头部前端钝圆，背面中间有一单眼。雄体的第五胸足不对称，单肢型，左胸足4节，右胸足4节或5节，雄体的腹部为5节。雌体的第五胸足很小，对称，单肢型或双肢型，腹部为3节。

纺锤水溞属：头胸部较小，呈纺锤形。尾叉短小。雄体第五胸足左胸足4节，右胸足5节。雌体第五胸足单肢型。本属种类多为近岸种（图2-81）。

7. 歪水溞科 为中小型桡足类。头部与第一胸节分界明显，前额呈三角形，其背面有一单眼。雄体腹部为5节，雌体腹部2节或3节。第五胸足两性均为单肢型，雌体2节或3

节，最后 1 节呈镰刀状。雄体左胸足 4 节，右胸足 3 节，呈半螯状。雌体的腹部与尾叉常不对称。

本科仅一属：歪水溞属，特征与科相同，主要分布在近岸低盐水域。

常见种：特氏歪水溞（图 2-82）。

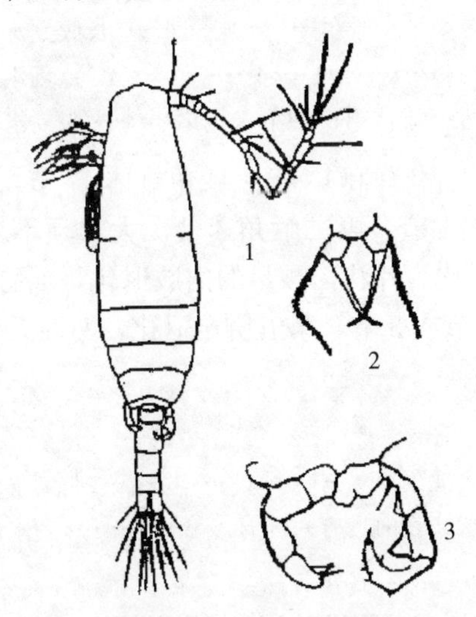

图 2-81 克氏纺锤水溞
1. 雄性背面观 2. 第五胸足（雌体）
3. 第五胸足（雄体）
（Mori）

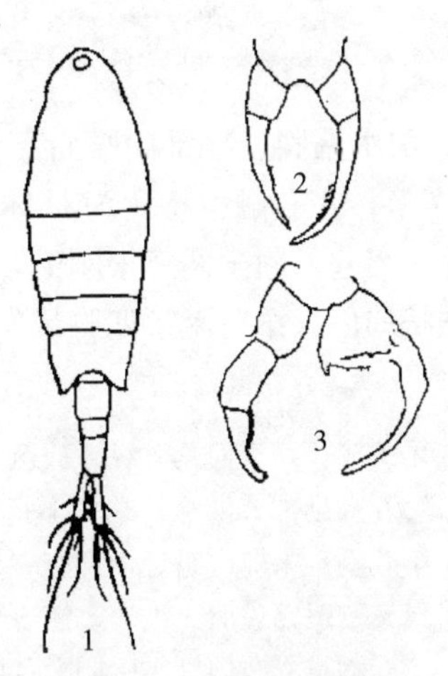

图 2-82 特氏歪水溞
1. 雌性整体 2. 第五胸足（雌体）
3. 第五胸足（雄体）
（孙成渤）

8. 拟哲水溞科 本科体型较小。通常头部与第 1 胸节愈合，最后 2 节胸节也愈合。第五胸足退化，单肢型，雄体不对称，第五左胸足 5 节，右胸足 2～4 节，有的完全消失，雌体对称，2～4 节。雄体腹部 5 节，雌体2～4 节。尾叉末端具有 4 根尾刚毛。

拟哲水溞属：第一触角比体长稍短，额部前端和胸部末端圆钝，第二至第四胸足的外肢第三节外缘近端呈锯齿状。第五胸足单肢型，雄体不对称，左胸足 5 节，右胸足 2 节或 3 节。雌体对称，2～4 节。

常见种：小型拟哲水溞（图 2-83）。

（二）剑水溞目

头胸部明显比腹部宽，卵圆形。头节与第一胸节愈合，雌体腹部的第一和第二节愈合为生殖节，生殖孔和卵囊各为 1 对。有 4 根尾刚毛。雄体第一触角左右对称，特化成执握肢。第二触角雌雄均为单肢型，或具退化的外肢。第四与第五胸节为活动关节。第一至第四对胸足构造相似，第五对胸足退化，很小，两性的胸足构造几乎无异，但雄体常具有第六胸足。

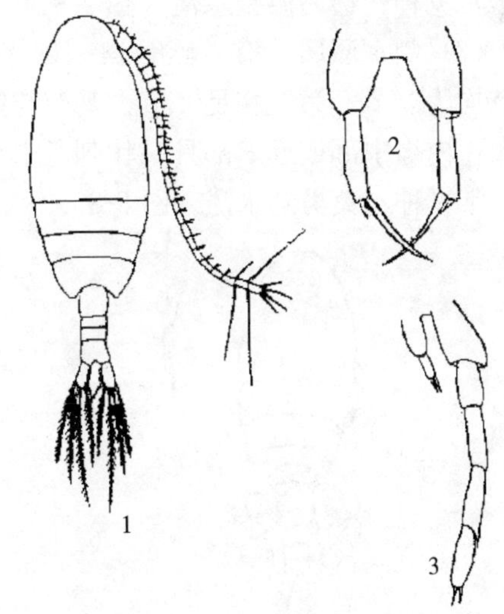

图 2-83 小型拟哲水溞
1. 雌性背面观 2. 第五胸足（雌体）
3. 第五胸足（雄体）
（郑重等）

分科检索表

1（6）大颚有咀嚼齿，有第一小颚。雄体第一触角特化成对称的执握肢。
2（3）大颚须不发达，退化为一突起，附生两三根刚毛 …………………………… 剑水溞科
3（2）大颚须非常发达，分节较多。
4（5）第二触角为3节 ……………………………………………………………… 长腹剑水溞科
5（4）第二触角为4节 ……………………………………………………………… 镖剑水溞科
6（1）大颚无咀嚼齿，也无第一小颚。头胸部很长。角膜特大。雄体第一触角未特化 … 大眼剑水溞科

1. 剑水溞科 额部向腹面弯。雌体卵囊1对，位于腹部两侧。第一触角雄体17节，有的少于17节，左右触角特化为对称的执握肢；雌体6～21节。第二触角4节。大颚须不发达，退化为一突起，附生两三根刚毛，小颚的内、外肢均退化为片状，颚足的内肢退化，上唇末缘有细锯状的齿。第一至第四胸足发达，分内、外肢，2节或3节，第五胸足退化，两性无异。

分属检索表

1（4）尾叉较长，表面具有纵脊或侧缘具有缺刻。
2（3）第五胸足末节内缘具有一小刺。尾叉侧缘近基部具有1缺刻 ……………… 刺剑水溞属
3（2）第五胸足末节内缘近中部有一壮刺，基部常有小刺。尾叉表面具有一纵脊 ……… 剑水溞属
4（1）尾叉较短，表面无纵脊，侧缘无缺刻。
5（6）第五胸足末节内缘有一刺、一刚毛 ……………………………………………… 温剑水溞属
6（5）第五胸足末节内缘中部及末端各有1根羽状刚毛 ……………………………… 中剑水溞属

（1）温剑水溞属。头胸部呈卵圆形，腹部细长，生殖节细长。第一胸足底节的内末角有1根羽状刚毛，第五胸足2节，基节宽而短，外末角有1根羽状刚毛，末节狭长，末缘有一刺及一刚毛。尾叉较短，长是宽的2.5～3倍，内缘光滑。本属种类会侵袭鱼卵、鱼苗，危害渔业生产。

常见种：透明温剑水溞（图2-84）。

（2）剑水溞属。第一触角14～17节，末3节侧缘具有1列小刺。第一至第四胸足的内、外肢均为3节。第五胸足2节，基节与第五胸节分节明显，外末角有1根羽状刚毛，末节较长大，内缘中部或近末部具一壮刺，末缘具有1根羽状刚毛。

常见种：英勇剑水溞（图2-85）。

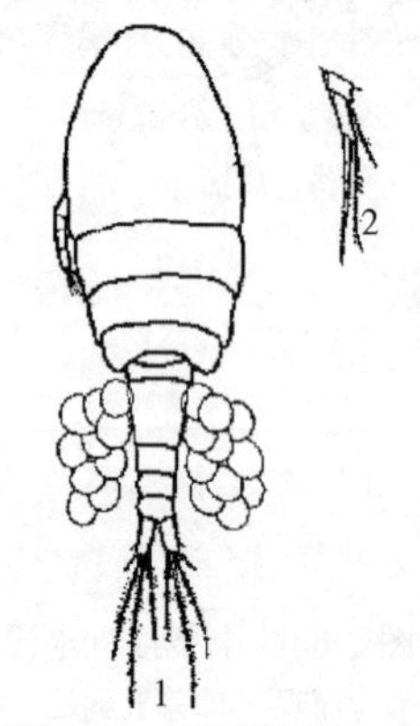

图2-84 透明温剑水溞
1. 雌性整体 2. 第五胸足
（沈嘉瑞等）

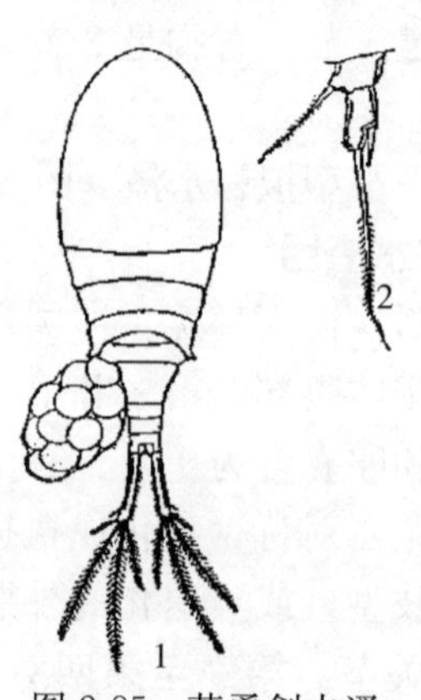

图2-85 英勇剑水溞
1. 雌性整体 2. 第五胸足
（沈嘉瑞等）

(3) 中剑水溞属。头胸部粗壮，腹部较细，生殖节细长，并且前宽后窄，长是宽的2.5～3.5倍，第一至第四胸足的内、外肢为3节，第五胸足2节，基节较宽，外末角具有1根羽状刚毛，末节内缘中部及末端各有1根羽状刚毛。尾叉较短，内缘光滑，尾刚毛较发达。

常见种：广布中剑水溞（图2-86）。

2. 长腹剑水溞科 本科体型较小。头节与第一胸节未愈合，头胸部与腹部分界明显，腹部狭长。第一触角雄体粗壮，特化成执握肢，第二触角外肢消失，第一至第四胸足内、外肢均为3节，很少为2节。第五胸足退化，只有2根刚毛。雌体的第一触角细长，有长刚毛。

长腹剑水溞属：头节与第一胸节分开，头胸部5节。腹部雄体6节，雌体5节。第一至第四胸足内、外肢均为3节。尾叉对称。生殖孔位于第二腹节。本属种类主要生活在半咸水中，少数种类产于淡水。

常见种：大同长腹剑水溞（图2-87）。

3. 大眼剑水溞科 本科体型较小。头胸部呈长椭圆形，与腹部分界明显。头部前端有1对发达的晶体。第三和第四胸节常常愈合，后侧角明显。第一触角短且小，第二触角发达。第一至第三胸足内、外肢为3节，第四胸足内肢退化，外肢3节，第五胸足完全退化，仅有2根刚毛。腹部1节或2节。

本科仅一属，即大眼剑水溞属（图2-88），特征与科相同。

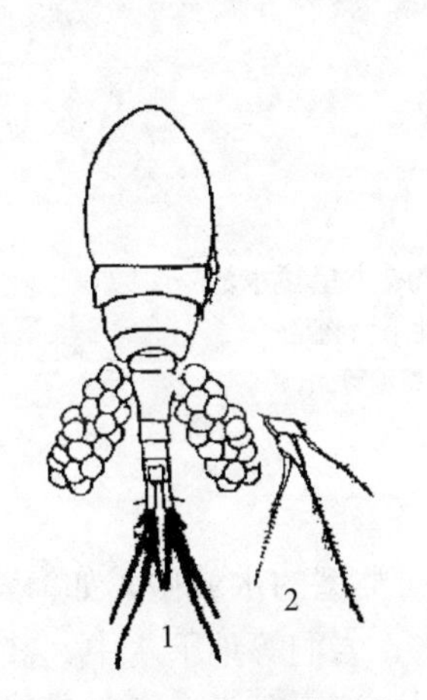

图2-86 广布中剑水溞
1. 雌性整体 2. 第五胸足
（沈嘉瑞等）

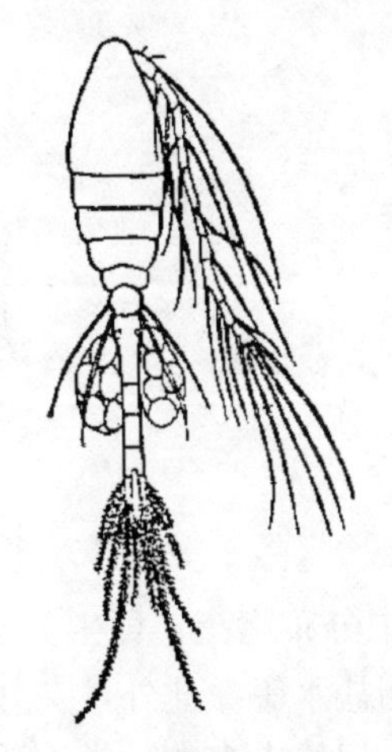

图2-87 大同长腹剑水溞
（郑重等）

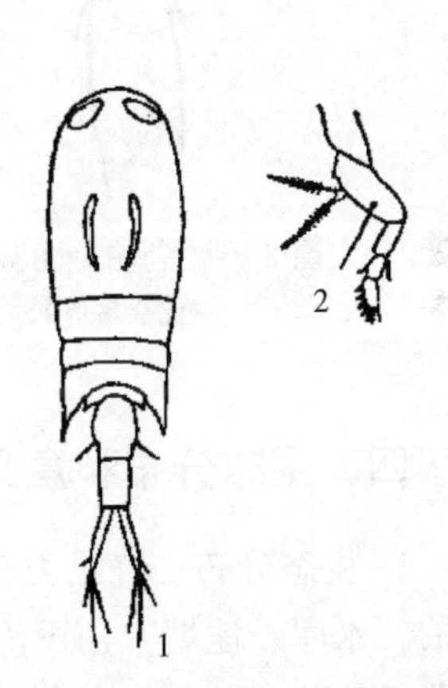

图2-88 近缘大眼剑水溞
1. 雌性整体 2. 第四胸足
（郑重等）

（三）猛水溞目

身体细长，头胸部与腹部的宽度相差很小，之间无明显界限。额部显著突出。头部与第一胸节常愈合，第四与第五胸足之间有一活动关节。第一触角通常不超过10节，雄体左右肢特化为对称的执握肢。第一胸足常常与其他附肢异形，内肢呈执握状。第五胸足退化，常为1节或2节，且雌雄异形。第一和第二腹节雌体部分或全部愈合成生殖节，雄体不愈合。大多数种类生殖节腹面有1个卵囊，少数种类生殖节腹面两侧各有1个卵囊。尾叉末端有两根发达的尾刚毛。一部分种类分布于淡水或半咸水中，主要生活在水体的底层、沿岸带、水生植物中，大多数种类生活于海水中，营底栖生活。

常见属：

1. 美丽猛水溞属　身体呈圆柱形，后半部渐细，额角突出。第一触角 8 节，第二触角 4 节，外肢 1 节，有 3 根刚毛。第一胸足雄体的底节内末角有钩状刺，第二至第四胸足内外肢均为 3 节，第五胸足两性均为 2 节。腹部各节的侧面、尾叉及肛门板后缘常有细刺。本属种类主要生活在淡水或半咸水中。

常见种：湖泊美丽猛水溞（图 2-89）。

2. 小星猛水溞属　额角呈喙状，弯向腹面。第一触角雄体 6 节，并特化成执握肢；雌体 5 节。第二触角外肢 2 节或 3 节，比内肢短。第一至第四对胸足内外肢各为 3 节，外肢比内肢短，第五胸足退化。本属种类主要分布在沿海。

常见种：挪威小星猛水溞（图 2-90）。

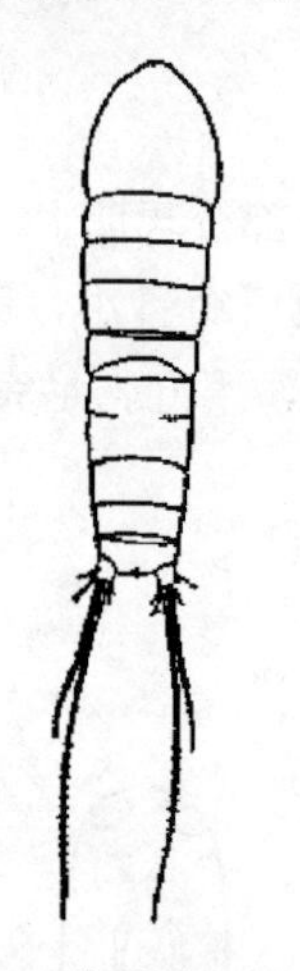

图 2-89　湖泊美丽猛水溞
（沈嘉瑞等）

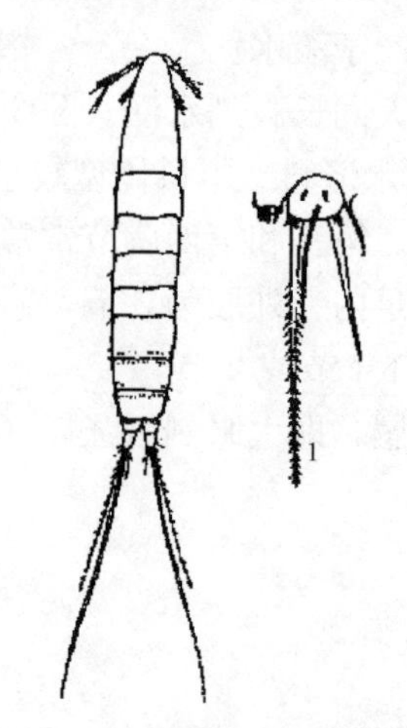

图 2-90　挪威小星猛水溞
1. 雄性第六胸足
（沈嘉瑞等）

四、生态分布和意义

1. 生态分布　桡足类在自然界中分布广泛，可生活于各种不同类型的水域中，如海洋、湖泊、水库、池塘、稻田沼泽及内陆盐水等。此外，在井水、泉水、岩洞等地下水中，甚至苔藓植物丛中有时也有它们的踪迹。但绝大多数种类生活在海水中，淡水种类远远少于海洋种类，嗜盐性种类栖息在一定的分布区内，而半咸水种类随水域盐度不同，种类组成各异。

通常情况下，哲水溞营浮游性生活，一般生活于湖泊的敞水带、河口及塘堰中。猛水溞营底栖生活，它们栖息于除敞水带以外的各类水域中，生态环境多种多样，如湖泊、塘堰、沼泽的沿岸带，河流的泥沙间等。剑水溞介于上述两大类之间，栖息环境也多种多样。而环境不同，桡足类的丰度也不同。另外，桡足类的个体大小也存在差异，同一种类有时分布在南方的个体比北方的个体小，如白色大剑水溞雌体分布在新疆的个体长度为 1.70～1.87mm，分布在江苏的个体平均长度为 1.28mm。

在大型水域中，通常根据桡足类的垂直分布可将桡足类分为 3 类：第一类为上层种类，如淡水种类中剑水溞、海洋种类小型拟哲水溞。第二类为深水种类，如拟真刺水溞。第三类为垂直移动种类，如纺锤哲水溞，夏季成体分布于水的深层，冬季上移至水的中上层。桡足类的分布还与水温有关，在温带海洋中，嗜寒性种类分布于下层，在北极则分布于上层。在温带湖泊，夏季嗜寒性种类远离水温高的上层，而分布于水的下层，但嗜暖性种类则分布于水的上层。另外，桡足类还有昼夜垂直移动现象，通常是日出前开始下降至下层生活，日落后开始上升至上层生活。

桡足类的幼虫体和成体都有休眠现象，哲水溞、剑水溞和猛水溞中不少种类都能通过休眠来度过高温、冰冻、干旱、缺饵等不利时期。据记载，在挪威的一个水体内，1个桡足类休眠最密集的地区，每平方米的底部沉积物中，竟有400万个发育阶段不同的桡足类。

2. 摄食 桡足类的摄食方式有滤食、捕食和杂食3种。有的种类即可滤食又可捕食，即为混合型。滤食型：主要以细菌、藻类、小型浮游动物和有机碎屑等为食。捕食型：主要捕食各种小动物及其卵，如鱼卵、鱼苗、摇蚊幼虫、寡毛类和其他桡足类。杂食型：兼有滤食和捕食的食性。

3. 经济意义 桡足类是许多水产经济动物重要的天然饵料，如各种鱼类的稚鱼、幼鱼、虾蟹幼体、鳙、鲱、鲐和须鲸类等都是以桡足类为食的，如欧洲北海鲱的产量与桡足类，尤其是哲水溞的数量与分布密切相关，桡足类的分布和鱼群的洄游路线也密切相关。因此，桡足类可作为寻找渔场的标志。有些桡足类的产量很大，如飞马哲水溞可作为人类、家畜和家禽的食料，有些桡足类还可以作为畜禽的蛋白源。在环境保护研究中，桡足类可作为监测水体污染程度的指示生物。另外，某些桡足类与海流也有密切关系。因此，可作为海流和水团的指标生物。

有些桡足类常常侵袭鱼卵、鱼苗，咬伤或咬死大量仔鱼、稚鱼，对鱼类的孵化和幼鱼的生长造成很大危害，大大降低了孵化率和成活率。有些剑水溞和镖水溞又是人和家畜的某些寄生蠕虫的中间宿主，由于它们的存在，使这些寄生虫得以完成其生活史并传播，对人体和家畜的身体健康造成很大危害。桡足类虽然个体小，但运动快，作为饵料可得性差，在鱼、虾、蟹苗池中，初期阶段桡足类害多利少，因此应该严格控制。另外，滤食型桡足类大量滤食单细胞藻类，与苗种争食，并且大量消耗水中溶解氧，在冬季冰下水体大量发生，会直接危害鱼池里的鱼类安全越冬。

复习思考题

1. 列表比较4类浮游动物的主要特征、繁殖特点、常见种类及与渔业的关系。

2. 名词解释

休眠胞囊　头冠　咀嚼器　焰茎球　孤雌生殖　夏卵　冬卵　无节幼体

第三章　底栖动物

底栖动物是一个庞杂的生态类群，泛指生活在水体底部肉眼可见的动物群落。从生物进化的角度可分为原生底栖动物和次生底栖动物；按其个体大小可分为大型底栖动物、小型底栖动物和微型底栖动物。底栖动物种类组成复杂，涉及门类较多，如环节动物门的水蚯蚓；软体动物门的螺、蚌；节肢动物门的虾、蟹和水生昆虫；棘皮动物门的海参、海星等。底栖动物的生活方式多样，有固着型、底埋型、钻蚀型、底栖型和自由移动型等不同生活类型。底栖动物是水生生态系统的重要组成部分，其分布随水底情况不同而有所变化，通常在水草繁茂的浅水区，它的种类和数量都较多。底栖动物与渔业的关系较为密切，其中部分种类可作为水产养殖经济动物，有些种类可作为水产活饵料，个别种类是水产养殖的敌害生物。

第一节　环节动物

环节动物主要形态特征是两侧对称；三胚层；身体具有体节和真体腔，多数为同律分节；出现疣足，大多数具刚毛；排泄器官为后肾。水生环节动物主要指环节动物门中的多毛纲、寡毛纲和蛭纲的部分种类。其特征如下：

水生多毛类：俗称沙蚕，多分布于海水中，有明显的头部，每个体节两侧生有 1 对疣足，疣足上生有多数形态复杂的刚毛。

水生寡毛类：俗称水蚯蚓，多分布于淡水中，头部分化不明显，无疣足，刚毛简单，直接着生在皮肤肌肉囊上。

水蛭：俗称蚂蟥，淡水中多，身体通常背腹扁平，有固定数目的真正环节，每一环节上还有几个环纹，无疣足和刚毛，身体前后端有吸盘。

一、多毛纲

（一）概述

多毛纲是环节动物门中最大的一个纲。包括 80 余科、1 600 余属、10 000 余种。主要特征是有明显的头部，口前叶有触手和触须；身体一般细长，多为圆柱状或稍扁，分节明显，具疣足；肛节有肛须。雌雄异体。身体常有各种鲜艳的颜色，主要生活在海洋中，发育过程中有多种类型的担轮幼虫。个体大小差异很大，小的仅有 1mm，大的可达 2～3m。

1. 形态构造　身体一般分为头部、躯干部和尾部。

（1）头部。分化明显，由口前叶和围口节组成。有眼和项器（感觉器官），自由生活的肉食性种类具有 1 个能翻出的咽（吻），末端具 2 至数个大颚（捕捉食物）。草食性的管栖种类则没有能翻出的咽和颚。头部有触手和 1 对触柱。触手分为口前触手和围口触手，其数目常是分类依据（图 3-1）。

(2) 躯干部。是指围口节之后，肛节之前的所有体节。自由生活的种类为同律分节，管栖种类为异律分节。

疣足：除围口节和肛门节外，每节都具有1对疣足。它是体壁的肉质突出，也是运动、感觉兼呼吸器官。疣足分为单叶型和双叶型（图 3-2）。单叶型疣足具 1 个叶瓣，叶瓣上有 1 束刚毛。双叶型疣足具 2 个叶瓣，即背叶和腹叶，它们的上面各有 1 束刚毛。背叶的背面有 1 根突起，称被触须，腹叶的腹面有 1 根腹触须。背触须的变化很大。

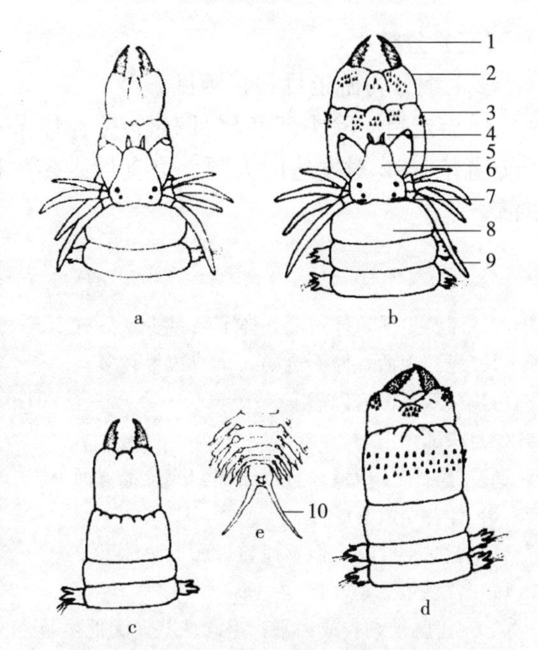

图 3-1 沙蚕的头部和尾部结构

a、b. 头部背面观 c、d. 头部腹面观 e. 尾部背面观
1. 大颚 2. 颚环 3. 口环 4. 口前触手 5. 触柱 6. 口前叶 7. 项器 8. 围口节 9. 围口触手 10. 肛须
(吴宝铃等)

刚毛：内刚毛（足刺）位于疣足内部，外刚毛则露出。刚毛有单型（不分节）和复型（分节）两大类。刚毛变化很大（图 3-2）。

(3) 尾部。身体的最末节，也称肛门节，具有 1～2 对细长的肛须（触觉功能）。肛门开口于此节后端（图 3-1）。

2. 生殖 以有性生殖为主。少数种类行无性出芽或裂体生殖。雌雄异体但没有永久性的生殖腺，只在生殖时期体腔内出现生殖细胞。多数种类体外受精。发育经过担轮幼虫的浮游时期。

多数典型的海洋种类，生殖前发生形态变异，有的种类还有特殊的群浮和婚舞等生殖现象。异沙蚕体是指具有生殖态的虫体，其主要特征是：体缩短，眼变大，围口节触须变长，身体中、后部具有扩大的疣足和游泳刚毛，躯干部分区明显。

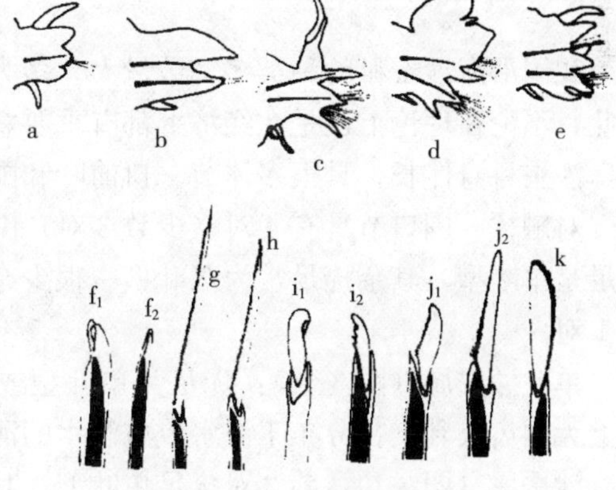

图 3-2 沙蚕的疣足及刚毛

a. 单叶型 b. 亚双叶型 c～e. 双叶型 f. 简单刚毛 g. 等齿刺状刚毛 h. 异齿刺状刚毛 i. 等齿镰刀状刚毛 j. 异齿镰刀状刚毛 k. 浆状刚毛
(吴宝铃等)

3. 生态分布和意义 多毛类具有重要经济价值。其蛋白质含量高达 65%～68%，是鱼、虾、蟹和贝类等理想的饵料，做“钓饵”在游钓业深受欢迎，还可以作为人的滋补食品。如沙蚕已成为人们的海鲜美味菜肴，尤其是具生殖腺的沙蚕，滋味更鲜美。多毛类还对改善底质、维持生态平衡有着独特的作用。利用多毛类作为环境保护监测水域污染的指示动物，已被高度重视。多毛类的人工培养已广泛进行。才女虫是甲壳动物和轮虫培养池的重要敌害，用冰冻（冻池底）法可有效防治。

（二）分类

多毛纲分为游走目和管栖目。

1. 游走目 除头部和尾部外全身各体节相同。口前叶明显，咽（吻）能翻出口外，其前端有1～2对发达的大颚。肉食性。多数种类营自由生活，极少数种类穴居或营管栖生活。

常见科检索表

1（2）浮游生活，体透明，体节数目少（只有18～20个体节） …………………… 浮游沙蚕科（图3-3c）
2（1）底栖生活，体不透明，体节数目较多。
3（4）头部背面有肉瘤 …………………………………………………………………… 仙虫科（图3-4b）
4（3）头部无肉瘤。
5（6）背触须变成鳞片且掩盖部分或全部背面 ………………………………………… 鳞沙蚕科（图3-5b）
6（5）体背面没有鳞片。
7（8）背触须叶状，但不掩盖背面，游泳型 ………………………………………… 叶须虫科（图3-3a）
8（7）背触须不是叶状。
9（10）背触须细长或扁平，呈念珠状。无性生殖 …………………………………… 裂虫科（图3-5a）
10（9）背触须不长，很少无性生殖。
11（12）口前叶圆锥形，有环纹，吻长而粗大 ……………………………………… 吻沙蚕科（图3-3b）
12（11）口前叶无环纹。
13（14）大颚1对，口前触手1对，触柱1对，围口触手4 ……………………………… 沙蚕科（图3-6）
14（13）大颚2对或多对。
15（16）大颚2对，口前叶有4根小触手，无触柱，多分布于半咸水，河口和淡水中也有 ……………………………………………………………………… 齿吻沙蚕科（图3-4a）
16（15）具多对薄片状颚，背触须部分或全部变为鳃 ………………………………… 矶沙蚕科（图3-4c）

我国沿海沙蚕科的种类多，数量大。多为广盐性种，从海水、半盐水至淡水都有分布。因此，不论在理论上还是在经济上都有重要意义。

沙蚕科身体长，具很多体节。口前叶和围口节明显。口前叶具有2对眼，1对口前触角和1对触柱。围口节具有4对（少数3对）围口触手。吻端有1对大颚。疣足桨状，前2对疣足是单叶型，其余疣足常为双叶型。很少有鳃。刚毛以复型刺状和镰刀形为主。肛节具肛须1对。

单叶沙蚕属（图3-6a）：疣足为单叶型或亚双叶型，无背刚毛及背刚叶，有足刺2根，吻上无颚齿及乳突。分布于淡水或咸淡水的河口区。

沙蚕属（图3-1）：前2对疣足单叶型，其余各疣足均为双叶型。吻的口环及颚环上均有圆锥形齿。前部疣足的背叶具复型刺状刚毛，后部疣足背叶具镰刀形刚毛。

疣吻沙蚕属（图3-6b）：口前叶具2个触手，围口节触须4对。吻的口环和颚上有乳突，无坚硬小齿。前2对疣足为单叶型。背刚毛刺状，腹刚毛刺状和镰状。

2. 管栖目 附着生活，隐居在沙穴、泥沙和自身的分泌物所形成的管子中。身体后部的疣足退化。身体明显分成数区。咽部无颚齿。头部一般有具纤毛的触手，其纤毛的摆动使有机物碎屑或微小生物流入口内。

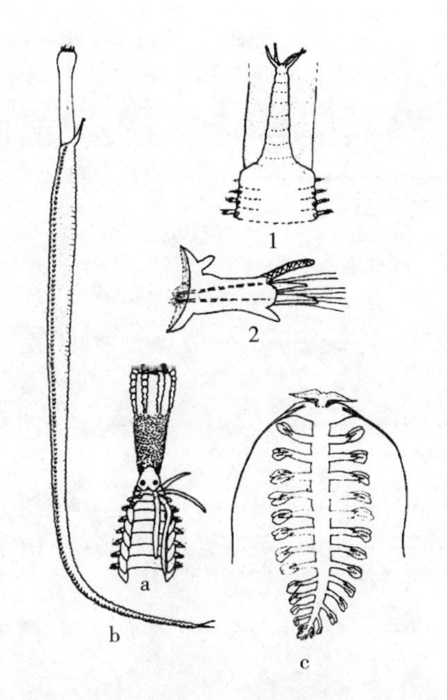

图 3-3 叶须虫

a. 叶须虫 b. 长吻沙蚕 1. 整体图 2. 中部疣足
c. 太平洋浮蚕

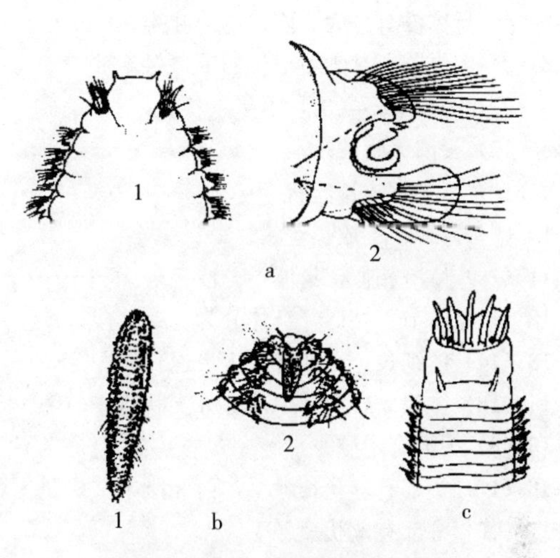

图 3-4 齿吻沙蚕

a. 齿吻沙蚕 1. 体前端 2. 疣足
b. 海毛虫 1. 整体图 2. 体前端
c. 矶沙蚕

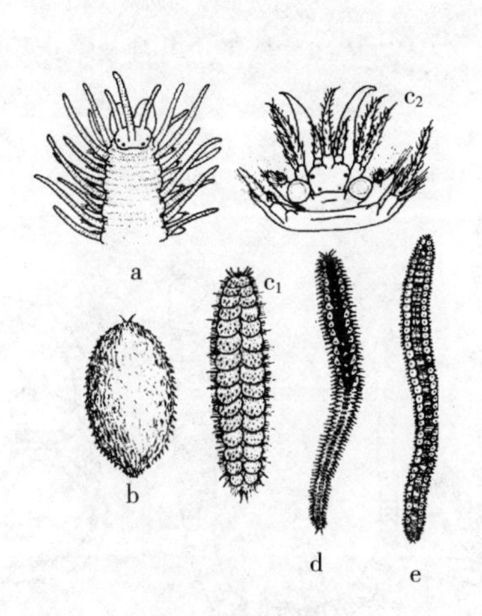

图 3-5 鳞沙蚕

a. 裂虫 b. 鳞虫 c. 鳞沙蚕
d. 多鳞沙蚕 e. 背鳍沙蚕

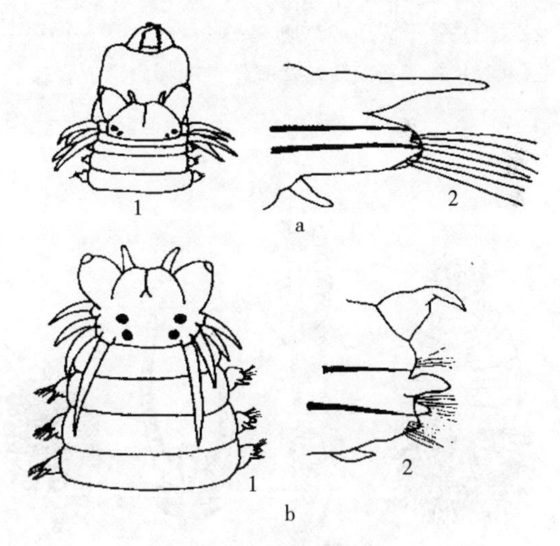

图 3-6 单叶沙蚕

a. 单叶沙蚕 1. 体前端 2. 中部疣足
b. 疣吻沙蚕 1. 体前端 2. 前部疣足
（吴宝铃）

常见科检索表

1（2）体短粗，体后端腹面有 1 对角质盾板。生活在低潮浅泥沙里 ………………… 角版虫科（图 3-7a）
2（1）身体较长，后端无角质板。

3（6）围口节具1对很长的围口触手。
4（5）身体明显分为3段，居于U形管内，口前叶退化……………………… 磷沙蚕科（图3-7b）
5（4）身体没有分为3段，口前叶小 ……………………………………… 海稚虫科（图3-7c）
6（3）围口节不具1对很长的围口触毛。
7（20）围口节不突出，不呈领状。
8（15）头部无附肢。
9（10）背触须成长丝状 …………………………………………………… 丝鳃蚕科（图3-7d）
10（9）背触须不成长丝状。
11（12）体节相似，身体不分段 ………………………………………………… 海蛹科（图3-8a）
12（11）体节不相似，身体分为2或3段。
13（14）体细长，无外鳃，疣足退化 …………………………………………… 截头虫科（图3-8d）
14（13）体粗大，身体中部有分支状鳃 ………………………………………… 沙蠋科（图3-8b）
15（8）头部有附肢。
16（17）头部有丝状长触手，而无刚毛、疣足退化 …………………………… 蛰龙介科（图3-8c）
17（16）头部有丝状短触手。
18（19）虫体居于沙质管内 ……………………………………………………… 端栉虫科（图3-9a）
19（18）虫体居于泥沙中 ………………………………………………………… 绿血虫科（图3-9b）
20（7）围口节突出而呈领状。
21（22）围口领有刚毛 …………………………………………………………… 帚毛虫科（图3-9c）
22（21）围口领无刚毛。
23（24）管子膜质或草质 ………………………………………………………… 鳃蚕科（图3-10a）
24（23）管子石灰质，背鳃丝末端膨大形成管盖 ……………………………… 龙介虫科（图3-10b）

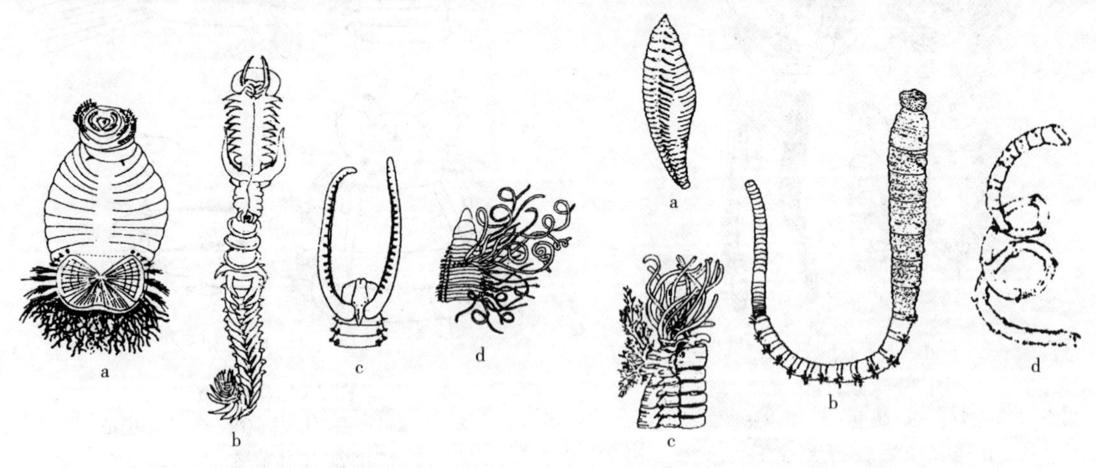

图3-7　角版虫
a. 角版虫　b. 鳞沙蚕　c. 才女虫　d. 丝鳃蚕
（孙成渤）

图3-8　海　蛹
a. 海蛹　b. 沙蠋　c. 蛰龙介　d. 短脊虫
（孙成渤）

沙蠋（海蚯蚓）（图3-8b）：是沙蠋科常见种类。体呈圆柱状，形似蚯蚓，暗紫色，体长20～30cm。头部无附肢，口前叶与围口节愈合，口前叶为一锥形突起，口在前端，口内有肉质吻，吻无颚齿，能外翻。疣足退化，在体中部有树枝状的鳃。掘土型，能入1.5～

2.0m深的泥沙中，在我国产于渤海潮间带。

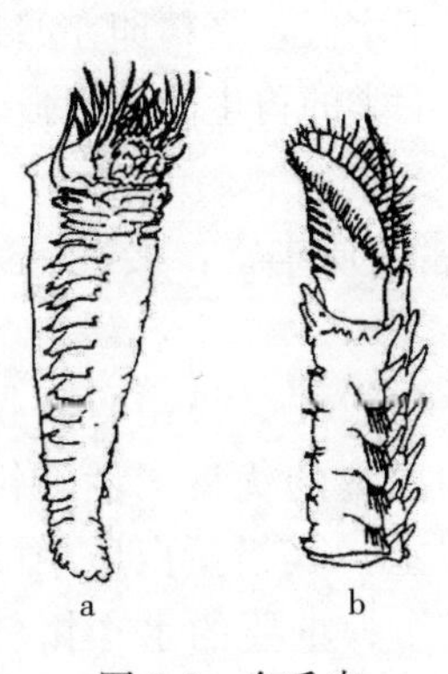

图3-9 金毛虫
a. 金毛虫 b. 帚毛虫

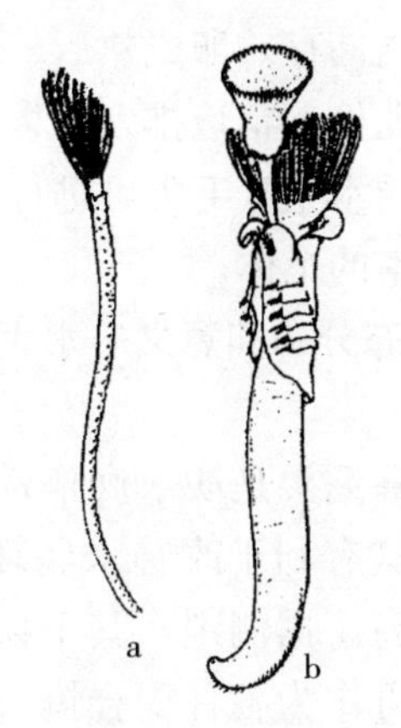

图3-10 鳃 蚕
a. 鳃蚕 b. 龙介沙蚕

二、寡毛纲

（一）概述

寡毛类俗称蚯蚓，身体细长，体长1～150mm，柔软多体节。有些种类体节不明显。每一体节上均生有极小的刚毛，无疣足，头部无附肢。行动靠体节蠕动，刚毛有支撑作用。寡毛纲动物分布于淡水和陆地。

1. 形态构造 身体分为头部和躯干部。

（1）头部。包括口前叶和围口节两部分。口前叶常常凸出成长吻或锥状，盖于口的前面，围口节简单，无刚毛。围口节的腹面有口。

（2）躯干部。由许多体节组成。每一体节上均长有刚毛，刚毛的形态和数目是分类的依据之一。刚毛有单根的，也有成束的（多为4束）。排列于背腹两侧。背刚毛有发状、钩状、梳状几种。发状刚毛细长，光滑或有锯齿；钩状刚毛前端为单钩或双叉状；梳状刚毛末端呈锯齿状。腹刚毛常为钩状，呈S形，中部常膨大成节，顶端分叉（图3-11）。

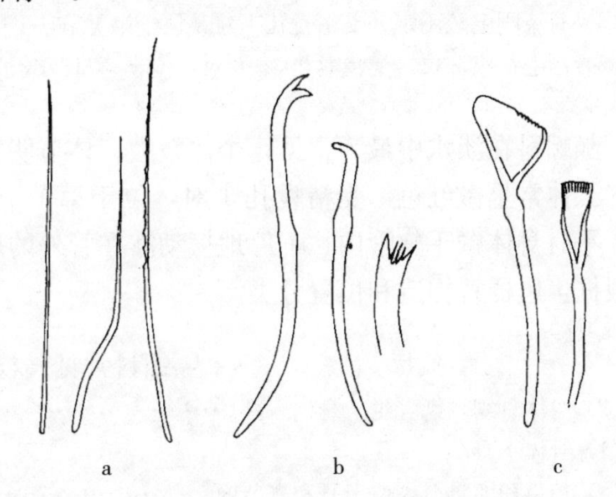

图3-11 水蚯蚓刚毛形状
a. 发状刚毛 b. 钩状刚毛 c. 梳状刚毛

水生寡毛类一般没有专门的呼吸器官。常通过皮肤下的微血管进行气体交换。它们对缺氧甚至无氧环境有极大耐受力。当水中缺氧时，它们能拉长身体，并增加尾部颤动的速度，促使周围水流更新来调节呼吸。有的种类在身体的前端或尾端，由皮肤形成特殊的鳃进行呼吸。

2. 生殖 雌雄同体，异体受精。生殖腺集中在前端体节内。生殖带也称环带，为容纳受精卵及胚胎成长用。交配时两个体头部相对，前端的腹面互相靠合，由雄孔排出精液到对方受精囊内储存。卵成熟后，环带分泌黏物形成卵袋，卵产于卵袋中。之后，卵袋向前移动到受精囊孔处，精液排入卵袋而受精。卵袋由身体前端脱落于水底，受精卵在卵袋内发育成幼体。有的水生寡毛类可进行无性出芽生殖。另外，水生寡毛类的再生能力很强，切断后能再生成完整的个体。

3. 生态分布和意义　水生寡毛类多为普生性，尤其是腐殖质丰富，接近污染水出口处更多。

水生寡毛类是淡水底栖动物的主要组成部分。它们吞食淤泥又排出，吸收其中的有机物质，这有利于改善水底环境。同时，它们又是鱼类和家禽的优良天然活饵料，其营养价值较高。据测定，其干物质中蛋白质含量高达70%以上，其粗蛋白质中的氨基酸种类齐全，可作为各种配合饵料的添加剂。一些地方已将其作为重要的水产饵料生物大量培养。

水生寡毛类可净化污水。同时，在一定水体的一定范围内，某些水生寡毛类种群数量随水体污染的加重而增加。不同种类的寡毛类所能承受的污染程度不同，所以常用单位面积中颤蚓科水生寡毛类的数量作为水体污染程度的指标。

（二）分类

水生寡毛纲常见4科28属，70余种。

分 科 检 索 表

1（4）多行无性生殖。
2（3）身体扁平，体节不明显，有发状刚毛，体内常具有绿色或黄绿色油滴 …………………… 瓢体虫科
3（2）身体不是扁平的，体节明显。有发状刚毛，体内不具油滴 ………………………………… 仙女虫科
4（1）不行无性生殖，体节明显。具钩状刚毛，体常呈微红色。
5（6）每束刚毛数不定。受精囊孔1对，位于第Ⅹ节 ……………………………………………… 颤蚓科
6（5）刚毛每束2根。受精囊孔3～6对，位于第Ⅺ节或稍后些 ………………………………… 带丝蚓科

颤蚓科在淡水中最为常见，个体较大，体节明显，不行无性生殖。生殖器官位于Ⅹ和Ⅵ节内。体常呈微红色。受精囊孔1对，位于第Ⅹ节。栖息于泥里、并用黏液和泥土做成软管。平时身体藏于软管内，不停地摆动露在管外的尾部，以利于呼吸。本科除尾鳃蚓外，主要根据生殖器官构造和位置分类。

颤蚓科常见属检索表

1（2）身体具鳃，鳃着生于身体后部 ……………………………………………………………… 尾鳃蚓属
2（1）身体不具鳃。
3（4）精巢和卵巢分别位于Ⅵ和Ⅶ节内 ………………………………………………………… 管水蚓属
4（3）精巢和卵巢各自不在Ⅵ和Ⅶ节内。
5（6）无受精囊，有精荚附在环带上 ………………………………………………………… 盘丝蚓属
6（5）有受精囊，环带上无精荚。
7（8）受精囊孔单个，位于Ⅸ/Ⅹ节间腹中线上。口前叶为三角形，生活时颜色淡白色，体后端微红 ……………………………………………………………………………………… 单孔蚓属

8（7）受精囊孔不是1个。
9（10）雄性交接器无阴茎鞘，背面有发达刚毛 …………………………………… 颤蚓属
10（9）雄性交接器有狭长、呈喇叭形的阴茎鞘 ………………………………… 水丝蚓属

1. 尾鳃蚓属 体长可达150mm，体色淡红或淡紫红色。在虫体后部约1/3处开始，每节有1对丝状鳃着生于背腹两面（图3-12a）。

2. 颤蚓属 体长一般30mm左右。体色微红色，口前叶稍圆。腹刚毛每束3～6条，针状刚毛有2个长叉，中间有2～12个细齿。受精囊孔1对，位于Ⅹ节。分布广，能忍受高度缺氧环境。常为严重有机污染区的优势种（图3-12b）。

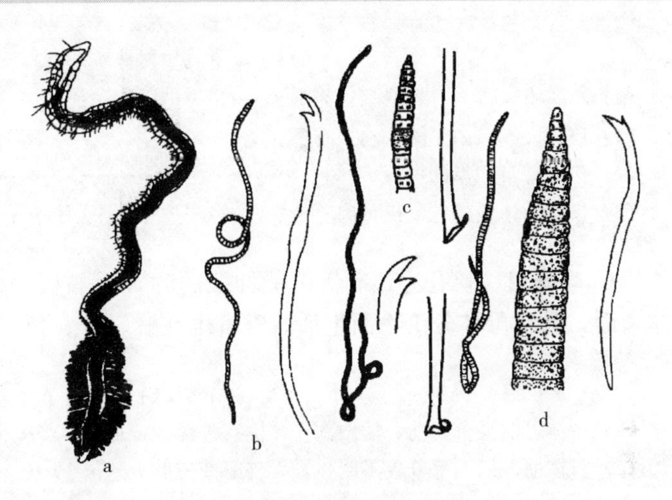

图3-12 常见水蚯蚓
a. 尾鳃蚓 b. 颤蚓 c. 水丝蚓 d. 带丝蚓
（陈义）

3. 水丝蚓属 体长35～65mm，体色褐红，后部呈黄绿色。口前叶圆锥形，背部仅具钩状刚毛，末端有两叉，腹刚毛形状相似，环带明显，在Ⅺ～1/2Ⅻ节，呈戒指状。受精囊内常有精荚，具有狭长、呈喇叭形的阴茎鞘。分布广，常为严重有机污染区的优势种（图3-12c）。

三、蛭纲

（一）概述

体色多变，身体柔软。体扁，呈柱状或椭圆形，全身由许多体节组成，每一体节上又有许多体环，外观上体节与体环不易区别。主要栖息于淡水，多数营自由生活。

1. 形态构造 两端较狭，或头后有一颈。前后两端各有1个吸盘，分别称前吸盘和后吸盘。口在前吸盘腹侧，口内吻有或无，有吻者其吻可伸出口外。吸血的蚂蟥，其口内有3个颚，颚上有1列锐刺，可刺破皮肤，吮吸血液。体前有眼点，其数目、位置和形状均因种类不同而异。肛门在后吸盘的背面。

2. 生殖 蛭类为雌雄同体，异体受精。其生殖方法与蚯蚓类似，由交配而交换精子。由环带分泌物形成卵袋，受精卵在卵袋中发育。卵袋附着在母体、水草、宿主体上或落入泥中。

3. 生态分布和意义 大多数蛭类生活于淡水中，极少数生长在海水中，也有少数陆生种类。淡水中的种类常栖息于比较温暖而又隐蔽的浅水区，多数生活在岸边或离岸附近2m深的水体中。在适宜的环境里，每平方米底面上，蛭类的数量可达700余条。

蛭类多避光，遇有食物时在阳光下也出来活动。多为喜钙性的种类，少数种类也可生活于酸性水体中。有些种类对水体的污染有很强的耐受力，在环境污染与自净作用中可以发挥一定的作用。如美国Rllinois河，1925年受有机污染时，每平方米蚂蟥数量多达29 107条。

在池塘养鱼过程中，拉网时有的水蛭附于网衣上，有时吸附于下水操作者的皮肤上。鱼苗种培育池中蛭类大量出现时，可施以敌百虫等药物除杀。

(二) 分类

蛭纲常见种类隶属如下 3 个目。

常见目检索表

1 (2) 口孔小，口内有管状吻，无颚 …… 吻蛭目
2 (1) 口孔大，口内无管状吻，有颚。
3 (4) 口内有带细齿的颚板 …… 颚蛭目
4 (3) 口内无角质的颚，仅具肉质伪颚 …… 石蛭目

1. 吻蛭目 口孔小，有 1 个能伸缩的吻，无颚板。血液无色。幼虫孵出后暂时附在母体腹面，吸食母体分泌物而生活。常寄生在螺、蚌、鱼、鳖等冷血动物体外。常见 2 科。

常见科检索表

1 (2) 身体可明显分为前、后两部，体侧有外鳃或皮肤囊 …… 鱼蛭科
2 (1) 身体前、后两部分界不明显，无外鳃或皮肤囊 …… 扁蛭科

(1) 鱼蛭科。身体为圆柱状，少数扁平，明显分为前、后两部分：前部短而狭；后部宽而长。体侧有对生的外鳃或皮肤囊。每一体节具 2～14 个环轮。常寄生在鱼、龟等动物体表。

常见属检索表

1 (2) 身体两侧有 11 对丛生的外鳃 …… 鳃蛭属
2 (1) 身体两侧有 11～13 对泡状的皮肤囊 …… 颈蛭属

①鳃蛭属。身体为扁圆形，腹面较平。可分前面狭而短的颈部和后面宽而长的腹部。后部两侧有成对丝状外鳃。具眼点 1 对。口孔在前吸盘的前缘。每一体节具 2 个环轮。行动活泼（图 3-13a）。

②颈蛭属。体型与鳃蛭颇为近似。在后部两侧有 13 对泡状皮肤囊。每一体节具 6 个环轮。体表光滑。前吸盘小。眼点 1～2 对。多寄生在鱼类体表。如中华颈蛭常寄生在鲤、鲫鳃盖下，为养殖业大敌（图 3-13b）。

(2) 扁蛭（舌蛭）科。体型扁平，呈椭圆形。不分前、后部分，体侧无鳃或皮肤囊。前吸盘位于头部腹面。体中段每一体节具 3 个环轮。眼点 1～4 对。不善于游泳，营半寄生生活。

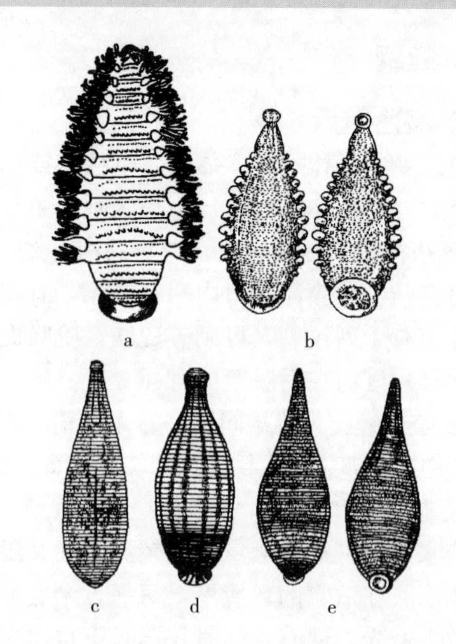

图 3-13 鱼 蛭
a. 鳃蛭 b. 颈蛭 c. 泽蛭 d. 拟扁蛭 e. 扁（舌）蛭
（叶正昌，薛德焴等）

常见属检索表

1（2）身体前端中央有一几丁质背板 ………………………………………………………… 泽蛭属
2（1）身体前端背中央无几丁质背板。
3（4）体较透明，背面有6道纵行栗色斑纹。前后吸盘均较大，嗉囊具7对或更多的侧盲囊 …………………………………………………………………………………… 拟扁蛭属
4（3）体不透明，背面颜色多样。前吸盘较后吸盘小，嗉囊具6对侧盲囊 ………… 扁（舌）蛭属

①泽蛭属。体小型。前端背中央常有1块圆形的几丁质板。整体稍透明，灰白或淡黄绿色，间杂黑色。眼点1对，左右接近。每一体节具3个环轮。分布广，常栖息于沼泽或暂时寄生在软体动物和蛙体上（图3-13c）。

②拟扁蛭属。本属在外形上与扁蛭甚难区别。但通常个体比扁蛭大，头部几节扩大具一较狭的颈。身体较透明，背面有6道纵行栗色斑纹。前、后吸盘均较大，嗉囊具7对或更多的侧盲囊。分布广，常栖于池沼小河边石块下，也有寄生在河蚌体上的（图3-13d）。

③扁（舌）蛭属。体型小，不透明，背面颜色多样。前吸盘较后吸盘小，嗉囊具6对侧盲囊。分布广，在池塘、河川等小水体中生活。行动迟缓，稍受惊扰即蜷缩成球形（图3-13e）。

2. 颚蛭目 口孔大，在前吸盘的底位。无吻，具2个以上的颚板，并有细齿。栖息在淡水或潮湿的地区，或生活在海水中。常见的淡水种类属于医蛭（水蛭）科。

医蛭（水蛭）科：体中等大小或大型。眼点常为5对，呈弧形排列。第3对与第4对眼点之间相隔1个环轮。每一体节具5个环轮。体表感觉乳突显著。颚发达。嗉囊具1对或数对侧盲囊。普通常见的蚂蟥即属于本科。

常见属检索表

1（2）体呈圆柱状，中等大小。前吸盘大，后吸盘呈碗状 ……………………………… 医蛭属
2（1）体长，略呈纺锤形，体大型。后吸盘大 ……………………………………… 金线蛭属

（1）医蛭属。本属种类体狭长，略呈圆柱状，中等大小。前吸盘大，后吸盘中等大小。体表面感觉乳突小。如日本医蛭体背面有灰绿色纵线6条，背中间2条最宽。腹面暗灰色，具斑点。常吸人畜的血（图3-14a）。

（2）金线蛭属。本属种类体扁平，略呈纺锤形，体大型。体表感觉乳突为卵圆形。后吸盘大型。如宽体金线蛭，体背面通常暗绿色，具5条纵行的条纹，腹面灰白色，具茶绿色斑点，两侧淡黄。这是我国分布最广、最常见的种。冬天蛰伏于泥土中（图3-14b）。

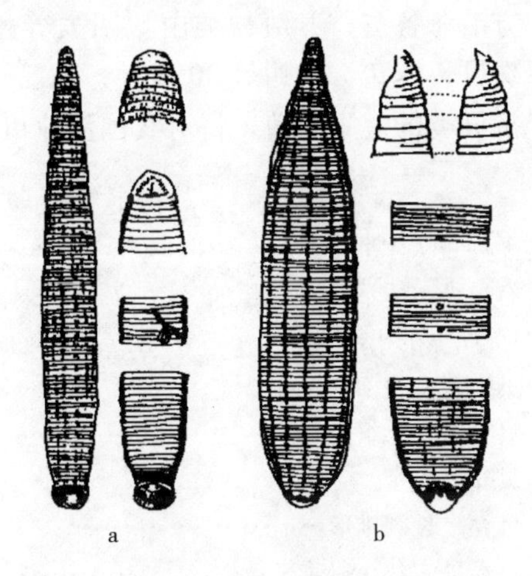

图3-14 水 蛭
a. 医蛭 b. 金线蛭
（江静波等）

3. 石蛭目 口内无真颚（角质颚），仅

有肉质伪颚。体中等大。栖息于池沼、水沟、潮湿的土壤中。多食小昆虫及蚯蚓等。

石蛭科：眼点少于5对，不呈弧形排列。每一体节具5环轮或稍多。体表感觉乳突不显著。颚退化，常成齿板或齿棘，甚至缺乏。嗉囊不分侧盲囊或最多只有1对则盲囊。本科常见下列2属。

（1）石蛭属。体略呈圆柱形，前后两端略狭，背面色深，具不规则的黑色斑点。腹面色稍淡。前吸盘小，后吸盘与体同宽，具眼点4对（图3-15a）。

（2）巴蛭属。体狭长，外形与体色均与石蛭相似。具眼点3对，前1对大，后2对小。肛门甚大（图3-15b）。

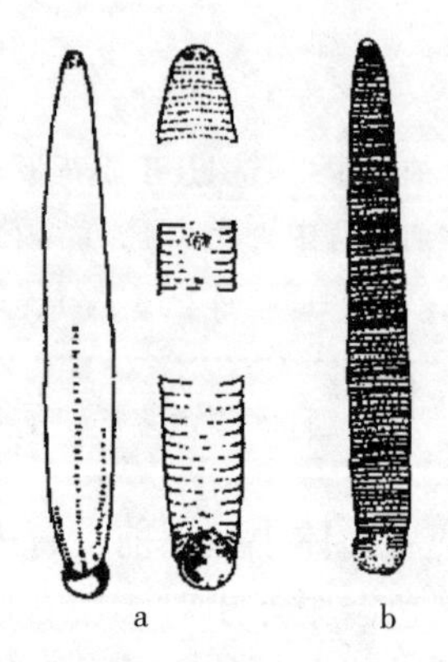

图3-15 石 蛭
a. 石蛭 b. 巴蛭
（孙成渤）

第二节 软体动物

软体动物门是动物界中第二大门类，仅次于节肢动物门，现已知有115 000余种。因大多数种类具有贝壳，故称贝类。身体不分节，常分为头、足、内脏囊（躯干部）、外套膜和贝壳5部分。间接发育的种类都有担轮幼虫期和面盘幼虫期，淡水中的蚌类发育经过1个具有双壳的钩介幼虫期。

贝类绝大多数可以食用，其味道鲜美，营养价值高，是深受欢迎的副食品和外贸出口商品。贝雕等工艺品及珍珠装饰品有很高的观赏价值。贝类在医药上用途较广，有些（如鲍鱼的贝壳、珍珠贝等）还是名贵的药材。多数贝类是鱼、虾的饵料及家畜、家禽的饲料；少数种类有害，如钉螺是日本血吸虫的中间宿主。

我国贝类养殖非常普及，养殖地区已由过去的南方闽、浙、粤、桂等省（自治区），扩大到北方沿海各省；养殖种类由“四大养殖贝类——蛏、蛤、蚶、牡蛎”发展到贻贝、扇贝、珍珠贝、鲍鱼、魁蚶等30多种；现已进行半人工采苗、人工育苗、工厂化养殖。大力推行经济贝类的健康养殖，将对我国渔业可持续发展起到积极地促进作用。

软体动物门分纲检索表

1（2）无贝壳。体呈蠕虫形 …………………………………………………………… 无板纲
2（1）有贝壳。体不呈蠕虫形。
3（10）无明显的头部。
4（9）贝壳若有也不是2片。
5（6）贝壳由8片组成 ………………………………………………………………… 多板纲
6（5）贝壳为1个。
7（8）贝壳呈长圆锥形 ……………………………………………………… 掘足纲（管壳纲）
8（7）贝壳呈帽状，覆盖于身体背面 ……………………………………………… 单板纲
9（4）贝壳为2片 ……………………………………………………………………… 瓣鳃纲
10（3）有一明显的头部。

11（12）头部具1～2对触角。壳呈螺旋形、圆锥形或没有 …………………………………… 腹足纲
12（11）头部具长的腕 …………………………………………………………………………… 头足纲

软体动物中与渔业关系密切的种类主要有腹足纲、瓣鳃纲和头足纲。

一、腹足纲

（一）概述

腹足纲动物体外有1个由外套膜分泌形成的螺旋形贝壳，也称为单壳类、螺类。身体的腹面有1个发达的足，故称腹足类。有发达的头部，具1～2对触角（图3-16）。

1. 形态构造 腹足类体外是1个螺旋形贝壳，身体分为头、足和内脏囊3部分。

（1）贝壳。螺旋状，分为螺旋部和体螺层两大部分。体螺层是贝壳的最后一层，可容纳动物的头和足部。螺旋部内有内脏囊。贝壳的形状随种类不同而不同，有的贝壳表面有各种花纹和突起。贝壳是分类的重要依据。

①壳的各部名称。螺旋部的顶端称壳顶。贝壳每旋转1周，称为1个螺层。螺层交界处的缝纹，称缝合线。将壳口向下，计数缝合线的数目然后加1，即是螺层的总数。螺层旋转的中心轴称为螺轴。螺轴在旋转时，常在基部留下1个小窝，称脐孔。体螺层的开口称壳口，动物身体可由此向外伸出。壳口靠螺轴的一侧称内唇；相对的一侧称外唇。壳口的前后端常有缺刻或沟，沟有前、后沟之分。较发达的前沟是吻伸出的沟道，大多草食性种类的壳口圆滑而无缺刻或沟（图3-17）。

②壳的测量。从壳口底部到壳顶的距离为壳高。壳口左右两侧的最大距离为壳宽。由壳口上方至壳顶的距离为螺旋部。由壳口底部至上部的距离为壳口高度。由壳口外唇至内唇的距离为壳口宽度。

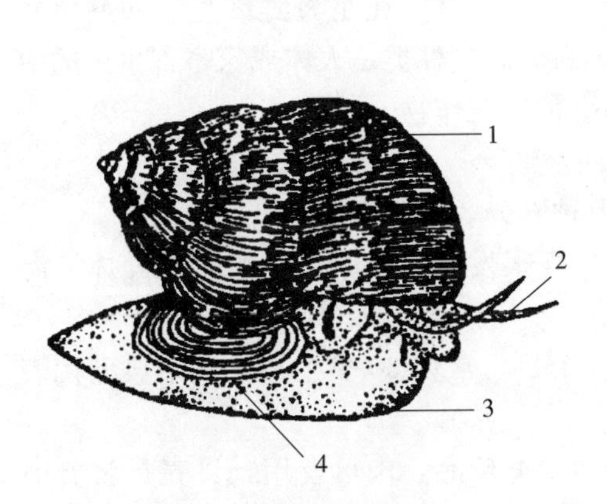

图3-16 腹足类外形
1. 壳 2. 触角 3. 足 4. 厣
（孙成渤）

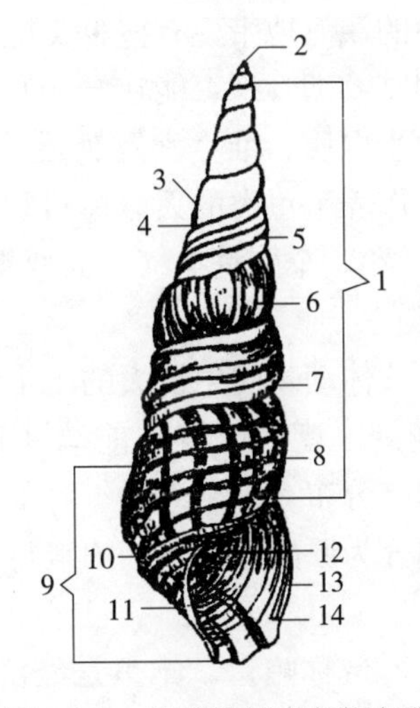

图3-17 腹足类贝壳各部名称
1. 螺旋部 2. 壳顶 3. 螺层 4. 缝合线 5. 螺旋纹 6. 纵肋 7. 螺棱 8. 瘤状结节 9. 体螺层 10. 脐孔 11. 轴唇（缘） 12. 内唇（缘） 13. 外唇（缘） 14. 壳口
（孙成渤）

（2）厣。腹足类的后端能分泌出1个角质或石灰质的保护物，称厣，当动物身体全部缩入壳内时，可把壳口盖住。因此，它的形状、大小常和壳口一致，但也有些种类的厣极小，不能盖住壳口，如芋螺。在厣上生有环状或旋状的生长纹。肺螺亚纲没有厣。

（3）头部。较发达的头部呈圆柱状，有1对眼，1～2对触角，头的腹面有口且常突出成吻，口腔内有颚片和齿舌带，齿舌带上齿片的数目和排列随种类不同而不同，是分类依据之一。如淡水中腹足目的种类齿式为：2·1·1·1·2。即中央齿1枚，其两侧各具1枚侧齿，缘齿两侧各2枚（图3-18）。

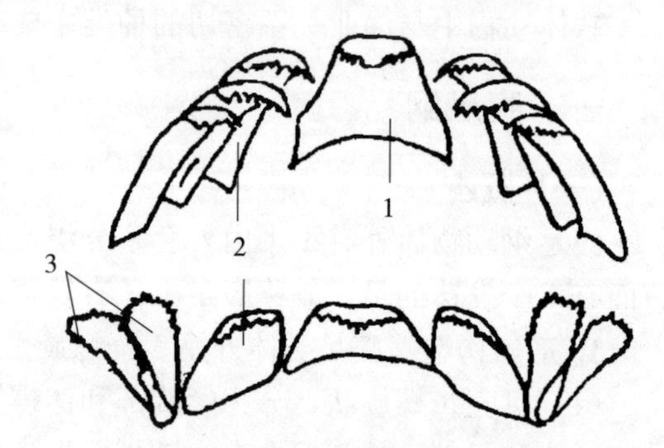

图3-18　腹足类的齿舌
1. 主齿　2. 侧齿　3. 缘齿
（张玺）

（4）足。足较发达，跖面宽平，适于爬行。其形状因生活方式不同而有所变化。生活在泥沙滩上的种类，足部特别发达。

（5）内脏囊。位于身体背侧的螺旋部中，容纳了消化、循环、排泄、生殖等系统的内脏器官。

2. 生殖　腹足类雌雄同体或雌雄异体，有性转变的现象。多为卵生，少数为卵胎生。

3. 生态分布和意义　腹足类多数是自由生活，常做短距离的移动。少数种类（如蛇螺）营附着生活。草食性的种类（如田螺、鲍鱼等）以树叶、蔬菜、藻类为食；肉食性种类多以各种动物尸体为饵料；有些肉食性种类，如玉螺、红螺等，以养殖贝类（特别是幼贝，如牡蛎、胎贝、珍珠贝等）为食。

腹足类是软体动物中种类最多分布最广的一类动物。分布于海洋、淡水和陆地。大多数分布于海洋中的浅海地带。有些种类能抗高温，如在40℃左右的温泉中生活着一些椎实螺。某些种类，如雏纹烟管螺，能在－30℃以下严寒中生活。

螺类富含蛋白质、维生素及钙质，是优质水产品之一，有些还是海鲜珍品（如鲍鱼）。一些淡水螺常作养殖鱼类的天然饵料和家禽的辅助饲料。有些种类是人体或家畜寄生虫的中间宿主（如钉螺），个别种类（如大瓶螺）大量繁殖会危害农作物。

（二）分类

腹足纲是软体动物门中最大的1个纲，约有8万种。分3个亚纲。

1. 前鳃亚纲　鳃位于身体前端（心室的前方），壳很发达，有厣，一般雌雄异体。海水、淡水中均有分布。

前鳃亚纲分为原始腹足目、中腹足目、狭舌目3个目，常见30多个科，其中典型代表有6个科。

（1）鲍科。俗称鲍鱼。鲍鱼是经济价值极高的名贵海珍品，肉可食用，贝壳是名贵中药材。本科仅1属，即鲍属。其贝壳螺旋部退化，螺层少，体螺层和壳口极大，自壳口开始沿贝壳左侧有1列小孔。无厣。分布于海水中。我国进行人工增养殖的种类主要有皱纹盘鲍和杂色鲍。

①杂色鲍。贝壳为卵圆形，壳质坚厚。螺层约3层，除体螺层外，其余缝合线均不明显。螺旋部小。壳面左侧有一列20余个突起，前面7～9个有开孔。壳面呈绿褐色。为暖海

种，我国南方（福建、广东等地）常见。

②皱纹盘鲍。贝壳大而坚厚。螺层3层，缝合线浅，壳顶钝。壳边缘有一排突起，末端具4～5个管状开口，紧靠突起的外侧有1条与突起平行的凹沟。壳面深绿褐色。我国北方仅此1种。

（2）田螺科。壳呈陀螺形或圆锥形。螺层膨胀。厣角质，且薄。雄性右触角变为交接器。雌雄异体，卵胎生。多分布于淡水中。大部分种类肉可食用，也是淡水鱼类的饵料及家畜、禽的饲料。有时大量滋生在江、河、湖临岸工厂排水管内时，可堵塞管道。

①圆田螺属。壳为圆锥形，表面平滑，一般不具环棱。螺层膨胀，缝合线深。个体较大（图3-19a）。

②环棱螺属。壳为长圆锥形，螺层表面具有环棱，体螺层上的环棱数不超过4条。个体中等大小（图3-19b）。

③螺蛳属。壳塔形，厚，壳面是环肋，珠粒状突起或棘状突起。螺层之间除缝合线外，具一阶梯平面。个体较大（图3-20）。

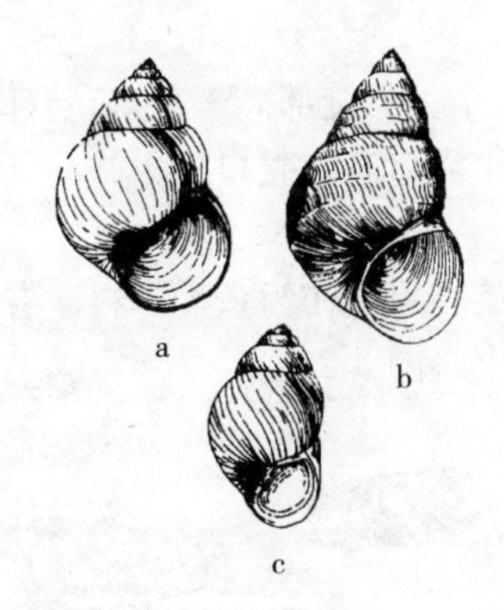

图3-19 田螺
a. 中国圆田螺 b. 梨形环棱螺 c. 光滑狭口螺
（刘月英等）

图3-20 螺蛳
（齐钟彦）

（3）肋蜷科。壳为长锥形，壳面有纵肋、螺棱及棘等花纹，缝合线浅。角质厣为薄片状。可供食用及做中药材，又可作为家禽及鱼类的天然饵料。分布于淡水中，常见的短沟蜷属，可做鱼类、家禽的天然饵料，它也是危害人类的肺吸虫及华支睾吸虫的中间宿主。

图3-21 虎斑宝贝
（齐钟彦）

（4）宝贝科。壳质坚固，卵圆形，成体螺旋部小，埋于体螺层中，壳面有光泽，壳口狭长，唇缘厚，具齿，无厣。多为珍贵的观赏品种。分布于热带亚热带海域（图3-21）。

（5）玉螺科。壳为球形，壳面光滑，螺层少；足极发达，可翻转掩盖贝壳。海产。为肉食性种类，是瓣鳃类的敌害（图3-22）。

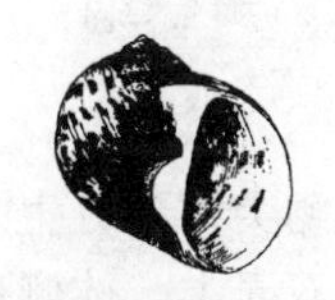

图3-22 方斑玉螺
（齐钟彦）

（6）骨螺科。壳为陀螺形或梭形，壳面是各种结节或棘状突起，体螺层大，前沟大，厣角质较薄。中央齿是3个强齿。为肉食性种类，是瓣鳃纲的敌害。常见的红螺属为牡蛎的敌害

（图 3-23）。

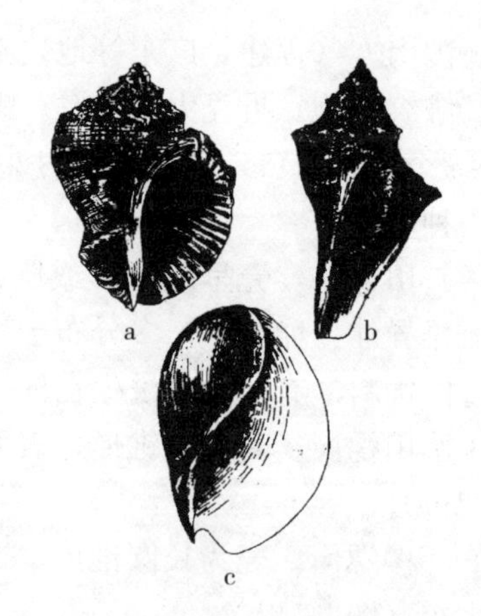

图 3-23　骨　螺
a. 红螺　b. 管角螺　c. 瓜螺
（齐钟彦）

2. 后鳃亚纲　鳃位于身体后端（心室的后方），壳小或无，绝大多数无厣，雌雄同体。后鳃亚纲分 8 个目，全部分布于海水中，经济价值不大。

海兔科：贝壳多退化，小；无头盘，侧足较大，折向背方，暖海产，种类很多，我国约 17 种，作为养殖的仅蓝斑背肛海兔一种。主要是获取它的卵群带，即俗称“海挂面”，制成干品（俗称海粉），是富有营养的海味。

3. 肺螺亚纲　无鳃。以外套膜变成的“肺”呼吸，无角质厣，雌雄同体，在淡水或陆地生活。肺螺亚纲分 2 个目，淡水中常见以下 2 个科。

（1）椎实螺科。壳薄稍透明，体螺层一般极膨大，壳口大，无厣。

①椎实螺属。贝壳较大，呈长圆锥形。螺层 6～8 个。螺旋部高于壳口高（图 3-24b）。

②萝卜螺属。贝壳较小，呈卵圆形，螺旋部高小于壳口高。壳口极大并向外扩展成耳状（图 3-24a）。

（2）扁卷螺科。壳呈圆盘状，螺旋部在一平面上旋转。可作为鱼类饵料，有些是寄生吸虫的中间宿主。分布较广，常附着于水草及其他物体上（图 3-25）。

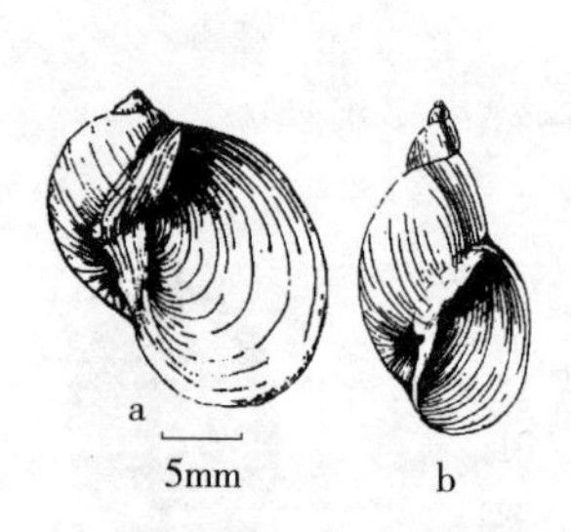

图 3-24　椎实螺
a. 耳萝卜螺　b. 静水椎实螺
（刘月英等）

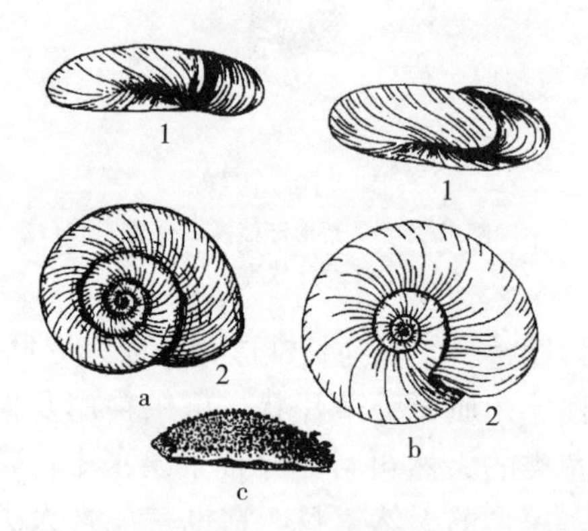

图 3-25　扁卷螺
a. 凸旋螺　b. 大脐圆扁螺　c. 石磺
1. 侧面观　2. 正面观
（刘月英）

二、瓣鳃纲

（一）概述

瓣鳃类大部分生活于海洋中，少部分分布于淡水中。多数是经济贝类。瓣鳃类具 2 片贝壳，称双壳类。体侧扁，两侧对称。头部退化，无触角、眼及齿舌等头部器官，故称无头类。足位于身体腹面，呈斧状，称斧足类。在体躯外套腔内有瓣状的鳃。

1. 形态构造　瓣鳃类体外是 2 枚贝壳，身体分内脏囊、足和外套膜 3 部分。

(1) 贝壳。具2片贝壳，常为左右对称。贝壳分3层，外层称角质层，中层称棱柱层，内层称珍珠层。贝壳背面的突起是最初形成部分，称壳顶。左右贝壳背面相连的部分称铰合部。铰合部一般有齿，称铰合齿，是分类的重要依据，壳顶下方为主齿，主齿的前方为前侧齿，主齿的后方为后侧齿。有些种类无主齿，是拟主齿。铰合部两侧的韧带连接2个贝壳，并起开壳作用。壳表面有以壳顶为中心，呈环形的生长线。有的种类壳上有瘤状突起或色带。壳内面常有闭壳肌痕（图3-26）。

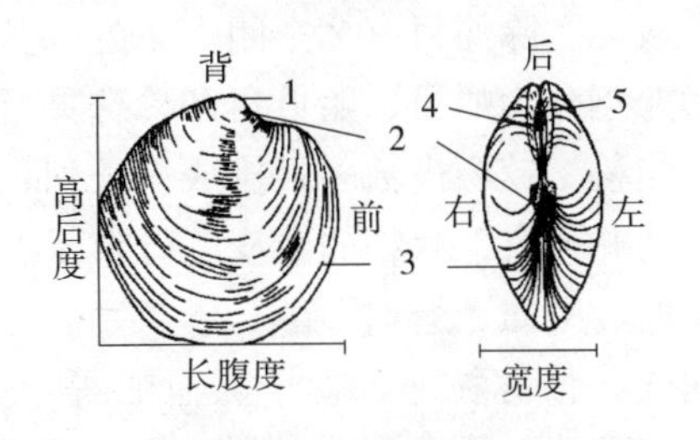

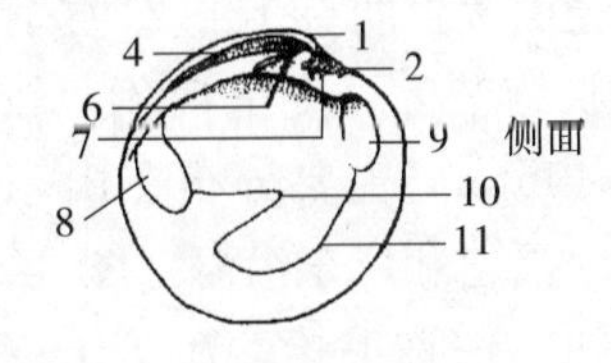

图3-26 瓣鳃类的贝壳

1. 壳顶 2. 小月面 3. 生长线后面 4. 韧带 5. 楯面 6. 主齿 7. 前侧齿 8. 后闭壳肌痕 9. 前闭壳肌痕 10. 外套窦 11. 外套痕

（孙成渤）

壳顶尖端通常向前方。壳顶向上，壳的前端向前，左侧壳为左壳，右侧壳为右壳，由壳顶至腹缘的距离为壳高。贝壳前端至后端的距离为壳长，左右两壳间最大距离为壳宽。

(2) 外套膜。贝壳内面紧贴着贝壳左、右2片薄膜，称为外套膜。微观的外套膜由内、外侧表皮和中央的结缔组织及肌肉纤维组成。紧贴贝壳的一侧为外表皮，大部分外表皮细胞均能分泌珍珠质，而内表皮细胞不参与贝壳及珍珠囊的形成。人工育珠是切取外套膜边缘膜的外表皮制成小片，插入另1个的外套膜结缔组织中，使其形成珍珠囊，其分泌的珍珠质围绕一个共同的核心积累而成珍珠。

左右2片外套膜与内脏囊之间的空腔称为外套腔。肛门、排泄孔、生殖孔、鳃等都位于外套腔中。

(3) 足。侧扁呈斧形，为运动器官，固着生活的种类足部多退化，有的能分泌足丝，用以附着。

2. 生殖 大多数为雌雄异体，也有的雌雄同体。有性变现象，如贻贝科和牡蛎科中常见一种性别转换为另一种性别。大多数瓣鳃类是卵生。有些种类的卵细胞在母体的外套腔或鳃腔内受精、孵化，发育成钩介幼虫，成熟的钩介幼虫脱离母体后，以其钩状物附着于鱼的鳃和鳍条上，靠吸取鱼体营养而发育成幼蚌，之后幼蚌自鱼体脱落，沉入水底营底栖生活。

3. 生态分布和意义 瓣鳃类常分为4种生活方式，一是潜入泥沙中生活，如缢蛏、泥蚶、文蛤等；二是固着生活，如贻贝、扇贝等；三是穿凿岩石和木材的凿居生活，如海笋、船蛆等；四是寄生、共生和群聚生活，如恋蛤、牡蛎等。多数瓣鳃类为滤食性，主要滤食藻类、原生动物和有机碎屑等。多数种类为经济贝类，且多分布于海水中。我国河蚌育珠历史悠久，贝壳工艺附加值高。

（二）分类

常见瓣鳃纲分为5个亚纲。

1. 多齿亚纲 铰合齿很多，分为前后两列，有1对原始的羽状鳃，2个闭壳肌。

2. 翼形亚纲 成体绝大多数种类有足丝，贝壳后背是翼状突出，铰合齿数很多或退化成小结节或无。除蚶目有2个闭壳肌外，其余各目前闭壳肌退化或消失，鳃多为丝鳃。

翼形亚纲分为蚶目、贻贝目和珍珠贝目。常见9个科。

(1) 蚶科。铰合齿数多且排成一长列，成体大部分具足丝，闭壳肌2个，约等大，壳表面具放射肋并覆有毛状物的壳皮。分布于温热带海区。为重要经济贝类，已人工养殖，常见种类有泥蚶、毛蚶、魁蚶等。

①泥蚶。俗称粒蚶、青子、血蚶等。壳呈卵圆形。壳面放射肋有18～21条，肋上有极显著的颗粒状结节。壳皮呈褐色，较小，壳长一般不超过40mm。主要分布在山东南部以及江苏、浙江、福建和广东沿海（图3-27a）。

②毛蚶。俗称毛蛤、瓦垄子、麻蛤、麻蚶等。壳长卵圆形，壳面放射肋突出，较密，共30～34条，壳皮为褐色绒毛状，中等大小。我国近海海域均有分布（图3-27b）。

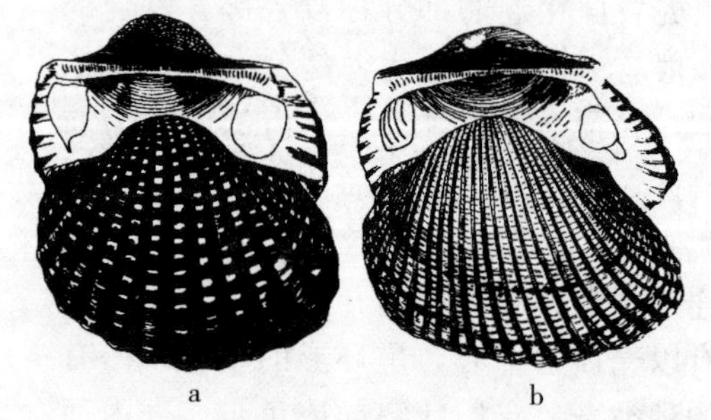

图3-27 蚶
a. 泥蚶 b. 毛蚶
（张玺等）

③魁蚶。壳呈卵圆形，壳面放射肋宽，平滑无明显结节，42～48条，壳皮呈棕色，较大型。在我国主要分布于黄海北部，大连湾产量多。

(2) 贻贝科。铰合齿退化，壳顶位于最前端，前闭壳肌退化或没有，无壳耳，壳中小型，背缘不达壳之全长，无外套腺。足小，足丝发达，附着生活，有时因大量附着于船底或工厂排水管道内而造成一定的危害。贻贝营养价值高，有“海中鸡蛋”之称，在北方称其为海红，南方称其为壳菜和淡菜。分布广，多分布于海水中，为世界性养殖贝类。

①贻贝属。贝壳呈楔形，中等大小，壳腹缘直，壳背缘呈弧形（图3-28a）。分布于海水中。常见种类如下：

贻贝：壳薄，长度不及高度的2倍，铰合部是2～5个粒状小齿。壳面呈黑色或紫褐色，为温寒带种类，分布于长江以北。

厚壳贻贝：壳长度为高度的2倍，壳顶具有2个小的主齿。壳表面有棕黑色的外衣。

翡翠贻贝：壳顶喙头。铰合齿左壳2个，右壳1个，壳表面为翠绿色。

②股蛤属。分布于淡水中，壳小；略呈三角形，壳腹缘平直，壳背缘与后缘连成弧形。常见种类是湖沼股蛤，又称淡水壳菜，既可食用，又是鱼类、家禽、家畜良好的天然饵料(图3-28b)。

(3) 江珧科。壳大型，无铰合齿，前闭壳肌小，后闭壳肌发达。壳顶位于最前端。壳表具放射肋，上有各种形状的小棘。江珧的闭壳肌较大，极有经济价值，干制品称为江珧柱，是名贵的海珍品，多营埋栖生活，以发达的足丝附着在沙粒上，一般不移动。分布于海水中。我国约有10种，其中栉江珧在我国沿海均有分布，已人工养殖。栉江珧俗称“大海红”“海锹”“海蚌”。壳表有10条以上的放射肋，上有三角形斜向后方的小棘，此棘在最后一行变为强大的锯齿状（图3-28c）。

(4) 珍珠贝科。壳厚，两壳不相等或近相等，壳顶前后常有壳耳，壳顶下有1～2个主齿，前闭壳肌消失，后闭壳肌发达且位于中央。壳表面常有鳞片，壳内面珍珠层厚，光泽强，适合发展珍珠养殖。分布于热带或亚热带海洋中，利用足丝附着浅海岩石或珊瑚礁上。常见种类有马氏珠母贝、珠母贝、大珠母贝、企鹅珍珠贝等。

马氏珠母贝：又称合浦珠母贝。壳面呈暗褐色，同心生长轮脉极细密，呈片状，薄而极易脱落，足丝孔大，毛发状足丝。马氏珠母贝是目前我国养殖珍珠的主要海产贝类。育成的珍珠质量较好，我国合浦出产的珍珠久负盛名（图 3-29）。

（5）扇贝科。贝壳为扇形，两壳不等或近相等。具壳耳，壳表面一般有粗的放射肋，壳内层无珍珠光泽，无铰合齿，足长，不发达，足丝若有也不发达。只有 1 个后闭壳肌，位于贝壳中央，闭壳肌制成的“干贝”是海珍品之一。扇贝有雌雄异体和雌雄同体两种类型。繁殖多在春、秋季节，生殖时将卵细胞排放到海水中受精发育，一般约 2 年即可长成（图 3-30）。

我国养殖的扇贝主要是北方产的栉孔扇贝和南方产的华贵栉孔扇贝。广东产的日月贝，其闭壳肌制成的干制品称“带子”，也是较好的海产珍品。近年来，从美国引进的海湾扇贝和从日本引进的虾夷扇贝也被大量养殖。

①栉孔扇贝属。左右两壳近相等，但左壳稍凸，右壳稍平，贝壳前端具足丝孔。壳面颜色多，一般为紫褐色，壳面生长纹明显，有放射肋，一般左壳有 10 条左右，具棘，右壳数目较多且细小。

②日月贝属。贝壳薄而扁平，呈圆形，两壳相等，贝壳前端不具足丝孔，贝壳表面光滑，放射肋不明显，左壳表面淡玫瑰色如太阳，右壳淡黄带白色，如月亮，故名日月贝。

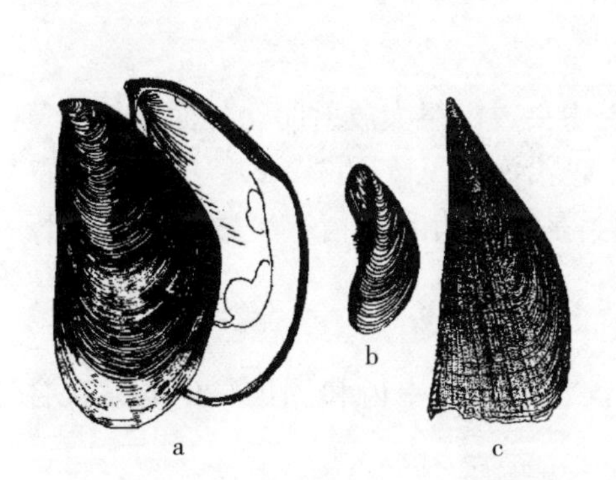

图 3-28 贻 贝
a. 贻贝 b. 湖沼股蛤 c. 栉江珧
（张玺等）

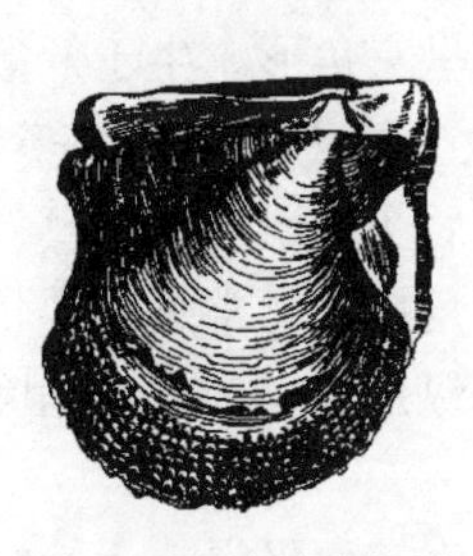

图 3-29 马氏珠母贝
（张玺）

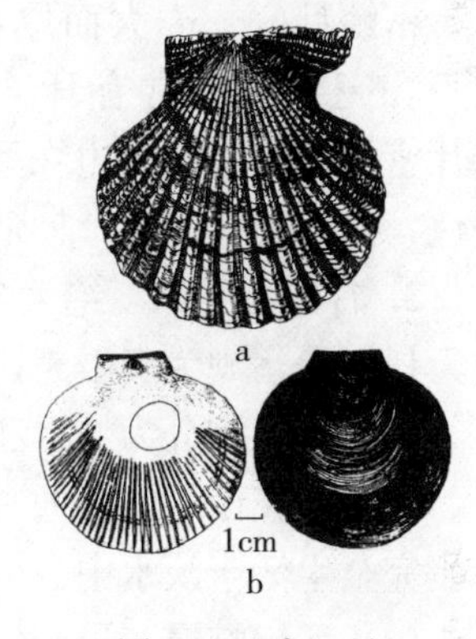

图 3-30 扇 贝
a. 华贵栉孔扇贝 b. 日本日月贝
（张玺等）

（6）牡蛎科。两壳不等，无壳耳。左壳较大，常以此壳固着生活，铰合部无齿，只有后闭壳肌位于贝壳中央或后方，无足和足丝，贝壳是内韧带。全部生活于海水中，多为经济贝类。辽宁、山东沿海称为海蛎子；江苏、浙江称蛎黄；福建、广东称蚝。牡蛎除食用外，还有一定的药用价值。因其有时固着在沿海工厂排水管等设施上，所以又有一定的危害性。我国沿海约有 20 种（图 3-31）。

①巨蛎属。贝壳为卵形到细长形，大中型。左壳面有放射纹，右壳平，壳面鳞片板状，层层相叠。壳表黄褐或带紫色，内面陶白色，肌痕略带紫色。铰合线两侧、前后缘无刻纹。卵生。

近江巨蛎：壳为长卵圆形或三角形。壳面具黄褐色或紫褐色的鳞片。本种广泛分布于中国沿海，栖息于低潮线区，附着至水深 7m 处，在河流的入口处附近的海区数量最多。广东沿海养殖已有 300 多年历史。其产品蚝豉和蚝油是我国的传统出口水产品，主要销往东南亚。有些海区，这种蚝大量繁殖，彼此相连聚居，形成牡蛎山（图 3-31a）。

②囊蛎属。贝壳中小型，坚固。壳表有粗肋，略呈放射状或分枝状，壳缘呈锯齿状或棘

状突起。略带紫色，壳缘黑。铰合线前后缘有刻纹，有的可达腹缘。卵生。

僧帽囊蛎：壳小，薄而脆，末端常延伸呈舌状，左壳极凸，鳞片较小，具粗的放射肋，常有棘状突起。壳内面白色，左壳凹陷极深，韧带槽狭长，呈三角形。本种为广温、广盐性种，沿海潮间带常见，多分布于中上区，由于肉味鲜美，生长迅速，繁殖期长，长江以南各省均进行养殖（图 3-31b）。

③牡蛎属。贝壳中大型，形状不一。左壳面具粗的放射肋，右壳面成鳞片板状，内面白色或略带紫色，铰合线前后缘有弱的刻纹。卵胎生。

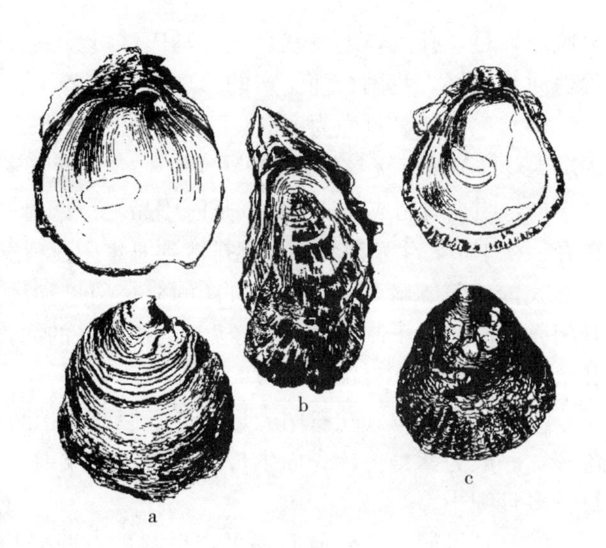

图 3-31　牡　蛎
a. 近江巨蛎　b. 僧帽囊蛎　c. 密鳞牡蛎
（刘月英等）

密鳞牡蛎：壳大而厚，为圆形或卵圆形，壳顶前后常有耳。右壳较平坦，鳞片密，放射肋多，边缘呈波纹状。左壳顶附着，自壳中央放出粗大放射肋。外面紫红或黄褐色，内面铰合线狭，韧带槽呈三角形。生于低潮线下，沿海常见（图 3-31c）。

3. 右异齿亚纲　绝大多数生活于淡水中，多数种类是拟主齿和侧齿，少数种类具主齿或无任何齿，鳃为真瓣鳃，前后闭壳肌发达。

右异齿亚纲分为蚌目和三角蛤目。常见有蚌目蚌科。

蚌科：壳面平滑，通常无纵肋和沟。两壳相等，铰合齿有拟主齿和侧齿，少数无铰合齿。完全生活于淡水中。

（1）无齿蚌属。贝壳薄，壳表面平滑，无铰合齿（图 3-32a）。

（2）帆蚌属。壳大而质坚厚，壳背缘后部有翼状突起，是拟主齿，侧齿细长，左壳 2 枚，右壳 1 枚。三角帆蚌是淡水中育珠质量最佳者，珠质好，但生长较慢，资源缺乏（图 3-32b）。

（3）冠蚌属。壳大，较薄，为卵形，膨胀，壳后背缘有时向上斜形成翼冠，每壳各是一长条状侧齿，无拟主齿。淡水育珠的优良品种有褶纹冠蚌，育珠的质量稍次于三角帆蚌，但生长迅速，珠大，资源丰富，是目前育珠使用最多的一种淡水蚌（图 3-32c）。

（4）丽蚌属。贝壳厚而坚硬，为卵圆形，壳表常有瘤状结节，有拟主齿和侧齿，左壳各 2 枚，右壳各 1 枚（图 3-33a）。

（5）珠蚌属。贝壳为长椭圆形，壳长为壳高的 2 倍多，左右各 2 枚，拟主齿左右各 2 枚，侧齿左壳 2 枚，右壳 1 枚（图 3-33b）。

（6）楔蚌属。贝壳为楔形，前部宽大，后部尖细。

（7）矛蚌属。贝壳为矛状，壳长为壳高的 3～5 倍，拟主齿左壳 2 枚，右壳 1 枚，有侧齿。

（8）裂脊蚌属。壳厚而坚硬，表面有光泽，壳表面有同心圆的肋脊。

4. 异齿亚纲　无拟主齿，有 1～3 个主齿与若干侧齿，2 个闭壳肌，鳃为真瓣鳃。很多海产瓣鳃类都属于此亚纲。

异齿亚纲有 2 个目，常见 12 个科。

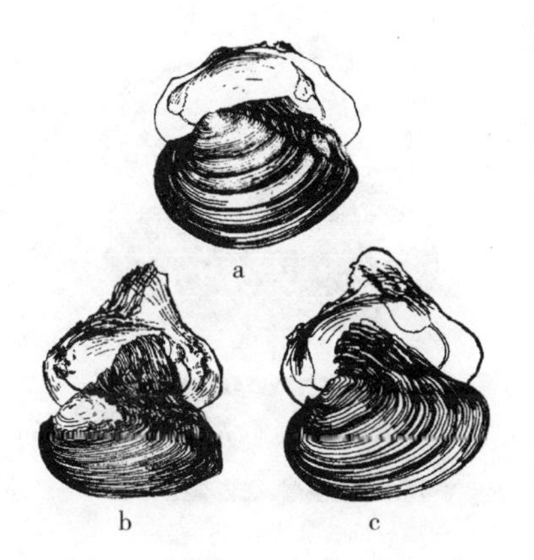

图 3-32 蚌
a. 背角无齿蚌 b. 三角帆蚌 c. 褶纹冠蚌
(刘月英等)

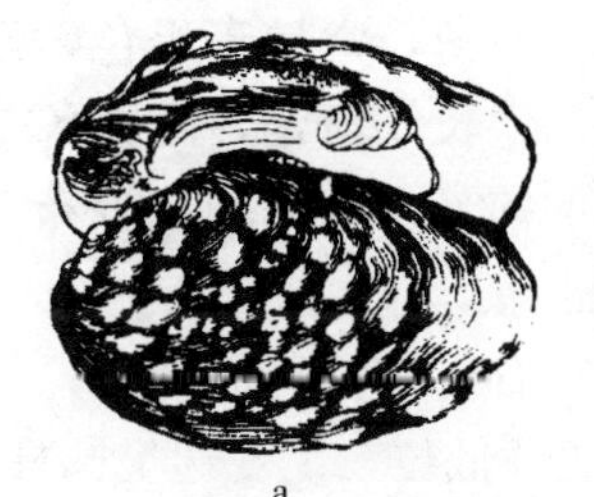

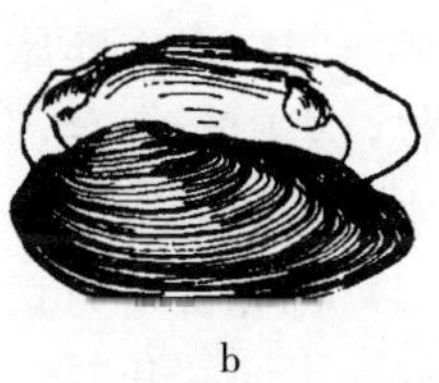

图 3-33 丽蚌
a. 楔形丽蚌 b. 圆顶珠蚌
(刘月英等)

(1) 蛤蜊科。两壳相等，呈纯三角形，韧带分为外韧带和内韧带，内韧带位于壳顶内方的槽中，左壳 2 枚主齿顶端接触。本科经济价值较大，其中西施舌和四角蛤蜊已人工养殖(图 3-34b)。

①西施舌属。壳大而薄脆，略呈圆三角形，足大如舌，白黑透红，为海产珍品之一。壳表面是黄褐色发亮壳皮，壳表面颜色随个体大小而不同，壳内面淡紫色或灰白色，有明显的性变现象。

②蛤蜊属。贝壳呈卵圆形或四角形，壳质坚厚，壳顶突出，位于背缘中央稍靠前方，中部膨大。多栖息于低潮线附近。味美，供食用。

(2) 砗磲科。贝壳极大，重厚，两壳不能完全闭合。壳面上的放射肋极粗，壳缘有大的缺刻。铰合部有主齿 2 枚，侧齿 1～2 枚。闭壳肌 1 个，极大，位于中央腹侧。产于热带海洋中。本科常见的砗磲属是大型的双壳类。其中，以大砗磲体型最大，壳长超过 1m，壳重在 250kg 以上，是双壳类中的最大者。在我国西沙有分布(图 3-34)。

(3) 帘蛤科。两壳相等，壳顶倾向前方，壳面有各种刻纹，但边缘较平滑，有主齿 3 枚，常具前侧齿而无后侧齿，无足丝。经济价值高，种类较多，已进行人工养殖的种类有文蛤、青蛤、菲律宾蛤仔和杂色蛤仔。广泛分布在我国沿海，是我国主要海产经济贝类之一，俗称蛤仔、砂蛤子或花蛤(图 3-35)。

图 3-34 鳞砗磲
(张玺等)

图 3-35 帘 蛤
a. 文蛤 b. 青蛤
(张玺等)

①文蛤。壳近三角形，质坚厚，壳表面光滑被有淡棕色外皮，花纹常多变。生活于潮间带或浅海区的细沙底质表层。味美，为蛤中上品。

②青蛤。壳近圆形，质薄，常呈青黑色，壳表面无放射肋，壳面膨胀，生长纹清楚，两壳各是主齿3枚，集中于铰合部的前部。沿海均有分布，多在淡水流入的附近海区栖息。

(4) 竹蛏科。贝壳左右对称，薄而脆，壳长卵形或桂状，两端开口，壳顶低位，足发达呈圆柱状。常见有缢蛏、大竹蛏、长竹蛏等，经济价值高（图3-36b）。

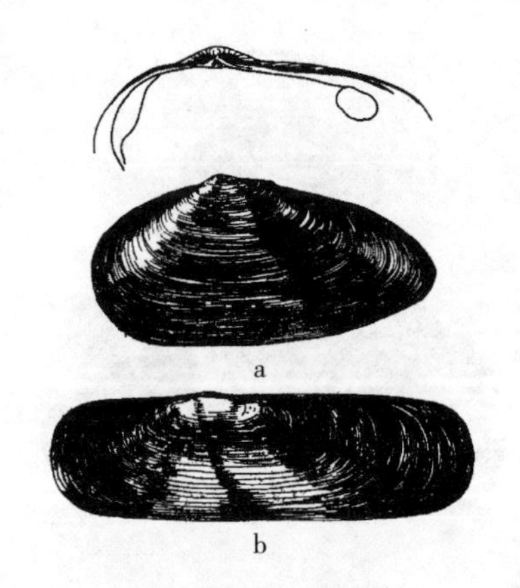

图3-36 蛏
a. 中国绿螂 b. 缢蛏
（张玺等）

缢蛏：俗称蛏（福建）、蜻（浙江）、跣（北方）。在我国海水贝类养殖中，它与蛤仔、泥蚶和牡蛎一起称为四大养殖贝类，是营养丰富的海味品。壳呈长筒形，壳中央稍前有1自壳顶至腹缘微凹的斜沟。主齿右壳2枚，左壳3枚。喜生活于有少量淡水注入的内湾或低盐的河口区。在泥滩中穴居。

(5) 绿螂科。壳呈长卵形，质薄，外被绿色的壳皮，双壳能紧闭。铰合部狭长，每壳具主齿3枚，其中1枚呈分叉状，无侧齿。淡水或咸水均产。中国绿螂俗称大头蛏，长卵形，壳面黄褐色，是广东沿海的养殖品种（图3-36a）。

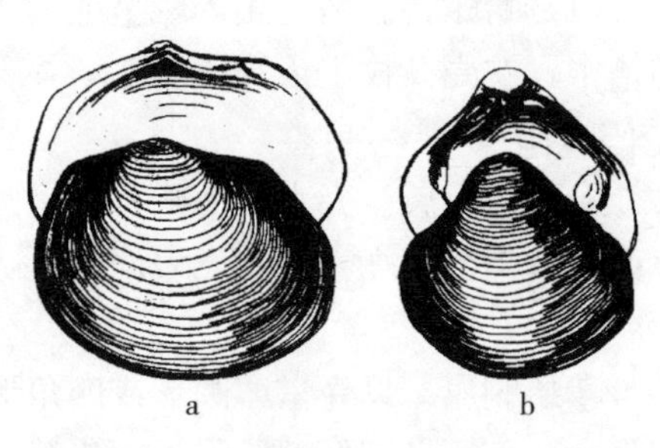

图3-37 蚬
a. 湖球蚬 b. 河蚬
（刘月英等）

(6) 蚬科。壳呈三角形，膨胀，壳质坚固，外被橄榄色发光的外皮，在淡水或咸淡水中生活。常见种类有河蚬，又称黄蚬，两壳均具3枚主齿及前后侧齿。全国分布，产量高。肉可食用，此外也是鱼、虾良好的天然饵料（图3-37）。

(7) 蓝蛤科。两壳不等大，左壳小、壳无开口，壳质薄而脆。铰合部左右各具2枚主齿，2齿间为韧带槽。分布于浅海区，喜群居，为小型海产贝类，是目前养殖青蟹、对虾、鳗鲡等的鲜活饵料之一。我国主要种类有光滑河蓝蛤和红肉河蓝蛤（广东称为红肉）（图3-38）。

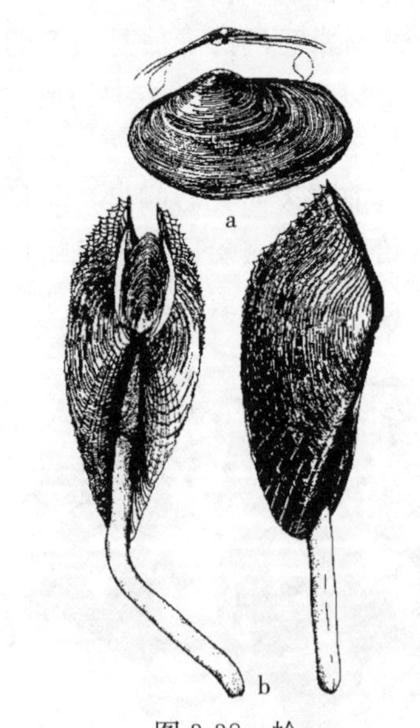

图3-38 蛤
a. 光滑河蓝蛤
b. 大沽全海笋的背面观与侧面观
（张玺等）

三、头足纲

(一) 概述

头足类由于发达的足环生于头部前方而得名。现存的仅500余种，全部生活于海水中，多数能在海洋中快速、长距离游泳。身体由头部、足部和胴部组成。头部和胴部都很发达，头两侧有1对发达的眼睛。足分两部分，一部分是环列在头部前方的腕；另一部分是在头与胴部间腹侧的漏斗。

1. 形态构造 以口的一端为前面，反口的一端为后面；有漏斗的一面为腹面，无漏斗的一面为背面（图3-39）。

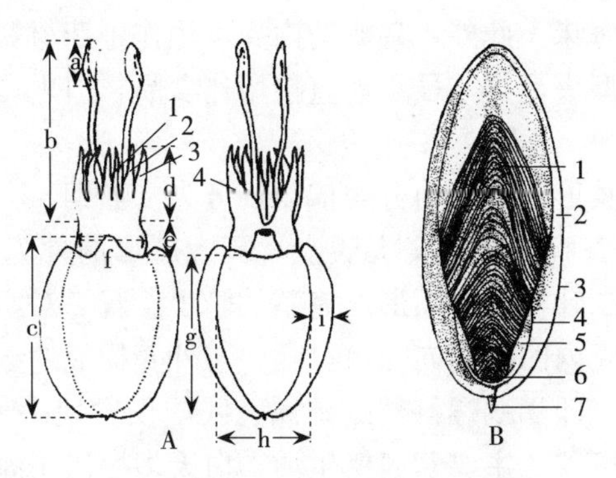

图3-39 头足类模式

A. 头足类的外形 B. 乌贼的内壳（腹面）

A. a. 触腕穗长 b. 触腕长 c. 胴背长 d. 腕长 e. 头长 f. 头宽

g. 胴腹长 h. 胴腹宽 i. 鳍宽 1、2、3、4分别表示右侧第一、二、三、四腕

B. 1. 背楯 2. 外圆锥体 3. 外缘 4. 内缘 5. 内圆锥体 6. 闭锥 7. 顶鞘

（1）头部。通常略呈圆球形，顶部中央有口，在口的周围有足，或称腕，与头相连。口的周围有口膜，各腕与口膜相连的部位不同，有的在背面，有的在腹面，是分类的依据之一。在头部的两侧，有1对眼睛，外方被有透明的角膜。在眼的后方，靠外套膜的边缘，有一小孔或凹陷，称嗅觉陷。头部的腹面有一凹陷，为漏斗的贴附部位，称漏斗陷。

（2）足部。包括腕和漏斗两部分，腕的数目和形态随种类不同而不同。通常呈放射状，排列在头的前方，口的周围。一般基部粗大，顶端尖细，内侧生有吸盘，或有须毛和钩，吸盘的两侧有由皮肤延伸的薄膜。漏斗是由足特化而来，贴附在头部腹面的漏斗陷入部分，它不仅是主要的运动工具，也是排泄物、生殖产物和墨汁排出的通道。

（3）外套膜。头足类的外套膜一般呈袋形，又称胴部。外套的肌肉很发达。在近海生活的种类胴部较短，呈球形，如章鱼、耳乌贼。远海和深海生活的种类则较长，常呈锥形，如枪乌贼、柔鱼。外套膜的边缘，在十腕目中除耳乌贼在背面与头部相连外，其余都是游离的。在八腕目中，除背面外，两侧也与头部相连。

2. 生殖 雌雄异体，直接发育。雄性个体常有用来输送精子的生殖腕（茎化腕），其形状、数目因种而异。受精后不久即产卵，卵产出后，常成簇黏附于附着物上，像成串的葡萄。在扎卵的过程中，雌雄双双都向卵进行喷水清洁。

3. 生态分布和意义 头足类的生活方式可分成游泳、底栖和浮游3种。头足类的运动，主要是通过漏斗喷射水流，形成反作用力，推动身体前进。当漏斗弯向后方时，射流推动乌贼前进。相反，海水向前喷出，则身体后退。平时，多漏斗管向后弯，或用肉鳍在水中划动，使身体缓慢前进。当遇到敌害或受到强烈刺激后，漏斗管挺直，急速射流而迅速后退。

头足类属掠食性动物，在捕食时，触腕突然从囊中伸出，触腕穗上的吸盘捉住猎物，然后用各腕包持送入口中。凡海洋中浮游、底栖和游泳动物无一不是它的捕食对象。相反，头足类又是抹香鲸、金枪鱼、鲨鱼、海鳗和带鱼等的天然饵料。当头足类在惊恐时，在漏斗口排出墨囊腔中积蓄的墨液，使周围海水变黑，借以隐藏避敌。而墨汁本身还含有毒性，可以麻醉敌人。

头足类全部分布于海水中，绝大多数分布于盐度较高温暖的海洋中，是重要的海洋渔业资源。头足类肉味鲜美，营养丰富，其肉除鲜食外，还可制成干制品，如墨鱼干、鱿鱼干、章鱼干，这些都是重要的海味。此外，乌贼的内壳可用作中药材，称海螵蛸。墨囊也可作为内止血药物。还有许多小型头足类，虽不能直接用作食品，但也是经济鱼类的重要饵料。

（二）分类

主要以鳃和腕的数目及形态特征为分类依据，分为二亚纲。

1. 四鳃亚纲 鳃 4 个，腕数十只，无吸盘。具螺旋形的外壳，壳内有隔壁，将壳内腔分为数十室。漏斗由左右二叶构成，不形成完整的管子。肾 2 对，心耳 4 个，无墨囊。

鹦鹉螺目：壳对称。壳内凹面朝向壳口。隔壁与外壳构成的缝合线简单而平直，或略弯曲。本目仅 1 科 1 属 4 种，即鹦鹉螺科鹦鹉螺属，我国仅发现 1 种，鹦鹉螺，壳大而坚硬，壳表光滑，上有红褐色的斑纹。主要营底栖生活，白天多潜伏于海底，或以腕在珊瑚礁间爬行，夜间活跃。肉食性，多以甲壳类、贝类或鱼类为食。

2. 二鳃亚纲 鳃 2 个。具内壳，有的退化。腕 8 只或 10 只，有吸盘，漏斗愈合形成管子。有墨囊。

(1) 枪形目。体狭长，呈枪形。肉鳍通常为端鳍型。腕 10 只。吸盘多数为 2 行，触腕穗吸盘多数为 4 行。吸盘有柄，角质环小齿发达，有些种类的吸盘特化成钩。内壳角质。

①柔鱼科。胴部为圆锥形，末端尖细。肉鳍短小，位于胴后，两鳍相接多呈横菱形。腕吸盘 2 行，第 3 对腕仅侧扁，中部侧膜突出，右侧或左侧第 4 腕或第 4 对腕茎化，触腕穗吸盘 4～8 行，不特化成钩。闭锁槽略呈矮塔形，具上形钩。内壳角质，狭条形，末端形成中空的圆锥物。资源量极大，为头足类中产量最大的一个科。

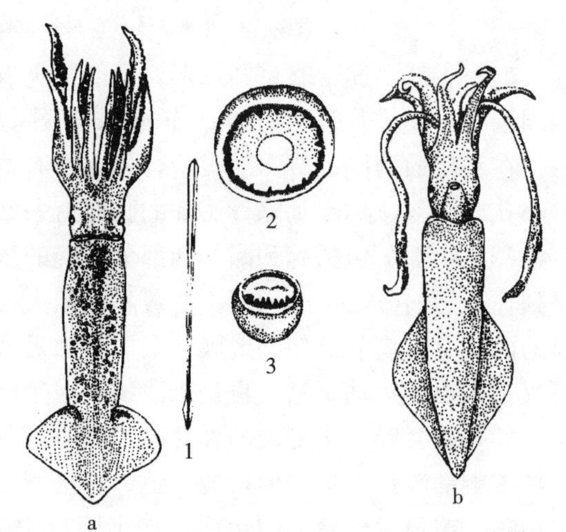

图 3-40 柔鱼
a. 太平洋褶柔鱼 b. 中国枪乌贼
1. 内壳 2. 触腕穗大吸盘 3. 腕吸盘
（董正之）

太平洋褶柔鱼（图 3-40a）：胴部为圆锥形，后部明显瘦凹。鳍长约为胴长的 1/3，两鳍相接略呈横菱形。第 3 对腕甚侧扁，中央部边膜突出，略呈三角形，腕吸盘 2 行，雄性右侧第 4 腕茎化，内面较平，顶部吸盘特化成为 2 行肉突，外侧 1 行为小肉突，内侧 1 行为肉片，特化部约占全腕的 1/3，触腕穗 4 行，中间 2 行大，边缘、顶端、基部者小。内壳角质，狭条形，后端具一纵菱形的“尾椎”。本种主要分布于日本群岛周围海域，中国的黄海和东海也有分布，主要是在山东半岛东端海域。世界年产量 40 万～50 万 t，最高年产量达 70 万 t，是头足类中产量最大的一种，但肉质较硬，在市场上其质量次于中国枪乌贼（中国鱿鱼）。

②枪乌贼科。胴部为圆锥形，后部削直。肉鳍较大，端鳍型，位于胴后，两鳍相接多呈

纵菱形，少数种类为周鳍型。腕吸盘2行，雄性左侧第4腕茎化，触腕穗吸盘4行，不特化成钩。闭锁槽略呈狭长形。内壳狭长，披针形。肉质细嫩，是珍贵的海味食品。

中国枪乌贼（图3-40b）：胴部狭长，为圆锥形，肉鳍长约为胴长的2/3，中部较圆，两鳍相接略呈纵菱形。腕吸盘2行，雄性左侧第4腕茎化，触腕穗吸盘4行，中间2行大，边缘、顶端、基部者小触腕穗吸盘角质环具大小不等的尖齿，且排列整齐相间，腕吸盘角质环具尖齿。本种是南海群体最大、经济价值最高的一种头足类。同时，其肉质细嫩，质量上乘，在国际海味市场上被列为一级品。在春夏期间，由深海向浅水区进行生殖洄游，群体栖居于热带、亚热带海域，形成渔场。繁殖场主要在外海的岛屿，周围水清、流缓、藻密、盐度较高，常在暖流与沿岸流交汇的海底粗硬处产卵。明显地表现出有适高温、适高盐的特性。通常白天栖居于中下层水域，而晚上则跃于中上层生活。通常交配后即产卵，繁殖后亲体相继死去。食性凶猛，主要以大型浮游动物和中上层鱼类为食饵，种内残食现象也很普遍。

（2）乌贼目。体宽短，呈盾形或袋形。肉鳍多为周鳍型，也有中鳍型，少数为端鳍型。腕10只。腕吸盘4行，触腕穗吸盘数行至数十行，吸盘有柄，角质环小齿较不发达，吸盘不特化成钩。内壳发达，有的种类退化。输卵管1个。

①金乌贼（图3-41a）。触腕穗吸盘大小相近。胴背具条斑。浅海性生活，春季从越冬场向浅水区进行生殖洄游，繁殖场位于水清藻密、盐度较高的海区。肉食性，食性凶猛，主要以虾、蟹、虾蛄等甲壳类为食。金乌贼是中国北部近海产量较大的一种头足类，年产量约2 000t，由于体型较大，肉味鲜美，为海味市场上的重要品种。

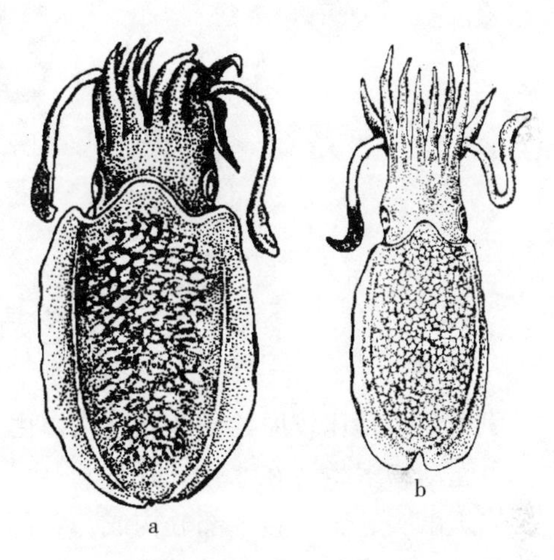

图3-41 乌贼
a. 金乌贼 b. 曼氏无针乌贼
（董正之）

②曼氏无针乌贼（图3-41b）。胴部卵圆形，背面具有近椭圆形的白花斑，雄性白花斑较大，其间杂有小白花斑；雌性的白花斑较小，且大小相近。肉鳍前狭后宽，末端分离。各腕长度相近，吸盘4行，腕吸盘大小相近。雄性左侧第4腕茎化，靠近基部的吸盘特小而稀。触腕穗狭小，约为触腕长的1/4，约20行，大小相近。内壳为椭圆形。长约为宽的3倍，角质缘发达，末端形成1个角质板，横纹面为水波状，后端无骨针。本种是印度西太平洋区广为分布的暖水种，中国沿海各处均产，其中以浙江的产量最高，福建次之，粤东也很多，唯有在长江以北的产量不高。我国的最高年产量在6万t以上，一般年份也有4万～5万t，约占我国头足类总产量的60%，是中国重要的海洋渔业资源，但历来年产量波动的幅度很大。

（3）八腕目。头小，胴部近卵圆形。肉鳍多数退化，少数具耳状中鳍。腕长，8只，腕吸盘2行或1行，无触腕，吸盘无柄及角质环，吸盘不特化成钩。内壳仅存痕迹，或完全退化。一般不具发光器。输卵管1个或1对。

①蛸科（章鱼科）。胴部呈卵圆形。外套腔口狭，体表一般不具水孔。腕吸盘2行或1行，腕间膜狭短，雄性右侧或左侧第3腕茎化，顶部特化为端器。闭锁器退化。内壳退化

(图 3-42a、b)。

②船蛸科。胴部呈卵形，体表不具水孔。两性异形显著，雌大，雄极小，腕吸盘 2 行，雄性无外壳，第 3 腕茎化，顶部特化为长鞭；雌体的背腕顶部扩展成为翼状，具腺质膜，能分泌石灰质外壳。内壳退化（图 3-42c）。

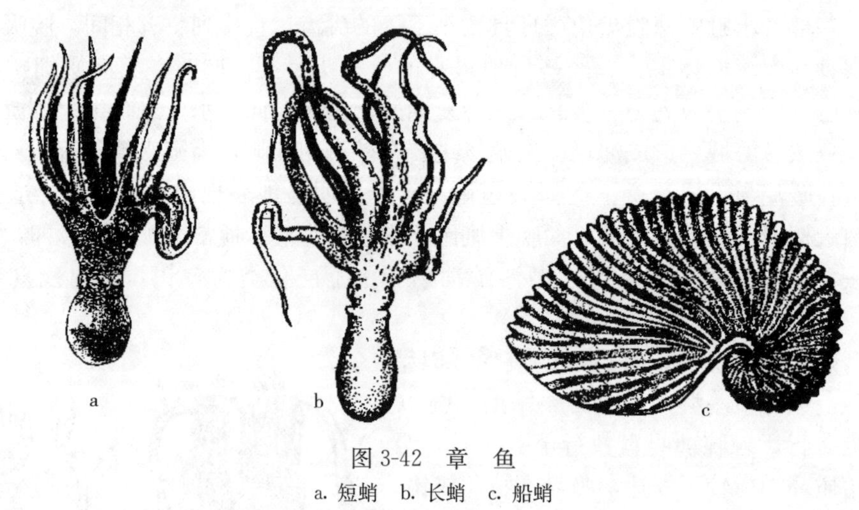

图 3-42 章 鱼
a. 短蛸 b. 长蛸 c. 船蛸
（董正之）

第三节 甲壳动物

甲壳动物是比较原始的节肢动物，由于体表都包被一层比较坚硬的甲壳，故称为甲壳动物。甲壳动物多生活在水中，用鳃呼吸，小型种类无专门的呼吸器官，通常用表皮进行呼吸。体躯由头、胸、腹 3 部分构成。头部和胸部的一部分体节常互相愈合，分界不清。头部一般都具 5 对附肢，即 2 对触角、1 对大颚、2 对小颚。低等种类的胸部附肢形状相似，用于游泳或呼吸，数目变化很大，以介形类为最少，仅 2 对；鲎虫科的最多，可达到 63 对；在高等种类中，通常都为 8 对，其前 3 对分化为颚足，用作辅助的捕食器官，后 5 对用于行走，称步足。腹肢扁平如桨，用于游泳，称游泳足。低等种类常不具腹肢；高等种类除尾节外，每节都具 1 对腹肢，雌性兼有抱卵的功能，雄性的第一、二对内肢常变形成交配器管。发育经过变态，初孵化时的幼体不分节，具 3 对附肢，为无节幼体，或称六肢幼体。

甲壳动物共分为 8 个亚纲，包括 2 万多种。常见的底栖甲壳类有虾、蟹以及丰年虫、鲎虫等。

一、虾类

虾类属软甲亚纲十足目，体侧扁，腹部和腹肢发达，具 6 对腹肢，第二触角具发达鳞片。步足较细，前 2 或 3 对常呈钳状，其基节和座节间的分界明显。

（一）形态构造

身体分为头胸部和腹部，头胸部包一头胸甲。

头胸甲按器官的位置分成若干区，其上面有刺、脊及沟。头胸甲前端突出成一额角。额角的形状是分类依据。在额角的后方，胃区上方称胃上刺。眼柄基部上方有眼上刺。头胸甲的前侧角为颊刺。触角刺与前侧角之间的一刺为鳃甲刺。肝、胃和触角区间为肝刺（图 3-43）。

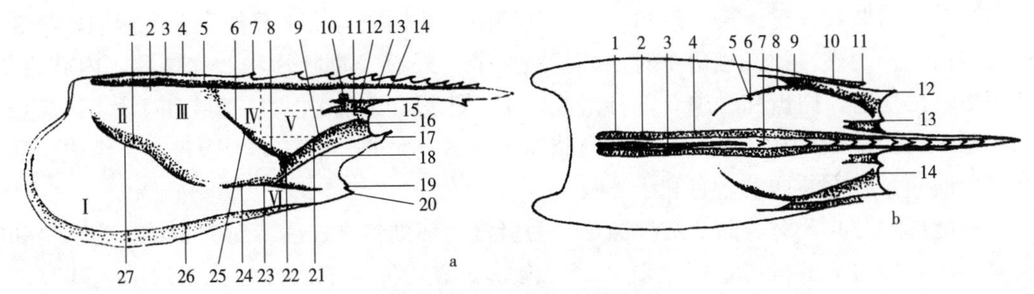

图 3-43 虾头胸甲模式图

a. 头胸甲各部名称示意（侧面观）

Ⅰ. 鳃区 Ⅱ. 心区 Ⅲ. 肝区 Ⅳ. 胃区 Ⅴ. 眼区 Ⅵ. 区颊

1. 心鳃沟 2. 额角侧脊 3. 额角后脊 4. 中央 5. 额角侧沟 6. 颈脊 7. 胃上刺 8. 颈沟 9. 眼胃脊 10. 眼后沟 11. 额胃脊 12. 额胃沟 13. 额角侧沟 14. 额角 15. 眶刺 16. 眼后刺 17. 触角刺 18. 触角脊 19. 鳃甲刺 20. 颊刺 21. 眼眶触角沟 22. 肝刺 23. 肝沟 24. 肝脊 25. 肝上刺 26. 亚缘脊 27. 心鳃脊

b. 头胸甲各部名称示意（背面观）

1. 额角侧脊 2. 额角后脊 3. 中央沟 4. 额角侧沟 5. 肝上刺 6. 颈沟 7. 胃上刺 8. 颈脊 9. 肝刺 10. 眼眶触角沟 11. 颊刺 12. 触角刺 13. 眼眶刺 14. 眼后刺

（刘瑞玉）

1. 头胸部 由 13 节构成，包于头胸甲内，有 13 对附肢。附肢由基肢、内肢和外肢 3 部分构成。由于附肢功能不同，其形状也随着变化（图 3-44）。

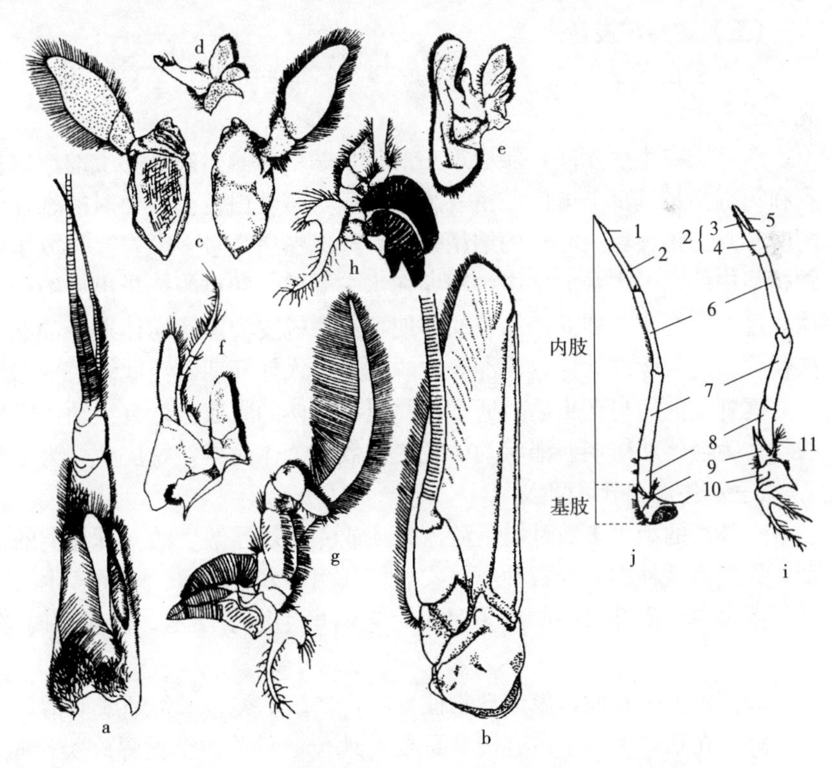

图 3-44 对虾的附肢

a. 第一触角 b. 第二触角 c. 大颚 d. 第一小颚 e. 第二小颚 f. 第一颚足 g. 第二颚足 h. 第三颚足基部 i. 第一步足 j. 第四步足内肢

1. 指节 2. 掌节 3. 不动指节 4. 掌部 5. 可动指节 6. 腕节 7. 长节 8. 座节基肢 9. 基节 10. 底节 11. 外肢

（刘瑞玉）

（1）头部附肢共5对。第一触角1对，其柄由3节构成，第1节外缘有1柄刺，第3节末端分出内、外两鞭。第二触角1对，其基肢2节，外肢呈宽叶片状，称鳞片，内肢鞭状。大颚1对，由切齿、臼齿和触须3部分组成。第一小颚1对，由2片基肢和1片内肢组成。第二小颚1对，由2片基肢、一细小的内肢和一发达宽大的外肢（称为颚舟片）组成。颚舟片在鳃腔前面。它不断摆动，有利于呼吸。

（2）胸部附肢共8对，前3对称颚足，为摄食的辅助器官；后5对为步足，为捕食和爬行器官，步足均由7节构成，即基肢2节、内肢5节，各节依次排列称为底节、基节、座节、长节、腕节、掌节和指节。前2对步足多呈钳状，具有捕食和御敌的功能。后3对步足呈爪状，具有爬行和攀附功能。

2. 腹部 由7节组成，每节的甲壳各自分离，腹部末端的1节称尾节。具6对附肢。腹部的6对附肢为主要的游泳器官，由基肢1节，内、外肢各1节构成。前5对附肢称腹肢。第六对称尾肢，其内、外肢皆宽大，与尾节合称尾扇，用于体躯的升降和急速后退。

雄性个体第二对腹肢在内肢的内侧还具有1个细长棒状带刺的雄性附肢，为交配时的辅助器官。真虾类雌雄的鉴别要看雄性附肢的有无。

鳃为呼吸器官，位于头胸甲两侧与体壁之间的鳃腔内。鳃按着生部位分为4类：侧鳃生于附肢基部上方的侧壁上；关节鳃生于底节与体壁间的关节膜上；足鳃生于底节的外侧；肢鳃片状，生于底节的外侧。

（二）生殖与发育

虾类多在春季生殖，由于地区的差异，有些可延长至夏、秋季。雌性在性成熟后交配前先蜕壳。

对虾类在生殖期间，雌性第三对步足基部内侧生殖乳突上的产卵孔明显易见。雄性可看到在第五步足基部上方的贮精囊膨胀饱满，呈乳白色。成熟时的雄虾个体小于雌虾，雌雄交配时雄虾的精荚输入雌虾的纳精囊内。卵成熟后数量多，直接排放于海水中。同时，贮存在纳精囊中的精子也释放水中，精卵在水中受精。卵自雌体排出后约经1昼夜即可孵出无节幼体。经6次蜕皮，即6个无节幼体期，然后蜕皮为溞状幼体期，溞状幼体分3期，经最后1次蜕壳后进入糠虾幼体。再经3次蜕皮后进入仔虾期。至此结束变态发育阶段（图3-45）。

真虾类的卵自产出后，通常都黏附于雌体的腹肢上，直至幼体孵出后才离开母体。卵出的幼体为溞状幼体期。溞状幼体蜕皮次数随个体而异，蜕皮后变为仔虾。

（三）生态分布和意义

对虾类的绝大多数种类是游泳生活或完全过浮游生活。真虾类的大部分种类是在底表活动，属底栖性种类。少数种类以穴居、共栖等方式生活。虾类多生活于海洋中，少数种类生活于淡水中。沼虾属中的许多种类，它们虽生活于淡水，但生殖时必须回到海洋中去孵化生长。

虾类多为杂食性，偏爱动物性食物，如多毛类、水蚯蚓或动物尸体。

虾类在水产生产中占有极其重要的地位。目前，全世界虾类产量已达到200万t以上。随着人们对虾类需求量日益增加以及在国际贸易中虾类的价格快速上升，虾类的人工养殖也迅速地发展起来。在虾类中经济价值最高的是大个体的对虾科的种类，养殖的虾类达50多个品种。目前，我国养殖的对虾种类有：中国对虾、斑节对虾、长毛对虾、墨吉对虾、日本对虾、刀额新对虾、近缘新对虾、短沟对虾、南美白对虾等。此外，沼虾、白虾等许多种类

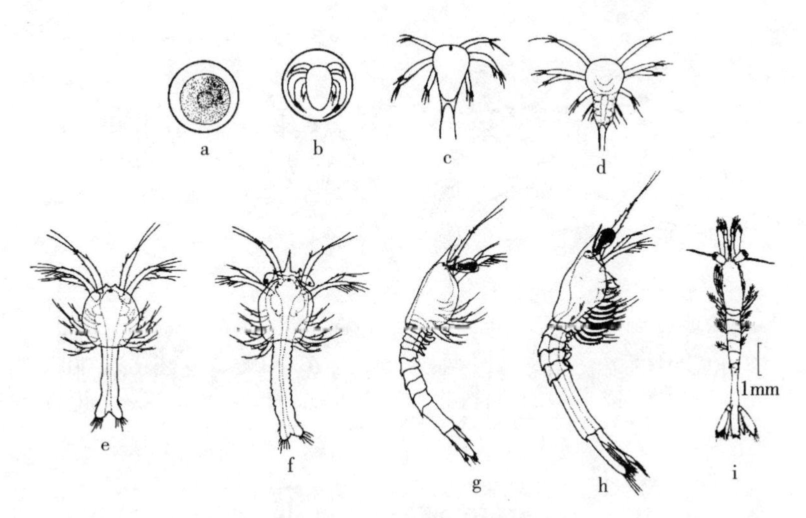

图 3-45 对虾的幼体形态

a. 卵 b. 将破壳的幼体 c. 无节幼体 d. 后期无节幼体 e. 前期溞状幼体 f. 溞状幼体 g. 后期溞状幼体 h. 糠虾幼体 i. 仔虾

（郝斌等）

也进行养殖，产量逐年提高且经济效益好。有些虾类是肉食性鱼类的重要饵料。

(四) 种类概述

1. 对虾类 第二腹节的侧甲不覆盖于第一腹节侧甲的后缘上方，第三颚足 7 节，前 3 对步足呈钳状，第三对步足较第一对粗大，鳃为枝状。雄性第一腹肢内肢变为雄性交接器。全部分布于海水中。卵直接产于水中。为重要的经济虾类。因过去以 1 对（不一定雌雄各一）论价，故称对虾。

(1) 对虾科。步足前 3 对呈钳状，后 2 对呈爪状。鳃数较多。雌性第四、五步足间的腹甲上具交接器；雄性第一腹肢内肢变为交接器。在我国分布于南方沿海，是重要的经济虾类。

①对虾属。额角的上、下缘均具有锯齿。头胸甲上有由眼眶向后下方斜伸到肝刺上方的纵脊（称为眼胃脊），具有触角刺、肝刺和胃上刺。尾节背面有纵沟。通常 5 对步足都有外肢。雄性交接器对称（图 3-46）。我国对虾属常见的养殖种类如下。

中国对虾：头胸甲无肝脊，即头胸甲上没有由肝刺向前后纵伸的脊。第一触角的上鞭长约为头胸甲长的 4/3。第三步足伸不到第二触角鳞片的末端。分布于我国沿海，是我国最重要的养殖品种，产品价格高。最适水温为 18～30℃。生长快，养殖 100～120d 体长可达 12cm，体重 20g 以上。

长毛对虾：头胸甲无肝脊，第一触角上鞭长约为头胸甲长的 3/4。第三步足至少指节超出鳞片的末端。额角后脊上有小凹点。是我国福建、台湾及广东、广西沿海常见种。最适水温 25～32℃。比墨吉对虾耐低温。养殖 100d，体长可达 11cm，平均体重 17g。长毛对虾也称红虾、红尾虾、白虾或大虾。

墨吉对虾：头胸甲无肝脊，第一触角上鞭短于头胸甲，第三步足超过鳞片的末缘。额角基部背脊很高，侧面观略呈三角形，额角后脊无小凹点。分布于我国广东、海南省沿海、北部湾沿海。常与长毛对虾混栖，但它对低盐度及水温的适应较长毛对虾差。养殖 4～5 个月，

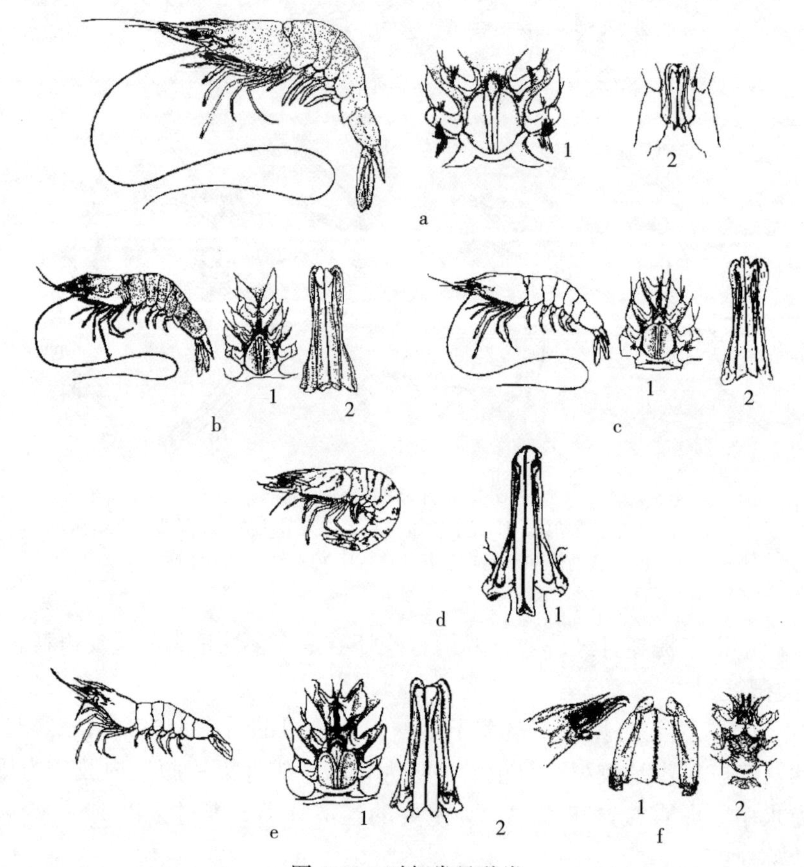

图 3-46 对虾常见种类

a. 中国对虾 b. 墨吉对虾 c. 长毛对虾 d. 日本对虾 e. 斑节对虾 f. 南美白对虾

1. 雌性交接器 2. 雄性交接器

（孙成渤）

体长可达 12cm 以上，体重 25g 左右。也称白虾或大虾。

斑节对虾：头胸甲有肝脊，头胸甲中央沟窄而浅，第一触角鞭长约为头胸甲的 2/3，第五对步足无外肢，腹部有相间排列的鲜艳斑纹。俗称花虾、草虾、角虾、鬼虾。主要分布于我国台湾、海南、广东省沿海。现养殖已扩大到河北省沿海。为对虾属中个体最大的一种，可达 600g。最适水温 25～33℃。能适应高温，又可忍耐较长时间的干露。易活虾运输销售。

日本对虾：额角稍向下倾，末端尖细微向上弯，具有很深的中央沟，额角侧沟深，伸到头胸甲中部以后。眼眶后方有明显的额胃脊和额胃沟，第一对触角鞭长为头胸甲长的 1/4 左右。体表有鲜艳的横斑纹，常与斑节对虾混栖。其甲壳较厚、耐干露、易活虾运输销售。对饵料的蛋白质含量要求高，有潜沙习性。因此，发展养殖规模有些受限。

南美白对虾。又称万氏对虾或凡纳滨对虾。似中国对虾，但额角短，不超出第一触角柄的第二节，第一触角内、外鞭等长且非常短小。原产于美洲太平洋沿岸，是世界主要养殖虾类，并已成为我国虾类养殖的重要品种。它生长快，对环境适应力强，全年都可育苗生产，离水存活时间长，抗病力强，肉质鲜美，只是育苗生产不如其他对虾容易。

②新对虾属。额角仅上缘有锯齿。头胸甲无眼胃脊。颈沟明显、具触角刺、肝刺，前3对步足具有基节刺，第五步足无外肢（图3-47a）。

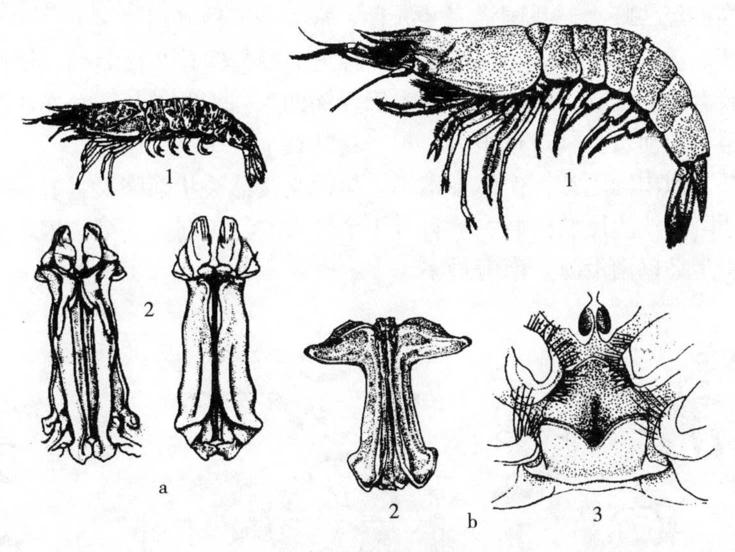

图3-47 新对虾
a. 刀额新对虾 b. 鹰爪虾
1. 雌性侧面观 2. 雄性交接器 3. 雌性交接器
（刘瑞玉）

刀额新对虾：也称基围虾、泥虾、沙虾或芦虾。雄性额角平直如尖刀形，雌性额角末端微向上弯，额角后脊很明显，且伸至头胸甲后缘，肝沟呈C形。腹部背面中央具有纵脊。是重要的食用虾。广泛分布于南海、东海南部，长江口以南地区也进行养殖。

近缘新对虾：也称中虾或爪虾，常与刀额新对虾混养，外形与刀额新对虾相似，额角细长，平直末端上扬，肝沟不呈C形。分布于我国福建、台湾、广东、广西沿海。

③鹰爪虾属。头胸甲纵缝短，伸至肝刺的上方。额角仅上缘有齿，步足皆有外肢。雄性交接器对称且末端侧突宽大。本属中鹰爪虾产量大，为重要的中小型经济虾类（图3-47b）。

④仿对虾属。头胸甲具纵缝和横缝，纵缝约伸至头胸甲中部，额角仅上缘具齿，颈沟、肝沟明显，第五步足具有外肢。雄性交接器对称且末端两侧多有突起。为常见的中小型经济虾类。分布于我国南北沿海的哈氏仿对虾产量大，体具红色条纹，称条虾、九虾（图3-48）。

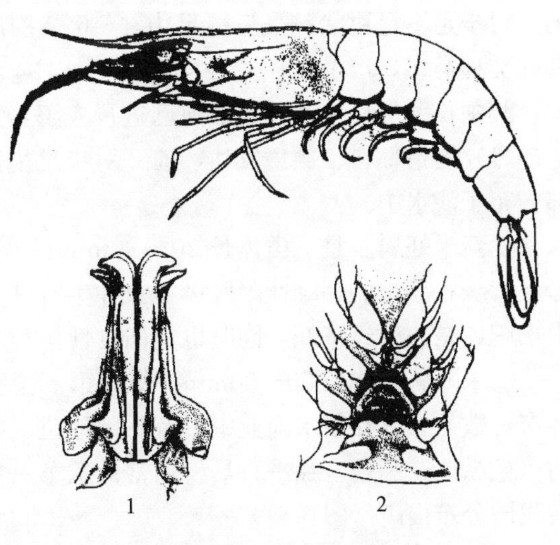

图3-48 哈氏仿对虾
1. 雄性交接器 2. 雌性交接器
（刘瑞玉）

（2）樱虾科。额角短于眼柄。鳃数很少，不具关节鳃，第三颚足及步足都没有肢鳃，第四、五步足退化或无。雄性交接器对称，雄性附肢仅有一小片。雌性无特殊交接器。毛虾属是本科的代表。

毛虾属：第一触角具上、下两鞭，前3对步足都呈极微小的钳状，第四、五对步足完全退化。为小型高产经济虾类。我国沿海共5种，常见有2种（图3-49）。

①中国毛虾。体长20～42mm，雄性第一触角上鞭抱器有2根大刺。雄性交接器末端极膨大。尾肢内肢有1列红点，雌性生殖板末缘深深凹入。胸肢较长。分布于我国沿海，渤海最多，向北可至辽宁河口。其产量很大，年产量常在7万～8万t。

②日本毛虾。似中国毛虾，但体型稍小，雄性交接器头状部膨大且有钩状小刺，雌性生殖板末缘中部凹陷较浅。尾肢内肢一般只有1个较大的红色圆点。第三颚足及步足较短。在我国分布于山东半岛以南沿海，南海最多。

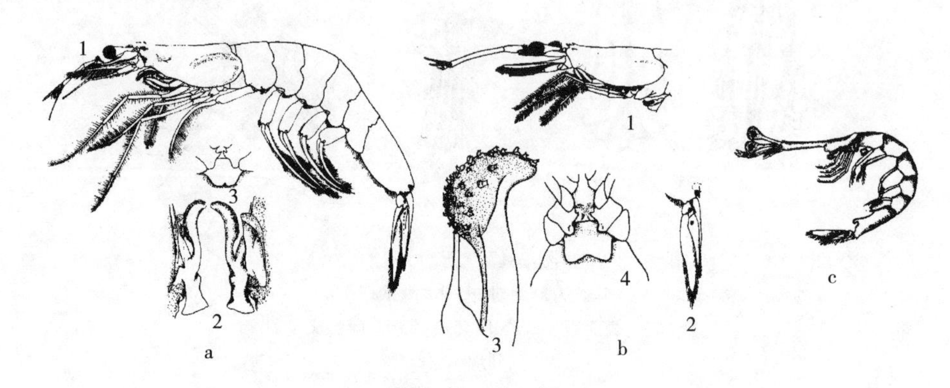

图3-49　毛　虾

a. 中国毛虾　1. 雌性侧面观　2. 雄性交接器　3. 雌性交接器

b. 日本毛虾　1. 头胸部侧面观　2. 尾部　3. 雄性交接器　4. 雌性交接器

c. 正型莹虾

（刘瑞玉）

2. 真虾类　头胸部较发达，腹部较短小。第2腹节侧甲覆盖于第一节侧甲的后缘上方。第三对步足不呈钳状；第三颚足由4～6节构成，鳃呈叶状，卵产出后抱于雌性的腹肢间。真虾类种类多，产量大，主要分布于海水中，淡水产虾类为匙指虾科、长臂虾科的一些种类，其中长臂虾科一些种类目前已进行人工养殖。

（1）匙指虾科。额角发达，前2对步足呈钳状，钳之内缘凹陷呈匙状，末端具丛毛。全部分布于淡水中。

①新米虾属。是一类体长20～30mm的小型淡水虾。雄性第一腹肢内肢极膨大，呈梨形且背缘布满小刺，雄性附肢极粗大并生有许多刺毛。我国各地常见有锯齿米虾，喜在草丛中攀爬，是一种经济虾，同时也是肉食性鱼类的重要饵料（图3-50）。

②米虾属。体长20～30mm，雄性第一腹肢内肢不膨大，背缘无小刺，雄附肢细小。种类多，数量大，在淡水渔业中占有一定地位。中华米虾体呈浓绿色，背面中突有一道不规则的棕色纵纹。额角上缘平直具齿，常伸至第一触角柄末端。喜在水草丛中攀爬，俗称草虾。在我国分布很广（图3-51）。

（2）长臂虾科。前2对步足呈钳状，且第二对大于第一对。生活于淡水、半咸水或海洋中，是真虾中经济价值最高的科。

①长臂虾属。额角上缘基部不具鸡冠状隆起。头胸甲有触角刺、鳃甲刺、无肝刺。大颚

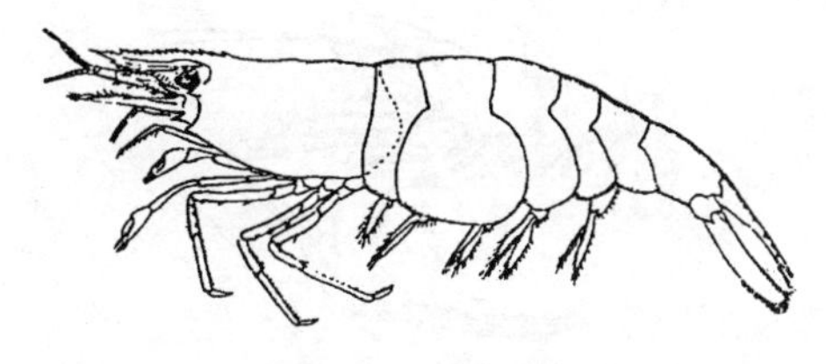

图 3-50 锯齿米虾
（梁象秋）

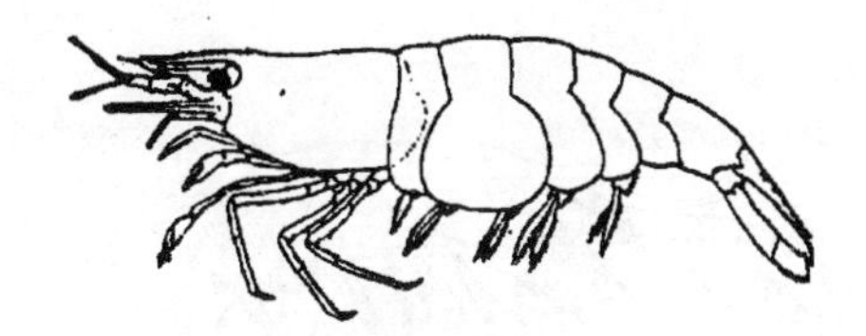

图 3-51 中华米虾
（何志辉）

有触须。常见的葛氏长臂虾是中国近海的地方性特有种，产量大（图 3-52）。

②小长臂虾属。似长臂虾，但生活于淡水，大颚不具触须。常见中华小长臂虾，体透明，腹部有棕色横条斑纹，也称花腰虾（图 3-53）。

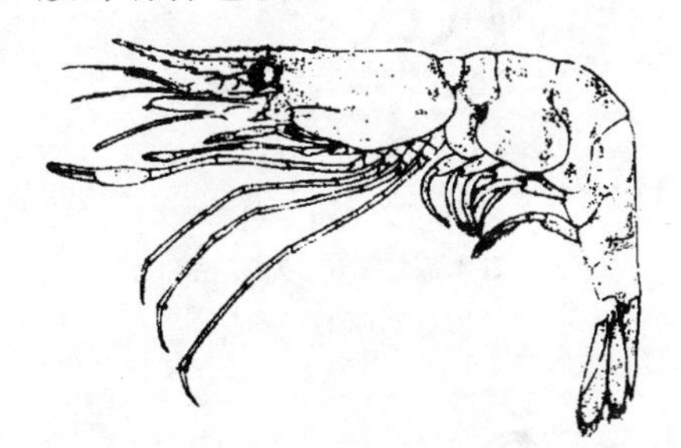

图 3-52 葛氏长臂虾
（刘瑞玉）

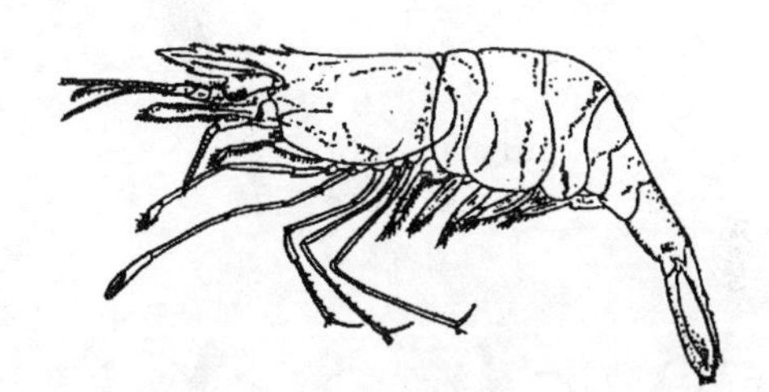

图 3-53 中华小长臂虾
（刘瑞玉）

③白虾属。触角细长，其上缘基部具一鸡冠状隆起。我国共 5 种，产量大。为重要经济虾（图 3-54）。

脊尾白虾：腹部背面有 1 条纵脊，额角基部的鸡冠部短于末端的细尖部。分布于我国沿海，生命力强，易饲养。秀丽白虾额角上缘基部鸡冠状隆起生于末端细尖部分，腹部背面圆滑无脊，体色透明，常带棕色小点。为我国重要的淡水经济虾。

④沼虾属。前 2 对步足呈钳状且第二步足很粗大，雄性则更强大。无鳃甲刺。多产于淡水，喜栖于沿岸多水草处，在草丛中攀援，一些种类必须回海洋中产卵，少数种类生活于海洋中。种类多、个体大、生长快，已进行普遍性的养殖。为重要的经济虾类（图 3-55）。

日本沼虾：体呈青绿色，俗称青虾，体长 60～90mm。是我国产量很大的淡水虾。现已成为长江中下游重要的养殖品种。罗氏沼虾额角的基部有一鸡冠状隆起，近末端向上翘。是沼虾属中体型较大、生长较快、经济价值较高和最有养殖前途的一种，最大个体长达 40cm，重 600g。通常养殖 1 年体长即可达 15～20cm。

3. 螯虾类 体呈圆筒状。额角发达，前 3 对步足皆呈螯状，后 2 对为爪状，头胸甲不与口前板愈合，腹肢缺内附肢。尾肢的外肢有一横缝。淡、海水中均有分布，为经济虾类（图 3-56）。

原螯虾属。胸部末节不具侧鳃。第一腹肢雄性顶端钩状，雌性单肢。克氏原螯虾原产于北美，日本人移入本国养殖，后又转移至我国南京一带放养。甲壳很厚，身体呈血红色，肉可食用。通常在水沟边营穴而居，食性杂，生命力强，现已在我国各地普遍生长、繁殖。甚至在我国一些地区过度繁殖，已对农业生产造成危害。这也是引进物种值得研究的问题。

4. 龙虾类 体较平扁，头胸部较发达，额角短小或无，头胸甲与口前板愈合，步足皆

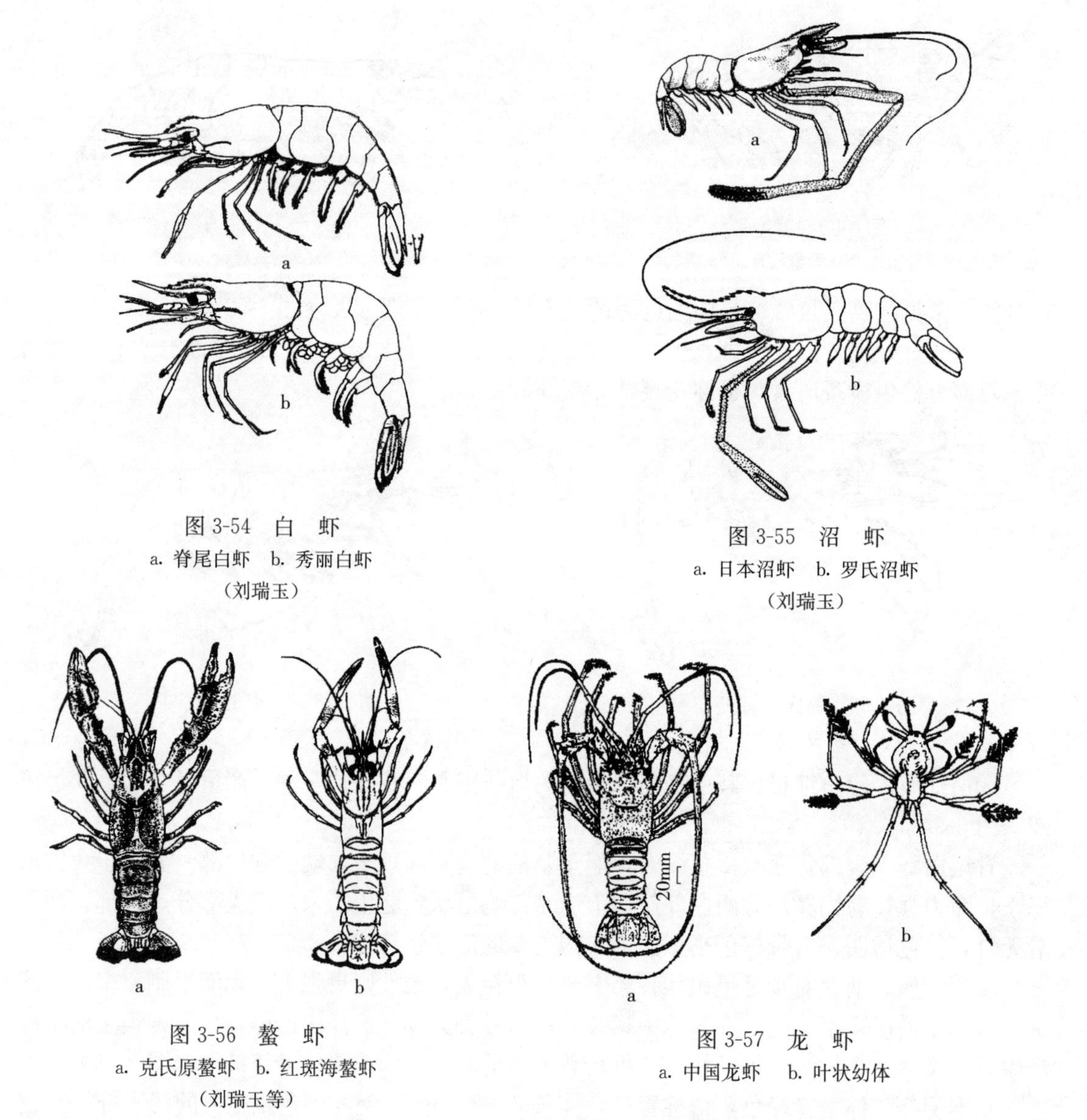

图 3-54 白 虾
a. 脊尾白虾 b. 秀丽白虾
（刘瑞玉）

图 3-55 沼 虾
a. 日本沼虾 b. 罗氏沼虾
（刘瑞玉）

图 3-56 螯 虾
a. 克氏原螯虾 b. 红斑海螯虾
（刘瑞玉等）

图 3-57 龙 虾
a. 中国龙虾 b. 叶状幼体

相同，简单构造或呈螯状，尾肢的外肢不具横缝。我国南方产量较大的龙虾是有名的海味之一，其中龙虾属中的中国龙虾生活于暖海的礁石缝中，其产量最大（图 3-57）。

二、蟹类

蟹类属十足目、爬行亚目、短尾类，体平扁，头胸甲与口前板愈合。腹部退化短小而对称，曲折于头胸部的下方，无尾扇。第一步足呈钳状，第三步足不呈钳状。绝大多数种类生活于海洋中，少数生活于淡水中。有些淡水种类产卵和幼体发育必须回到海水中进行。

1. 形态构造 身体分为头胸部和腹部。

头胸甲在头胸部的背面，其表面不平而形成若干与内脏器官的位置相对应区。头胸甲的边缘可分为额缘、眼缘、前侧缘、后侧缘和后缘。腹面的前部分为颊区、下肝区和口前部。

腹部扁平，曲折于头胸部的腹面，雄性呈三角形（称尖脐），雌性圆形（称圆脐）。腹甲在头胸甲腹面后部，共7节，前3节常愈合。雄性在第7节的腹甲有1对生殖孔，雌性1对生殖孔开于第五腹甲上（图3-58）。

头部有5对附肢，即第一触角、第二触角、大颚、第一小颚、第二小颚。胸部有8对附肢，前3对为颚足，是口器的一部分，后5对胸足的第一对呈钳状，称螯足，有御敌和取食功能。蟹类的分类常依据第二触角、腹部附肢。

鳃也是分类依据之一，通常具6～8对鳃，根据着生部位分为侧鳃、关节鳃、足鳃和肢鳃4种。

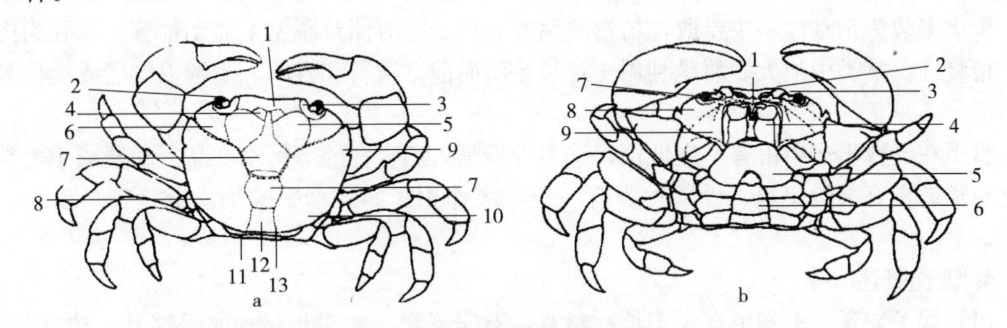

图3-58 蟹的模式图

a. 背面观 1. 额区 2. 眼 3. 眼区 4. 前胃区 5. 侧胃区 6. 肝区 7. 心区 8. 鳃区 9. 前侧缘 10. 后侧缘 11. 腹节 12. 肠区 13. 后缘

b. 腹面观 1. 口前部 2. 第一触角 3. 第二触角 4. 第三颚足 5. 胸部腹甲 6. 腹部 7. 下眼区 8. 下肝区 9. 颊区

（沈嘉瑞）

2. 生殖与发育 蟹类常在雌蟹脱壳之后新壳还没有硬化以前进行交配。有些种类则在两性个体硬壳时交配。经交配的雌蟹卵子成熟并受精后从生殖孔排出体外，黏附在腹肢的刚毛上直至孵化。刚孵出的幼体称溞状幼体，有2～5期（常为5期），之后蜕皮变为大眼幼体，常为1期，再蜕皮变第一期幼蟹。蟹类的生长发育常分为受精卵、胚胎发育、溞状幼体、大眼幼体（蟹苗）、幼蟹（仔蟹）、蟹种（扣蟹）、成蟹7个阶段（图3-59）。

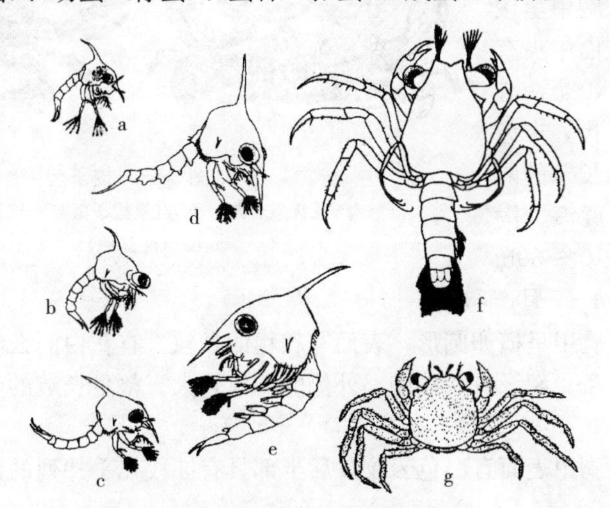

图3-59 毛蟹的幼体形态

a～e. 第一至五期溞状幼体 f. 大眼幼体 g. 第一期幼蟹

（梁象秋等）

溞状幼体头胸部略呈球形，头胸甲上有长刺。背面中央有1明显背刺。腹部狭长，末端有1尾叉。大眼幼体身体扁平、头胸甲上的刺消失，复眼着生于长长的眼柄末端，露出在眼窝处。腹部狭长但尾叉消失。

3. 生态分布和意义 有些蟹类有产卵洄游的习性，如中华绒螯蟹。目前，人工繁殖中华绒螯蟹的幼体进行室外生态培育，每 $667m^2$ 产量超过50kg。在淡水中穴居，至秋季开始洄游到近海地区生殖，直到大眼幼体再溯江河而上，回到淡水中继续生活成长。而梭子蟹在远洋生活，到近海线水中产卵，于海底越冬。

蟹类多数为杂食性，主要取食植物的腐叶、种子、海藻及小型甲壳动物等。少数为肉食性、植食性。蟹类中绝大多数是利用4对步足斜向前方横行和奔跑。少数以穴居或埋伏等方式生活。

蟹类在渔业生产中占有一定地位，许多种类是人们喜食的海鲜水产品。幼蟹或小蟹常是肉食鱼类的良好天然饵料。少数种类有一定危害作用，如淡水中的华溪蟹是肺吸虫的中间宿主。

4. 种类概述

(1) 梭子蟹科。头胸甲宽大于长，额宽，不向下弯。末对步足扁平呈桨状，边缘具毛。多数为经济蟹类。

①梭子蟹属。头胸甲呈梭形。表面分区清楚且有成群的颗粒，前侧缘9齿，最后1个特别大。螯足掌部不十分膨胀且有三棱形的脊。种类多，我国约有17种。体型大，食用价值高的有以下3种（图3-60）。

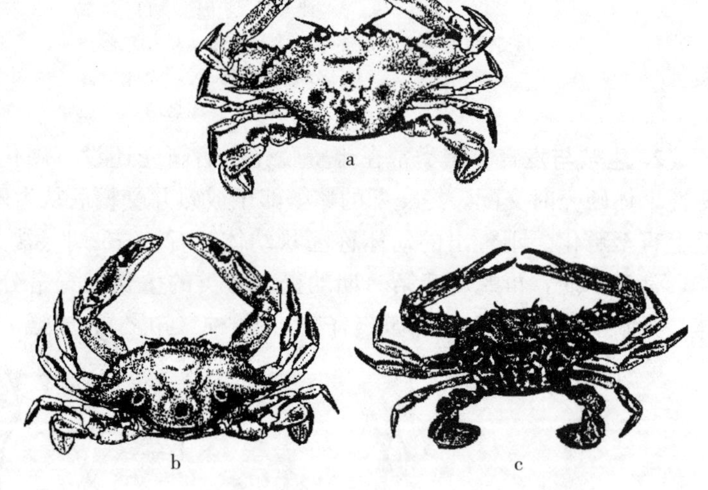

图3-60 梭子蟹
a. 三疣梭子蟹 b. 红星梭子蟹 c. 远海梭子蟹
（沈嘉瑞）

三疣梭子蟹：头胸甲呈梭形，呈茶绿色，其表面中央有3个疣状突起，胃区1个，心区2个，前侧缘具4齿，末齿特别大，螯足发达，长节的前缘有4齿。多产于黄海、渤海、东海。生活在10～30m水深的泥沙质海底，4—7月产卵。

远海梭子蟹：头胸甲呈横卵圆形，表面有较粗的颗粒，有花白的云纹。胃区具2条横行颗粒线，鳃区各具1条。额缘有4枚刺，外侧的2枚较大。螯足长节的前缘有3枚齿。多分布于我国东南沿海。

红星梭子蟹：头胸甲表面有白色云纹，后半部具有3枚几乎并列的紫红色圆斑。额缘有4枚刺。

②青蟹属。头胸甲表面光滑、分区不清，前侧缘具9齿，大小相等。螯足掌部肿胀且光滑。常见种是锯缘青蟹，头胸甲前侧缘的侧齿如锯齿。头胸甲呈青绿色，俗称青蟹（图3-

61)。螯足不对称，长节前缘具3齿，后缘2齿，腕节内侧1齿，外侧2刺。生活于温暖低盐的浅海中，已较普遍养殖。全年产卵，成熟的母蟹在近海产卵，孵出的幼蟹常在河口附近觅食成长。

③蟳属。头胸甲的前侧缘具6个等大的齿，额缘也具6齿。螯足短小，有隆起线及锐齿。喜欢生活于泥底的水藻间。本属中经济价值高的日本蟳在华北的产量仅次于三疣梭子蟹。其螯足掌节具5刺，体呈深绿色（图3-62）。

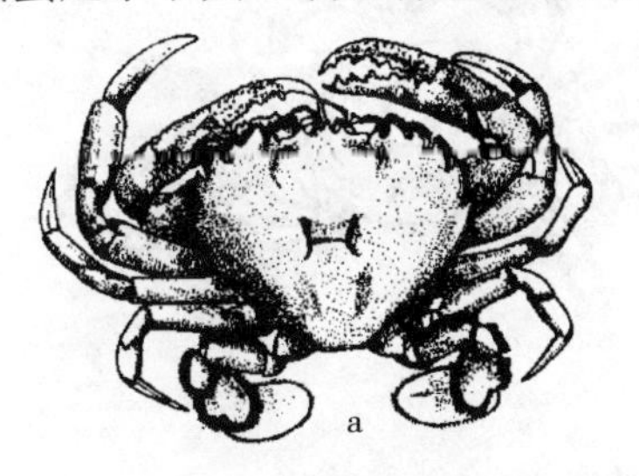
a

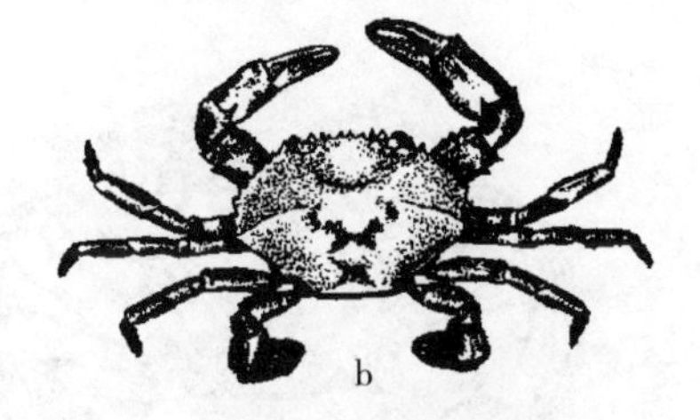
b

图3-61 青 蟹

a. 细点圆趾蟹 b. 锯缘青蟹

（沈嘉瑞）

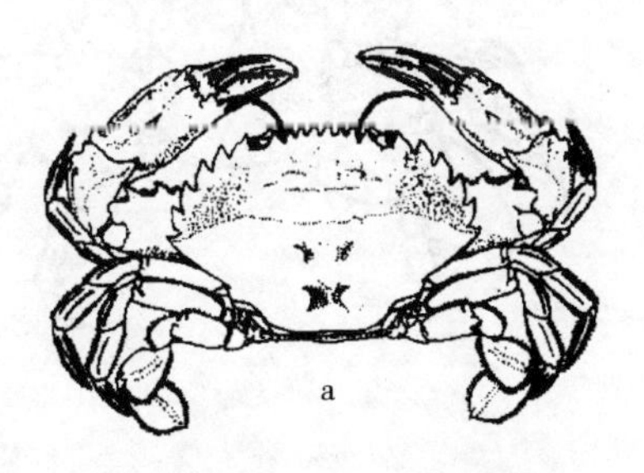
a

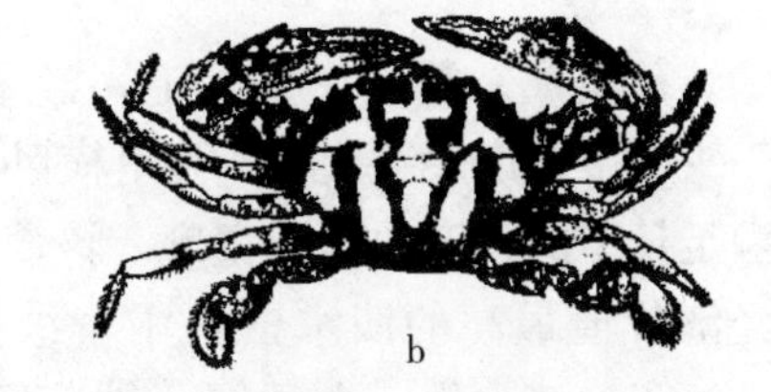
b

图3-62 蟳

a. 日本蟳 b. 斑纹蟳

（沈嘉瑞）

（2）扇蟹科。头胸甲为横卵圆形，宽大于长。雄孔位于底节。分布于海边石块下或珊瑚丛中。种类多，最常见有爱洁蟹属。头胸甲多数呈深红色。额较窄，前侧缘明显张出，边缘呈薄狭板状（图3-63）。

图3-63 正直爱洁蟹

（沈嘉瑞）

（3）沙蟹科。头胸甲为方形或长方形。额窄、眼窝长，占据额缘以外的前缘，眼柄长。常群居。大眼蟹属常见，多穴居近海、河口或潮间带的泥沙滩上。其头胸甲的前缘除极窄的额外，全被长眼柄的眼窝所占据（图3-64）。

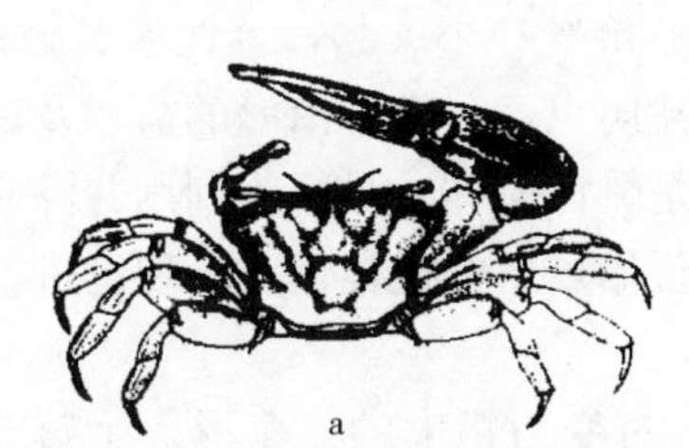
a

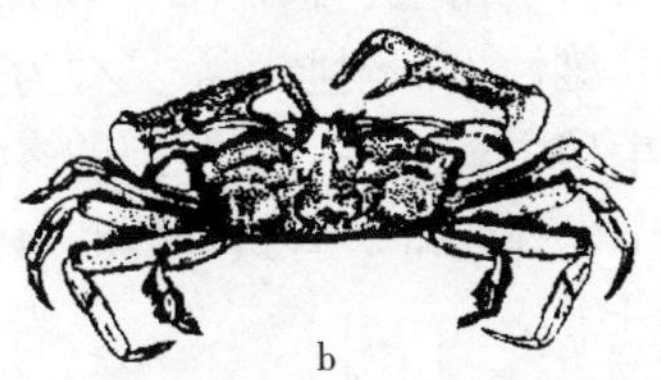
b

c

图3-64 沙 蟹

a. 弧边招蟹 b. 宽身大眼蟹 c. 痕掌沙蟹

（沈嘉瑞）

(4) 方蟹科。头胸甲呈四方形，两侧缘平行，额宽，眼窝位于前侧角。

①相手蟹属。俗称螃蜞。头胸甲的背面平，第三颚足有1斜行的短毛脊，颊区及头胸甲侧壁有网纹及交叉的短毛列。相手蟹喜栖于稍有积水的洞穴中，江河、池塘岸边及田埂常有它们的洞穴。因此，它们对农田水利有危害（图3-65）。

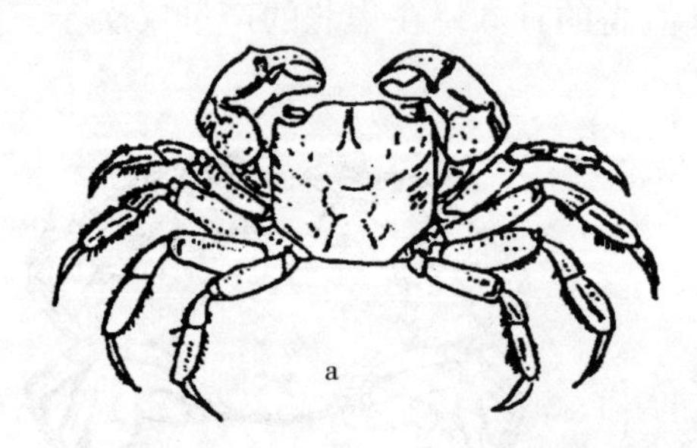

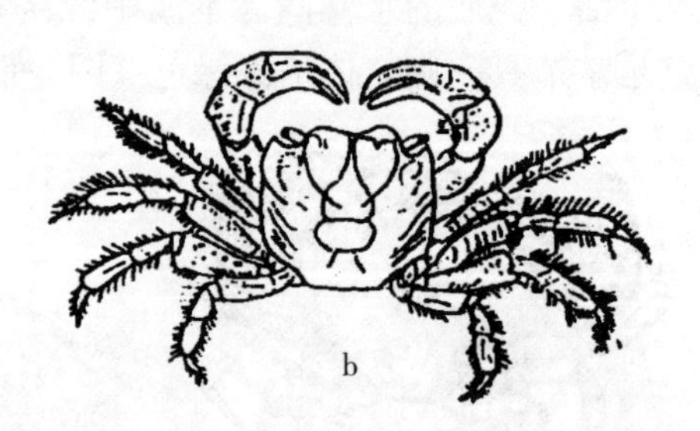

图3-65　相手蟹
a. 红螯相手蟹　b. 无齿相手蟹
（梁象秋）

②绒螯蟹属。螯足密生绒毛，额平直，具4齿，额宽小于头胸甲宽度1/2。第一触角横卧。第二触角直立，第三颚足长节的长度约等于宽度。该属有4个种。目前，我国经济价值最高的淡水蟹是中华绒螯蟹，又称毛蟹、螃蟹、河蟹、清水蟹、大闸蟹、胜芳蟹，现已普遍进行养殖。它们生活成长于淡水中，生殖产卵必须回到海洋中进行。其头胸甲背面隆起，额宽，具有4个明显尖锐的额齿，居中一缺刻最深，额后有6个突起，前侧缘具有4齿。螯足掌部与指节基部内外表面均生有绒毛（图3-66）。

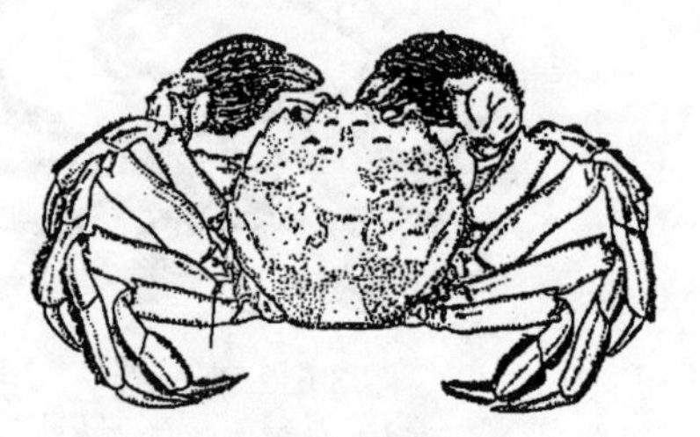

图3-66　中华绒螯蟹
（沈嘉瑞）

三、其他底栖甲壳类

甲壳动物种类很多，除前述一些与人类密切相关的甲壳动物外，还有以下常见底栖甲壳动物，它们是各种经济鱼类的饵料，有些种类又具有较高的营养价值。

1. 鳃足亚纲

(1) 无甲目。常见有卤虫、丰年虫和枝额虫。它们无头胸甲，具有成对有柄的复眼，第二触角退化，很小，躯干部延长，躯干部的游泳足11对以上（图3-67）。

①卤虫属。体分节明显。第一触角呈丝状；雌性第二触角呈一小突起，雄性第二触角2节，变成执握器，宽扁呈斧状。雄性无额附肢。常见种为盐卤虫，分布于沿海的盐场及内陆咸水湖泊中。杂食性。以孤雌生殖方式为主，常见到的多是雌性个体，是广为利用并深受欢迎的活饵料。刚孵化的卤虫无节幼体是虾、青蟹幼体和海蜇的重要的优良饵料。现已进行孵化与培养。

②丰年虫属。具触角2对，为单肢型，1对呈须状，1对变为粗大的三角形，生殖节膨大，内有储精囊。体常有各种颜色，游泳时腹面朝上。为鱼类的饵料。

枝额虫：头具有1长而分叉的额附肢。雄性第二触角短且不宽大，生殖节不膨大，内无储精囊。分布于各地，春末在水沟、稻田或小池塘中常见。

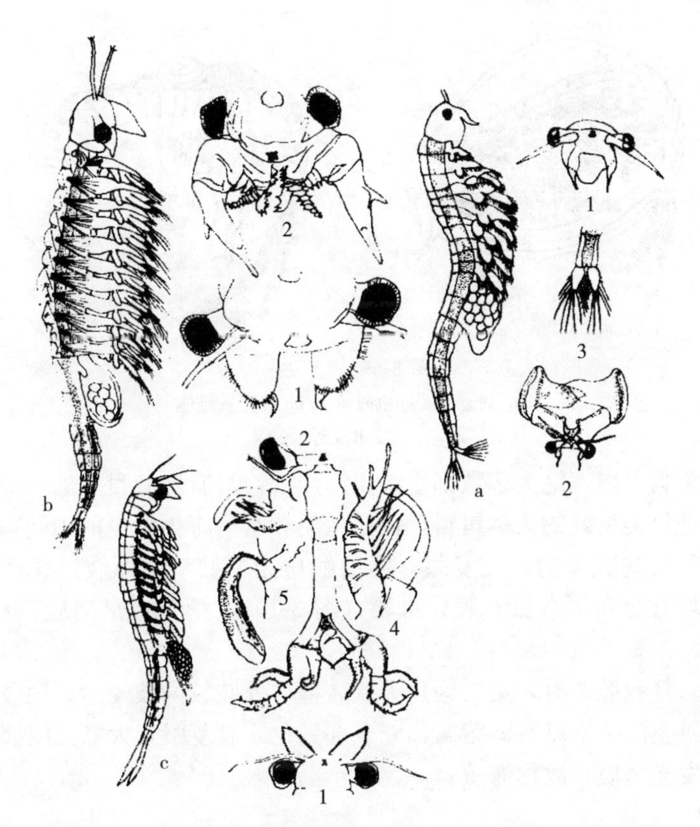

图 3-67 无甲目
a. 盐卤虫 b. 南京丰年虫 c. 鹄沼枝额虫
1. 雌性头部 2. 雄性头部 3. 雌性尾叉 4. 雄性第二触角 5. 雄交接器
（董聿茂等）

（2）背甲目。我国仅产 1 属，即鲎虫属。头胸甲形成背盾，覆盖腹部一部分体节。眼无柄，成对。

第一触角短，有 2～3 根触鞭；第二触角退化。躯干肢很多。常生活于池塘等小水体中。是幼鱼的敌害之一（图 3-68）。

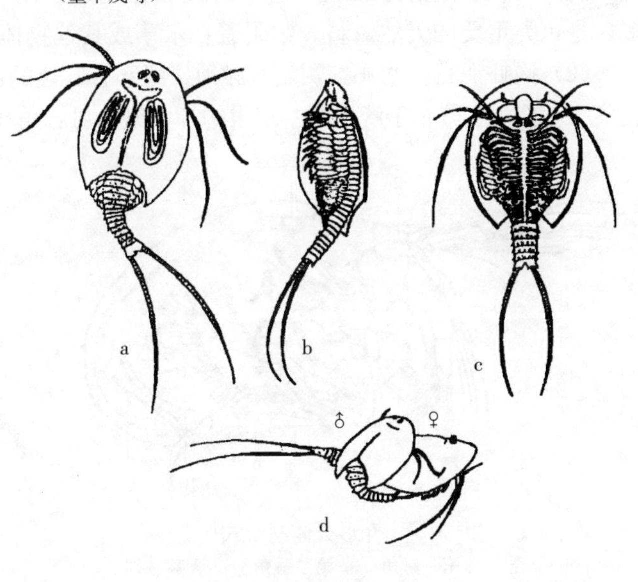

图 3-68 鲎 虫
a. 背面观 b. 侧面观 c. 腹面观 d. 雌雄交配状
（何志辉等）

（3）贝甲目。头胸甲两片完全包被身体，无眼柄，第二触角为双肢型，且发达。第一触角细小且为单肢型。常见蚌虫科头胸甲有很多明显的生长线。雄性前 2 对躯干肢为执握器，额角顶端无尖刺，无额器。常栖息于浅水泥底静止的小水体中。生活史非常短（图 3-69）。

2. 介形亚纲 体短而不分节，

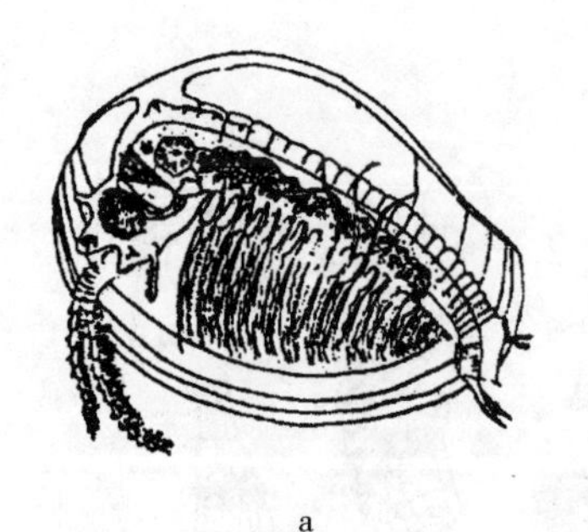

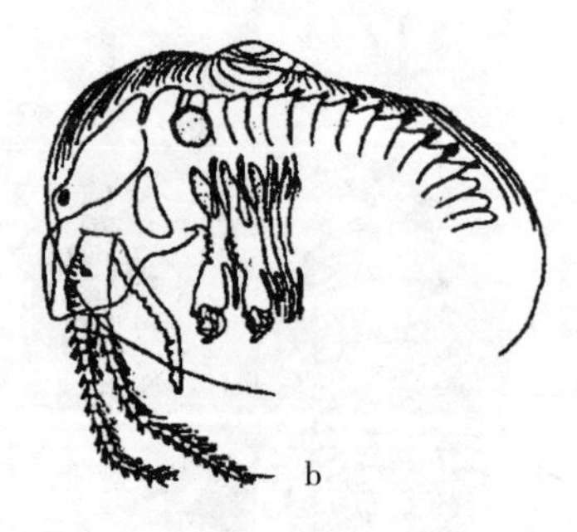

a b

图 3-69 蚌 虫

a. 扁豆渔乡蚌虫雌体 b. 蚌壳虫雄体

(董聿茂等)

完全包被在两瓣头胸甲内，绝大多数都生活于海洋中，只有尾肢目中的一部分种类生活在淡水中。介形动物是鱼类良好的天然饵料，也是鱼类和水鸟寄生绦虫的中间宿主。

(1) 尾肢目。具胸肢 2 对，无复眼，第二触角为单肢型，外肢退化严重，内肢多为 4 节。海洋和淡水均有分布。常见有腺介虫属（图 3-70），第三对足向后，背侧直，捕捉足。尾叉强壮，细长。

(2) 壮肢目。具胸肢 2 对，第二触角为双肢型，外肢较内肢发达，内肢最多 3 节，外肢多达 9 节。营浮游生活。常见有海萤属，壳全部钙化，有复眼，大颚无咀嚼突。第二胸肢多节，上唇能分泌发光物质，故称海萤。

3. 软甲亚纲

(1) 端足目。体侧扁，无头胸甲，无眼柄。头很小。第一胸节与头部愈合，胸部其他各节明显。具胸肢 8 对，为单肢型，无外肢，第二至三对较大为鳃足，呈假螯状。腹肢为双肢型，前 3 对腹肢是游泳腹肢，后 3 对腹肢称尾肢，用于弹跳。分布于海、淡水中，种类繁多，是鱼类重要的天然饵料。常附着在水草或其他物体上，有些种类在海洋中营浮游生活。

(2) 钩虾亚目。眼小，颚足有触须、腹部有发达的肢体。钩虾属 2 对触角均很大，第一对比第二对长，多分布于淡水中。双眼钩虾属第一对触角比第二对短，常有 4 个单眼(图 3-71)。

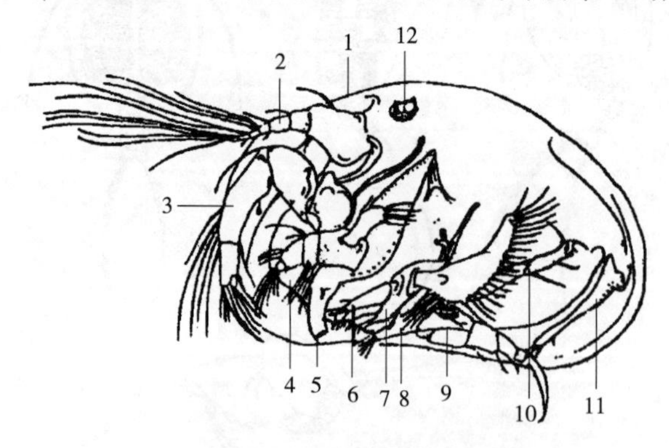

图 3-70 介形类体制模式

1. 介壳 2. 第一触角 3. 第二触角 4. 大颚触须 5. 大颚 6. 小颚触须 7. 小颚 8. 颚足 9. 步足 10. 清洁足 11. 尾叉 12. 眼

(董聿茂等)

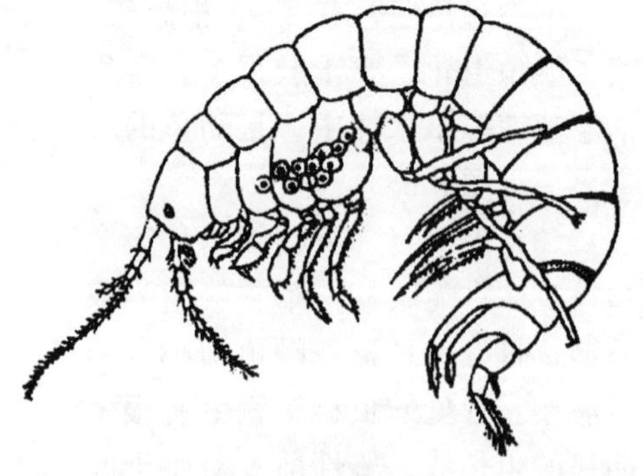

图 3-71 钩 虾

(梁象秋)

(3) 磷虾目。体长10～40mm。头胸甲覆盖全部胸节。胸肢的形状相似，均为双肢型。鳃仅1列，裸露于头胸甲之外，尾节末端前方具1对片状刺，常具有发光器。发育过程有变态现象。全部生活于海水中且营浮游生活，极少数生活于深海中。常成群浮游，是上层鱼类和鲸的重要饵料。同时如小虾又具有较高的营养价值（图3-72）。

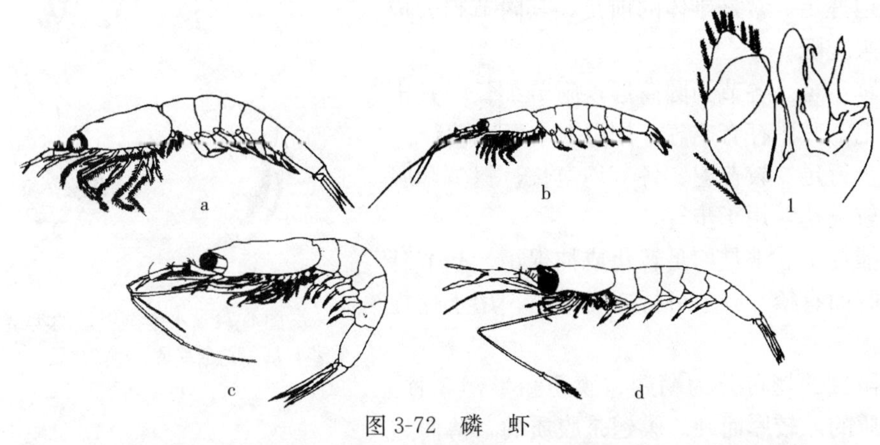

图3-72 磷 虾

a. 太平洋磷虾 b. 中华假磷虾 c. 瘦线脚磷虾 d. 隆突手磷虾 1. 雄性交接器

（Kemaki 等）

第四节 水生昆虫

昆虫纲是动物界中种类最多的一个纲，多数为陆生。水生昆虫是昆虫纲中的水生种类，其中常见有7个目。

一、形态构造

水生昆虫身体分为头、胸、腹3部分。体外具有几丁质的外骨骼。头部有1对触角，胸部有3对胸足。多数种类具有2对翅，少数有1对翅。

1. 头部 有触角、复眼、单眼和口器。触角1对，具有嗅觉、味觉、触觉和听觉等功能，形状有丝状、刚毛状、羽状和锤状等类型。复眼1对，单眼数因种而异。口器由1片上唇、1对大颚、1对小颚、1片下唇和舌组成。水生昆虫的口器主要有咀嚼式和刺吸式2种（图3-73）。咀嚼式口器的大颚为几丁质且有齿，小颚内、外叶分叶明显且有小颚须。刺吸式口器的大颚、小颚特化成针状，下唇延长成喙。

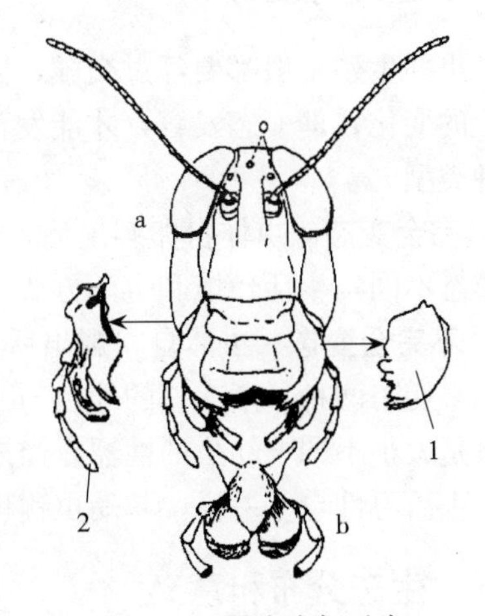

图3-73 昆虫头部示意

a. 昆虫的头部 b. 咀嚼式口器 1. 大颚 2. 小颚

（Snodgrass）

2. 胸部 分为前胸、中胸和后胸3部分。多数昆虫在中、后胸各有1对翅，少数仅有1对翅。每个胸节都由背板、侧板和腹板3部分组成。胸部生有3对足。足由基节、转节、腿节、胫节、附节和爪几部分组成。足常是分类依据之一，根据功能分为下列几种类型（图 3-74）。

（1）游泳足。常是后足特化成游泳足。各节延长、变扁似桨状，胫节和附节上着生许多刷状长毛，用来游泳。

（2）抱握足。常是雄体的前足，其附节膨大成吸盘，用来交配。

（3）跑步足。各节为圆筒形，附节细长，其末节包被细毛，其中存有空气，用以在水面跑动。

（4）步行足。较普遍。各节均瘦长，腿节和胫节的肌肉较发达，用于步行。

（5）捕捉足。常是前足转化成捕捉足。基节延长，腿节腹面有槽，胫节可折嵌在槽内，用于捕捉猎物。

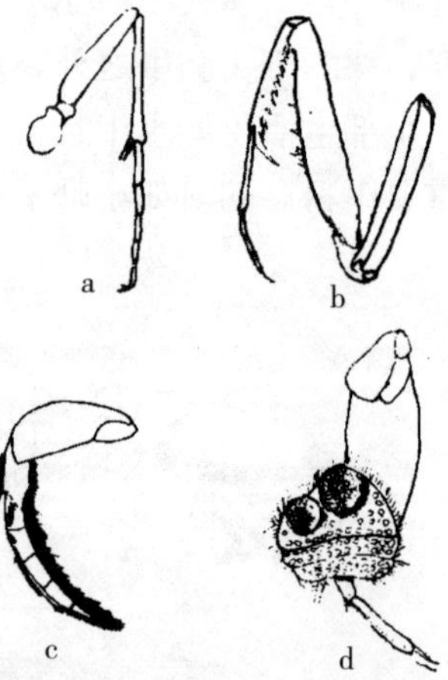

图 3-74 水生昆虫足的类型
a. 步行足 b. 捕捉足 c. 游泳足 d. 抱握足
（Folson 等）

水生昆虫的翅可分为鞘翅、膜翅和半翅 3 种。鞘翅是革质的，较厚而硬。膜翅是膜质的，薄而透明。半翅的前部是革质，后部是膜质的。前翅基部之间常有一小片三角形的中胸背板，称小盾板。

3. 腹部 各类昆虫腹部节数不同，一般有 5～11 节，两侧有 8～10 对气门。大部分水生昆虫的成虫和幼虫，常靠身体后部 1 对气门进行呼吸，因而这些水生昆虫不断到水面上来，使气门与空气接触，吸氧后再潜入水中。有些水生昆虫体壁某些部位形成片状或丝状的突起，内有大量的气管，可直接呼吸水中的溶解氧，称气管鳃。有些水生昆虫身体后端的气孔延长成为管状突起，称呼吸管。还有些水生昆虫身体后端具有含血液的管状突起，称血鳃。

多数昆虫腹部的第八节和第九节为雌性生殖节，第九节和第十节为雄性生殖节。

二、生殖与发育

昆虫的生殖一般都要经过交配，昆虫自受精卵孵出后要经过生长、蜕皮及一系列形态和生理上的变化，即变态发育，才能发育为成虫。水生昆虫的变态可分为完全变态和不完全变态 2 种类型。

1. 完全变态 虫体自卵孵出后，经幼虫和不食不动的蛹期，然后发育为成虫。幼虫与成虫形态不同，生活环境和生活方式也不同，如蚊。

2. 不完全变态 虫体自卵孵出后，只经幼虫期便可发育为成虫。不完全变态又分为渐变态和半变态两种。渐变态的幼虫与成虫不但在形态上较相似，其生活环境与生活方式也一样，只是大小不同，幼虫的性器官尚未发育成熟，其幼虫称若虫。半变态的幼虫与成虫形态不同，生活习性也不一样，其幼虫称稚虫。

三、生态分布和意义

水生昆虫主要包括两类，一类是成虫和幼虫均生活在水中，另一类仅幼虫生活在水中。有些水生昆虫对水产养殖有害，如龙虱和蜻蜓稚虫对夏花鱼苗或养殖蝌蚪危害甚为严重；有些昆虫可作为鱼类的天然饵料，如蜉蝣目、襀翅目、毛翅目、双翅目的幼虫，特别是摇蚊幼虫的人工培养，用途广泛。

四、分类概述

1. 鞘翅目 通称甲虫，为完全变态。成虫水生的种类其幼虫和蛹的阶段也在水中。成虫和幼虫多为捕食性，是养殖的大害。

成虫为咀嚼式口器。前翅是角质或革质，坚硬如鞘；后翅膜质且在静止时折叠于鞘翅之下。后足发达呈桨状，适于游泳。有的种类能飞到邻近的水体中生活。

幼虫体延长，呈蠕虫状。大颚发达。具有胸足。腹部 9 节或 10 节。

（1）龙虱科。成虫背面黑色，鞘翅，侧缘和体下方为黄褐色，体扁平，呈椭圆形。触角 11 节，细长，呈丝状。中足和后足不短小，后足为游泳足，在腹背有气门，尾端常浮出水面呼吸空气。善飞翔。每天平均可吃 4～5 尾鱼苗。幼虫称水蜈蚣，体细长。足 3 对，具明显的 2 爪。大颚强大，具沟。遇到捕获物时先用大颚夹住，然后扎入猎物体内，颚孔分泌毒液，麻醉捕获物后再分泌消化液，体外消化，沿大颚沟吸入体内。肉食性，幼虫比成虫更贪食，危害更大。龙虱在早春交配，将卵产于水草上，产卵期可达 1～2 个月。幼虫常在秋季移到岸边，在石下或泥土中形成蛹，经 2～3 周后羽化为成虫（图 3-75a）。

（2）牙虫科。成虫体色漆黑，触角短，6～9 节，末端数节膨大呈锤状。小颚须与触角等长或更长，以触角伸出水面呼吸。幼虫体宽阔，多褶纹，胸足短，跗节和爪合并为爪状节。肉食性，常以鱼卵、鱼苗或螺类为食，在体外使食物成半消化状态后吮吸并吞下（图 3-75b）。

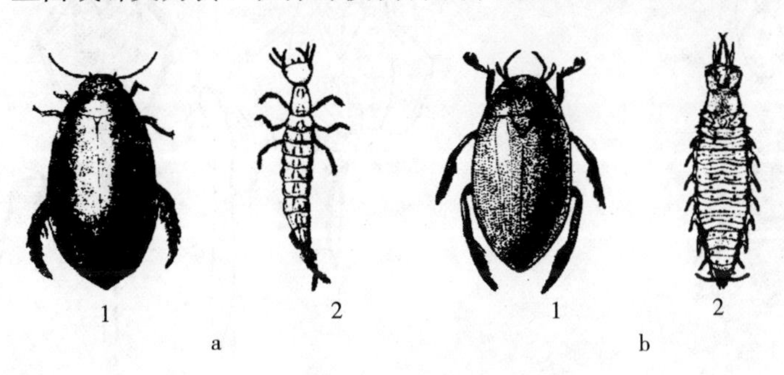

图 3-75 鞘翅目
a. 龙虱 1. 成虫 2. 幼虫
b. 牙虫 1. 成虫 2. 幼虫
（忻介六等）

2. 半翅目 多数为陆生，少数为水生。常在池塘、湖泊、河流中出现，在水中植物上或水面上爬行。发育为渐变态。若虫期约 2 个月，刺吸式口器，若虫有翅芽，成虫前翅基部革质，末端膜质。成虫在水底越冬。多为肉食性，是养殖鱼类的敌害。

（1）尺蝽科（水黾科）。肢体细长，头甚长，头长等于或长于胸部。触角等于或长于头长，眼远离前胸背板前缘，无单眼。胸足的爪位于跗节的顶端，跗节末端不分裂。生活于近岸的水面上（图 3-76a）。

（2）黾蝽科（水马虫科）。头部较短，触角等于或长于头长。胸足的爪不位于附节的顶端，跗节的末端分裂。前足与中足的距离远大于中足和后足的距离。喜于静水水面行走（图 3-76b）。

(3) 仰蝽科(松藻虫科)。体中等大小,头陷于前胸。触角短小,水中生活时背面向下,腹面朝上。后足长而呈桨状。善于游泳,捕食鱼苗并伤害幼鱼(图3-77a)。

(4) 划蝽科。体长4～12mm,呈卵圆形,平扁。头突出于胸部背面,触角短小,隐于头下。前足很短且只有1节跗节,在水中行动迅速而敏捷,环境不适合时,能从水中飞走,成虫越冬。早春交配产卵。它叮咬鱼卵,是养鱼的敌害。常见于孵化鱼池中(图3-77b)。

(5) 蝎蝽科。体呈褐色,头小,触角短小,腹部末端有2根细长的呼吸管。前足为强壮的捕捉足,中足和后足适于步行和游泳。危害鱼苗。养鱼池中常见有螳蝽(俗称水蝎)、蝎蝽、长蝎蝽(俗称红娘华)(图3-78)。

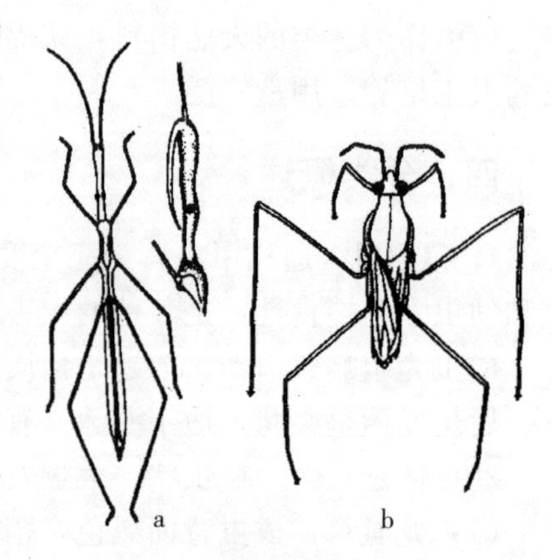

图3-76 尺蝽和黾蝽
a. 尺蝽 b. 黾蝽
(Pennak)

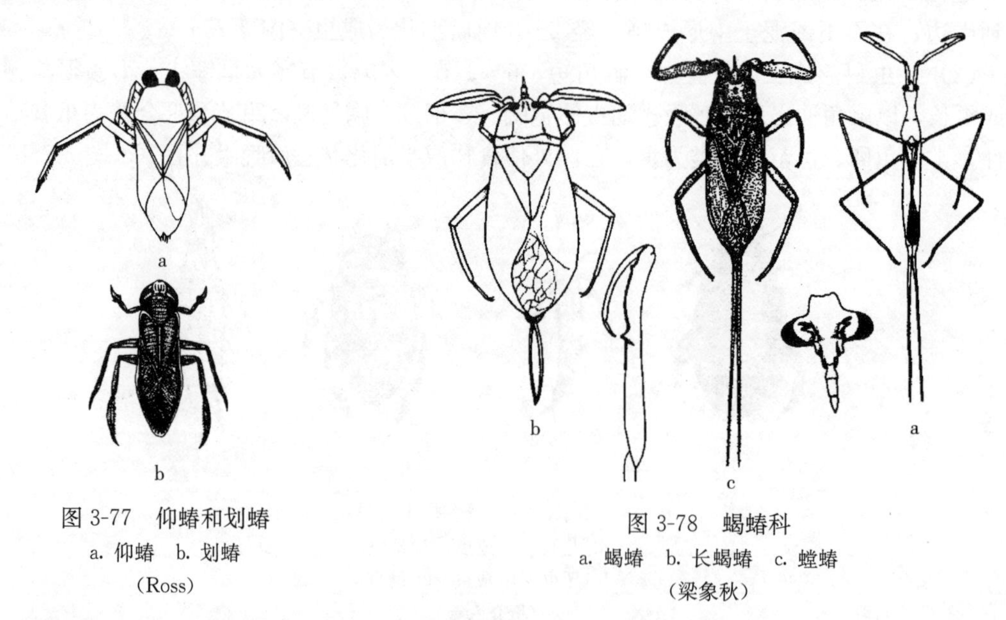

图3-77 仰蝽和划蝽
a. 仰蝽 b. 划蝽
(Ross)

图3-78 蝎蝽科
a. 蝎蝽 b. 长蝎蝽 c. 螳蝽
(梁象秋)

3. 蜻蜓目 成虫陆生,为半变态发育。稚虫期1～2年,有的为3～5年。全球分布,多栖于温暖地区。

稚虫为咀嚼式口器,下唇特化成能伸缩折叠的捕食器官,称罩形下唇、脸盖或面罩。复眼发达,触角短小,头与胸部愈合。稚虫分束翅亚目和差翅亚目。

(1) 束翅亚目(豆娘亚目)。稚虫体细长,腹部末端具3条细长的尾鳃,尾鳃有呼吸和尾鳍的功能。稚虫是鱼类的天然饵料,同时又危害鱼苗。稚虫期一般约1年。成虫不善于飞翔。本亚目共分11个科,常见有色蟌、蟌和丝蟌(图3-79a)。

(2) 差翅亚目(蜻蜓亚目)。成虫通称蜻蜓,为半变态发育。稚虫俗称水虿、"鱼老虎"。稚虫体粗壮,呈褐色,腹部扁宽,末端无气管鳃而具3个刺状或三角形突起。稚虫不能游泳，爬行缓慢，以蜉蝣幼虫、摇蚊幼虫、小鱼和蝌蚪等动物为食。对鱼苗的危害大。常见稚虫有蜻科的赤卒、蜓科的马大头、伪蜓科的江鸡（图 3-79b）。

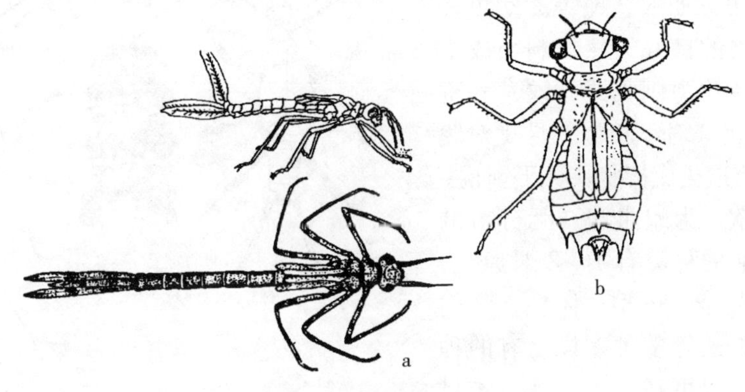

图 3-79 蜻蜓目稚虫

a. 色蟌 b. 赤卒

（何志辉等）

4. 毛翅目 俗称石蛾。成虫生活于水边草丛中，不善飞翔，寿命短，一般不超出 1 个月。发育为完全变态。幼虫水生，寿命为半年至 1 年。多居住于自制的巢管中并能携带巢管移动。是鱼类良好的天然饵料。有的幼虫咬稻苗，危害农业生产（图 3-80）。

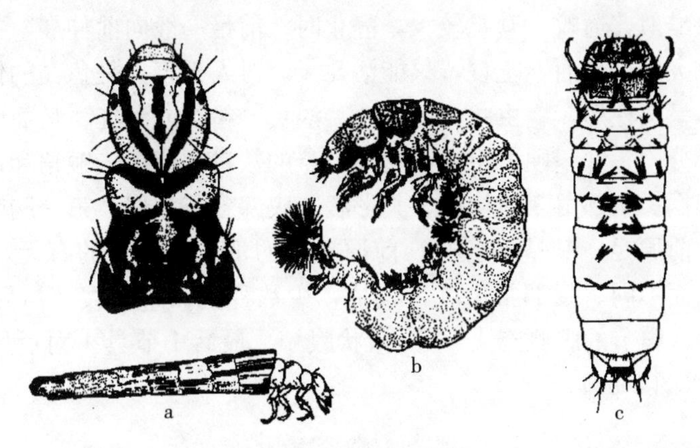

图 3-80 毛翅目幼虫

a. 石蛾 b. 蚊石蛾 c. 沼石蛾

（Ross）

幼虫为圆柱形，腹部比胸部粗，各节多丛生不分节的气管鳃，腹部末端有 1 对带钩的尾足，头部坚硬，甲壳化。触角细长，有复眼，咀嚼式口器。多生活于含氧量较高的溪流中。

成虫头小，复眼较大，咀嚼式口器退化，用小颚须或下唇须吸啜液体。

5. 襀翅目 俗称石蝇。成虫生活期 1 个月左右、生活于水边水草等物体上，半变态发育。稚虫喜生活于溪流中，而平原河流、湖泊中较少。多在水质清洁，氧气充足的流水石或沙粒间。有的种类稚虫期可达 3～4 年之久（图 3-81）。

稚虫的气管鳃位于胸部的下方或头部的下方，尾须 2 根，细长而多节。胸足强壮并具有 2 爪，多以蜉蝣稚虫、摇蚊幼虫等小型底栖动物为饵。是鱼类良好的天然饵料。

成虫头部宽扁，丝状触角，具 2 对膜质的翅。腹部 11 节，足的跗节分 3 节。不能远离水源作长途飞行。

6. 双翅目 成虫全为陆生，不少种类是人畜的害虫，如蚊、蝇等。幼虫多为水生，是鱼类的良好天然饵料。成虫复眼大，口器特化为刺吸式（蚊）和吮吸式（蝇）。胸足3对，相似。具1对膜质的前翅，后翅退化成棒状，称平衡棍。

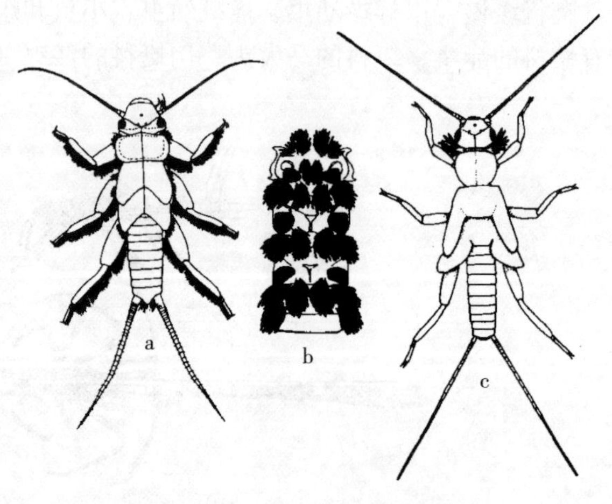

图3-81 石 蝇

a. 石蝇 b. 大石蝇 c. 短尾石蝇

（Frison）

幼虫体柔软，为蛆虫状。无分节的胸足，自由生活的种类有1～8对原足。幼虫生活习性复杂，体型、体色、气门的形态及呼吸方式等多种多样。有的种类的蛹（蚊类）也可在水中游泳。本目水生的幼虫常见摇蚊幼虫。摇蚊幼虫生长快、繁殖力强、数量大，是淡水底栖动物的重要组成部分，是鱼类，尤其是底栖性鱼类的良好的天然饵料。同时，根据水体中出现的摇蚊幼虫的种类和数量可判断水体营养类型及其污染的程度。目前，摇蚊幼虫已作为生物饵料进行人工培养。

摇蚊科：成虫酷似普通蚊，其足较大，静止时，前足一般向前伸展，并不停地摇动，故称摇蚊。成虫无刺吸式口器而不吃食，只能活几天。对人无害，是鱼类的饵料。

摇蚊类幼虫体呈圆柱形，蠕虫状，体色白、淡黄、粉红或深红，长20～30mm。身体分为头、胸、腹3部分。头部坚硬，甲壳质化。眼点的数目和位置，触角和口器的形态构造为不同种类分类的依据。胸部由3节构成，其形状与腹部各节相似。第一胸节的腹面有1对不分节的突出物，称前原足，其基部愈合。前原足上的爪、钩和毛的有无，数目、长短及形状，常随种类不同而不同。腹部常由9节构成，少数种类在第七腹节后侧角具1对指状侧鳃。有些种类在第八腹节的腹侧有1～2对指状腹鳃。最后1节具1对后原足，在肛门附近有2～3对肛门鳃（图3-82）。

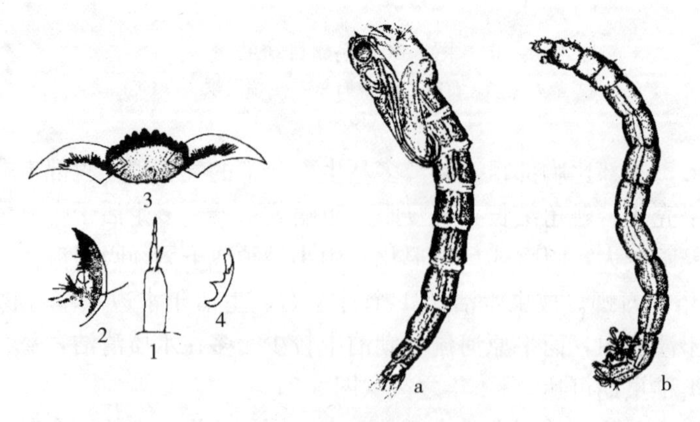

图3-82 摇蚊幼虫形态结构

a. 蛹 b. 幼虫 1. 触角 2. 大颚 3. 下唇齿板 4. 前颚

（Pemak）

摇蚊幼虫通常经过 3 次蜕皮开始变为蛹，蛹可在水中和底泥中自由活动，蛹的头胸部膨大，背面有翅芽，折向腹面。蛹期很短，几小时，最多 2～3d 即羽化为成虫。蛹常在夏季黄昏时从水底升到水面蜕皮羽化。刚羽化的成虫用双翅拍水而跑跳，然后离开水面停在靠岸的物体上。1～2d 内，大量成群的成虫于黄昏时交配，产卵于胶质卵袋里，卵袋落入水中。大多数种类 1 年有 2 个世代。刚孵出的幼虫具有明显的向光性，在水中行浮游生活，数天后由浮游生活转变为底栖生活，进入自己筑的巢穴中居住。摇蚊幼虫巢的类型依种类不同而不同。

摇蚊幼虫分肉食性和杂食性两种，肉食性的种类常以水生寡毛类、小型甲壳动物或其他昆虫幼虫为食。杂食性的种类则以细菌、藻类、小型动植物及其他有机碎屑为食。

摇蚊的种类很多，在海水和淡水中均有分布，作为生物饵料被利用的是其幼虫，其中培养价值较大的是分布于淡水中的背摇蚊幼虫。背摇蚊幼虫成虫体长 6～7mm，呈灰褐色。头部有 2 对眼点，触角 1 对。雄蚊触角 12 节，多密生羽状毛，第 1 节呈大圆盘状，第二至十一节呈短环状，第十二节很长。雌性 6 节，各节末端数根刚毛。最后 1 节肛门附近有 2～3 对肛鳃。幼虫体长0.56～13mm，幼虫蜕皮 4 次变成蛹。幼虫呈淡红色、粉红色。背摇蚊的盛产期在气温 20℃以上。主要在早晨和傍晚产卵，卵在 5℃以上才能孵化，孵化时间与温度呈正相关。25℃时为 35～40h。

7. 蜉蝣目 成虫生活于水边附近的陆地，半变态发育，稚虫水生。日落后羽化为成虫，成虫常在水面之上成群飞舞，称蜉蝣舞。不吃食，只能活几小时或几天，交配产卵后即死亡，稚虫期较长，常为 1 年。成虫和稚虫是鱼类良好的天然饵料（图 3-83）。

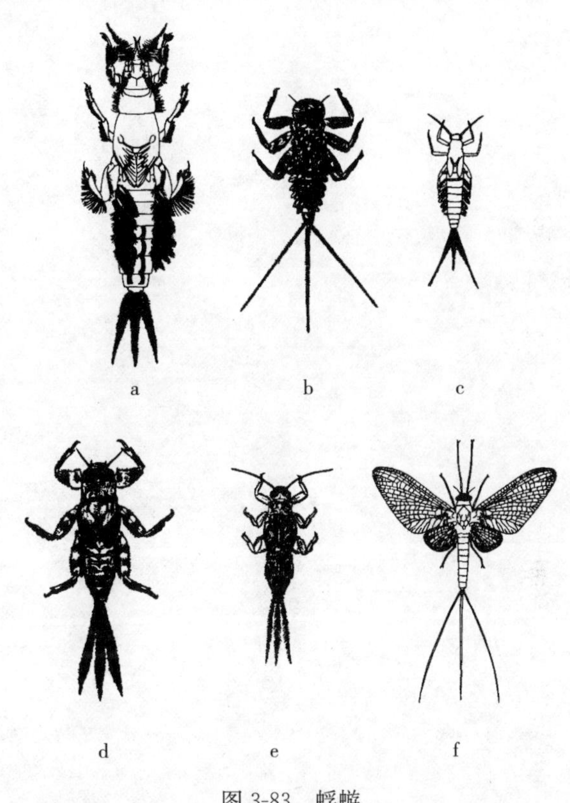

图 3-83 蜉蝣

a. 蜉蝣 b. 扁蜉 c. 四季蜉 d. 小蜉 e. 细蜉 f. 成虫

（何志辉等）

稚虫的胸肢强壮，末端有 1 爪。气管鳃位于腹部两侧，呈叶状或丝状。腹部末端有尾毛，常为 3 根，初孵化为 2 根。水底爬行或在水草间游泳，或钻藏于石下，或在水草上攀爬。多数以藻类、小型动物或有机碎屑为食。

成虫翅大，呈三角形，膜质。腹部末端有 3 条尾毛。

复习思考题

1. 比较区别多毛类、寡毛类和水蛭，各类有何经济意义？
2. 查阅相关资料，了解水蚯蚓的生态分布及人工培养方法。

3. 腹足类、瓣鳃类和头足类的主要形态特征是什么？
4. 简述人工育珠的基本原理。
5. 主要养殖的经济虾类有哪些？如何区分？
6. 主要经济蟹类有哪几种？如何区分？
7. 中华绒螯蟹繁殖习性有何特点？
8. 卤虫、丰年虫与养殖的关系如何？
9. 简述水生昆虫适应水生生活的特征。
10. 哪些水生昆虫可做鱼类的天然饵料？哪些水生昆虫是鱼类的敌害生物？

第四章　大型水生植物

大型水生植物是指肉眼能直接看见的水生植物，包括水生高等植物和大型沉水藻类植物。

第一节　水生维管束植物

水生维管束植物是指生活在水中具有维管束结构的植物，也称水生植物，俗称水草。包括水生蕨类植物和水生被子植物两大类。所谓维管束，是指高等植物体内起输导和支持作用并呈束状的结构。水生维管束植物在长期演化过程中，产生了一系列适应水环境特点的形态构造和繁殖方式。根据其具体的生态环境可分为挺水植物、浮叶植物、沉水植物和漂浮植物四大生态类群。

一、形态构造

1. 根　由于水生植物被水淹没的部分都能吸收养料和水分，因而水生维管束植物的根大多退化，有的根已经消失，常无主根。根的分支少或不分支，无根毛，根的所有表皮都有吸收作用。漂浮植物的根有吸收作用，更主要的是平衡植物体的作用。

2. 茎　与陆生植物相比，水生维管束植物的茎柔软而纤细，茎表皮一般不具有防止水分蒸发的角质层，有吸收功能，含有叶绿素，能进行光合作用。挺出水面的茎与陆生植物的茎构造相似。生于泥水中的茎，气道和细胞间隙大，常形成很大的贮藏气体的气室，有利于内部细胞进行气体交换，而且易于漂浮。水生植物常见的茎有：

（1）直立茎。水生植物的直立茎挺立于空气中或沉没于水中，由于长期生活在水中，形成了适应水环境的形态结构特点，其机械组织退化，茎表皮细胞可以吸收水中的各种营养物质，维管束退化，茎表皮细胞具有叶绿素，能进行光合作用，沉水植物的茎内气室发达，以适应水中气体交换。

（2）匍匐茎。又称横走茎，水生植物的匍匐茎常沿水面蔓延生长，一般节间较长，节上生有须根，节上的芽可萌发生长为新的植株。如漂浮植物的水葫芦、水浮莲以匍匐茎进行营养繁殖，速度很快。

（3）根状茎。外形似根，但有节和节间及鳞片状退化的叶。莲和芦苇都有发达的根状茎，根状茎最大的特点是气室发达，以适应水中气体交换。

（4）球茎。短而肥厚，呈球状，下端有许多须根，节上有干膜质的鳞片叶，如荸荠等。

3. 叶　水生植物的叶分为挺水叶、浮水叶和沉水叶 3 种类型。挺水叶具有与陆生植物叶相同的构造。浮水叶叶内气室特别发达，叶的背面或叶柄处常形成气囊，使叶片漂浮于水面。叶的腹面有许多气孔，有角质层，有明显的栅栏组织。沉水叶的叶片细裂成丝状，或大而薄，以增加叶面积，适应水中光照及水流。但沉水叶的海绵组织与栅栏组织分化不明显，无气孔、无角质层等。细胞间隙大，维管束、机械组织极不发达。

同一棵植物体在不同的发育阶段以及与水环境的接触程度不同，可能产生不同形状的叶，这种同一植物发生不同形状的叶的现象称异形叶性或异叶现象。如慈姑的初生叶为线形，中生叶为披针形，而后生叶则呈戟形：菱具有 2 种叶形，浮水叶呈阔菱形或近三角形，叶缘具锯齿，沉水叶为线形，羽状细裂。

二、繁殖

1. 营养繁殖 水生植物有非常强的繁殖力，其主要是营养繁殖。营养繁殖方式多样，如出芽、匍匐茎、植株分枝、折断、冬芽和不定芽等。无根萍、浮萍、满江红等以叶状体出芽产生新的叶状体，可以在短短的几天内繁殖出比原植株多几倍的新个体；金鱼藻、黑藻等的分枝折断，每 1 个分枝可成为一新的植株。

2. 有性生殖 水生植物的有性繁殖通过开花、传粉、受精、结果、产生种子的过程来完成。水生植物的花有两性花和单性花 2 种，大多是异花授粉。除由昆虫、风力为媒介授粉外，还可以借助水力来授粉，为水媒花。

三、分类

水生维管束植物种类多、分布广，涉及蕨类植物和被子植物。下面仅介绍四大生态类群中的常见种类。

水生维管束植物生态类群检索表

1（6）根或地下茎生于泥土中。
2（3）植物体全部沉没于水中，有的仅花序露出水面 …………………………………… 沉水植物
3（2）植物体不全部沉没于水中。
4（5）植物体上部茎、叶或仅叶挺出水面 ……………………………………………………… 挺水植物
5（4）植物体大部分沉没于水中，叶片浮于水面 ……………………………………………… 浮叶植物
6（1）根或地下茎不生于泥土中，根悬垂于水中，有的无根 ………………………………… 漂浮植物

（一）挺水植物常见种类

1. 芦苇（芦、苇、葭） 多年生挺水草本。秆细长木质化，高 1～3m，直径 2～10mm，节下常有白粉，具粗壮的匍匐茎。叶片为带状披针形，长 15～50cm，宽 1～3cm，叶鞘为圆筒形，叶舌极短。大形圆锥花序，花果期 7—11 月，分布于我国南北各地。芦苇的用途广泛，经济价值高，嫩苗叶是鱼、牛、马、羊等的天然饲料，芦苇是造纸的重要原料，也是人造纤维的一种原料。此外，芦笋可做蔬菜，芦根可入药，芦花可做枕芯。芦苇还是良好的护堤植物、编织材料（图 4-1）。

2. 喜旱莲子草（水花生、革命草、空心草） 茎为圆柱形，中空，茎节明显，叶对生，无叶柄，叶片为倒披针形或匙形，叶全缘，叶长 2～3cm，宽 1.0～1.5cm。常匍匐生长在池塘、湖泊边的浅水处，也可生于近水处的岸边，称两栖性植物。喜旱莲子草是高产青饲料之一，可打成草浆喂鱼。据测定，100kg 鲜草含氮素 1.4kg、磷酸 0.09kg、氯化钾 0.57kg，是一种很好的绿肥（图 4-2）。

3. 菰（茭白、茭笋） 株高 1～2m。多年生，秆草质，基部由于真菌寄生而变肥厚呈

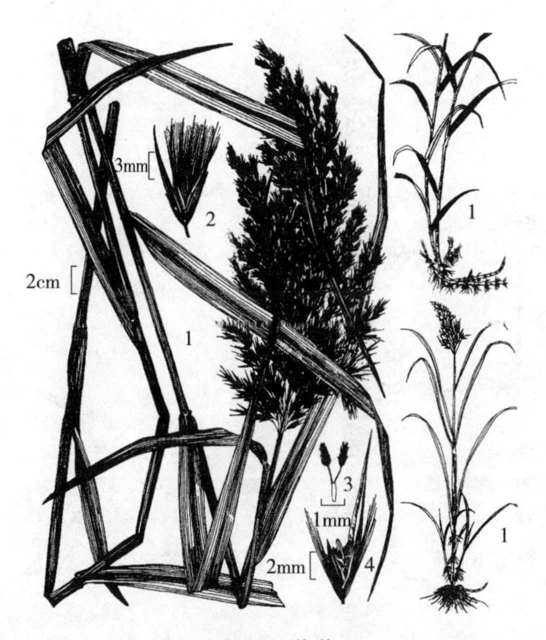

图 4-1 芦苇

1. 植株 2. 小穗 3. 雌蕊 4. 花

(蒋祖德)

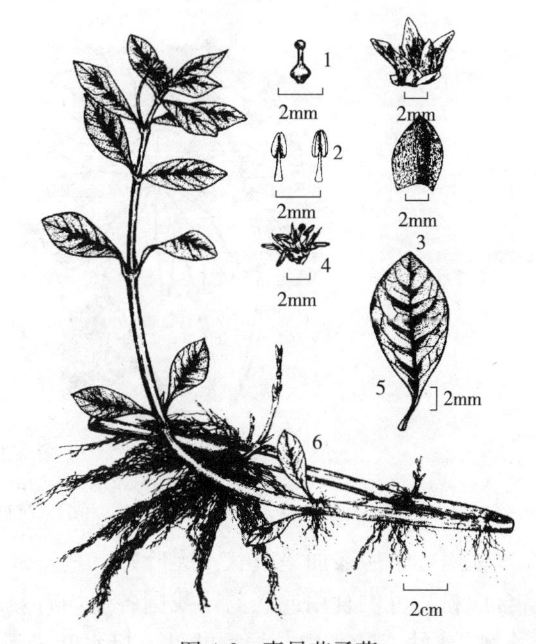

图 4-2 喜旱莲子草

1. 雌蕊 2. 雄蕊 3. 苞片 4. 退化雄蕊 5. 叶 6. 枝

(裴鉴，单人骅)

肉质茎。茎基部节上有不定根，须根粗壮。叶片扁平，为带状披针形，长 30～100cm，宽 25cm，中肋在背面隆起，叶鞘疏松光滑，单性花，圆锥花序大，多分枝。花果期秋冬季。生于沼泽或栽培于水田。我国南北各地均有栽培。肥厚肉质茎可做蔬菜和饲料（图 4-3）。

4. 莲（莲花、荷花、芙蓉） 叶为盾状圆形，着生于有小刺的叶柄上，波状全缘，直径30～90cm，基生，叶柄长，根茎发达。花单生，形大，呈淡红色或白色，以粗大的花梗挺出水面。果实嵌生于倒圆锥形的花托孔穴内。多年生花期 6—9 月，果期 9～10 个月。我国南北都有栽培。经济价值大，全株均可利用。地下茎称为藕、种子称为莲子、叶称为荷叶、花托称为莲蓬。栽培品种依其用途分子藕（以采收莲子为主）、莲藕（以取地下茎为主）、花藕（观赏用）三类（图 4-4）。

5. 荸荠（马蹄） 茎直立，为圆柱状，丛生，高 20～70cm，直径 2～7mm，茎有

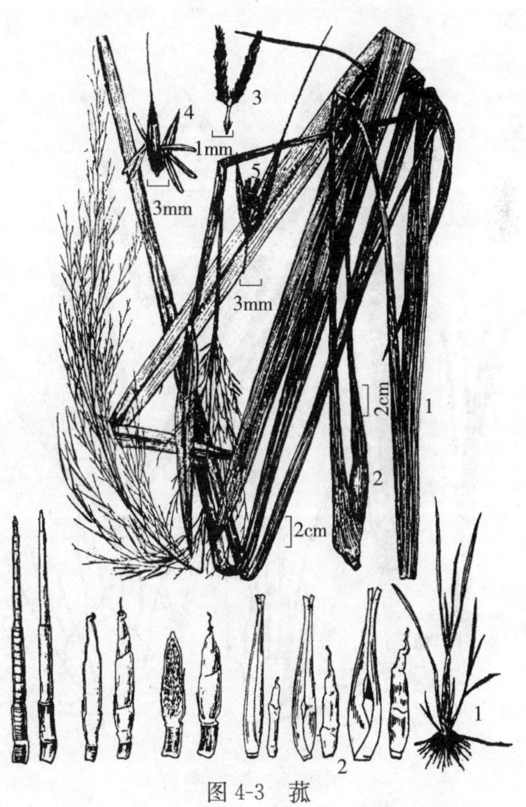

图 4-3 菰

1. 植株 2. 肉质茎 3. 雌蕊 4. 雄花 5. 雌花

(裴鉴，单人骅)

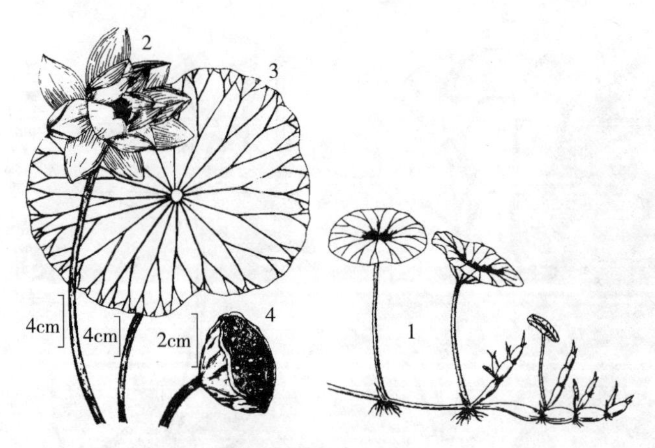

图 4-4　莲
1. 植株　2. 花　3. 叶　4. 莲蓬
（蒋祖德）

许多横隔，干后表面呈节状。无叶片，茎基部有管状叶鞘，根状匍匐茎顶端形成球茎，球茎富含淀粉，可供食用或入药。我国各地均有栽培（图 4-5）。

6. 慈姑　叶基生，异型叶性，挺水叶箭形，叶柄较粗壮；沉水叶线形。花果期夏秋季，多年生。秋后在地下茎先端形成球茎。球茎营养价值较高，耐贮运，可作为蔬菜食用。叶可做饲料。生产中慈姑常与茭白、席草等水生作物进行轮作或套作，以避免病害，增加产量（图 4-6）。

图 4-5　荸　荠
1. 植株　2. 球茎　3. 花　4. 果实
（蒋祖德）

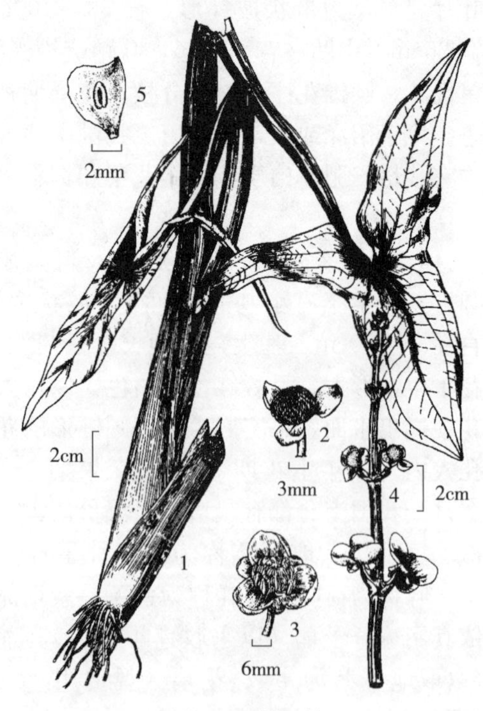

图 4-6　慈　姑
1. 植株　2. 雌花　3. 雄花　4. 花序　5. 果实
（蒋祖德）

7. 水芹 茎直立具槽，高 30～50cm，以匍匐茎蔓延。叶互生，叶柄基部呈鞘状，小叶（裂片）呈卵形或卵状披针形，叶缘具不规则缺刻状齿。复伞形花序，花序与叶片对生，花序柄长，花小，白色。生长在浅水处、水沟旁或溪流边潮湿地，也可栽培于水田中。我国两广、闽、湘、晋、冀、滇、黔以及台湾省均有分布，东南亚也有栽培（图 4-7）。

8. 狭叶香蒲 直立茎为圆形，高 1.5～2.0m，基部直径 1.5～2.0cm。叶剑形，长 130～150cm，宽 8～10mm。地下茎匍匐状，生有许多须根。花序肉穗状，似烛，故又名水烛。为多年生挺水植物，生长在水边湿地或池沼、河溪的浅水中。我国东北各省均有分布，极为常见（图 4 8）。

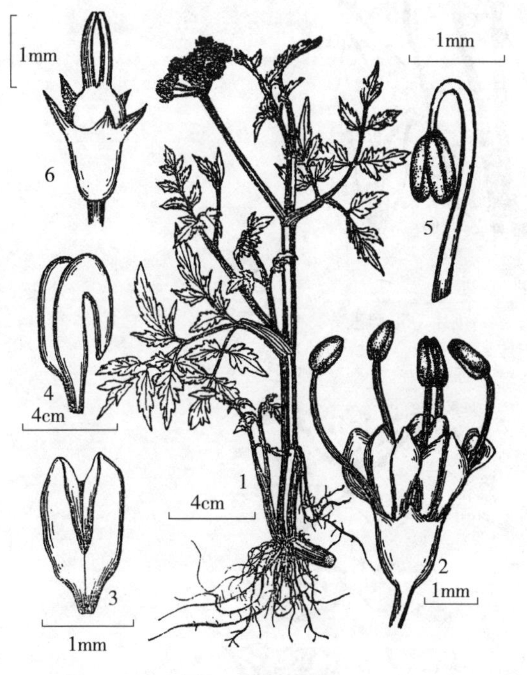

图 4-7 水 芹

1. 植株 2. 花 3. 花瓣 4. 花瓣侧面

5. 雄蕊 6. 花萼

（蒋祖德）

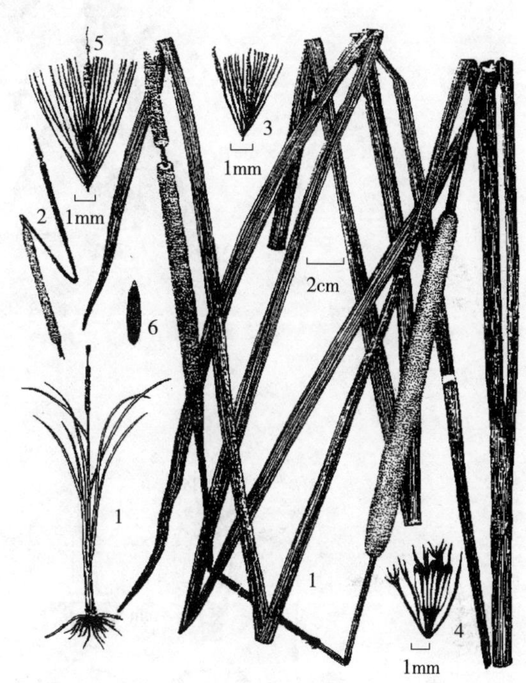

图 4-8 狭叶香蒲

1. 植株 2. 花序 3. 雌花 4. 雄花

5. 果实 6. 种子

（裴鉴，单人骅）

9. 荆三棱 茎为明显三棱形，高 1m 左右，基部直径约 1cm。叶线形。花序伞状或头状，花序下面有禾叶状苞片。为多年生挺水植物，多生长在湿地或浅水中。我国南北各地均有分布，是一种很难根除的农田杂草（图 4-9）。

（二）浮叶植物常见种类

1. 菱 根生于泥中，茎细长，叶分 2 种，沉水叶对生，羽状分裂，裂片似细根；浮水叶三角状菱形，叶柄上具气囊。茎近水面处节间缩短，叶密集于茎顶成盘状，称菱盘。花小，为白色。果实为绿色或紫红色，有刺状角 2～4 枚，含淀粉，供食用和提取菱粉。茎叶作饲料或肥料。菱是一种重要水生经济作物。常见种有角菱、红菱、东北菱、南湖菱等。我国长江以南常栽培红菱，其浮水叶腹面深绿色，背面紫红色，元宝状的果实为紫红色或紫黑色。我国东北部常见东北菱，其果实为锚状，4 个角，呈绿色（图 4-10）。

2. 芡实（鸡头米、刺莲藕、假莲藕） 植株高大有刺，有白色须根，根茎不明显。初生

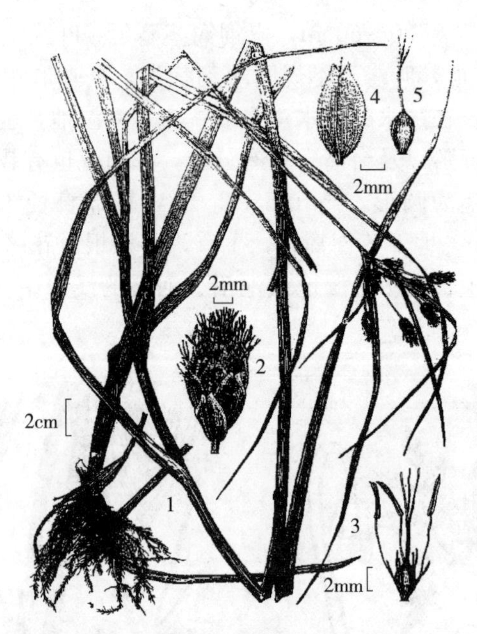

图 4-9　荆三棱

1. 植株　2. 花序　3. 花　4. 苞片　5. 雌蕊

（蒋祖德）

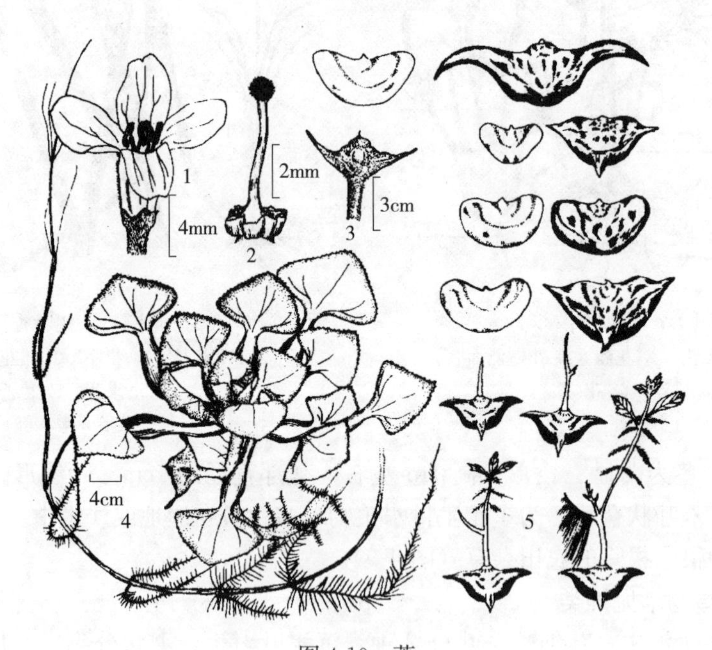

图 4-10　菱

1. 花　2. 雌蕊　3. 果实　4. 植株　5. 种子萌发

叶较小，沉水，为箭形或下部不开裂的椭圆形，后生叶较大，裂片开口较小；浮水叶为圆形，不开裂，直径可达 130cm。叶柄长，中空多刺。叶上面深绿色，叶脉下陷，叶片皱褶；叶下面为紫红色，叶脉隆起。紫色花常伸出水面，浆果为球形，密被刺，似鸡头，俗称鸡头米。花期 7—8 月，果期 8—10 月，多生于富黏土的池沼、湖泊中。分布于我国南北各地（图 4-11）。

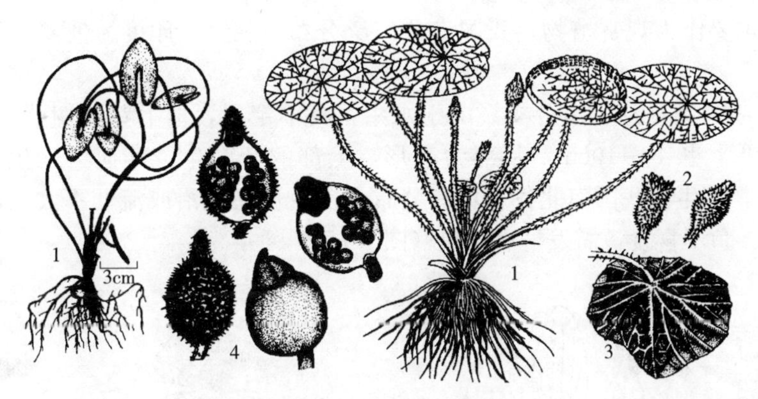

图 4-11 芡实

1. 植株 2. 花 3. 叶 4. 果实

3. 莼菜 多年生浮叶植物，具匍匐状的地下茎，茎细长分支。叶为盾状，浮于水面，上腹面绿色，下背面带紫色。叶柄和花柄长，花出自叶腋，紫色。生于池塘、湖泊，现也可人工栽培。茎、叶及花柄被有胶质黏液，特别是茎叶幼嫩时，具特殊香味，柔滑可口，是一种名贵的蔬菜，为杭州西湖名特产品之一（图 4-12）。

4. 眼子菜 多年生草本植物，茎细长，为圆柱形或稍扁（图 4-13）。有浮水叶与沉水叶之分，或全为沉水叶。浮水叶革质，长椭圆形，顶端短尖，长 4～8cm，宽 2～4cm。沉水叶长矩圆披针形，似柳树叶，叶柄长 6～17cm。对生或互生。花小，穗状花序。生长在池塘、湖泊、水沟中。我国南北均有分布。

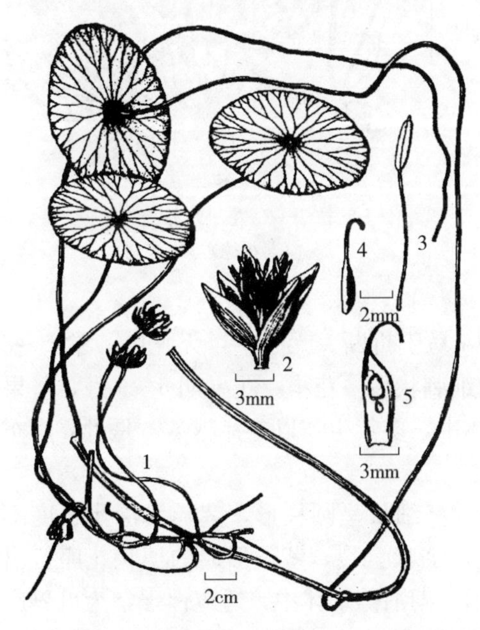

图 4-12 莼 菜

1. 植株 2. 花 3. 雄蕊 4. 雌蕊 5. 果实

（裴鉴，单人骅）

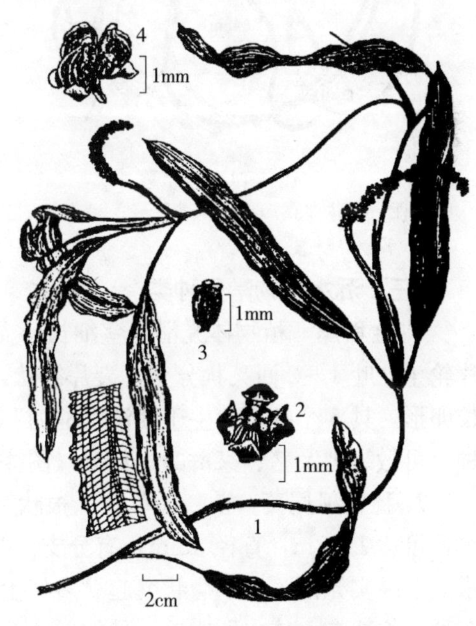

图 4-13 眼子菜

1. 植株 2. 花 3. 雌蕊 4. 果实

（蒋祖德）

5. 睡莲 根茎短粗，深埋泥底。叶为椭圆形，全缘，叶基为心形，叶长 5～12cm，宽 7～15cm，叶表面深绿色，光滑，背面暗紫色，叶漂浮。叶柄为圆柱形。花白色，浮于水面或挺出水上。主要作为观赏植物，我国南北广泛分布，朝鲜、印度、俄罗斯等国均有分布（图 4-14）。

6. 荇菜 茎为圆柱形，多分支，沉于水中，具不定根，地下茎匍匐状，生于底泥中。叶漂浮，为圆形，长 5～10cm，基部为心形，上部的叶对生，其他为互生，叶柄长 5～10cm，花黄色，腋生。我国南北各省均有分布，多生长在池沼或流动不大的河沟中，多年生，具有苦味，鱼不喜食，需发酵后投喂（图 4-15）。

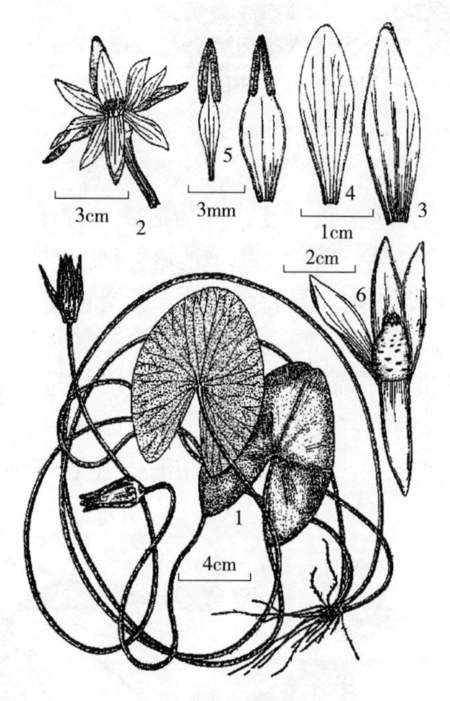

图 4-14 睡 莲

1. 植株 2. 花 3. 萼片 4. 花瓣 5. 雄蕊 6. 果实

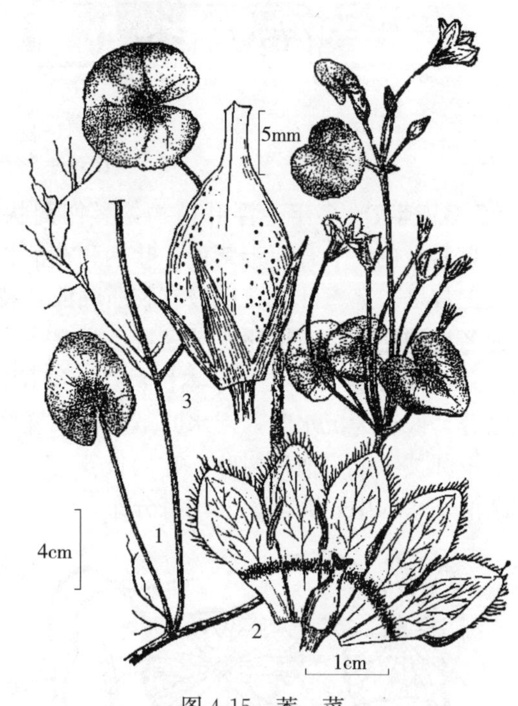

图 4-15 荇 菜

1. 植株 2. 花 3. 雄蕊

（蒋祖德）

（三）沉水植物常见种类

1. 金鱼藻 植物体光滑。茎细长分支，较脆弱，易于折断。无叶柄，无托叶，常 6～8 片轮生，叶 1～2 回叉状分支，裂片线状，边缘有微细刺状齿。花小。花果期 6—9 月，坚果长卵形，具 5 个针刺。生于湖泊、池塘和水沟等水体中，多年生，以冬芽越冬，是世界广布种。可做绿肥及猪、家禽的饲料等（图 4-16）。

2. 穗花狐尾藻（杂、聚草） 根状茎生于泥中，茎细长呈圆柱形，茎随水深浅长度不一，可达 1～2m，直径 3mm，有分支。叶 4 枚轮生，羽状全裂，茎顶形成的穗状花序挺出水面。果实光滑，无小瘤状突起。多年生，生于池沼、湖泊等水体中，适应性强，为世界广布种，往往在水体中形成单一种的群落。是产黏性卵鱼类的产卵场所，也可做猪饲料和绿肥（图 4-17）。

3. 马来眼子菜（竹叶眼子菜） 茎为圆柱形，分支少，叶片为椭圆状披针形，先端尖，叶缘波状具细锯齿，中脉粗壮，叶柄长 2～5cm。多年生，广泛分布于全国各地，常在底质较硬的河边和湖泊中成群生长，是鱼的优良饵料，也可做饲料、绿肥（图 4-18）。

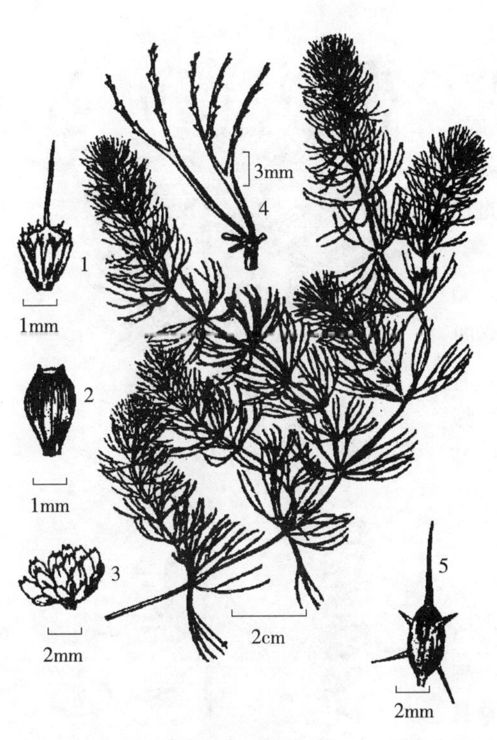

图 4-16 金鱼藻

1. 雌花 2. 雄蕊 3. 雄花 4. 叶 5. 果实

(蒋祖德)

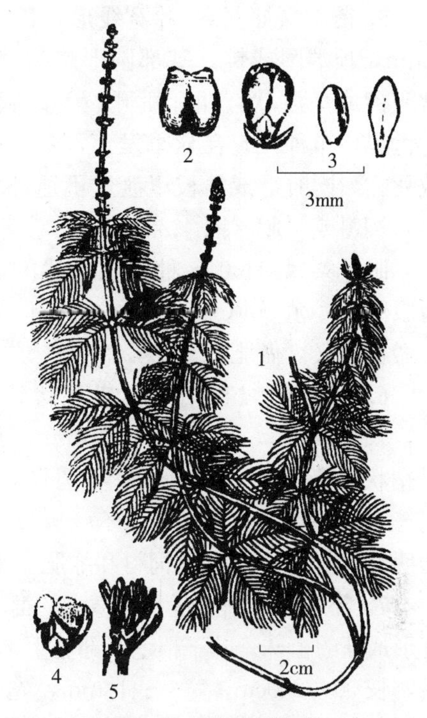

图 4-17 穗花狐尾藻

1. 植株 2. 果实 3. 苞片 4. 雌花 5. 雄花

(蒋祖德)

4. 微齿眼子菜（黄丝草） 根、茎横行泥中，茎细分支，叶片为宽线形，长 2～6cm，宽 2～4mm，无叶柄，顶端钝或短渐尖，叶边缘有细齿，中脉明显。分布广，在池塘、湖泊中有时可形成优势种群，是鱼类饵料，也可做饲料和绿肥（图 4-19）。

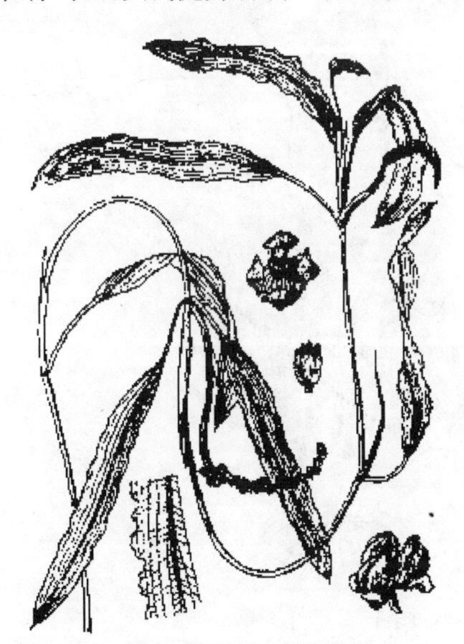

图 4-18 马来眼子菜

(蒋祖德)

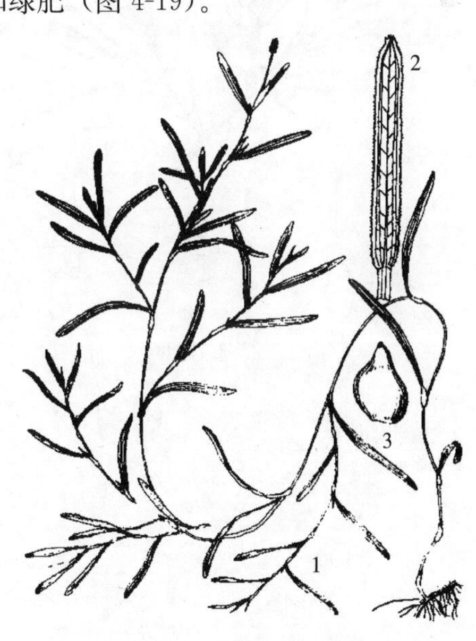

图 4-19 微齿眼子菜

1. 植株 2. 叶 3. 果实

(蒋祖德)

5. 菹草（虾藻） 叶宽线形，长4～7cm，宽4～8mm，顶端圆或钝，基部圆形略抱茎，边缘有细齿，常皱褶或呈波状，托叶鞘开裂，薄膜质，极易破碎。为世界广布种，它在秋季发芽，冬季生长，夏季多衰败死亡，同时形成鳞枝以渡过不适环境，可做鱼的饵料，饲料或绿肥（图4-20）。

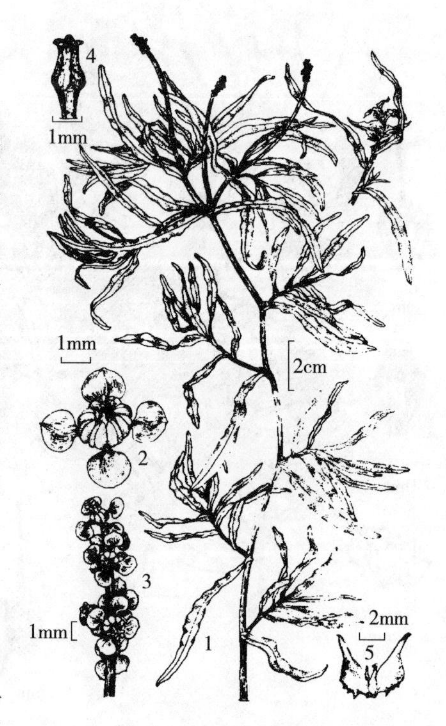

图4-20 菹 草
1. 植株 2. 花 3. 花序 4. 雌蕊 5. 果实
（蒋祖德）

眼子菜属有30余种，除上述的马来眼子菜、微齿眼子菜、菹草以外，我国常见有10种以上，都既可做饲料又可做肥料。

6. 小茨藻 植株细弱，茎叉状分支。叶片为细线形，长1.5～3.5cm，宽约0.5mm，顶端渐尖，基部呈鞘状，抱茎，鞘的两侧呈半圆形，或有时近截平，鞘缘有小刺状小齿，叶缘各有7～12个刺状小齿，中肋明显。分布广，可做饲料和绿肥（图4-21）。

7. 苦草 无直立茎，具横走的匍匐茎，茎端具芽，能形成新的植株。叶于根茎节部丛生，为长狭带形，扁平，长30～200cm，宽4～18mm，先端钝圆，叶缘具不明显的小锯齿。雌雄异株，开花时挺出水面，为典型的小媒花。主要生长在湖泊、水渠中，是草食性鱼类喜食的优质饵料。还可做猪、鸡、鸭的饲料（图4-22）。

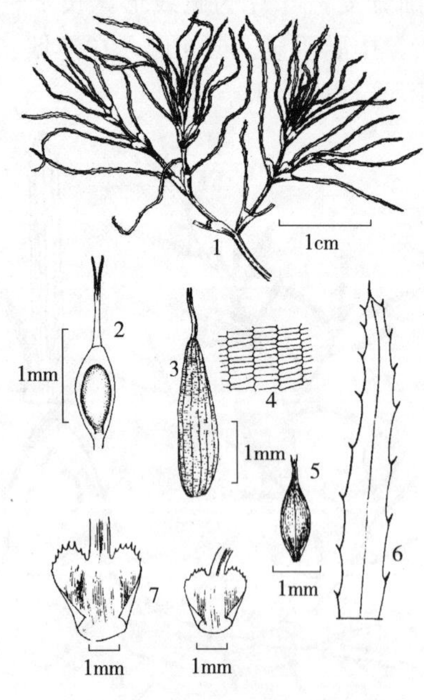

图4-21 小茨藻
1. 植株 2. 雌蕊 3. 果皮 4. 种皮
5. 雄花 6. 叶 7. 叶基部
（蒋祖德）

图4-22 苦 草
1. 雄株 2. 雌株 3. 球茎
（蒋祖德）

8. 篦齿眼子菜 茎细长，长 50～100cm，直径约 1cm，呈叉状分支。叶线形，互生，长 2～6cm，宽 1～2cm，顶端尖，全缘，具抱茎托叶鞘。为多年生沉水植物，多生长在湖泊、池沼、水田中，也可在半咸水中生活。我国南北各地常见，可做饲料、绿肥等（图 4-23）。

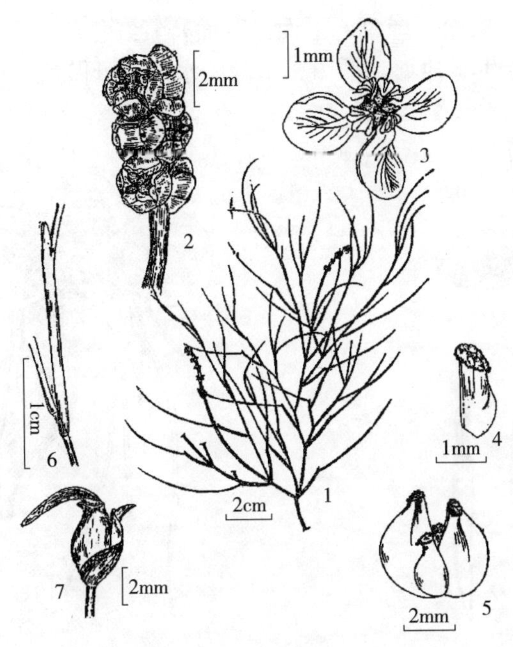

图 4-23 篦齿眼子菜

1. 植株 2. 花穗 3. 花 4. 雌蕊 5. 果实 6. 叶基的托叶 7. 球茎

（蒋祖德）

（四）漂浮植物常见种类

1. 芜萍（萍沙、微萍、无根萍、薸砂） 植物体退化成叶状体，微小如细沙，长 1.3～1.5mm，宽 0.3～0.8mm。叶状体为椭圆形或卵圆形，绿色。叶状体先端凹入处分裂产生新的芽体，芽体成长后受外力等作用，离开母体成为独立的新个体。夏季为繁殖旺季，以冬芽越冬。多生于静水体，常布满水面，是草食性鱼类苗种的优良饵料。为世界广布种，已进行人工栽培（图 4-24）。

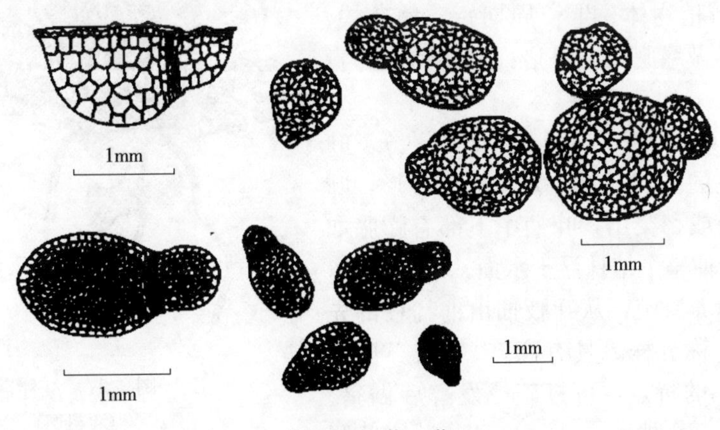

图 4-24 芜 萍

2. 浮萍（青萍、小浮萍） 叶状体较小，仅2～6mm，卵形或椭圆形，全缘，背腹面均为绿色，每片叶状体背面有一条白色须状根。生长在池塘、稻田、水沟，为世界广布种。可做畜禽饲料和草食性鱼类苗种的优质饵料（图4-25）。

3. 紫背浮萍（紫萍、水萍） 叶状体扁平，卵形或圆形，长5～9mm，宽4～7mm，常3～4个叶片相集。上面（腹面）绿色，下面（背面）紫红色，根5～11条，长3～5cm。常以侧芽繁殖，分布广。浮生于池塘、稻田、水沟的水面。可做鱼、猪及家禽的饲料，也可入药（图4-26）。

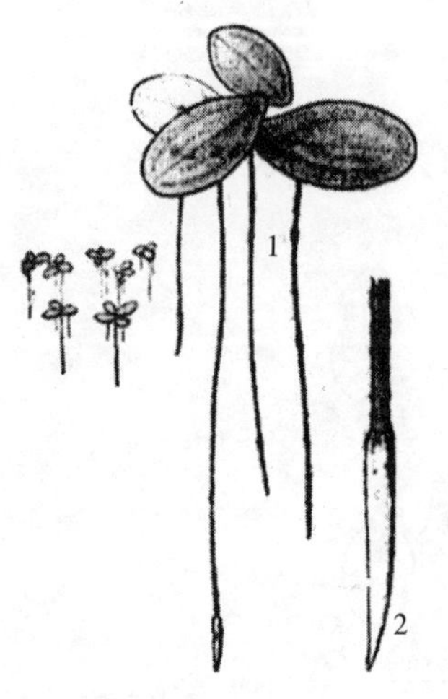

图4-25 浮 萍
1. 植株 2. 根鞘
（蒋祖德）

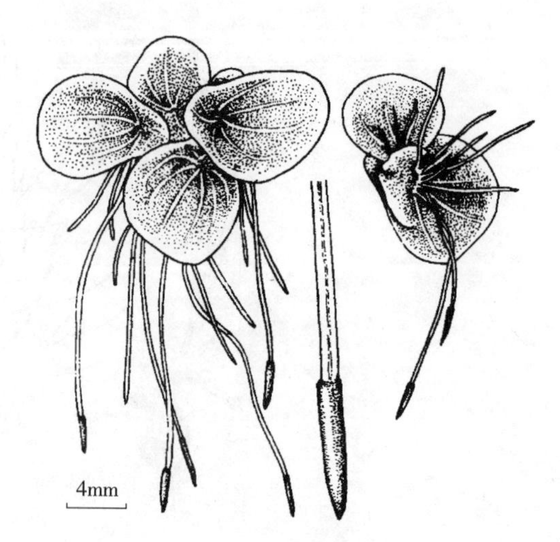

图4-26 紫背浮萍
（蒋祖德）

4. 红浮萍（满江红） 为一年生植物，植物体略呈三角形。横卧茎短小，茎下生须状根，茎上生叶。叶片极小，互生，每个叶分裂成上下重叠的2个裂片。上裂片为绿色或红褐色，较厚，下裂片沉没水中，膜质。有固氮蓝藻共生其中，能固定空气中的游离氮，而被广泛栽培于水池或稻田中，是稻谷的优良生物肥源。浮生于池沼、沟渠等静水水面。无性繁殖为腋芽生出的分支产生新植物体。生长周期短、繁殖快、营养价值高，可做绿肥，也是猪、家禽和鱼的青饲料（图4-27）。

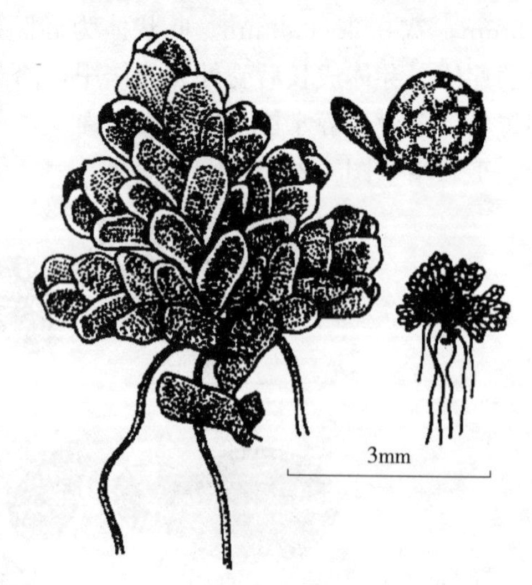

图4-27 红浮萍
（蒋祖德）

5. 凤眼莲（水葫芦、凤眼蓝、洋雨久） 叶丛生在缩短的茎的基部，叶片为卵形至心形，叶面光滑，先端圆或稍突出，叶柄中下部有膨胀如葫芦状的气囊，使整个植株浮于水面，须根发达，悬垂于水中。营养繁殖，从叶腋抽出匍匐枝的先端形成新植株，称分株。具有高产、生长迅速，易采收和分布广的特点，可打碎或发酵后做猪、家禽、鱼的饲料。全株可入药。也是一种能监测水环境和净化污水极好的水生植物。但在许多内陆水域中暴发性生长，对环境造成危害，这是引种栽培值得考虑的问题（图 4-28）。

6. 大薸（水浮莲） 茎极短。叶片长，呈楔形，全缘，叶脉扇状，背面隆起，叶面密生白色细毛，具发达的通气组织，使植物具有较强的浮力。根须状，似一束纤维，悬垂于水中。肥水池中的个体根较短，长 16～22cm；瘦水池中的个体根伸长，长约 66cm。新生根为白色，老成后为黑色。为多年生漂浮植物，常群生于静水池塘、沟渠等处，分布广，繁殖快，是一种高产饲料（图 4-9）。

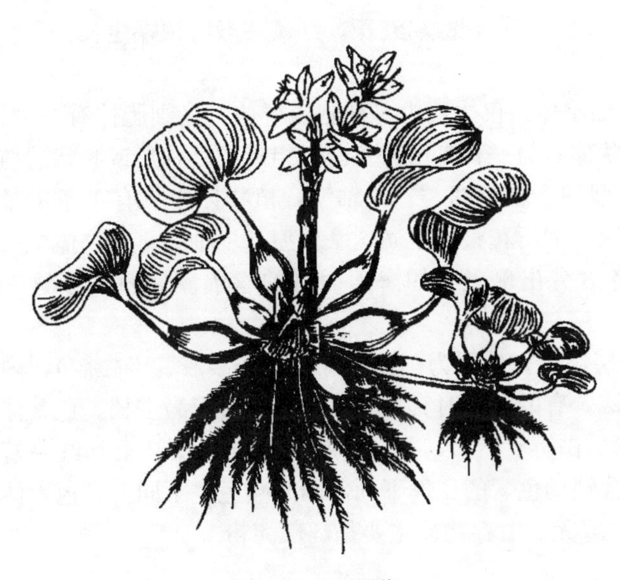

图 4-28 凤眼莲

（蒋祖德）

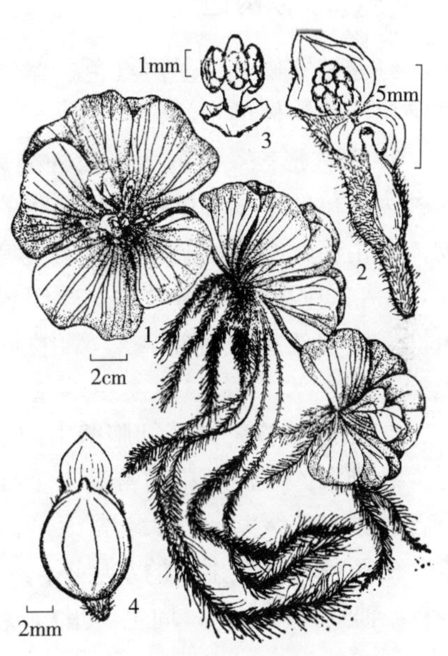

图 4-29 大 薸

1. 植株 2. 花序 3. 雄花序 4. 果实

（蒋祖德）

四、生态分布和意义

水生维管束植物的四大生态类群各有其特点，并在水体中都占有一定的空间。以湖泊为例，从沿岸浅水向湖中心深水方向，依次是挺水植物带、浮叶植物带、沉水植物带。漂浮植物常分布在挺水植物带和浮叶植物带之中。通常它们在湖泊中的分布状态为相互交错而又层次分明，在一定的范围内，由一种或不同种水生植物生活在一起，在植物与植物间、植物与水环境之间便形成了一定相互关系的有规律的整体，即水生植物群落。不同的水体、同一水体不同的区域，由不同的优势种类组成了各种各样的水生植物群落。常见的有芦苇群落、莲群落、浮萍群落、菱群落等。

水生维管束植物可以直接或经适当加工后作为鱼类和牲畜的饲料，同时为鱼类产卵提供附着物，是鱼类产卵、育肥场所。如无根萍、苦草、轮叶黑藻、马来眼子菜等。

许多水生植物可以供人们食用、作为蔬菜或水果栽培，有的还是补品、药材和观赏植物，如莲、菱、荸荠、芡实、水芹、茭笋、泽泻等。有一些水生植物可以作为工农业的原材料及某些编织品的重要原料，如芦苇、香蒲等。

水生植物通过营养代谢，吸收氮、磷等无机盐类和有害物质，为水生态系提供氧气和有机物。因此，不少种类可选作观赏水族箱的布景。随着环境科学的发展，人们更加重视水生植物在水体净化中的作用，水生植物作为净化水质的天然材料，能使污水资源化。如水葫芦、芦苇、水葱、香蒲等可吸收、降解或浓缩多种污染物，使污水得到净化，水生植物在控制蓝藻水华方面也起到了良好的作用。

第二节　红 藻 门

一、形态构造

红藻植物体几乎呈鲜红色、紫红色或玫瑰红色，故名红藻。红藻一般为顶端生长，分生细胞位于植物体的顶端。

1. 藻体形态　红藻大多数种类为多细胞体，仅少数为单细胞或群体。多细胞体有 2 种，一种为简单的单列细胞或多列细胞的丝状体；另一种是由许多藻丝组成的圆柱形或膜状的植物体。由藻丝组成的植物体可分为单轴型和多轴型两类。单轴型：植物体中央有 1 条中轴丝，由它向四周生出分枝的侧丝组成皮层，如石花菜属就属这一类型。多轴型：植物体中央由许多中轴丝组成髓部，然后由此向各方分出侧丝，如海索面目的丝辐藻属就属于这一类型。

2. 细胞结构　红藻细胞壁由内外两层组成。外层为藻胶（琼胶、海萝胶、卡拉胶），内层为纤维素。红藻细胞通常具 1 个细胞核。有的幼小时具 1 个核，成熟后变为多核。色素体所含色素有叶绿素 a、叶绿素 d、叶黄素、β-胡萝卜素，并含有辅助色素红藻红素和红藻蓝素。由于各种红藻生活的水层不同，所含辅助色素的比例不同，因此颜色也不同。具色素体 1 个，轴生；或多个，周生。蛋白核 1 个或无。贮存物质主要是红藻淀粉。

二、繁殖

红藻类的繁殖有营养繁殖、无性繁殖和有性生殖 3 种方式。生殖过程中没有游动细胞。无性繁殖由单孢子囊产生单孢子，或由四分孢子囊产生四分孢子。有性生殖为卵配，生殖过程比较复杂，表现出高级的方式。雄性生殖细胞称为精子，由精子囊产生。雌性生殖细胞称果胞，形如烧瓶状，其上有 1 条细长的受精丝，内部有 1 个卵核。一般，精子黏在受精丝上，在接触处融化，精核沿着受精丝进入果胞内，与卵核结合成合子。受精的果胞经发育形成果孢子体（囊果）。果孢子体是雌配子体上的果胞受精后产生的二倍体植物体，自身不能独立生活，而寄生于雌配子体上。红藻生活史见图 4-30。

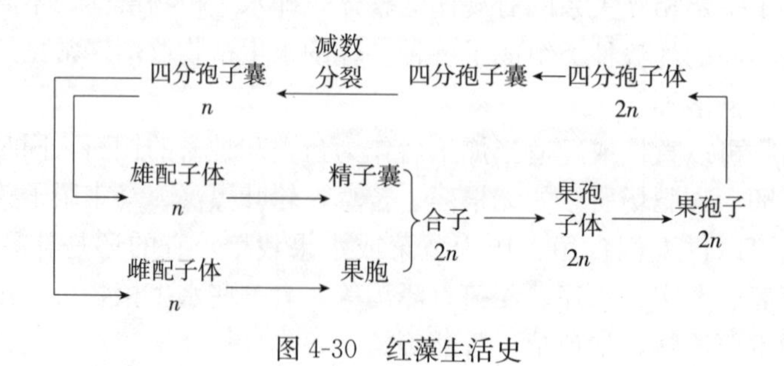

图 4-30　红藻生活史

三、分类

分纲检索表

1（2）植物体构造简单，单细胞或由单列细胞，或多列细胞组成的丝状体，也有膜状体。内部构造无分化 ……………………………………………………………… 原红藻纲

2（1）植物体多数为大型，外部形态多样化，丝状体、圆柱状、亚圆柱状分支、叶片状和壳状等。内部构造分为单轴型和多轴型 ……………………………………………… 红藻纲

（一）原红藻纲

植物体构造比较简单。单细胞或由单列细胞，或多列细胞组成的丝状体，也有膜状体。每个细胞内都有1个星形色素体，其中有1个蛋白核。生长方式为散生长。无性繁殖产生单孢子。多数生活于海水中，少数生活于淡水中，也有生长在潮湿地面上的。红毛藻目植物体为单列或多列细胞组成的丝状体，也有单层或双层细胞组成的膜状体。本目主要有2科，下面仅介绍红毛藻科。

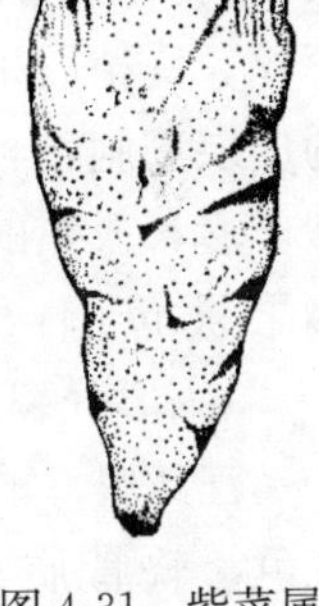

图4-31 紫菜属
（孙成渤）

红毛藻科：植物体为不分支的丝状体，或由单层和双层细胞组成的膜状体。色素体呈星状，含1个蛋白核。无性繁殖产生2～4个单孢子。有性生殖时，精子囊和果胞均由营养细胞直接形成。果胞受精后，合子经减数分裂形成4～32个果孢子。

紫菜属：植物体为深紫红色或浅黄绿色，薄膜叶片状，称为叶状体。有椭圆形、长盾形、圆形、披针形或长卵形等形状，叶缘全缘或有皱褶，基部为脐形、楔形、心脏形或圆形等。但基细胞向下延伸成为假根丝状而成固着器，以固着在基质上。紫菜植物体的长短、大小因种类和不同环境的影响，可产生一定变化。紫菜在我国沿海皆有分布，其中养殖种类有条斑紫菜和坛紫菜（图4-31）。紫菜生活史见图4-32。

（二）红藻纲

植物体绝大多数为多细胞体，少数为单细胞或群体。外部形态多变化，呈丝状、圆柱状、亚圆柱状分支、叶片状或壳状，也有钙化似珊瑚的。比较原始的种类色素体呈星状，有的具1个蛋白核。营养细胞具1个细胞核，也有多核的。内部构造分单轴型和多轴型。一般为顶端生长。无性繁殖形成四分孢子囊，产生四分孢子，有的种类也产生单孢子。有性生殖为卵配生殖。多数为雌雄异株，少数为雌雄同株。精子囊由分支顶端细胞或皮层细胞形成，多数聚集成群。每个囊中只形成1～2个不动精子，无色，球形。果胞一般由分支的表面细胞形成。果胞内有1个卵，上端伸出1条长短不一的受精丝。精卵结合成合子。本纲绝大多数种类生活史中有配子体、果孢子体和孢子体。分7个目，下面介绍石花菜目和杉菜目。

1. 石花菜目 植物体为亚圆柱形或扁压，羽状分支，对生或互生，单轴型。果胞枝为1个细胞。有滋养细胞，没有辅助细胞。囊果隆起，一面或两面开口。四分孢子囊为“十”字形或带形分裂。

石花菜科：植物体亚圆柱形或扁压，羽状分支，对生或互生，单轴型。

石花菜属：植物体紫红色或淡红黄色，直立，丛生，或分为直立与匍匐两部分，软骨质。固着器为假根状。枝为亚圆柱状或扁压，数回羽状或不规则羽状分支，小枝对生或互

生，有的在同一节上生出 2～3 个以上小枝，分支末端极尖。单轴型。植物体长成后皮层与髓部无明显区别。植物体中实。多年生，喜生于低潮带的石沼中，或生于低潮线下 5～30m 深的岩石上（图 4-33）。

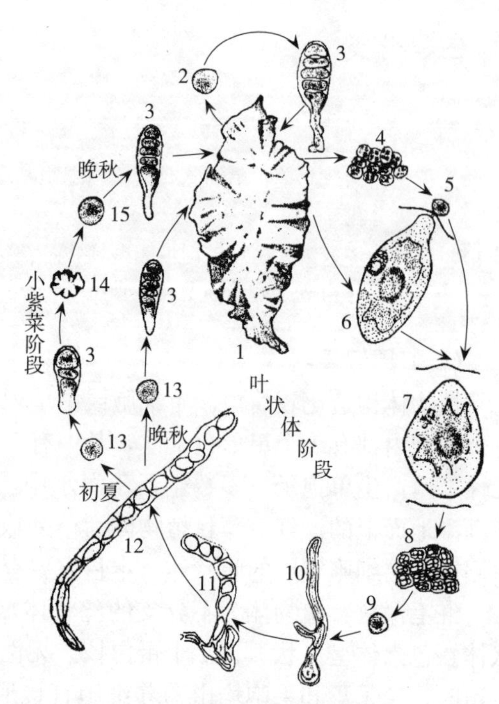

图 4-32　紫菜世代交替图解

1. 叶状体　2. 单孢子　3. 萌发幼体　4. 精子囊　5. 精子　6. 果胞　7. 合子　8. 果孢子囊　9. 果孢子　10. 幼体　11. 丝状体　12. 壳孢子待放　13. 壳孢子　14. 小紫菜　15. 单孢子

（孙成渤）

2. 杉藻目　植物体直立，枝为圆柱形、亚扁形或叶状，分支或不分支，单轴型或多轴型。精子囊集生在植物体表面或生殖窝内。果胞枝短，由 2～3 个细胞组成。四分孢子囊呈“十”字形或带形分裂。

江蓠科：植物体直立，枝为圆柱形或扁平，分支互生、偏生或不规则。单轴型。果胞枝由 2～3 个细胞组成。在果胞枝侧面具有不育丝。受精后果胞、支持细胞、不育丝及邻近的皮层细胞融合成为大的融合体，最后形成果孢子囊，成熟的囊果突出植物体表面，由厚的囊果被包围，上具一囊孔。四分孢子囊呈“十”字形分裂。

江蓠属：植物体呈红色、暗紫绿色或暗褐红色，软骨质或肥厚多汁，易折断。高 5～45cm，有的可达 1m。基部有盘状的固着器。分支互生、偏生、叉状或不规则，有的分支基部缢缩或渐细。植物体单轴型。顶端有一顶细胞，由它横分裂为次生细胞，再继续分裂成为髓部及皮层细胞。成长的植物体无明显中轴，一般髓部细胞由大的薄壁细胞组成。皮层细胞小，呈圆形、长圆形或方形，最外的数层较小，含色素体。江蓠喜生长在有淡水流入和水质肥沃的湾中，尤其在风浪较平静、水流畅通、地势平坦、水质较清的港湾中生长较旺盛（图 4-34）。

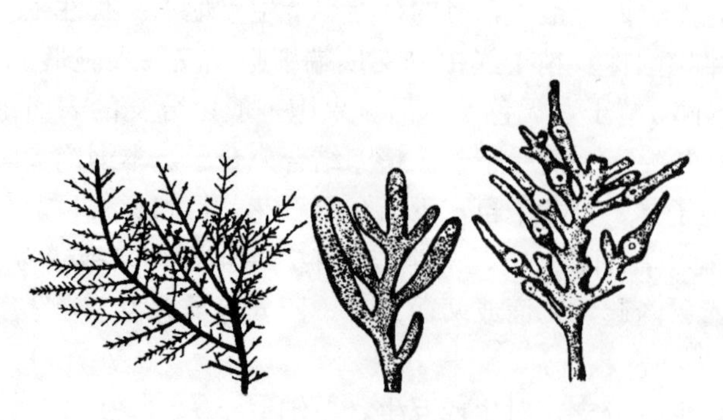
图 4-33　石花菜

（孙成渤）

图 4-34　江　蓠

（孙成渤）

四、生态分布和意义

红藻是种类较多、分布较广的大型藻类。绝大部分生活于海洋中，淡水种类少。在世界各海域沿岸皆有分布，但主要产于温带海区。红藻一般属喜阴藻类。垂直分布多为深海性，生于低潮线下附近或潮下带，在清水的海区可生长在低潮线下 30～100m 深处。在红藻中，紫菜是一种食用藻，它含有丰富的蛋白质，营养好，味道鲜美，为人们喜食的藻类。江蓠、沙菜和石花菜等可制取琼胶，在食品工业和医药等方面都有广泛的用途。在广东将海萝胶浆纱制成香云纱，已有很长的历史，并远销国外。有经济价值的红藻（如紫菜等）早在几百年前已进行人工栽培。我国经济红藻资源极其丰富，因此，红藻栽培一定会得到更大的发展，从而促进海藻工业的进步。

第三节 褐藻门

一、形态构造

褐藻体型较大，没有单细胞和群体，都为多细胞体。植物体构造也比较复杂，外观似有根、茎、叶的分化。

1. 藻体形态 褐藻均为多细胞体。根据生长点的位置的不同，有散生长、间生长和毛基生长几种。分 3 种基本体型。

（1）异丝体。这是褐藻中较简单的原始类型，植物体由匍匐部和直立部组成。直立部具单列细胞，分支；匍匐部则由匍匐假根固着在基质上，如水云目。

（2）假膜体。为由许多藻丝胶黏在一起，组成假膜体，如酸藻目、索藻目。

（3）膜状体。从外形上已有似根、茎、叶或气囊等部分的分化，内部细胞向多方面分裂成数层的膜状体。部分较进化的种类进而分化为表皮、皮层和髓部。

2. 细胞结构 褐藻细胞多由细胞壁和原生质体两部分组成。除生殖细胞，动孢子、配子等运动性的细胞外，一般都具细胞壁。细胞壁内层主要由纤维素组成，比较坚韧；外层由藻胶质组成，其中广泛存在的是褐藻糖胶。原生质体一般都含有许多小液泡。细胞核一般比其他藻类大得多。色素有叶绿素 a、叶绿素 c、叶黄素和 β-胡萝卜素以及褐藻素。由于所含色素的比例不同，色素体及植物体的颜色变化很大。但由于褐藻含丰富的褐藻素，一般来说，植物体多呈褐色。色素体多数，侧生，或呈星状、轴生，或呈螺旋带状或分支状。贮存物质为褐藻淀粉及甘露醇。有的种类有蛋白核。

二、繁殖

1. 繁殖方式 褐藻有营养繁殖、无性繁殖和有性繁殖 3 种方式。

（1）营养繁殖。包括植物体断折和繁殖小枝两种。某些种类（如漂浮马尾藻）在幼年或老年期靠植物体的断裂来繁殖延续后代，断裂的每一段将形成独立生活的新个体。有的种类，植物体上具一种特殊的小枝，称为繁殖小枝，脱离母体后就附着在基质上，并长成为一株新的植物体。

（2）无性繁殖。由单室或多室孢子囊产生游动孢子或不动孢子，游动孢子具有 2 条不等长的侧生的鞭毛。

（3）有性生殖。有同配、异配和卵配 3 种。配子囊有单室配子囊和多室配子囊两种。

2. 生殖结构 具生殖托和生殖窝，这是褐藻中墨角藻目特有的生殖结构。它由植物体分支顶端膨大所形成。精子囊和卵囊都凹陷于生殖托的生殖窝中。可分为雌雄同窝、雌雄异窝和雌雄异体等多种类型，是分属、种的依据之一。

3. 生活史 褐藻除了墨角藻目外，都有两种不同世代的植物体，即无性世代的孢子体世代和有性世代的配子体世代。这两种世代交替发生。根据配子体和孢子体的情况，褐藻生活史可归纳为：配子体大于孢子体、配子体与孢子体相等和配子体小于孢子体 3 种类型。海带目就属于不等世代类型。海带生活史见图 4-35。

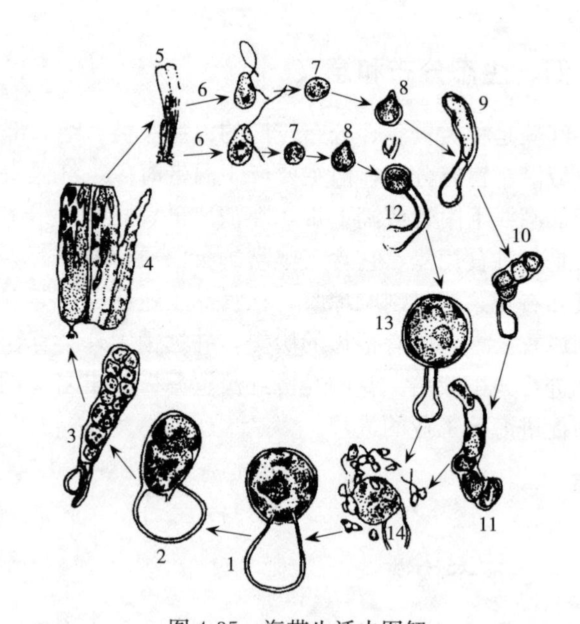

图 4-35 海带生活史图解
1. 合子 2. 合子分裂 3. 幼孢子体 4. 成熟孢子体
5. 游动孢子囊 6. 游动孢子 7. 胚孢子 8. 萌发 9. 雄配子初期
10. 雄配子体 11. 精子 12. 雄配子初期 13. 雄配子体 14. 卵囊
（孙成渤）

三、分类

褐藻以生活史类型、繁殖方式、生长方式以及植物体构造和色素体中有无蛋白核等特征为分类依据。

分 纲 检 索 表

1（2）没有无性生殖。有性生殖为卵配。精子的鞭毛前短后长。生活史中只有孢子体世代 …… 圆子纲
2（1）有无性生殖。
3（4）以不动孢子进行无性繁殖。有性生殖为卵配 ………………………………………… 不动孢子纲
4（3）以游动孢子进行无性繁殖。有性生殖为同配、异配和卵配 ……………………………… 褐藻纲

（一）褐藻纲

这是褐藻门中主要的一个群。植物体的形态、构造、生长、繁殖和生活史都是多样化的。本纲共分 9 个目，这里仅介绍海带目。

海带目：本目在异形世代生活史中，有一个大型的孢子体世代，配子体世代通常为微小的丝状体。孢子体一般为大型的膜状体、单条或带状、圆柱状至扁平状。有固着器、柄和叶的分化。生长方式为间生长。单室孢子囊由表皮细胞形成，位于叶面上或特殊的孢子叶上，一般群生。孢子囊间有隔丝。

1. 翅藻科 孢子体大型。分假根、柄和叶片 3 部分。叶片具裂片，有的属、种孢子囊生于特殊的孢子叶上。有的叶片具中肋，叶面平坦或有皱，有毛或无毛，叶片内部有黏液腺

细胞或黏液腔道。居间生长。

(1) 昆布属。孢子体由固着器、柄和叶片3部分组成。固着器为假根状，或形成匍匐部分。柄部为圆柱形，不分支。叶片单条或羽状，以至复羽状分支，叶缘有粗锯齿，黏液腔道1～2层。游动孢子生于叶片的两面。昆布（鹅掌菜、五掌菜）是一种有经济价值的褐藻，用途似海带（图4-36a）。

(2) 裙带菜属。植物体幼时为卵形或长叶片状，单条，在生长过程中逐渐羽状分裂，有隆起的中肋，或加厚似中肋状，有毛窝而无黏液腔，但有黏液细胞。孢子囊群生在柄部两侧延伸出褶皱状的孢子叶上。裙带菜，外型像一把破芭蕉叶扇子，是一种食用经济海藻，除含碘量较少外，其他成分不亚于海带，是一种营养丰富的食用海藻，同时，也可作为提取褐藻胶的原料（图4-36b）。

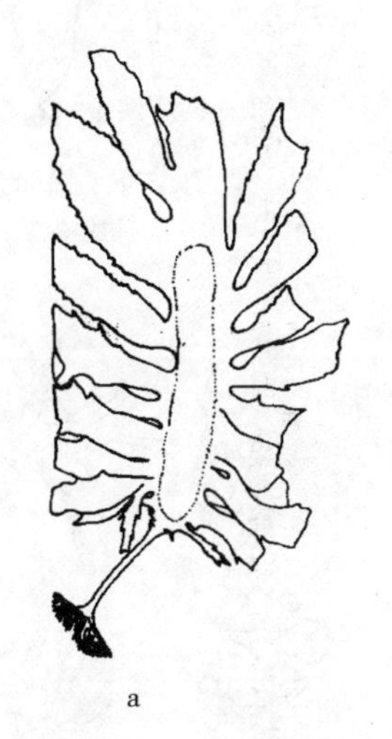

图4-36 昆布属（a）和裙带菜属（b）
（孙成渤）

2. 巨藻科 植物体通常为巨形海藻，具有叉状分支或分叉不明显的柄。在柄的每个分支顶上，各有1片叶户。因此，孢子体的叶状部是由多数叶片组成的，丛生于柄部的上端。多数种类叶片的底部具有气囊。

巨藻属：孢子体具有1个多年生的基部。固着器为假根状。柄部为圆柱形，往往有一定的间距。全部叶片生于1个侧面上。在每个最末分支的顶上，有1个顶生叶。在枝上新侧生叶的产生，是由其顶生叶片自基部做不规则裂开而形成。叶面具有皱纹，成熟的侧生叶片具有短柄，并有一个近球形或纺锤形的基部气囊。巨藻为多年生海藻，最长寿命可达12年之久。藻体长一般达数十米，最大个体可长达60m。我国已引种巨藻幼苗进行人工养殖（图4-37）。

3. 海带科 植物体大型，由固着器、柄部和叶片3部分组成。柄部一般不分支。叶片的形状很多，简单或复杂，全缘或有缺刻，中肋或有或无，表面平滑或粗糙，有时具有小孔。内部由髓部、皮层和表皮3部分组成。有的属种有黏液腺、黏液腔道和毛窝。我国主要有海带属，仅海带1种。

海带属：植物体明显地分为固着器、柄部和叶片3部分。固着器为假根状或盘状。叶片单条或深裂为掌状。有的种类柄部和叶片具有黏液腔道。生活史有明显的异形世代交替。无性繁殖产生单孢子囊。海带是重要的经济海藻，是一种深入民间的食品；又是医药和工业的重要原料，用途很广。同时，又是工业提取藻胶的重要原料。目前，我国从北到南，海带养殖已普遍推广，年均产量占全国海水养殖总产量的 60%以上（图 4-38）。

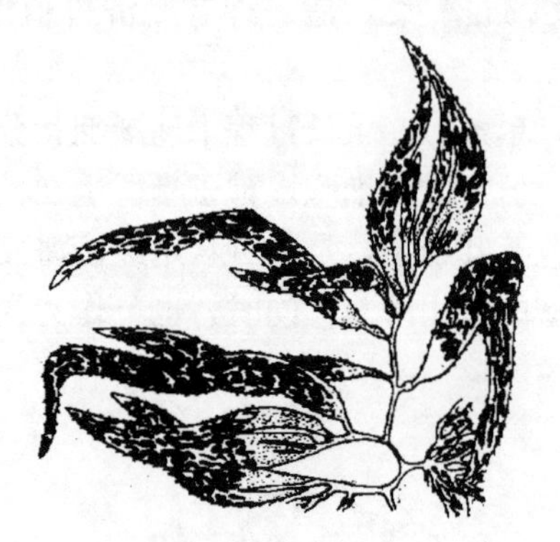

图 4-37　巨藻属
（孙成渤）

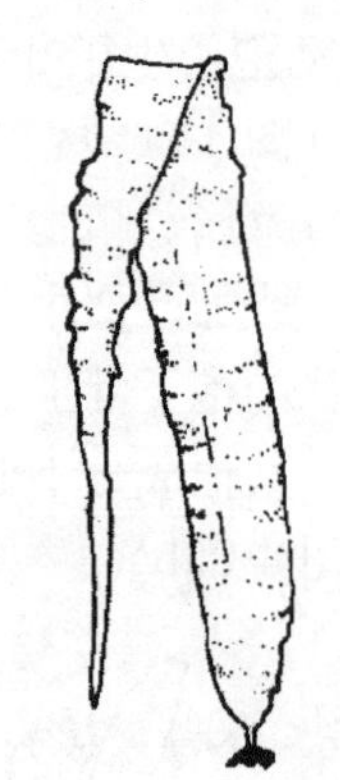

图 4-38　海带属
（孙成渤）

（二）圆子纲

本纲藻类生活史中只有孢子体世代。顶端生长。孢子体上产生配子囊。没有无性生殖。本纲仅墨角藻目。

墨角藻目（鹿角藻目）：植物体为多年生孢子体。两叉式分支，枝向一方或向四方辐射生长。有表皮、皮层和髓部以及气囊等分化。生活史中无配子体世代。生殖方式为有性生殖，有的种类也进行营养繁殖，本目种类多，主要有 3 个科。

1. 墨角藻科　植物体多年生。无中轴。直立部分为二叉分枝，呈一平面。

鹿角藻属：植物体叉状分支。固着器为锥盘状。枝扁平至亚圆柱形，枝一侧上往往无沟，无中肋。雌雄同体，精子囊和卵囊生于二叉分枝的末端膨大的生殖托上的窝内，每个卵囊内一般形成 2 个卵。鹿角藻是一种食用海藻，在我国北方常用于打卤面中，以增加黏性或与肉共煮做菜。此外，还可作为提取褐藻胶、甘露醇等的原料（图 4-39）。

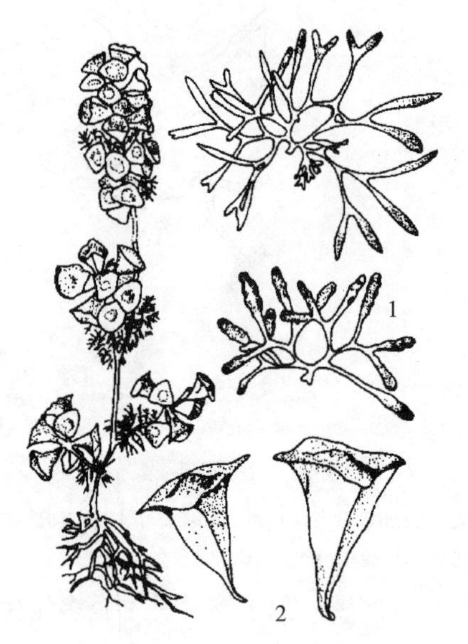

图 4-39　鹿角藻属
1. 鹿角藻　2. 喇叭藻
（孙成渤）

2. 马尾藻科　植物体大型，多年生，分支状，已分化成固着器、茎和叶 3 部分。由主轴放射状分支或两侧分支互生，扁平至圆柱形，其上有气囊或生殖托。叶形态多种。

马尾藻属：马尾藻为局部多年生褐藻。植物体分为固着器、主干和叶 3 部分。固着器为假根状、假盘状、瘤状、盘状和圆锥状等。主干为圆柱状、扁圆或扁压，光滑或有刺毛，侧枝自主干的各个方向生出。叶扁平或呈棍棒状。叶缘全缘或有锯齿。有的种类在同一株上叶的形状有差异，上部、中部和下部叶的形状不同。气囊或生殖托多自叶腋生出。气囊有助于植物体在水中浮起直立，以接受阳光进行光合作用。气囊在分类上也是重要的依据。植物体内部分化为表层、皮层和髓部3部分。马尾藻类有雌雄同株或异株，雌雄同窝或异窝。马尾藻是大型经济海藻，是褐藻工业重要的原料之一，可提取褐藻胶、甘露醇、碘、叶绿素、马尾藻精和褐藻淀粉。羊栖菜等还可药用或食用。有的种类可做绿肥（图4-40）。

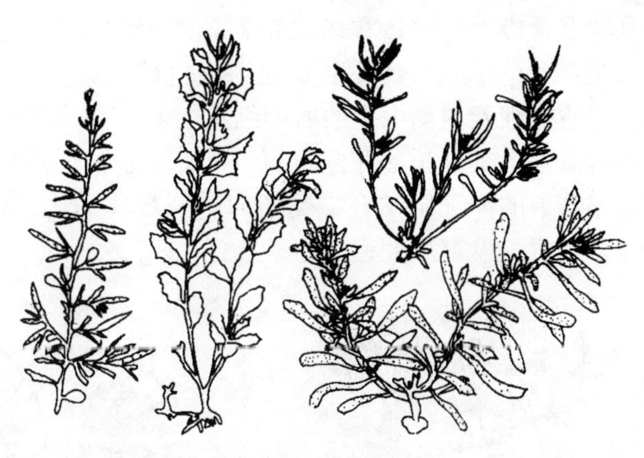

图4-40 马尾藻属
（孙成渤）

四、生态分布和意义

褐藻主要生活于海水中，淡水种类极少，完全陆生或气生的种类尚未发现。褐藻一般为冷水性海藻，多生长在寒带和南北极海中。但是，经水产科研工作者的努力，我国海带南移养殖已获成功，并得以推广。褐藻多为阴生植物，有些种类能够在弱光低温下进行光合作用。从垂直分布来看，主要生长在低潮线附近，在深海的海底也能够生存。我国黄海、渤海的海水混浊，透明度较低，因此，褐藻在低潮线以下的分布较浅；南海区海水清澄，透明度高，分布则较深。如大型的昆布可生长在低潮线以下8～15m处。鹿角藻主要生长在中潮带。鼠尾藻、羊栖菜等则生长在中低潮带。海带类、裙带菜类则一般生长在低潮线以下。

褐藻的许多种类都可被人们利用，是重要的经济海藻。可食用的有海带、裙带菜、昆布、羊栖菜和鹿角藻等。其中，海带是人们广泛食用的海藻；马尾藻在我国沿海自然产量较大，沿海居民常大量捞取做农田肥料或猪饲料。现在大型海藻，如海带、马尾藻等是褐藻工业的重要原料。在医药方面，褐藻的用途是多方面的，如被用作抗凝剂、止血剂和代用血浆等。据报道，褐藻酸钠，对放射性锶（Sr^{90}）及其他放射性同位素有阻吸作用，可阻止放射性锶在生物胃、肠道内的吸收。褐藻直接作为药用，在我国已有上千年历史，在《本草纲目》中早有记载，海带、昆布和羊栖菜主治瘿瘤结气瘘症、利尿和水肿等。这些海藻对缺碘引起的甲状腺肿也有治疗效果。

第四节 轮藻门

一、形态构造

轮藻类是大型沉水藻类，为多细胞体，外观似有根、茎和叶的分化（图4-41），植株由扎入泥中的无色假根和直立于水层中的中轴（茎）、侧枝和小枝组成。直立于水中的地上部分的中轴（茎）明显地分化成节和节间两部分。每个节上生出一轮短的小枝轮和具有顶端生长的侧枝。在轮藻属小枝不分叉，而丽藻属具1至多次分叉。

二、繁殖

轮藻类藻体生长由顶部进行茎顶生长。植物体断裂，产生匍匐茎，或地下假根部分的节上产生珠芽，以进行营养繁殖。有性生殖的生殖器官发达（图4-42）。雌性生殖器称为藏卵器，雄性生殖器称为藏精器，两者均生于小枝上。雌雄同株或雌雄异株。藏卵器为长圆形，单细胞，其外由5列细胞包被。藏精器为球形，外壁多为8个盾片状细胞组成。在盾片细胞内侧中央的盾柄细胞上具有多条由单列细胞排列成丝状的精囊丝。每个细胞可产生1个延长形并弯曲的、具有2条鞭毛的精子。成熟的藏精器破裂，精子逸出，同藏卵器中的卵细胞结合，受精卵离开母体后，沉没水底。萌发时减数分裂，先形成原丝体，然后再发育成大型藻体。

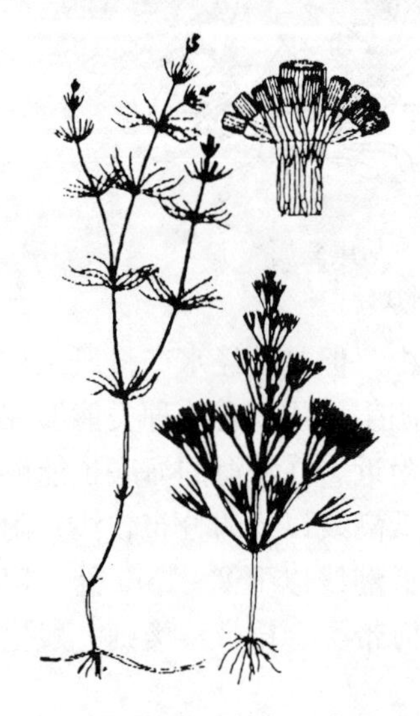

图 4-41　轮藻的外部形态构造
（李尧英）

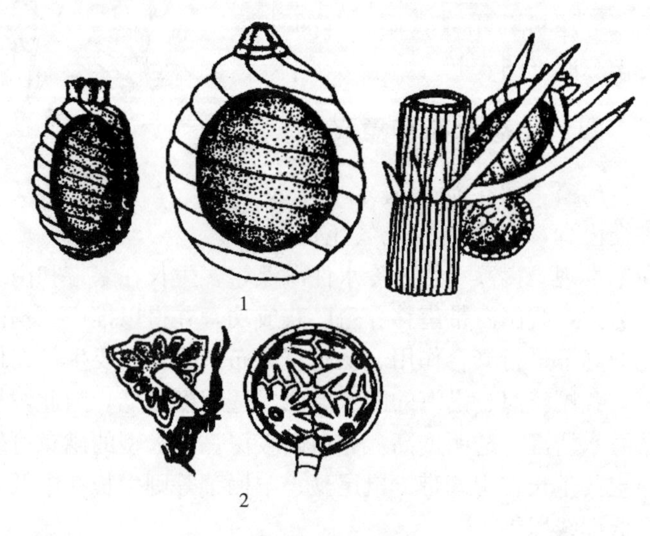

图 4-42　繁殖结构
1. 藏卵器　2. 藏精器
（李尧英）

三、分类

轮藻门只有1个纲，即轮藻纲；1个目，即轮藻目。有4个科，其中3个科都是化石，现在生存的种类都属于轮藻科，分2族7属，约250种。我国产5属，其中以轮藻和丽藻2属种类最多，分布也最广。

1. 轮藻属　茎和小枝有或无皮层。托叶单轮或双轮。小枝单一不分支，由5～14个节片组成。节片上具有5～7枚苞片细胞，位于小枝外侧的苞片细胞多短小或退化。小苞片多为2枚。雌雄同株的藏卵器位于藏精器上方。冠由5个细胞构成，排为1列。分布广，淡水、半咸水中皆有。生长在湖泊、池塘、稻田、水沟和温泉等静水水体中。有的喜生长在含钙略高的水体（图4-43）。

2. 丽藻属　茎及小枝无皮层，较透明，柔软。茎的节上一般生有2枚对生的侧枝。小枝轮6～8枚一轮，一次或多次分叉，具有1至多级射枝，小枝及射枝多等长，常有能育枝和不育枝之分，前者常密集成头状或被有胶质。雌雄同株或异株（图4-44）。

四、生态分布和意义

轮藻类为淡水底栖的大型藻类，分布很广，在各种淡水或半咸水体中均有，稻田、沼泽、池塘和湖泊中更为常见，喜生于含钙丰富的硬水和透明度较高的水体中。在深水湖泊中的高等植物地带也能茂盛生长。用于肥料、杀灭蚊蝇以及药用等。

图 4-43 轮藻属
（李尧英）

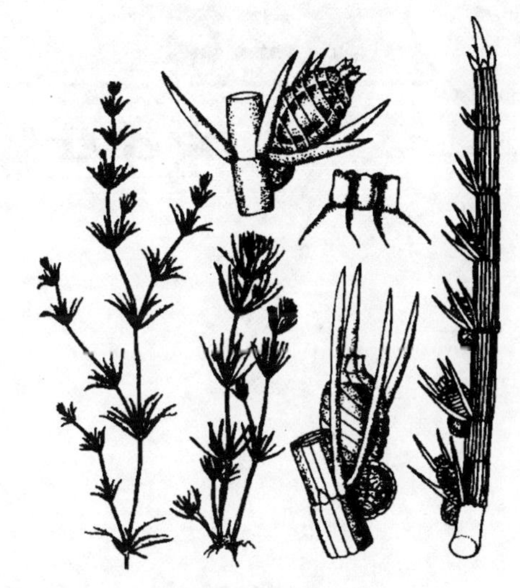

图 4-44 丽 藻
（李尧英）

复习思考题

1. 水生维管束植物各生态类群有何特点？
2. 举例说明水生维管束植物的经济意义。
3. 举例说明红藻门、褐藻门植物的经济意义。
4. 简述轮藻结构上的特殊性。

2 第二篇 水生生物生态学

第五章 水生生物生态学概述

第一节 水生生态学基础知识

一、生态学的定义

生态学一词由德国生态学家赫克尔（Haeckel）于1869年首先提出，并定义为生态学是研究有机体和环境之间相互关系的科学。水生生态学作为生态学的一个分支学科，是研究水生生物与水环境相互关系的科学，其目的是在维持水生生态系统平衡的前提下，通过环境来控制、改造和利用水生生物，为人类的需要服务。

二、水体类型和水环境的分区

（一）水体类型

地球上的水圈可大致分为海洋和内陆水域两大部分，内陆水域根据水的运动和容积大小可分为以下几类。

（1）流水水体是具有一定方向性流动的水体。包括泉、溪流、江河等。

（2）静水水体是不具有一定方向性流动的水体。包括池塘、湖泊、沼泽等。

（3）半流动水体是介于上述两种水体之间的水库。它们可能是部分区域为流水（水库上游），部分区域为静水（大坝附近），也可能是在一段时期为流水（泄洪时），另一段时期为静水（蓄水时）。

（二）水体的生物分区

水体中生物的分布与水体的理化特征、水深、水底地形等因素有关，根据这些特点，可以把一个水体划分为不同的生物区。

内陆水体的生物区首先可分为水底区、水层区和水面区。大型深水湖泊的水底区和水层区又可划分为若干次级生物区（图5-1）。

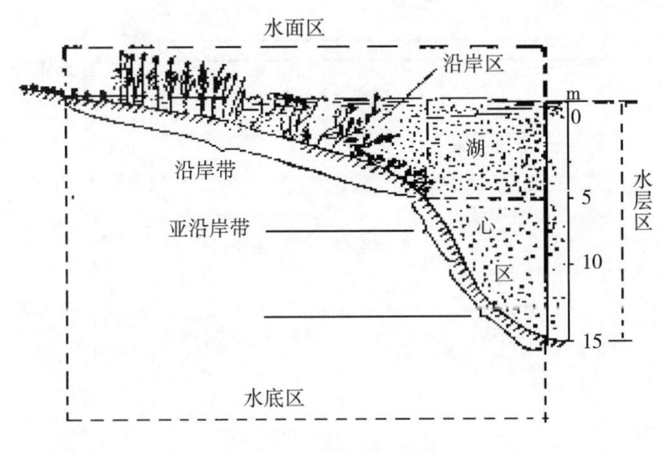

图 5-1 湖泊的生物区
（李永函等）

1. 水底区

（1）沿岸带由水边延伸到大型水生植物生长的下限。其深度依水体的透明度而不同，一般为 3～6m。沿岸带光照、溶氧量、营养条件良好，水生生物的种类和数量最为丰富。大型植物的生长是沿岸带的明显特征，在大型植物间还常有丝状藻类（如水棉）分布，同时有许多以植物茎叶为基质的小型着生藻类生活在这一区域。沿岸带的动物的种类和数量也很丰富，在较大型的无脊椎动物中，以软体动物、水生昆虫、寡毛类占优势，是底栖动物的主要类群。各种纤毛虫、轮虫、苔藓虫、蠕虫都作为周丛生物而存在。甲壳类的虾、蟹也是沿岸带的常见种类。

（2）亚沿岸带是沿岸带和深底带之间的过渡区域，一般没有大型植物生长，沿岸带的一些底栖动物可能暂时性迁移到这一区域。

（3）深底带是亚沿岸带以下的湖盆，通常堆积着富含有机质的软泥，没有植物生长，只有少数耐低氧动物。

2. 水层区

（1）沿岸区是沿岸带以上的浅水区域。浮游生物的种类很多，而且与敞水区的种类有不同的适应。游泳动物也常以这一区域作为摄食和繁殖的场所。

（2）湖心区是沿岸带以外的开阔部分。这一区域的环境条件比较稳定，生物群落的结构相对沿岸区较为简单。

3. 水面区　是水与气的交界面。分布有漂浮生物和利用水面张力保持在水面的生物。

以上划分并不是绝对的，浅水湖泊和池沼的生活条件只相当于沿岸带和沿岸区。河流的水底区也可划分为河岸带、亚河岸带和河底带，水层区通常不再细分。河流还可以在水平方向上划分为上游、中游、下游三个生物区。水库兼具河流和湖泊的特点，它们除了水底区和水层区外，也可划分为上游区、中游区和下游区。

海洋环境的水底一般可划分为沿岸带、半深海带、深海带和深渊带。水层区可简单分为浅海区和大洋区（图 5-2）。

沿岸带位于海洋与陆地交界处，包括海湾部分，是海洋最外圈的浅水带。由于靠近陆地，可接受陆地输入的营养物质，是海洋最肥沃的区域，但也最易于富集污染物。

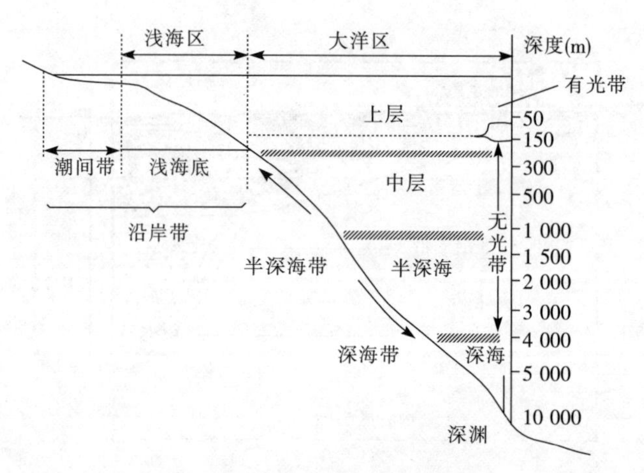

图 5-2 海洋环境的区域划分

潮汐影响的海滨为潮间带。各地潮间带因受地形等影响，潮汐升降幅度有明显的差异。潮间带由于受潮汐周期性的影响及其特殊的位置，营养物质丰富，栖息着大量的动、植物。潮间带主要可分为岩岸和沙岸两种。岩岸的形成主要是由于地壳下沉，山脉濒临海洋，经过海浪长期不断的强烈冲刷而造成的。而沙岸主要是由于河流泥沙堆积造成的。和岩岸相比，沙岸结构简单，地势平坦，岸线平直。泥沙岸潮间带虽然没有明显的成带现象，但从陆地到海洋，生物仍然随梯度发生一定变化。

第二节 水生动物食性

水生动物的食性常随季节变化，不同的生长发育阶段，不同的栖息水域，往往有所变化。大多数水生动物在低龄期（特别是在仔、幼期阶段），由于取食器官和消化系统尚未完善，常以细小的、适口的浮游生物为食。取食器官和消化系统日渐完善后，食性才有最后的分化 。水生动物的食性大致可分为三大类：

（一）植物食性

植物食性通常又称为草食性。

（1）以浮游植物、有机碎屑、微生物絮凝体等为主要食物，如鲢、白鲫等。

（2）以周丛生物、有机碎屑为主要食物，如鲮、银鲴、细鳞斜颌鲴等。

（3）以水生维管束植物为主要食物，如草鱼、团头鲂等。

（4）以周丛生物、水生维管束植物为主要食物，如鳊。

（二）动物食性

动物食性通常又称为肉食性。

（1）以鱼、虾为主要食物，如鳜、鲇、黑鱼、狗鱼、鲸等，又称为肉食性凶猛鱼类，有时（缺乏饲料时）甚至同种自相残杀。鳖、娃娃鱼也属于此范围。

（2）以软体动物（如螺、蚌、蚬等）为主要食物，如青鱼等。

（3）以浮游动物为主要食物，如鳙。

（4）以虾类和水生昆虫为主要食物，如花䱻、黄颡鱼等。

（三）杂食性

杂食性即以水生维管束植物、浮游动物、虾、软体动物、水生昆虫、丝状藻类，甚至各种幼鱼、鱼卵等为食，如鲤、鲫、泥鳅、淡水白鲳等。但是这些杂食性鱼类其食性并非固定不变，而是随环境水域的变化而变化。例如，当鲤生活在水生维管束植物丰盛的水域时，则以水生维管束植物为主食；但当生活在底栖动物多的水域中，则大量摄食螺、蚬之类，说明它有多变的适应性。青虾、罗氏沼虾、对虾、河蟹、青蟹等，也属于此类。

以上所说的水生动物在自然水域中的各种食物和食性，在人工养殖的水域中，尤其在池塘的小水体、人工投饲的情况下，人们根据各种水生动物的不同生长、发育阶段固有的食性，采用各种渔用饲料进行补给，以满足水生动物对营养物质的需求，加速其生长。所以，水产养殖实质上就是通过水生动物把各种渔用饲料有效地转化为人们所需要的水产品。换句话说，以低值的物质换取营养丰富、肉味鲜美的物质。

第三节 生态渔业与碳汇渔业

（一）生态渔业

1. 生态渔业的定义 生态渔业即通过渔业生态系统内的生产者、消费者和分解者之间的分层多级能量转化和物质循环作用，使特定的水生生物和特定的渔业水域环境相适应，以实现持续、稳定、高效的一种渔业生产模式。生态渔业是根据鱼类与其他生物间的共生互补原理，利用水陆物质循环系统，通过采取相应的技术和管理措施，实现保持生态平衡，提高养殖效益的一种养殖模式。

传统意义上的生态渔业，是指利用渔业内部水生生物之间以及水生生物与水域自然环境之间的物质和能量循环转化关系、发展渔业生产的一种渔业技术。如常见的稻田养鱼模式，草基、果基、桑基鱼塘为代表的渔农型综合养殖模式等。典型的例子就是杭嘉湖平原地区草基、果基、桑基鱼塘养殖和有着 1 200 多年历史的浙江省青田县稻田养鱼。其中，青田县的稻田养鱼文化系统已被联合国粮农组织（FAO）列为首批（共 5 个）世界农业遗产保护项目。

而现代生态渔业是指根据水生生物与其他生物间的共生互补原理，运用生态学原理和系统科学方法，利用自然界物质循环系统，通过采取相应的技术和管理措施，建立起来的具有生态合理性、经济高效性、功能良性循环的一种现代渔业体系。也就是说，是以整体优化、生物多样性、系统方法等生态学原理为基础，强调生态系统的良性循环、系统功能的稳定性与持续性，按生态规律开发，注重渔业生产与生态环境相协调、质量安全与现代技术相统一的渔业生产方式。

2. 生态渔业的意义 修复生态环境，推进渔业生态安全。修复资源和保护环境是生态渔业的基本属性。近年来，我国江河湖泊等大中型水面、近海富营养化日趋严重，生态事件频发，与水产品质量安全一起逐渐成为社会公众关注的热点。如何修复水域生态环境和缓解水生生物资源衰退状况，确保渔业生态安全，已成为建设现代渔业、实现可持续发展的重要任务。大力发展生态渔业，在水库等大中型水域积极推行洁水型渔业开发模式，在江河湖泊科学开展渔业资源增殖放流，实现“以鱼治水”和“以鱼养水”，促进水域生态环境、水生生物资源的修复和保护，这是渔业的基本功能，也是维护生态安全的重要组成部分。

(二)碳汇渔业

1. 碳汇渔业的定义 按照碳汇和碳源的定义以及海洋生物固碳的特点,碳汇渔业就是指通过渔业生产活动促进水生生物吸收水体中的二氧化碳,并通过收获把这些碳移出水体的过程和机制,也被称为“可移出的碳汇”。所以,碳汇渔业就是能够充分发挥碳汇功能,直接或间接吸收并储存水体中的二氧化碳,降低大气中二氧化碳的浓度,进而减缓水体酸度和气候变暖的渔业生产活动的泛称。凡不需投饵的渔业生产活动,都能形成生物碳汇,相应地也可称之为碳汇渔业,如藻类养殖、贝类养殖、滤食性鱼类养殖、人工鱼礁、增殖放流以及捕捞渔业等。

2. 碳汇渔业的生态意义 其主要功能是提高水体吸收大气二氧化碳的能力:由于水生生物(浮游生物、藻类)能吸收水体中的二氧化碳,通过捕获水产品,从而把这些碳移出水体。所以,这个碳汇的过程和机制可以提高水体吸收大气二氧化碳的能力,从而为二氧化碳减排做出贡献。

(1)海水养殖与碳汇渔业。海水藻类、贝类等养殖生物通过光合作用和大量滤食浮游植物,从水域中吸收碳元素的过程和生产活动,以及以浮游生物和贝类、藻类为食的鱼类、头足类、甲壳类和棘皮动物等生物资源种类通过食物网机制和生长活动所使用的碳都是碳汇渔业的具体表现形式。因此,在低碳经济时代,作为渔业大国,应积极发展以海水养殖业为主体的碳汇渔业,抢占蓝色低碳经济的技术高地。

(2)水库生态渔业。水库生态渔业也是一种碳汇渔业。水库生态渔业的碳汇过程:地表径流带入的大量有机物→经微生物分解为氮、磷等无机物→被藻类和水生植物吸收利用→鱼类通过摄食各种动植物将氮、磷等营养盐类富集到体内→捕鱼带走。所以,在水库把鲢、鳙等鱼类捕捞出库就是水体氮、磷输出的最有效的方式。任何一个有从事渔业生产的水库,其生产活动的结果对碳汇,对水库水质都具有显著的改善作用、在一定范围内,水库鱼产量越高,其碳汇作用、对水体的净化作用也就越强。

所以,发展碳汇渔业(如浅海贝藻养殖,水库以投放鲢、鳙为主的生态渔业)是一项一举多赢的事业。它不仅为人们提供更多的优质蛋白,同时,对减排二氧化碳和缓解水域富营养化有重要贡献。

复习思考题

1. 名词解释

生态学　水生生态学　生态渔业　碳汇渔业

2. 简述水环境的生物分区。

第六章　非生物因子的生态作用

水域生态环境中非生物因子主要有光照、温度、盐度、溶解气体、酸碱度、水体流动因素等，这些因素对于生态的构造起着非常重要的作用，也是水生生物赖以生存的物质基础。

第一节　光的生态作用

一、天然水体中的光照条件

天然水体的光照基本上来自太阳辐射。阳光照射到水面后，一部分（5%～10%）被反射回空气中，其余的进入水体。水面对阳光的反射程度与太阳高度角、水面的性质关系密切。太阳高度角越大，反射率越低，因此早晨和傍晚的反射率大于正午时；水面平静时，反射作用较弱，波浪越大，反射越强烈；水面结冰时，反射率一般高于正常水面。

太阳辐射的可见光部分包括 7 种颜色，由于各种颜色的光线被水分子吸收和散射的程度不同，所以不同深度水层中光谱组成也发生了变化。对植物光合作用最为重要的红光在表层水中就被强烈吸收，越往深处蓝色光的比例越大。而散射的情况刚好相反，蓝光散射最强，红光散射最弱，所以清洁的天然水看起来呈蓝色。一般水体由于含有多种悬浮物，对光的散射情况与水分子不一定相同，水色变化较大。

二、透明度

水生生物学所指的透明度，是用直径 20cm 或 30cm 黑白色相间的透明度盘（塞氏盘，图 6-1）水平地放入水中，直到肉眼刚好不能分辨黑白界限时的深度。透明度表示的是水体的透光能力，并不是光线到达的最大深度。大洋中和大型深水湖泊的透明度通常较高，如贝加尔湖的透明度达 40m。而许多中型湖泊、水库的透明度一般仅为数米。鱼池的透明度大多为数十厘米。

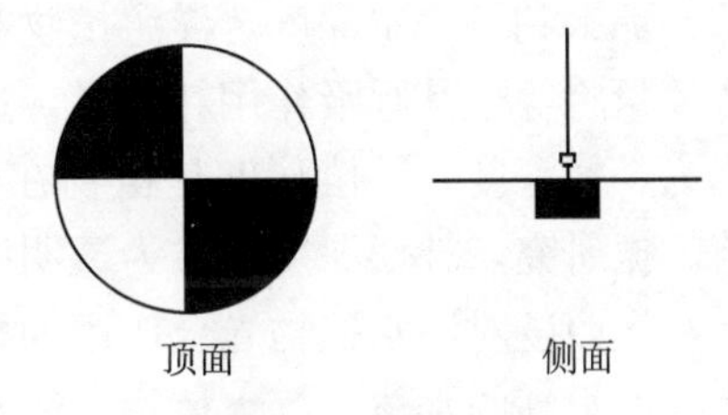

图 6-1　透明度盘

透明度与光照条件、水中悬浮物浓度和浮游生物数量有很大关系。在渔业水体中，浮游植物往往是决定透明度的主要因素。

三、光照度与水生植物光合作用的关系

在弱光条件下，植物光合作用强度较低，光合产氧量还不能满足自身呼吸作用的消耗。光照度达到一定限度时，产氧量正好等于呼吸作用耗氧量，此时的光照度称为补偿点。光照度低于补偿点时，植物将不能生存。不同植物的补偿点有所不同，大型水生植物一般为32～320lx，藻类通常为 156～300lx。补偿点是植物生存所需要的平均光照度，在自然水体中，由于昼夜变化，一段时间光合作用停止，那么另一段时间的光照度就必须高于补偿点；相

反，如果植物在高于补偿点的光照度下生活了一段时间，就可以在弱光条件下度过另一段时间。

在补偿点以上，植物的光合作用强度在一定范围内与光照度成正相关。但随着光照度的继续增加，到一定光照度时，光合作用强度不再随之升高，此时的光照度称为饱和点（Ik），相对应的光合作用强度称为光饱和光合作用强度（P_{max}）。浮游藻类的饱和点一般为 10 000～20 000lx，超过饱和点后，如果光强继续升高，光合作用强度反而会降低，出现所谓的光抑制现象（图 6-2）。

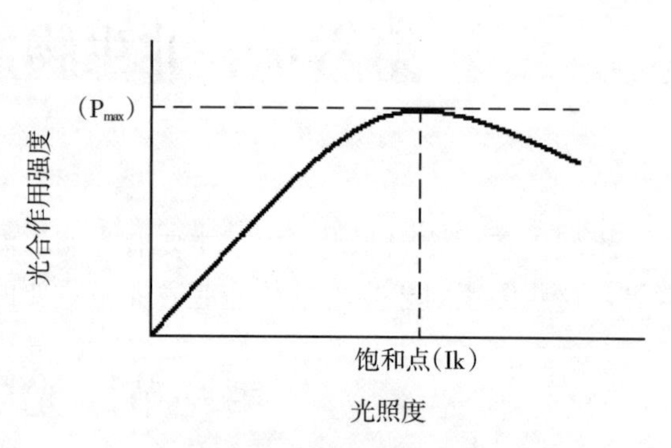

图 6-2　植物光合作用强度与光照度的关系

在天然水体中，假设水柱中浮游植物和其他悬浮物的分布都是均匀的，那么当深度呈算术级数增加时，光照度呈指数衰减，浮游植物光合作用强度也迅速降低（图 6-3）。

由图 6-3 可知，一般情况下最大光合作用强度［单位时间内单位水体所产生氧量（mg）］出现在水表，但在阳光强烈的夏季晴天，由于出现光抑制现象，最大光合作用强度可能不是在水面，而是在水下一定深度（一般是在 1/2 透明度处）。

生活状态的浮游植物除了进行光合作用外，自身还要进行呼吸作用，而呼吸强度受光照度影响不明显，因此其变化趋势可被视为直线。由于光合作用强度随深度增加而降低，那么到了一定深度，浮游植物光合作用产氧量将等于其呼吸作用耗氧量，这一深度称为补偿深度。补偿深度是植物在水中分布的下限，植物在补偿深度尚能生存，但不能繁殖。据研究，补偿深度通常为透明度的 2.0～2.5 倍。

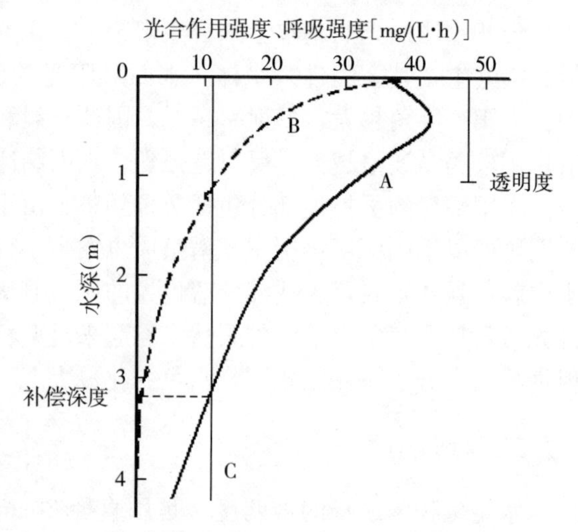

图 6-3　水下光合作用强度、呼吸作用强度、光照度与深度的关系

A. 光合作用强度　B. 光照度　C. 呼吸强度

光照度对沉水植物光合作用的影响机制与此类似，具体表现为对其分布深度的影响。在透明度很高的水体，沉水植物一般不伸到水面，而是丛生在水下一定深度，这样可以减少过强辐射的危害。而在透明度很低的水体，沉水植物的分布深度就较浅，如果水深过大或水体太混浊，沉水植物甚至不能生存。

四、光谱成分与植物的色素适应

植物光合作用并不能利用太阳光谱中所有波长的光能，光合色素中最重要的叶绿素只能吸收红光和蓝光，而且红光更为必要。藻蓝素和藻红素可以吸收红色、橙色和黄色光，而类胡萝卜素能够吸收更广范围的光能。

与陆地相比，水体中的光照经常是不足的，随着深度的增加，不仅光照度逐渐衰减，而且光谱组成也发生了变化。为了适应这种条件，许多水生植物的色素组成中包含了较多的辅助藻类，使它们能够有效地利用水下的绿光和蓝光。所以许多水生植物尤其是藻类，往往呈黄色、红色、褐色。如红藻门的江蓠在弱光下由于含有较多的藻红素而呈红色，在强光下藻红素消失，藻体变为绿色。又如硅藻在黄—红色光照下呈黄绿色，在蓝—绿色光照下则呈深褐色。不过需要指出的是，有时藻类颜色的变化不一定是对光照条件的适应，而可能与营养条件有关，如许多蓝藻在缺氮时叶绿素和藻胆素受到破坏，类胡萝卜素仍被保留，藻体便呈黄褐色，当水中氮源增加后又会迅速恢复正常颜色。

在植物的光合作用过程中，利用最多的光线往往是植物自身颜色的补足色，如绿色植物利用最多的是红光。从前面的叙述中我们知道，不同深度水层中的光谱组成不同，因此分布的植物的颜色也可能不同，如沿岸海藻的垂直分布从浅到深依次为绿藻、褐藻、红藻。

五、光与水生动物的行为

很早以前人们就知道利用火光在夜间诱捕鱼类，到现在，光诱仍然是一种重要的捕捞手段，这就是利用了鱼类的趋光性。所谓趋光性，是指生物在光线刺激下向着光源方向运动的特性。相反，生物背向光源方向运动的特性被称为背光性。研究表明，光是作为一种环境信号对水生动物的行为产生影响的。在以草履虫为材料进行的试验中发现，在改变温度的同时给予光照刺激，以后单用光照也可以使草履虫产生与改变温度相同的反应。经过 24h 饥饿的大型溞极为趋光，而一直生活在食物丰富条件下的个体则没有这种反应。如果一直在黑暗条件下摄食，大型溞到 14～17 代可获得对黑暗条件的适应，从趋光性转变为背光性。

动物的种类不同，光照对其行为的影响也就不同。如并非所有鱼类都趋光，趋光的种类相互之间也有差异。有人曾经研究了 8 种不同生态类型鱼类在光梯度下的分布特征，发现 8 种鱼类可分为 3 种趋光类型：一是能为光诱并趋向强光区的，如银汉鱼稚鱼、鳗鲡等；二是对强弱光反应均等，在强弱光区来回游动的，如鲻（体长 20～25mm 或 120mm）、淡水鲈（体长 25～35mm）；三是对光有负反应的，如鳊（体长 120～130mm）、狗鱼（体长85～230mm）。

光对动物行为的作用还受到一系列内外因素的影响：

1. 光照度 如把虱形大眼溞和长刺溞同放在盛满清水的高筒玻璃容器中，以 30 000lx 的光从上向下照射，这时大眼溞分布在水面（趋光性），长刺溞则集中在容器底部（背光性）。如果光照度降低为 2 500lx，大眼溞仍保持在原来位置，长刺溞则散布于整个容器。如果加腐殖质使水带上颜色，光照度为 30 000lx 时的分布与清水中 2 500lx 的情况相同，光照度 2 500lx 时大眼溞仍靠近水面，长刺溞则在稍低于大眼溞处集结成群。可见大眼溞始终为趋光性，而长刺溞则随着光照度的降低逐渐从背光性转变为趋光性。

2. 光谱成分 大型溞在红光均匀照射下几乎在同一位置平静地上下移动，而在蓝光下则不安地四处快速游动。溞对不同色光的这种反应使其在天然条件下能集中在浮游植物丰富的水层，因为绿色藻类更多地生活在红光较多的水区。

3. 动物的年龄和性别 一般幼龄动物比成龄个体更趋光，如香鱼、鳗鲡成鱼没有趋光性，而在它们的幼鱼期则有趋光现象。桡足类的无节幼体多做趋光运动，成体则多对光照无反映。摇蚊幼虫体内未出现血红素时有趋光性，血液中有血红素后变为背光性。雌性动物常比雄体更具趋光性。

4. 生理状况 一些鱼类在索饵期、产卵前和越冬时趋光运动多。有些动物代谢强度较高时为背光性，代谢强度降低时为趋光性，如大型溞心跳速度超过 300 次/min 时具有背光性，心跳低于 200 次/min 时具有趋光性。

5. 理化因子 水温、pH、溶解氧、溶解盐类等条件可能影响动物对光的反应。通常降低温度可促进动物的趋光性，升高温度可使趋光运动转变为背光运动，如地中海的一种端足类夏季生活在 300m 深度以下，冬季则上升到 65m 水层。原来具有背光性的摇蚊幼虫在缺氧条件下开始做趋光运动。茗荷幼虫在海水 pH 升高时趋光反应加强，水中 Mg^{2+} 浓度增加时则背光反应加强。

六、光对水生动物生长、发育和繁殖的影响

光照对动物生长的影响研究还不多，但是鱼类的某些内分泌器官的功能受光照的影响，光对动物的生长无疑是有一定作用的。如鳟在 11.5℃时，每天用光照射 12h 或 18h，生长率明显比照射 6h 的低。鲥鱼苗在食物充足的条件下，每天经历 16～17h 的黑暗状态，比全光照条件下生长好。而黑带脂鲤在全黑暗中饲养时生长速度减慢。

光对枝角类的生长也有影响，大型溞在黑暗中培养时，寿命较短而体型和生殖量都增大，在全光照培养时，寿命稍长而体型和生殖量减小。

光照对动物的发育也有较大影响，许多种类如果不在特定光照条件下发育，其代谢过程可能失调。如比目鱼卵在阴暗处孵化的速度要比光照下慢 1.5～2d；闪光鲟卵的发育也是在光照下加快，在暗处减慢。也有相反的例子，如大麻哈鱼卵埋在河底发育，暴露在光照下发育减慢，光照过度甚至会导致死亡。

光照时间的长短对很多动物生殖腺的成熟有重要作用，一般来说，春季繁殖的动物必须通过逐渐延长日照时数来刺激生殖腺成熟。相反，秋季繁殖的动物必须经历日照时数逐渐缩短的过程。Houver 等把在 12 月产卵的淡水鲑，用电灯以每周增加 1h 的方法延长光照时间，8 周后把 60 尾鱼分为两组，一组仍在长日照下饲养；另一组逐渐缩短光照时间，结果第 2 组 8 月就成熟产卵，比自然条件下提前了 4 个月。

光照对动物的产卵行为也有影响，沼生椎实螺必须在日照时数达到 13.5h 以上才大量产卵，狗鱼也只在白天产卵。大头罗非鱼在下雨季节产卵量明显减少，有时甚至出现性腺退化现象。

光可以影响红臂尾轮虫的繁殖方式，在日照时数为 14h 时只进行孤雌生殖，如果连续光照 42h 就出现雄体进行有性生殖。

七、浮游生物的昼夜垂直移动

一些鞭毛藻类具有一定的主动运动能力，表现出较明显的趋光性。据何志辉等的观察，扁平膝口藻在无锡河埒口肥水鱼池中日出后向表层集中，日落后上下水层分布趋于一致。我国一些地方在看水养鱼实践中总结的“早清午浓”，实际上就是鞭毛藻类趋光运动的结果，因为晚间和清晨鞭毛藻类较均匀分布于整个水体，水色就较清；中午在强日照的刺激下，藻类集中在近水表处，水色就较浓。浮游动物的垂直运动现象更为常见，在原生动物、轮虫、枝角类、桡足类等各类群中都有发现，多数情况是白天下沉，夜间上升，一昼夜升降 1 次。

一般认为光是引起生物垂直迁移的主要原因，但生物本身的机制尚未明了。

第二节 温度的生态作用

一、天然水体的热学特征

（一）水体中热量的来源和传递

天然水体的热量主要来自太阳辐射，因此水温受光照条件的影响很大。光能被水分子吸收后转变为热能，使水温升高。但由于增热作用最明显的长波光在水表层就被强烈吸收，所以太阳辐射直接加热的是表层水，而深水层主要是从上层水获得热量的。水中热量的散失也是通过水面进行的，其中起主要作用的过程是水体热量的回辐射和水的蒸发。

水的导热性差，在静止条件下，热量向深处传递主要是靠因风力搅动和密度差而产生的水体垂直对流。水在4℃时密度最大，只有在表层水温不超过4℃的情况下，上层水的热量才能通过密度对流输送到下层水。表层水的温度高于4℃时，上层水比下层水轻，而且上下层温差越大，水的密度差也越大，所以此时必须在风力等机械作用的帮助下，上层水的热量才可传递到下层。夏季夜间表层水因回辐射降温而变重时，也能与下层水对流，不过多半只能在水体较上层进行。由于水的热容量大，天然水体的温度一般在0～35℃（海水可低至－2.5℃）。

（二）水体的热分层

风对水体的混合作用取决于风力大小、水体形态和面积、上下层的温差等因素。风力越强、水面越开阔、上下层温差越小，混合作用越强，可以使整个水层从水面到水底全面混合，上下层水温趋于一致，此时水体为全同温。反之，在深度很大、周围地势又挡风的水体，风力的混合作用达不到底层，夏季夜间的密度对流也只限于上层水，水体便会出现温度的正分层。此时，上层水的温度明显高于下层水，两层之间还存在水温垂直变化十分剧烈（水温下降1℃/m以上）的温跃层（斜温层）。通常地处温带的深水湖泊、水库，甚至池塘，夏季都可能出现温度的正分层现象，其持续时间与水深、面积、地理位置等直接相关。秋季上层水温下降到约4℃时，水体可发生一次垂直混合，上下层水温达到一致。冬季随着水温的继续降低，温度稍高的水沉于下层，水体出现较短暂的逆分层。春季水温回升，水体再次垂直混合。

上述的水体热分层主要出现在深度较大的湖泊、水库。我国的许多浅水湖泊，如太湖、洞庭湖、鄱阳湖、洪泽湖等，由于风力作用，夏季表底层水温接近，没有明显的正分层和温跃层。由于水流的强烈混合，整个流水水体的温度与气温接近。

如果水体在较长时间内形成稳定的热分层，对水体的理化性质会产生很大影响。由于植物的光合作用在上层水中进行，热分层又阻碍了水体的对流，所以下层水不能获得溶解氧的补充。同时，上层水中生物的排泄物和尸体可以沉到下层，它们的分解会进一步消耗下层水中的氧气，因此下层水逐渐趋于缺氧。沉到下层的各类物质分解后也无法返回上层水以被植物重新吸收利用，从而限制了上层水中植物的生长。水体理化性质的这些变化自然会影响到水层中生物的分布。如由于热分层的限制，浮游生物很难迁移到下层水，而下层水的缺氧条件，使大多数鱼类很少在下层水出现。

二、温度对水生生物的影响

（一）温度对水生生物生长、发育和繁殖的影响

在一定范围内，温度每上升 10℃，生物代谢作用的速度将加快 1～2 倍。绝大多数水生生物是变温生物，体温与水温相等或接近，所以它们的生长、发育、繁殖等一系列生命活动都直接受到水温的影响。

环境温度达到一定限度时，生物才开始发育和生长，这一限度被称为生物学零度。如萼花臂尾轮虫和布氏晶囊轮虫的生物学零度分别为 7～8℃和 11℃，曲腿龟甲轮虫约为 2℃，其他轮虫多为 4～5℃。在生物学零度之上，温度的升高可以加快生命进程。如萼花臂尾轮虫夏卵的孵化在 5℃时需要 4.10d，10℃时需要 2.21d，30℃时只需 0.35d。再如隆线溞从出生到第 1 次产幼溞所需时间在 18℃以下时为 8～14d，18～24℃时为 5～7d，25～28℃仅为 4d。但是如果超过一定温度范围，温度的升高不仅不能促进发育，甚至会有抑制作用。如多刺裸腹溞从出生到第 1 次产幼溞的时间在 16～28℃时随水温升高而缩短，但在 30～32℃时发育速度反倒降低了。

在一定范围内，水生生物的摄食和生长速度也随着温度的升高而加快。如蚤状溞的日均增长在 7℃时为 0.24mm，25℃时为 0.33mm（郑重，1954）。罗非鱼在 22～32℃时摄食量、同化量和生长率都随着温度的升高而增加，32～36℃时则随温度的升高而降低。

温度与水生动物繁殖的关系更为密切，通常动物繁殖的适温范围比生长、生活的适温范围狭窄，所以水生动物大多有一个明显的繁殖季节。如大型溞在未结冰的水中就能生活，但在 12℃以上才开始孤雌生殖。鱼类必须在一定温度以上才产卵，并且根据产卵季节水温变化情况提前或延后产卵。

在较高温度条件下，由于代谢加快，生物能在较短时间内完成生活史的各阶段，因此寿命往往比较低温度下缩短了。如大型溞在 8℃时的平均寿命为 108.18d，18℃时为 41.62d，28℃时只有 25.59d。

（二）周期性变温对水生生物的影响

前面叙述的温度对水生生物的影响大多是在实验室恒温条件下获得的数据，而自然条件下的水温是经常周期性变动的，如季节变化和昼夜变化。由于生物对环境的长期适应，这种变化对生物的生长、发育通常有促进作用。如在 15～25℃变温条件下培养的萼花臂尾轮虫，其种群增长率比 25℃恒温条件下增加 25%。何志辉等（1985）的研究表明，裸腹溞在 15～18℃变温条件下的发育速度、生殖率和生殖量都明显大于 16℃恒温条件，而与 20℃时接近；17～25℃变温时的各项指标明显优于 20℃时。黑龙江水产研究所在以电厂废热水促进草鱼提前产卵的试验中发现，在日温差极小的温水中培育亲鱼，培育期的积温总量远高于在昼夜温差很大的自然条件下。桂远明等（1989）的研究也表明，适当范围的变温条件，能有效地促进罗非鱼的生长，试验期间变温（28±4）℃时的日增重比 28℃恒温组高约 50%。

不过，变温对生物生长的促进作用也只在一定范围内（生物的适温范围内）有效，如大型溞的发育和生长速度在（20±5）℃变温条件下显著高于 25℃恒温时，但在（20±10）℃变温时则表现出一定抑制作用，这是因为大型溞的适温在 18～25℃，10℃和 30℃已经超出了这个范围。

三、水生生物对环境温度的适应

（一）水生生物的极限温度

各种水生生物都只能在一定温度范围内生存，这一温度范围的两端便是生物所能耐受的极限温度。生物的分布区域受环境温度的制约，首先就是极限温度的制约。由于我国位于北半球，因此水生生物的分布从南向北主要受冬季最低温度的限制，从北向南主要受夏季最高温度的限制。如罗非鱼生活的北界大约在年最冷旬平均水温 10℃的区域，除四川省外，大致在北纬 26°～27°；而鲑鳟类分布的南界为夏季最热旬平均水温在 25℃的区域。

1. 极限高温 即生物所能耐受的最高温度。大多数海洋无脊椎动物只能耐受 30℃左右的高温，少数可达 38℃。比较而言，淡水动物对高温的耐受能力要强一些，大多数种类能耐受 40～44℃的温度，个别种可耐受 50℃以上，如砂壳虫可出现在 51℃的水中。鱼类对高温的耐受能力一般不强，即使是暖水种也只能耐受 35℃的温度。

水生植物对高温的耐受能力一般强于动物。某些蓝藻甚至可以在 90℃以上的热水中生存。无色素的藻类通常能忍受 70～89℃，有色素的种类能忍受 60～77℃。

高温引起生物受害的机制是蛋白质的变性和酶活性的抑制。很多蛋白质在 45～55℃就开始变性失活。不过许多时候生物的死亡是在比蛋白质凝固点低的温度下出现的，这是因为过高温度引起了生物机能的失调，如动物呼吸、排泄机能的失调，神经系统的麻痹等。

2. 极限低温 即生物能够耐受的最低温度。许多水生生物可以耐受接近 0℃的低温，一些种类还能忍受更低的温度，如不少原生动物可以耐受－15℃，静水椎实螺可忍受－3.5℃，轮虫休眠卵经长期冰冻尚能萌发，鲈可以忍受－14.8℃。当然，也有一些暖水性种类对低温的耐受能力很差，如罗非鱼在 12℃时就可能被冻死。

一般来说，低温对生物的伤害不如高温大，通常不会引起蛋白质的变性，低温伤害的机制主要是 0℃以下结冰引起组织脱水、冰晶破坏了细胞结构。但由于细胞液中有一定浓度的溶解物质，因而在 0℃或稍低的温度时还不会结冰。

（二）广温种和狭温种

根据水生生物所适应的温度范围的大小，可以将其分为广温种和狭温种。广温种能适应较大范围的温度变化，大多数温带种类属于此类，如大型溞可以适应 1～30℃的温度变化。广温种又可分为喜温广温种和喜冷广温种，前者的适温为 18～28℃，我国多数养殖鱼类属于此类；后者适应的温度一般在 15℃以下，如低温季节大量出现的金藻、硅藻。人们常说的冷水鱼虹鳟的适温为 10～18℃，实际上也是喜冷广温种。

狭温种适应的温度变幅一般不超过 10℃，它们又可分为冷水种和暖水种。前者如一种涡虫，适应的温度为 0～10℃；后者如珊瑚，只能在温度高于 20℃、温差小于 7℃的热带海洋中生活。

（三）水生生物对环境温度的适应方式

1. 形态构造的适应 生物的散热量取决于表面积和体表与环境温度之差，陆生动物常以增大个体体积等方式来适应低温环境，水生动物的一些种类存在随环境温度降低而增大个体的现象。如鳕在低温水域比在温暖水体中的个体大，僧帽溞、象鼻溞等浮游动物在低温季节的个体一般也大于高温季节。

水生生物还可以通过形成一些保护性结构来适应不利的温度条件，如藻类的孢子、原生动物的孢囊、桡足类的茧、水草的地下根茎等。

2. 生理适应 一些水生生物在环境温度接近其极限温度时，将代谢机能降至基础代谢水平，进入休眠或半休眠状态。如冬季水生昆虫蛰伏于石块下或洞穴中，轮虫、枝角类产生冬卵，原生动物形成孢囊等。夏季高温时，一些水生动物也可进入休眠状态，如生活在非洲和美洲的肺鱼，在干燥的夏季钻进池沼底部的泥中度过不良环境。

南北极严寒海域生活的鱼类的血液中能产生特有的抗冻蛋白，能显著降低体液的冰点，从而极大地提高鱼体的抗冻能力。

3. 温度性迁移 一些水生动物在环境温度不适宜时迁移到其他水域，如鱼类的洄游。

4. 驯化适应 试验证明，如果缓慢地改变水温，一些水生生物的极限温度可以改变，从而能在原来不能生存的环境中存活。如食蚊鱼原来的极限低温是10℃，从20℃的水中直接移到10℃的水中会导致死亡，但如果逐渐降温，最后可以在3℃的水中生活3个月。不过生物在获得对低温的适应能力的同时，可能也会失去对高温的耐受能力。

第三节　溶解盐的生态作用

水是优良的溶剂，天然水体中都溶解了多种盐类。不同水域的盐度差别很大，盐类的成分也有差别。世界海洋的平均盐度为35，主要成分是Na^+、Cl^-、Mg^{2+}、$SO_4{}^{2-}$等，内陆水域的盐度在0.01～347，主要成分是Ca^{2+}、Mg^{2+}、K^+、Na^+、$CO_3{}^{2-}$、HCO_3^-、Cl^-、SO_4^{2-} 8种。此外，水中还溶解有各种微量元素。水体的盐度和盐类成分都对水生生物的生活具有重要影响。

一、天然水体的盐度划分

1 000g水中溶解盐类的克数称为盐度。根据测定方法的不同，有时也可以用离子总量或矿化度（g/L或mg/L）来表示。按照国际湖沼学会1958年的方案，天然水体按盐度可划分如下4种类型：

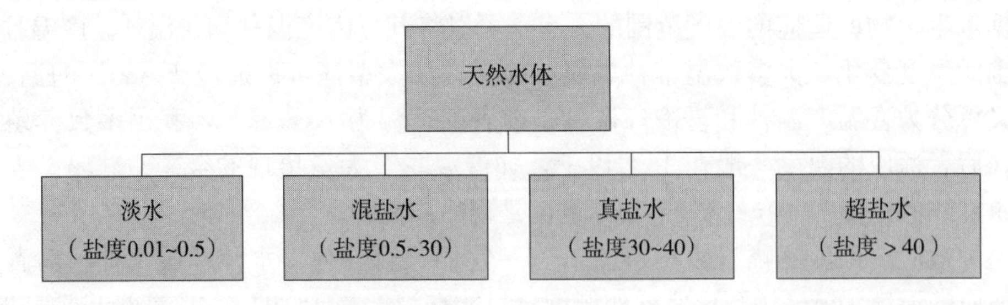

二、盐类成分对水生生物的意义

水中溶解的各种盐类对于水生生物的正常生活是必不可少的，按其作用和需求量可以把它们分为3类。

能量元素：为生命活动所大量需要，是构成蛋白质的主要元素，包括碳、氢、氧、氮。

常量元素：也是生物大量需要的元素，包括硫、磷、钙、镁、钾、钠。

微量元素：是生物所必需但需求量很少的元素，包括铜、锌、铁、硅、锰、钴、碘、硼、铝、溴、氟、硒、钒、钛等。

不同盐类对生物有其独特的意义。

氮：氮是蛋白质的主要成分。天然水体中的氮可分为无机氮和有机氮。无机氮包括NH_4^+、NH_3、NO_2^-、NO_3^-、N_2等，有机氮主要是蛋白质、氨基酸、尿素。水生植物主要吸收利用NH_4^+、NO_3^-、NO_2^-等无机氮，有时也能吸收溶解有机氮。

磷：磷是核酸的主要组分，也是磷脂和蛋白质的重要成分。水中的磷以溶解无机磷、溶解有机磷、悬浮颗粒磷3种形式存在。水生植物主要吸收以$H_2PO_4^-$形式存在的无机磷，所以无机磷又称为有效磷。在多数水体中，有效磷不足总磷的5%。但是研究发现，浮游藻类可以把胞外的有机磷转化为无机磷再加以利用，所以，应该用总磷量来表示水体的含磷状况。

钙：钙是植物细胞壁、动物骨骼、贝壳的重要成分，钙还参与生物的渗透调节、糖分输送、肌肉收缩等多种机能。许多淡水生物只存在于多钙的水中，并且其数量随钙浓度的升高而增加，50%的软体动物几乎不在钙浓度低于20mg/L的水中出现，很多藻类、甲壳类也生长在这样的硬水中。但也有一些种类仅在钙浓度低于10mg/L的软水中出现，如许多鼓藻、轮虫等。

铁：铁是叶绿素合成所必需的，也是动物血红蛋白的重要成分。铁在水中一般以不溶性的氢氧化铁存在，溶解铁很少。但浮游植物对铁的吸收能力很强，所以一般水中不会缺铁。铁过量也对生物有害，试验条件下，1.4mg/L的铁即对浮游藻类有抑制作用，但天然水中有时含铁量超过5mg/L仍无危害，这可能与其他离子的拮抗作用有关。

镁：镁是叶绿素的组成元素，植物对镁的需求量很低，天然水中一般不缺乏。镁过量对动物可能有毒害作用，如大型溞在镁浓度超过0.24g/L时就表现不适。

钾：钾与植物原生质的活动有关，还参与动物肌肉和神经系统的活动。缺钾时水生植物的发育受到抑制，天然水体中的钾一般能够满足生物的需要。

硅：硅是硅藻细胞壁和某些动物骨骼的必需成分。水中缺硅对硅藻的生长不利，但硅过量又会抑制绿藻的生长。

锰、锌、钴、铜、硼、钼等元素在微量时对浮游藻类的生长有促进作用，较高的浓度则可能有害。

三、盐度对水生生物的影响

（一）水生生物的耐盐性

按水生生物对盐度的耐受能力可将其分为广盐种和狭盐种。大多数海洋生物和淡水生物属于狭盐性种类。一些水生生物具有很强的渗透调节能力，对盐度的耐受范围很广。如中华绒螯蟹在海水中繁殖，在淡水中生长，生活史中体液浓度变化不大。该种类身被甲壳，除鳃外均不透水，以触角腺调节水分，尿液浓度随外界盐度而变化，鳃还有吸收氯离子的能力。中华鲟、罗非鱼、鲑鳟等能在海水和淡水中生活，它们都具有不止一种的渗透调节机制。褶皱臂尾轮虫的盐幅为1～142.7，蒙古裸腹溞的盐幅为4～165.2，也都是典型的广盐物种。

水生生物的耐盐性受到多种内外因素的影响。首先，同一物种生活在盐度变化较大的水域时其盐幅也广。同时，原来生境盐度高的更耐高盐，原生境盐度低的更耐低盐。如大型溞盐度上限一般为7.0～13.6，但在一些盐湖出现时的最高盐度达40以上。

生物的耐盐性还与水体中盐分的组成有关。对水生生物来说，一价阴离子具有极强的活性，最活跃地参与渗透调节，其浓度往往决定着海洋生物的耐盐低限和淡水生物的耐盐高限。如大型溞和多刺裸腹溞在大洋中的盐度上限是 7 和 10，在里海分别为 9 和 12，在硫酸盐型的咸海则达到了 10 和 15。

当外界盐度逐渐变化时，生物的耐盐性一般较强，而环境盐度急剧变化时生物则不易忍受。一种端足类在盐度剧变时的盐幅为 4～118，而在缓变时为 1～160。水生生物的耐盐性可能通过盐度驯化而改变。如草鱼的耐盐上限一般为 10～12，经过 15d 在 3～7 和 9 的盐度的驯化，半致死盐度可达到 14 和 16。水温影响着生物的盐代谢，因而对耐盐性也有影响，一般认为温度升高会降低生物的耐盐能力。

淡水的盐度不超过 0.5，但许多淡水生物能耐受明显高于淡水的盐度。试验发现，不少淡水动物的代谢、摄食、生长等在盐度 2～5 时比淡水中更旺盛。如鲤、鲫都是在盐度 4 时生长最快。这一现象的机制主要是外界盐度的升高降低了体内外渗透压差，节约了渗透调节所需的能量，使标准代谢降低，从而提高了能量利用效率。

在对生物耐盐性的研究中发现，盐度 5～8 是水生生物耐盐性的一个极限，许多淡水生物能适应 3～5 的盐度高限，而不少海洋生物的盐度下限在 5～8，而且盐度 5～8 还是一些广盐性物种性成熟或幼体发育的盐度上限或下限，所以盐度 5～8 的水体中生物的种类最少。

（二）离子的拮抗作用和协同作用

水中一些离子单独存在时对生物是有毒性的。比较而言，阳离子毒性较强，银、汞、铜、铅、锌、铝等离子的毒性最大，锰、钡、钾次之，钠、镁、钙毒性小或不显出毒性。但多种离子在水中同时出现时其毒性降低或消失，这种现象称为离子的拮抗作用。在培养海胆时发现，海胆卵在浓度与海水相同的氯化钠溶液中不能孵化，培养液中加入 1%硫酸钙后孵化率为 3%，加入 2%硫酸钙的孵化率为 20%，加入 4%硫酸钙后孵化率提高到 75%。已经证明无毒的钙离子能拮抗钠、钾离子的毒性。有时两种有毒盐溶液混合后毒性会消除，如有毒性的镁离子与剧毒的锌离子就能互相拮抗，镁离子对钠、钾离子也有拮抗作用。各种盐分混合后解除了毒性的溶液称平衡溶液，海水就是一种平衡溶液。

离子间还可能出现混合后的毒性大于混合前两者毒性之和的现象，这称为做离子的协同作用。铜离子和锌离子的协同作用较明显，阴离子中的 CO_3^{2-} 和 OH^- 也有协同作用。

盐度对水生生物的影响是十分复杂的问题。海水的盐分组成很稳定，盐度主要与生物的渗透调节有关，内陆水域的盐分组成往往变化较大，对生物的作用是综合性的。在一些咸水湖泊中，离子系数（M/D，即一价阳离子与二价阳离子的比值）是一项重要的生态指标。内蒙古的达里湖盐度仅为 5.6，水生生物的种类却明显少于类似盐度的其他水体，原因就是湖水的离子系数太大。

第四节　溶解气体的生态作用

水中的溶解气体主要是氧气、氮气、二氧化碳等，有时会有硫化氢、甲烷、氨等。对水生生物最为重要的溶解气体是氧和二氧化碳。

一、溶解氧

（一）天然水体的溶解氧状况

天然水体的溶解氧来自两条途径，一是空气的溶解；二是水生植物的光合作用。

只要水中的溶解氧未达到饱和水平，空气中的氧气就可以不断地溶解进去，其速率取决于水中溶解氧的饱和度、水体运动情况和水气接触的面积。在静水中，氧的溶解仅限于表层水，而在有波浪时或流动水体中，溶解速度显著增大。一般空气的溶解只能使溶解氧饱和而不会过饱和。在池塘、水库、湖泊、海洋等水域，浮游藻类的光合作用是水中溶解氧的重要来源，在有沉水植被的水体，沉水植物也能通过光合作用增加溶解氧。

河流、贫营养的湖泊和水库中，空气的溶解往往是溶解氧的主要来源。而在鱼池和富营养化的湖泊、水库中，溶解氧的主要来源是浮游植物的光合作用。如无锡的高产鱼池中，61%～70.2%的溶解氧来自光合作用，29.8%～39%来自大气溶解，补水输入的微不足道。北方冬季水面结冰后，溶解氧便几乎全部来自浮游藻类的光合作用。哈尔滨地区的越冬鱼池中，光合作用提供约92%的溶解氧，其余8%为原有的储备溶解氧。

浮游藻类的光合产氧量与光照度、营养盐和二氧化碳浓度、水温、藻类自身的生物量等因素有关。

水生动植物的呼吸作用、水层和底质中有机物的分解、气泡逸出是溶解氧消耗的主要途径。在传统鱼池中，鱼类呼吸往往不是最主要的耗氧途径。在无锡高产鱼池中，鱼类呼吸占总耗氧的16.1%，细菌和浮游生物的“水呼吸”占72.9%，底质耗氧占0.6%，由于表层水中氧过饱和而逸出的氧占10.4%（雷衍之等，1983）。

与大气相比，水中的含氧量是很低的。空气中约有21%（体积比）的氧气，而且相对恒定，而1L水中的溶解氧只有7mL的氧，还常有较大的波动。水生动物为适应这种环境，呼吸强度远低于陆生动物，在水中进化最高级的动物是属于冷血动物的鱼类，更高级的恒温动物（包括鲸等次生的水生动物）都是通过肺在空气中呼吸的，这样才能维持其高强度的代谢。

（二）溶解氧与水生生物的呼吸作用

1. 水生动物的呼吸方式

（1）鳃呼吸。鱼类、软体动物和部分水生昆虫以鳃呼吸。鳃的形态和着生部位多样，但共同之处是尽可能地扩大与水的接触面积，以提高气体交换效率。

（2）皮肤呼吸。水生无脊椎动物大多为皮肤呼吸，即通过皮肤与水体进行气体交换。原生动物、轮虫、甲壳动物、部分水生昆虫和软体动物，甚至还有少数鱼类（如鳗鲡、黄鳝）都属于此类，这类动物的比表面积都较大。

（3）肺呼吸和气管呼吸。这两种呼吸方式在水生动物中相对较少，主要是水生昆虫和次生的水生动物。它们都需要周期性地上升到水面吸收空气中的氧。

2. 呼吸强度和呼吸系数 呼吸强度是生物单位体重在单位时间内的耗氧量。水生生物的呼吸强度受多种内外因素的影响。

不同种类的呼吸强度是不同的。一般生物的体型越小，呼吸强度越大。如原生动物的四膜虫的体重为尾草履虫的1/10到几十分之一，但前者的呼吸强度却比后者大20倍以上。在同一种类，呼吸强度也随年龄和个体大小而不同，一般高龄或体型大的个体的呼吸强度较低。

呼吸强度还与水生动物的活动情况、摄食状况、性别和发育期等有关。活动性大的动物的呼吸强度也大，如底栖生活的河蚌的呼吸强度为2.47mg/（kg·h），而浮游生活的枝角类和桡足类的呼吸强度在704～2 080mg/（kg·h）。我国主要养殖鱼类中，鲢、鳙的活动性最强，草鱼次之，鲤、鲫更低，它们的呼吸强度也是依次从高到低。一般动物饱食时的呼吸强度比饥饿时高，鱼类雄性的呼吸强度比雌性高，动物生殖季节的呼吸强度比较高。

水温、盐度等环境因素也影响水生动物的呼吸强度。在一定范围内，温度每升高10℃，代谢强度增加2～3倍，呼吸强度自然也随之增大。盐度对呼吸强度的影响则比较复杂，由于动物的渗透调节要消耗能量，因此有人认为动物在最适盐度下呼吸强度最低，偏离最适盐度会使呼吸强度升高，一些试验也支持这一观点。但盐度变化对呼吸的影响也不一定全都是渗透调节所引起的。如鲤幼鱼在盐度2的水中的呼吸强度和生长速度都高于淡水中，盐度再升高则两种指标都降低，但盐度大于6以后呼吸强度又增加，盐度9以上呼吸强度再次下降直到鱼类死亡。进一步研究发现，盐度从0～2，鲤的呼吸系数和组织含水率降低，2以上两个指标都随盐度增加而上升。可见盐度0～2时呼吸强度的上升是代谢质量提高的表现，而盐度6以上呼吸强度的增加则是代谢恶化的标志。

动物呼吸在耗氧的同时也排出二氧化碳，排出的二氧化碳量与吸入的氧量的比值称为呼吸系数。脂肪完全氧化的呼吸系数为0.71，蛋白质为0.81，糖类为1，生物的呼吸系数一般在0.71～1，只有在进行一定程度的厌氧呼吸时，呼吸系数才会大于1。

3. 好气性生物和厌气性生物　水生生物基本上都是好气性生物。好气性生物又可分为广氧性生物和狭氧性生物。广氧性生物能够耐受溶解氧浓度的较大变化，如英勇剑水溞既能在氧过饱和条件下生活，也能适应低于0.1mg/L的低氧环境。牡蛎等潮间带物种涨潮时利用海水中丰富的溶解氧，退潮时能生活在基本无氧的环境中。狭氧性生物不能适应溶解氧浓度的较大变化，包括适应高氧条件的高氧狭氧种和适应低氧条件的低氧狭氧种，前者如蜉蝣目和实现𫌀翅目的水生昆虫、鲑、鳟类等，后者如多污带分布的物种。

生活在水底的细菌和一些原生动物只能适应无氧环境，氧的存在对它们有害，这类生物称为厌气性生物。

（三）水生生物对不良呼吸条件的适应

由于水体中的氧含量少而多变，水生生物经常面临不良的呼吸条件，主要问题是氧量不足，对此水生生物在进化中形成了不同的适应方式。

1. 调整呼吸频率　一些水生动物在溶解氧浓度降低时提高呼吸频率以维持稳定的呼吸强度。如斜齿鳊可以加快鳃盖的张合来适应低氧条件。颤蚓在缺氧时也可拉长身体并加快身体颤动的频率。不过生物在加快呼吸频率的同时也增加了耗氧量，所以这种调节是有限度的，如果溶解氧含量过低，生物即使加快呼吸也不能保持正常的呼吸强度。

2. 改变呼吸方式和呼吸强度　一些主要靠鳃呼吸的水生动物在缺氧时可以直接利用空气中的氧，如泥鳅的肠呼吸、鳝的皮肤呼吸、乌鳢的鳃上器呼吸、养殖鱼类的浮头都是在吸入空气。许多较低等的水生动物不具有呼吸调节能力，在低氧时便降低呼吸强度，如大型溞在溶解氧量从大于15mg/L下降到1mg/L时，呼吸强度只有原来的1/6。

3. 增加血红蛋白含量　枝角类在高氧环境中是无色透明的，缺氧条件下变为淡黄色甚至红色，长期生活在氧量极低的底泥中的水蚯蚓和摇蚊幼虫为血红色，这些都是体内血红蛋白含量增加的结果。

(四) 窒死现象和氧过量的危害

水生动物无论如何适应缺氧环境，其调节作用都是有限的，当环境中的含氧量降低到一定水平时，动物将不能维持正常的呼吸强度，此时的氧浓度称为临界氧量。不同动物的临界氧量差别较大，急流种可能高达7～8mg/L，“四大家鱼”和鲤、鲫则在1.0～1.5mg/L。在低于临界氧量的某一浓度，生物开始死亡，此浓度为窒息点，鲫的窒息点约为0.1mg/L，鲤为0.2～0.3mg/L，家鱼在0.23～0.79mg/L。许多研究表明，水中溶解氧过多也可能对生物有害，如鱼塘中可能因氧过多而引起鱼类的气泡病。

二、二氧化碳和其他气体

(一) 二氧化碳

水体中的二氧化碳（CO_2）主要来自水生生物的呼吸作用和有机物的分解，从空气进入的只占很少部分。CO_2在水中的溶解不是单纯的物理过程，水中除了游离的CO_2以外，还有CO_3^{2-}、HCO_3^-等结合态，各种存在形态的比例主要取决于水体的pH和硬度。

CO_2对水生生物的作用主要体现在3个方面：

(1) 作为植物光合作用的碳源。CO_2是植物光合作用的原料，天然水体中虽然游离CO_2很少，但由于CO_2系统的调节，CO_2一般不会成为植物生长的限制因子。而在软水湖泊中，浮游植物快速增长时可能出现CO_2不足的问题。在肥水鱼池中，当出现强烈水华时可能会因为CO_2缺乏而抑制浮游植物的生长，甚至引起藻类的大量死亡而给生产造成损失。

(2) 调节水体pH。CO_2可以通过CO_2系统调节水体的pH。

(3) 对水生动物的影响。过高浓度CO_2可能引起水生动物的麻痹甚至死亡。如一种镖水蚤在CO_2的饱和溶液中12s即死亡。鱼类对CO_2也很敏感。试验证明，水中的CO_2浓度较高时可以扩散到鱼类血液中，引起血液的酸化，妨碍血红蛋白与氧的结合，从而抑制鱼类的呼吸。

(二) 其他气体

1. 氨 氨是含氮有机物分解的中间产物，反硝化作用和蓝藻的固氮作用也产生氨。氨在水中以NH_4^+和NH_3两种形式存在，化学方法测定的氨浓度是两者之和，其比例由温度、pH和盐度决定。NH_4^+是植物的氮源，而NH_3则对动物有剧毒。据测定，NH_3对鳙鱼种的48h LC_{50}为1.4mg/L，对鲢的24h LC_{50}为0.46mg/L，对鲢鱼苗生长有显著抑制的浓度为0.05～0.16mg/L。我国肥水鱼池的氨浓度一般在2mg/L以上，在水温较高、浮游植物光合作用强烈进行而使pH升高时，这一浓度可能导致鱼类死亡。

2. 硫化氢（H_2S） H_2S是含硫有机物厌氧分解的产物，其存在是水体缺氧的标志。H_2S不仅要消耗溶解氧，而且对动物有剧毒。H_2S一般积累在湖泊、水库的底部，对水层中的动物影响不大，但在水体混合（如湖泊热分层被打破）时，可能引起鱼类的中毒死亡。

3. 甲烷 甲烷又称沼气，是纤维素分解的产物，在植物残体积累的水中较多。一般天然湖泊、水库夏季时在底部可能有沼气聚集。沼气能大量消耗溶解氧，至于对生物是否有其他危害还不能肯定。

4. 氮气（N_2） N_2与水生生物的直接关系是可以被具有固氮功能的蓝藻利用。另外，过多的N_2可能引起鱼类的气泡病。

第五节 其他非生物因子的生态作用

一、pH

(一) 天然水体的 pH 状况

天然水体的 pH 一般在 4～10，特殊情况可达到 0.9～12。海水的 pH 稳定在 8～8.5，内陆水域的 pH 变化很大。沼泽中由于多种酸性物质的存在，pH 可低至 3～4，而有些盐碱湖又可高达 9～11。一般淡水水域由于二氧化碳系统的平衡作用，pH 多在 6～9。内陆水体按 pH 可分三类：中碱性水体（pH 6～9）、酸性水体（pH$<$5）、碱性水体（pH$>$9）。

(二) pH 与水生生物的关系

根据水生生物与 pH 的关系，可以将其分为广酸碱性生物和狭酸碱性生物。广酸碱性生物主要出现在酸性和中碱性水体，如大红摇蚊幼虫，既能忍耐 2～3 的 pH，又可耐受 11～12 的 pH。狭酸碱性生物主要出现在中碱性水体，适宜的 pH 在 4.5～11，包括大多数的淡水和海洋生物。各种生物都有其适宜的 pH，一般偏离其适宜范围的 pH 条件对许多水生动物是不利的。

酸性环境通常会降低鱼类血液的 pH，而碱性环境也会损伤动物的鳃组织，妨碍鱼类对溶解氧的利用，降低其对低氧条件的耐受力。如当 pH 由 7.4 降低到 5.5 时，鲤的呼吸强度从 0.24～0.27mg/（kg·h）下降到 0.16～0.26mg/（kg·h），每次呼吸吸收的氧减少 1/3～2/3。酸性环境还会影响动物的摄食，降低摄食强度和对食物的吸收率。

pH 对生物的繁殖和发育也有影响。刚毛藻在 pH 降低到 7.2～7.4 时停止植物性繁殖而形成孢子，卵隐藻则在 pH 5～7 的条件下繁殖最快。偏离正常水平的 pH 会妨碍动物的发育，鱼卵在酸性环境中卵膜软化，容易提早破膜，而碱性环境也会使鱼卵破裂。

很多时候，pH 对水生生物的影响是与其他环境因子相结合的。pH 与碱度有协同作用，如家鱼在淡水中一般能耐受 10.2 的 pH，但在盐碱水中，9～9.5 的 pH 就可能有不良影响。氨对生物的毒性与 pH 的关系更为密切，高 pH 会明显增强氨的毒性。

二、有机物

水体中的有机物可分为溶解有机物（DOM）和颗粒有机物（POM）两部分。在湖沼学中，把能够通过孔径 0.45μm 滤膜的称为 DOM，不能通过的称为 POM。一般天然水体中的 DOM 的量远远超过 POM，在大洋表层水中，活体有机物还不足有机物总量的 3%，POM 不到 10%，其余都是 DOM。在肥水鱼苗池中，由于浮游生物量很高，POM 的比例要高一些。

水体中有机物的总量一般用 COD 或 TOC（总有机碳）来表示，是一项重要的水质指标，对水生生物有多方面的影响。

水体中的 POM 是水生动物的重要食物。大多数淡水浮游动物、底栖动物、滤食性和杂食性鱼类都摄食 POM。现在的观点认为，动物不仅利用 POM 的死亡有机物，POM 上附生的微生物的营养价值更高，试验中出现的食腐屑不增重的现象可能与所用的腐屑上着生的微生物太少有关。

POM 与无机颗粒共同组成水体中的悬浮物，悬浮物过多会降低水体透明度，抑制浮游植物的光合作用。过多的悬浮物还可能堵塞动物的滤食器官，尤其是枝角类、桡足类等典型的滤食性动物，影响它们的生长。

DOM对动物的营养价值尚在进一步研究中。DOM在水环境中还有其他一些生态作用。有机物在水中的分解要消耗溶解氧，过多DOM的存在会使水中缺氧，是水质败坏的重要原因。某些DOM对生物有抑制或毒害作用，如一些蓝藻的分泌物中含有毒素，小三毛金藻的代谢产物中有鱼毒素，可导致水生动物中毒死亡。一些DOM对金属离子有络合或螯合作用。如果形成络合物的是铜等重金属，那么可以在一定程度上消除其毒性，如果形成络合物的是钙、镁等二价阳离子，则会增大水体的离子系数，对动物生长不利。在人工培养藻类时，培养基中的铁元素常有意识地以络合物形式供给，这样可使其供应更稳定。另外，一些DOM可能是生物个体间传递信息的化学信使。

三、底质

水体底质可分为硬质土壤、软质土壤和草质土壤三类。底质对底栖动物和大型水生植物有重要影响。

需要扎根的水生植物，在沙、砾底质中不能生长或难以形成稳定种群，在软泥底中则可能形成很高的生物量。硬质土壤和黏土底质比较有利于藻类的附着和生长，而其他底质则不太适合。

底质对底栖动物的生长和分布更为重要。无脊椎动物按照与底质的关系可分为石栖动物、石草栖动物、草栖动物、沙栖动物、沙泥栖动物和泥栖动物六类。石栖动物需要硬的基质营固着生活，草栖动物利用水生高等植物作为附着的基质或隐蔽场所，沙栖动物在沙底筑巢或隐蔽在沙砾间，泥栖动物喜好在淤泥或沙泥中挖洞或钻埋于其中。

淤泥底质含有丰富的有机物和营养盐，能够通过吸附和释放两个相反的过程影响水层中的营养盐浓度。淤泥还有利于水生植物孢子、休眠芽、动物休眠卵的保存和越冬。因此，养鱼池塘要求有一定厚度的淤泥。

但如果底质中的有机物过多，其分解过程会消耗大量氧气，在厌氧条件下还会产生H_2S、NH_3等有毒有害气体。

四、水体形态和水的运动

（一）水体形态

不同水体的容积和水面积相差很大。一般来说，水体越大越可能出现大型生物，而小型水体中的生物则以小型种类为主。如体型巨大的鲸和巨藻只出现在海洋，大型的鲟、白鳍豚只出现在大江中。相反，豆螺、土蜗、豌豆蚬等小型软体动物多在小水沟、水洼等出现。同一种生物生活在大水体可达到的体型也常超过在小水体中的，如镖水蚤在容积越大的水体中体型也越大。

动物的生长需要丰富的溶解氧和食物，动物体型越大这种需求越强，这可能是大水体中动物个体较大的原因。但在另一方面，面积较小的水体岸线系数一般也较大，从陆地接受的营养物相对较多，水中的营养盐浓度可能较高，因此往往单位空间的生物量也更多。从渔业生产的角度来说，这类水体的单产较高。这种差别在面积相近而岸线系数相差较大的水体之间也存在。

（二）水的运动

天然水受风力、密度差、水位差、生物运动以及其他因素的影响，总是处在不同形式的运动状态。水的运动主要有水流、波浪和涡动混合 3 种形式。

水的运动对水生生物的分布有很大影响。由于水流的冲击作用，流速过快时甚至连自游生物都不能抵抗，因此在急流河段通常只有一些底栖动物，这些底栖动物的体型都很扁平，常有钩、爪、吸盘等附着器官，以避免被水冲走。缓慢的水流（0.1～0.5m/s）对水生生物通常无不良影响，而且还有利于它们扩大分布区域，也有助于浮游生物的悬浮。研究发现，水流速度能影响浮游植物的种类组成，在水库中，流速为 5cm/s 时以硅藻占优；小于4cm/s 时常以蓝藻为主；大于 10cm/s 时蓝藻数量很少。这表明水流对蓝藻可能有一定抑制作用，而硅藻由于细胞壁较重，较快的水流有利于其悬浮。

水流对动物的繁殖也有影响。已经知道一定的流速对鱼类性腺的成熟有刺激作用。在流水池养殖中，库林鲑在流速为 0.9m/s 时有 60%～70%达到性成熟，0.4～0.6m/s 时仅有 10%～17%性成熟。鲟科和鲑鳟类的溯河性种类都有类似现象。对产浮性卵的鱼类，一定速度的水流是使卵保持悬浮和正常孵化的必要条件。

水的运动对水生生物还有一些间接影响。如水体对流对水中热量、溶解氧、营养盐的传递或扩散有促进作用，水流可以使固着生物周围的环境不断更新，因而有利于这些生物的生活。

复习思考题

1. 水中的光照条件是如何影响浮游植物的垂直分布的？
2. 谈谈水体垂直对流对渔业的利弊。
3. 水生生物怎样适应不良的呼吸环境？

第七章　水体生物生产力和鱼产力

第一节　基本概念

（一）生物生产

生物有机体在能量代谢过程中将能量、物质重新组合，形成新的产品（糖类、脂肪和蛋白质等）的过程，称为生态系统的生物生产。生物生产常分为个体、种群和群落等不同层次，也可分为植物性生产和动物性生产两大类。

生态系统中绿色植物通过光合作用吸收和固定太阳能，将无机物合成、转化成复杂的有机物。由于这种过程是生态系统能量贮存的基础阶段，因此称为初级生产。初级生产以外的生态系统的生物生产，即消费者利用初级生产的产品进行新陈代谢，经过同化作用形成异养生物自身的物质，称为次级生产。

绿色植物通过光合作用合成的糖类等有机物的数量常称为生产量。生态系统中单位空间和单位时间内植物群落生产的有机物质积累的速率称为生产率或生产力。

（二）生物量、现存量与收获量

生物量与生产量是不同的两个概念。生物量是指单位空间内生物的总重量，是指有生命的活体，以鲜重（湿重）或干重表示。某一时间的生物量就是在此时间以前，生态系统所积累下来的生产量。现存量是指某一时刻，单位空间水体中存在的生物总量。可视为与生物量相同的概念。图 7-1 描述了几种概念之间的关系。

收获量是指一定时间内从水体捕捞出来的产量。池塘等小型水体可以一次把鱼全部捕出，收获量与鱼的生产量接近。大水面中收获量只占鱼类生产量的一部分，其比例与捕捞技术有很大关系。

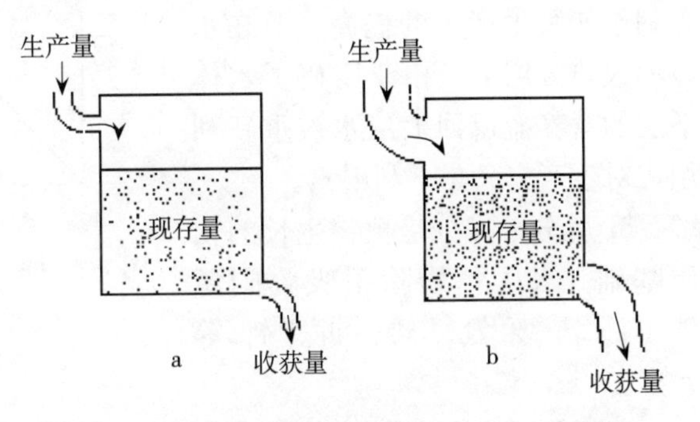

图 7-1　两个平衡的生态系统模型（输入＝输出）
a. 输入和输出较少，周转慢，相当于自然水体
b. 输入和输出较多，周转快，相当于人工渔业水体
(Krebs)

一般说来，水生态系统在其发育过程中，由于生产量大于呼吸量。生物量随时间逐渐积累，表现为生物量的增长。生态系统发展到成熟阶段时，系统中的生物量可达到最大值，而实际的生产量极小，潜在的收获量也小。由此可见，生物量和生产量之间存在着一定关系，生产量的大小对生产力有某种影响。当生物量很小时，如浮游植物、水生高等植物和鱼类很少的池塘，群落没有充分利用空间和能量，这时的生产量就不会高。反之，植物太多、鱼太密集，则限制了每个个体的发展。这种情况下，生物量很大，但并不意味着生产力高。

第二节　水生生物生产力

一、初级生产力

(一) 初级生产力定义

初级生产主要是指绿色植物通过光合作用把无机物转化为有机物的生产过程。因此，各种水域中浮游植物和水生高等植物的生长、繁殖等都是初级生产的范畴。

植物在单位面积、单位时间内，通过光合作用合成的有机物的量称为毛初级生产力。毛初级生产力减去呼吸作用的消耗，余下的有机物质即为净初级生产力。

(二) 影响初级生产力的主要因素

影响水域初级生产力的主要因素有光照、温度、植物的种类和现存量、养分、水体对流和热分层、动物摄食等因素。

1. 光照　由于自然界中太阳辐射的强度存在日变动和季节变动，所以水体的初级生产力也存在相应的变化规律。一般水体中夏季的初级生产力最高，冬季最低，全年的变化趋势为单峰曲线。一天中通常正午前后初级生产力最高，变化趋势也呈单峰曲线。但在日照特别强烈的夏季，由于正午时过强光照引起植物光合作用的光抑制，可能使初级生产力暂时降低，使生产力的日变化趋势为正中下跌的双峰曲线。

2. 温度　温度直接影响着植物的代谢强度，因此也是影响初级生产力的重要环境因素。从图 7-2 可以看出，随着温度的升高，植物光合作用的最大光合作用强度（P_{max}）和饱和点光照度（Ik）都增高了。

在天然水体中，温度除了通过影响植物代谢而对初级生产力产生作用，还可能加快水体的物质循环速度，促进植物对营养盐的吸收，有利于初级生产力的提高。但在水体形成热分层时，由于阻碍了水体下层的营养盐返回上层水被重新利用，对生产力又是不利因素。

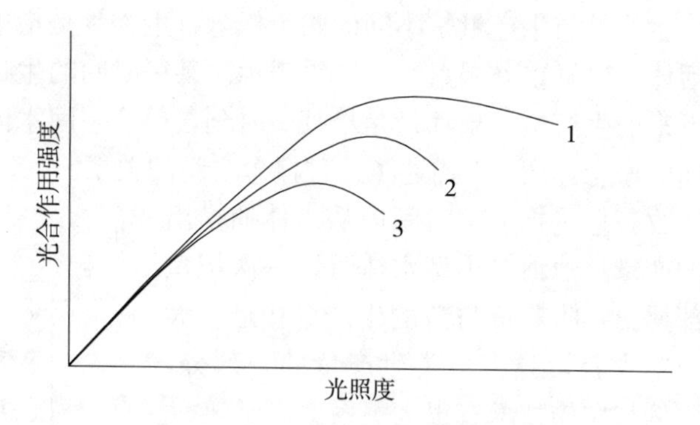

图 7-2　同一种藻类在不同温度下光合作用与光照度的关系
1. 25℃　2. 20℃　3. 15℃

3. 养分　养分是植物生长的物质基础。水生植物除了吸收碳源外，还需要氮、磷、硅、钾等元素。

二氧化碳是光合作用的碳源。水体中二氧化碳浓度随温度和盐度变化而变化，天然水体中二氧化碳一般在 0.2～0.5mL/L，常能够满足植物的需要。在浮游植物十分丰富的池塘中，光合作用每小时可消耗 0.2～0.3mL/L 二氧化碳，因此二氧化碳可能成为光合作用的限制因子。

水体中的无机氮有 NO_3^-、NO_2^-、NH_4^+、N_2 几种形式。除某些固氮蓝藻外，大多数植物只能利用前面 3 种。NO_2^- 只是在低浓度下被少数藻类吸收，浓度过高可能有害。多数植物主要利用 NH_4^+ 和 NO_3^-，两者同时存在时，植物先利用 NH_4^+，后利用 NO_3^-。这是因为

植物吸收了 NO_3^- 后必须先还原成 NH_4^+ 后才能用于原生质合成。

与氮相比，植物对磷的需求量要少，但由于水体中的磷大多以沉积物或悬浮有机物形式存在，不利于植物吸收。因此，在多数水体中，与氮相比，磷更容易缺乏。

4. 动物摄食 当植物密度不高时，动物摄食使植物的生物量和生产力降低。当植物密度很大时，动物摄食可能使植物密度保持稳定，生产力升高。

（三）初级生产力的测定

1. 产量收割法 这种方法通过收割、称量绿色植物的实际生物量来计算初级生产力。可用于估算水生高等植物的生产力。

2. 黑白瓶氧气测定法 根据光合作用的反应方程，合成有机物的量与产氧量成正比，因此可以利用水体中氧的增加量来估算初级生产力。

常用黑白瓶测氧法测定浮游植物的初级生产力。黑瓶为不透光的瓶，白瓶可充分透光。再设一瓶作为本底。测定时将黑白瓶放置到水域同一深度，经过一定时间（常为24h），取出，进行溶氧量测定。由于黑瓶中不进行光合作用，其溶氧量与本底之差就是该水体的群落呼吸量。白瓶能同时进行光合作用和呼吸作用，白瓶与黑瓶的溶氧量差反映了浮游植物的毛生产力。由于白瓶中不仅有浮游植物的呼吸，还有浮游动物、细菌的呼吸，以及有机物的耗氧，因此，白瓶与黑瓶溶氧量的差值不是植物的净生产力。也就是说，黑白瓶氧气测定法不能测出植物的净生产力。在实践中，一般以毛生产力乘以0.8来估算净生产力。

黑白瓶法的另一种方式是把具有放射性 ^{14}C 的碳酸盐加入含有天然水体浮游植物的样瓶中，沉入水中。经过短时间的培养，滤出浮游植物。干燥后，在计数器中测定放射活性。然后通过计算确定光合作用固定的碳量。因为浮游植物在黑暗中也能吸收 ^{14}C，因此，还要用“暗吸收”作校正。显然，这种方法测定的是浮游植物的净生产力。

3. pH 测定法 此方法也适用于水域生态系统。其原理是溶解于水中的二氧化碳含量增加，改变了水的酸碱度。因此，随着二氧化碳量的变化（被光合作用吸收而减少，又因呼吸作用而增加），pH 也随之改变，但是，两者的变化并不成线性关系。同时，水中又有缓冲物，而各种特定的水域中缓冲物质的容量又各不相同。因此，必须要先对特定系统水域的二氧化碳和 pH 变化，作出标准曲线。pH 测定法特别适用于实验室中微生态系统生产力的研究。

这种方法只是连续记录系统中 pH 的变化，并不干扰其中的生物群落。于是，可以根据白天和夜间的连续记录，分析光合量和呼吸量，来估算初级生产力。

4. 叶绿素测定法 现已发现在一定光照度下，叶绿素含量与光合作用强度之间有一定关系。因此，可把叶绿素作为植物初级生产力的一种指标。测定水体中叶绿素含量的方法是通过薄膜将天然水过滤，然后用丙酮提取，用分光光度计检测提取液，再通过计算求出单位容积水体叶绿素的含量。

（四）水域生态系统的初级生产力

生态学上描述浮游植物初级生产力时，用得最多的单位是水柱生产力，即单位面积水面下的生产力。据估算，全地球所有生态系统的净初级生产量约为每年1 640亿t（有机物干重），其中1/3在海洋，2/3在陆地（包括内陆水体）。海洋单位面积的生产量比陆地低得多，生物量更低，这是因为海洋的生产者以微型的藻类为主，陆地则以大型植物为主。如果计算单位生物量的生产力，海洋就要高得多了。从生产量来说，海洋初级生产力以浮游藻类占绝对优势。但海洋浮游藻类的光能利用效率只有0.16%～0.20%。而海带等大型海藻的光能利用率达4%～6%。

内陆水域的初级生产力由浮游藻类、水生高等植物、着生藻类、自养细菌构成。在浅水湖泊中，水生高等植物和着生藻类常在初级生产中占主要地位。水较深的湖泊、水库则以浮游藻类为主。水流较急的石底河流中，着生藻类往往是主要的生产者，流速较慢的泥底河流也有以水生高等植物或浮游藻类为主的。浮游藻类、水生高等植物、着生藻类三者之间，由于对光照和营养盐的竞争，其生产力常表现出负相关。

二、次级生产力

次级生产是指生态系统初级生产以外的生物有机体的生产，即消费者利用初级生产所制造的物质和贮存的能量进行新陈代谢，经过同化作用转化形成自身的物质和能量的过程。水域生态系统中的次级生产过程中，细菌、浮游动物、底栖动物、鱼类最为重要。

从理论上讲，绿色植物的净初级生产量都是植食动物所构成的次级生产量，但实际上植食动物只能利用净初级生产量中的一部分。造成这一情况的原因很多：或因不可食用，或因种群密度过低而不易采食。即使已摄食的，还有一些不被消化的部分。再除去呼吸代谢要消耗一大部分能量。因此，各级消费者所利用的能量仅仅是被食者生产量中的一部分。动物用于生产的能量是新组织合成所需的能量。主要是幼体的生长、成体的繁殖、成体的能量贮存、成体的脱壳等及生命活动所必需的能量。动物合成自身组织所需的总能量应包括组织自身物质中所含能量和合成代谢过程中所消耗物质的能量两部分。

第三节 鱼产力

鱼产力可以理解为水体的产鱼能力。可分为实际鱼产力（鱼产量）和潜在鱼产力（鱼产潜力，即水体可能维持的最高鱼产量）。通常所说的鱼产力是指后者，也就是水体在不施肥、不投饵，只依靠天然饵料的条件下，可能提供的最大鱼产量。鱼产力也是属于次级生产力，可根据饵料生物量或初级生产力进行估算。

一、鱼产力的影响因素

水体鱼产力受气候、水体和流域状况、水的物理和化学因素以及水生生物等多种因素的影响。

1. 集水区状况 集水区的土壤、植被等特点决定着水体的化学特征。如果集水区土地肥沃、植被繁茂、人口密度大、面积与水体容积之比大，则可以有大量营养盐和有机物输入水体，初级生产力也高。反之，水体初级生产力就较低。

2. 水体形态 水深过大，不利于营养物质的循环，中下层因光照不足还可能缺氧，因此浅水的鱼产力一般要高于深水。水体的面积越小，岸线越曲折，则水体与陆地的交界线越长，陆地的营养盐和有机物越容易进入水体，鱼产力也较高。

3. 气候和水文条件 温暖地区水温高，物质循环和各种生物的生长速度都较快，鱼类产力就高。降水丰富的地区，由地表径流能带进更多的营养盐，有利于鱼产力的提高。

4. 生物群落的种类组成 从食物链和能量传递效率的原理可以知道，鱼类以植物食性种类为主时，鱼产力会明显高于以肉食性鱼类为主的水体。另外，放养鱼类时，所选择的种类是否适应当地的环境条件，也是影响鱼产力高低的重要因素。

二、水体鱼产力的合理利用

渔业科技工作者和生产单位曾经非常重视对鱼产力的充分开发和利用，并采取了多种措施来尽可能地提高鱼产力。实事求是地说，这些措施对满足人们对水产品的需求做出了很大贡献。但在目前国内外都在大力提倡可持续发展的背景下，从新的角度来分析我们的渔业生产方式，会发现其中存在的一些问题。

我国大水面放养中提高鱼产力的手段主要有两类，一是水体施肥；二是移植、放养和清野。

水体施肥能明显提高初级生产力，在池塘或小型水库中可以采用。但目前不少大中型水库也在进行施肥养鱼。如果生产者盲目追求产量，在根本没有对水体生态系统的结构和功能进行研究的情况下，向水中大量施用化肥或畜禽粪便，可导致水质严重恶化。不仅损害了水体的其他正常功能，而且最终也不利于渔业生产。所以进行大水面的施肥养鱼应该慎重。

移植、放养和清野如果合理应用，也是提高鱼产量的有效手段。但不少地方在移植和放养鱼类时并没有开展充分的科学论证。这其中既有追求产量的原因，也受当时研究水平的限制，不能为生产提供可靠的科学依据。如前面提到的湖泊中过度放养草食性鱼类对环境的巨大破坏。

水草除了为水生动物提供栖息、繁殖和逃避敌害的场所外，还可以大量吸收水中的营养物质，吸收、降解污染物，对维持生态平衡十分重要。而过度放养草食性鱼类会导致水草的衰退甚至消亡。水生植被尤其是沉水植被消亡后，原来被固定的大量营养盐和有机物释放到水中，刺激浮游生物爆发性增长，水体透明度的降低使沉水植被几乎不可能再生。湖泊从草型转变为藻型，出现严重的富营养化。

为了真正实现渔业的可持续发展，应侧重于对自然水体进行科学管理和合理利用。首先，天然水体中的鱼类引种应该十分慎重，不仅要考虑引种对象对环境的适应能力，更重要的是要充分研究引种对象对接纳水域生态系统的影响。在科学依据还不充分的情况下宁可暂时不引。其次，在天然湖泊和大中型水库最好不搞施肥、投饵养鱼，而是以天然鱼产力作为增养殖的基础。尽量维持水体原来的生态平衡，保留凶猛鱼类的存在。

大水面的放养品种除了鲢、鳙以外，也可考虑其他品种，如藻食性、杂食性、底栖动物食性的种类。在有水生植被的湖泊，少放或不放草食性鱼类，可利用水生植物提供的优良环境，发展虾、蟹、鳜等名优品种的增养殖。

复习思考题

1. 试述生产力、生产量、现存量、生物量等概念的异同及其相互关系。
2. 简述水体初级生产力测定的原理和方法，比较其优缺点。
3. 影响水体初级生产力的因素有哪些？
4. 影响水体鱼产力的主要因素有哪些？如何用饵料生物来估算鱼产力？

第八章　水污染的生物学问题

水污染是指水体因某种物质的介入而导致化学、物理、生物或放射性等方面的改变，造成水质恶化，从而影响水的有效利用，危害人体健康或破坏生态环境的现象。环境中的任何污染都是针对生物而言的。一方面，污染的后果最终要由生物承受；另一方面，生物对污染物的净化有重要作用。因此，在研究水污染问题时，水生生物是其中最重要的因素。

第一节　水污染的类型

一、典型水污染

根据主要污染物的类型，典型的水污染有以下几类：

1. 重金属污染　一般把密度大于 $5g/cm^3$，周期表中原子序数大于 20 的金属元素，称为重金属。由于采矿和冶炼、工业排放、大气沉降等使其进入水体后对水生生物大多具有毒性。日本发生的水俣病就是人食用了被汞污染的鱼类而引起的。

2. 耗氧有机物污染　主要指动、植物残体和生活、工业产生的糖类、脂肪、蛋白质等易分解的有机物，它们在分解过程中要消耗水中的溶解氧，故称为耗氧有机物。主要来源于生活污水和工业废水，如造纸、皮革、纺织、食品、石油加工、焦化、印染等工业废水。

3. 富营养化　指在人类活动的影响下，氮、磷等营养物质大量进入湖泊、河口、海湾等缓流水体，引起藻类及其他浮游生物迅速繁殖，水体溶氧量下降，水质恶化，鱼类及其他生物大量死亡的现象。

4. 油污染　工业生产过程中排出的油类物质及其衍生物进入环境后造成环境质量下降，影响人及生物正常生存的现象。多发生在海洋中，主要来自油船的事故泄露、海底采油、油船压舱水以及陆上炼油厂和生化工厂的废水。

5. 病原微生物污染　指病原微生物排入水体后，直接或间接地使人感染或传染各种疾病。主要来源于生活污水、医院污水、畜禽饲养场污水等，这些水常含有病原体，如病毒、细菌和寄生虫。

6. 富集污染　主要是由重金属、氰化物、氟化物和难分解的有机污染物造成的，它们都富集在生物体中，通过食物链危害人类健康。

7. 酸碱污染　指各种酸碱盐无机化合物进入水体，使淡水 pH 改变，影响水质。碱污染主要来自造纸、化纤、制碱、制革及炼油废水。酸污染主要来自工业废水（造纸、制酸、黏胶纤维等工业）、矿山排水、酸性降水。

8. 热污染　指热流出物排入水体，使水温升高，溶氧量减少，影响水质，危害水生生物。主要来源于工业冷却水，如发电站的冷却水。

9. 放射性污染　由于放射性物质进入水体造成的。主要来源于原子能工业排放的废物（如核电站冷却水）、核武器试验沉降物、医疗和科研放射。

二、水污染对水生生物的作用

水污染对水生生物的危害主要有3个方面：

1. 直接毒害 许多污染物对水生生物具有直接的毒害作用，低浓度时在一定程度上抑制水生生物的生长、发育和繁殖，高浓度时导致水生生物死亡。污染物对水生生物的致死浓度因生物种类和污染物毒性不同而有差别。

2. 机械影响 污水中的悬浮物附着在鱼鳃上会影响鱼类呼吸，严重时导致其死亡；悬浮物沉降到水底则会掩盖底栖动物，严重时也会引起这些动物的死亡。石油和赤潮藻类对水生生物的黏附作用可使水生生物呼吸和滤食活动受损，导致其机械性窒息死亡。

3. 影响气体的状况 耗氧有机物污染、热污染和石油污染等都会恶化水生生物的呼吸条件。有机物的厌氧分解还会因产生硫化氢和氨气等有毒气体对水生生物造成更大危害。此外，污水中悬浮物的存在能够降低水体透明度，影响水生植物的光合作用，导致水中溶解氧含量降低。

第二节　水体富营养化

随着人口数量的增加和人类生产活动的加剧，水体富营养化是水域环境污染最为常见的现象，也是发生频次较高的污染类型。水体富营养化是指由于人类的活动使水体中营养物质的浓度迅速增加，引起某些特征性藻类及其他水生生物的迅速繁殖，导致水域生态系统的平衡和水体正常功能受到损害的现象。

一、水体富营养化形成机制

在地表淡水系统中，磷酸盐通常是植物生长的限制因素，而在海水系统中往往是氨氮和硝酸盐限制植物的生长。导致水体富营养化的物质，往往是这些水系统中含量有限的营养物质。造成水体富营养化的途径可分为外源途径和内源途径。其中，内源途径主要是指水体底层淤泥中的营养盐重新释放到水体的过程，它是湖泊内部营养的主要来源。而外源途径又可分为点源和面源两种。点源是指污染物通过排放口直接或经渠道排入水体的污染。污染物主要是含有氮、磷及有机物的城市工业废水和生活污水。面源污染（非点源污染）则指降水过程把地表和大气中溶解或固体的污染物带入水体所产生的污染，其发生地点和时间不固定，具有区域性。水体富营养化的根本原因是植物营养物质浓度的增加。从国内外的大量研究结果来看，多数情况下富营养化的限制因子是磷，其次是氮。水体中氮、磷的来源主要途径是地表径流、水产养殖、城镇生活污水、工业废水。

二、水体富营养化的危害

水域环境出现富营养化所造成的危害主要表现在以下方面：

1. 对饮用水源的污染 富营养化使水体中有机质增加，病原菌滋生，并产生有害的藻毒素，危及饮用水的安全。处于富营养化状态的水体作为供水水源时，会给净水厂的正常运作带来一系列问题，如增加水处理费用、降低处理效果和产水量等。

2. 对水体生态环境的影响 处于富营养化的水体，正常的生态平衡遭到破坏，导致水生生物的稳定度和多样化降低，且最终的发展将使水体库容因有机物残渣淤积而减少，水体生态结构被破坏，生物链断裂，物种趋向单一，水体功能退化，加速水体沼泽化、陆地化的进程。

3. 对渔业等生物资源利用的影响 一定程度的富营养化可能导致鱼产量增加，但严重富营养化的水体会因为藻类释放的毒素和溶解氧的稀缺而使鱼类种类和数量减少，并直接影响鱼类质量，从而导致水体经济价值大大降低。

4. 对水体感观性状的影响 富营养化水体中的蓝、绿藻类大量繁殖，致使水体色度增加、混浊，透明度降低，并散发鱼腥臭味，污染居住环境，丧失水体美学价值。

三、水体富营养化的防治

水体富营养化的防治是指阻断引起水体富营养化的污染源和削减其污染的措施。防治的目的在于有效地阻断或削减污染来源，减少过量氮、磷等营养元素对水体的输入，以抑制其初级生产力。

1. 减少外源营养物质的输入 来自各种污染源的营养负荷的增加会使水中的营养物质浓度急剧增高，导致藻类暴发、溶解氧耗尽等富营养化症状。因此，外源的削减与控制是治理水体富营养化的先决条件。削减营养负荷的技术有以下几种：废水分流以减少营养物质的入湖量；生产无磷洗涤剂以降低磷的入湖负荷；使用化学方法或生物技术进行废水脱磷；利用稳定塘、人工或自然湿地等进行非点源营养物质的截流；湖水稀释；应用生态技术改变常规农业种植方法。

2. 降低内源性营养物的增加，加速内源性物质的分解利用 一些水体，只削减外源就可使水体恢复到以前的状态，但在富营养化程度严重的情况下，由于整个湖的情况已经发生了变化，只控制外源还不能从根本上治理富营养化，内源足以延缓甚至阻止湖泊停止外源输入后的恢复进程，因此还需采用湖内恢复技术消除内源。国外在消除内源方面做了很多探索：向湖中投加铝盐加速磷惰性化，从而减少内源磷的释放率；底泥疏浚；底泥氧化；均温层曝气；选择性地去除均温层的水以降低均温层的体积，减少水体的营养物质浓度；降低水位使一些或者全部的底部沉淀物暴露于大气中。

3. 生态恢复 控制外源和内源的技术会使营养物浓度长期减少，但对于恢复水体的生态功能往往还不够。各国经过长期的和大规模的研究，发明了许多用于富营养化水体恢复的技术：石岩等人研究了草食性浮游动物净化富营养化水体的效果；有学者研究水网藻在生长过程中吸收水体中的氨氮、硝氮及无机磷等藻类营养素，从而限制藻类的生长，通过生物操纵法改变水体生物群落结构，减少水体内的氮磷等营养物质的量从而抑制藻类的生长，通过人工循环使湖水达到和维持等温状态；通过毒性效应来控制藻类。

4. 综合防治 富营养化是多种原因、综合作用的结果，且污染源复杂，营养物质去除难度大，防治上只用一种方法很难奏效。实践中通常是多种方法同时使用，既控制外源性营养物质输入，又减少内源性营养物质负荷，水体一旦富营养化，及时去除污水中的营养物质。如池塘常见的由蓝藻形成的“铜绿水”，只用 0.7g/mL 浓度的 $CuSO_4$、$FeSO_4$合剂（5：2）效果并不理想，但结合生态学管理既可降低药量又可提高疗效，然后注入其他池水引进新藻类种，防止蓝藻成为池水优势种，然后施无机肥进行肥水，效果较好。

第三节 水污染的生物监测

污染破坏了水体的生态平衡，引起生态系统结构和功能的改变。这些改变体现为生物种类组成、生物量、生产力、呼吸强度等指标的变化。而且变化的规律与污染的类型和污染程度有关。因此，我们可以利用水生生物的一些指标来监测和评价水体污染。

一、指示生物法

Kolkwitz 和 Marrson（1909）首次提出污染系统和河流不同污染带的指示生物种类。他们的出发点是每个种类都对环境有特殊要求，只有水体存在这些条件时，这个种类才能生存。他们总结了河流有机物污染的自净过程，将其划分为 4 个污染带：寡污带、α-中污带、β-中污带、多污带。每一带中提出有代表性的生物种类（包括藻类、原生动物、轮虫、甲壳动物、底栖动物、鱼类等，细菌则按数量多少划分），称之为污水生物系统。此后，许多研究者对污水生物系统进行了补充和修改，使其更加完善。

在使用污水生物系统评价水体污染时，可以将采集并鉴定的种类与污水生物系统比较，统计各类污染生物的数量和百分比，结合其他指标可对水体污染程度做出评价。

利用污水生物系统评价水体污染，简单易行，所以现在仍然被广泛采用。但对研究人员准确鉴定生物种类的能力要求高。由于每种生物对不同污染物的敏感性和耐受性都不一致，同一种类可能出现在不同污染带，也给评价带来困难。另外，这种方法最大的不足之处在于它可以解释为什么水体中出现了某种生物（因为环境条件具备），但不能说明为什么某种生物没有出现，可能是条件不适宜，但也可能是因种间竞争被排斥，或者是根本没机会进入特定水体。

二、生物指数法

由于指示种类评价污染存在的缺陷，人们又发展了用群落结构评价污染的指标，即各种生物指数。

1. 生物指数 Beck（1955）提出的生物指数（I），最适用于大型底栖动物。

$$I=2n_1+n_2$$

式中，n_1 为对有机污染敏感的种类的种数，包括寡污带种类；n_2 为耐污染种类的种数，包括多污带和中污带种类。

生物指数 0～5 为重污染；6～14 为中污染；15～29 为较清洁；大于 30 为清洁。

2. 污生指数 Pantle 和 Buck（1955）提出的污生指数（SI），适用于大型底栖动物和小型浮游生物。

$$SI=\sum Sh/\sum h$$

式中，S 为污生系数，寡污带种类为 1，β-中污带种类为 2，α-中污带种类为 3，多污带种类为 4；h 为某种生物的数量。

多污带的 SI 值为 4.0～3.5，α-中污带为 3.5～2.5，β-中污带为 2.5～1.5，寡污带为 1.5～1.0。

第四节　水污染的生物治理

一、生物净化作用

天然水体受到一定程度的污染后，由于自然界物理、化学和生物等过程的作用，会使污染逐渐消除而得以净化，这种现象称水体的自净。其中，由生物参与的自净过程称为生物净化作用。生物净化是污水生物处理的原理。生物净化的主要机制是：

1. 对污染物的转化和分解　在水生生物的作用下，有机物分解为无机物，有毒物质被分解或转化为无毒的物质。这是生物净化的主要过程。

水体中有机物转化为无机物的过程被称为矿质化。水生生物对矿质化作用最大的是好气性细菌和原生动物，所以在溶氧量丰富的水体中矿质化进行得更彻底，而在缺氧水体中则会因矿质化不完全而生成多种可能有害的中间产物。

生物通过分解或转化而消除污染物毒性的过程称为生物解毒作用。如水体中的微生物对石油类物质、酚类、农药都有一定的分解作用。小球藻可以把剧毒的 Cr^{6+} 转化为弱毒的 Cr^{3+}。

2. 吸收　水生生物可以将一些污染物吸收到体内，从而消除对水环境的危害。如水生植物对氮、磷元素的吸收，可以在一定程度上降低水体的富营养化水平，水生高等植物对重金属和一些有毒有机物的吸收作用也较强。

3. 生物沉淀作用　水体中滤食性动物和沉食性动物的过滤作用可以摄入水体中的悬浮物质，其中一部分成为生物的组织，还有一些以粪便形式沉到水底。这样就把污染物从水层中去除了。如双壳类动物过滤的大量物质并未被吞食，而是黏结成假粪块沉到了水底。贻贝也能把水中悬浮的石油微粒凝结成假粪块沉降。

二、污水生物处理的主要方法

1. 生物过滤法　生物过滤法是从沙滤发展而来的，它利用过滤池中滤料上附着的生物膜对废水中的有机物进行吸附和分解。所谓生物膜是指在特定条件下培养的，主要由细菌、真菌、原生动物组成的薄膜状构造，对有机物有很强的吸附和分解能力。

生物过滤法有多种形式，如普通生物滤池、塔式生物滤池、生物转盘等，其基本原理都一样（图 8-1）。

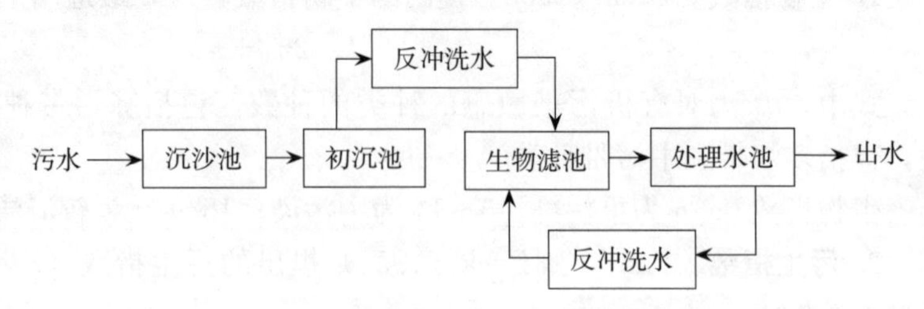

图 8-1　生物滤池的处理流程

2. 活性污泥法　活性污泥是一种褐色絮状泥粒，主要由微生物、原生动物、轮虫和一些杂质组成。活性污泥能高效地分解和氧化有机物。处理主要发生在曝气池内，废水进入曝气池，与活性污泥充分混合，水流经过曝气池叶轮旋转曝气，使废水的活性细菌活泼起来，把废水中的有机物吞食，而变成无机物。目前，城市污水处理厂大都选用活性污泥曝气法。随着科学技术的发展，曝气法也变成了逐步曝气法，几个曝气池串在一起，使废水经过曝气的机会增多，接受活性污泥处理的时间加长，使水经过曝气的机会增多，接受活性污泥处理的时间加长，使水流容易调节，处理效果提高。

3. 氧化塘 氧化塘是模拟自然水体自净过程的污水处理法。塘内有机污染物由好气性微生物分解，而微生物所需的氧由藻类的光合作用提供，也有通过池塘表面曝气或机械方法充氧的。

复习思考题

1. 典型水污染有哪些类型?
2. 什么是富营养化? 水体富营养化的原因、危害有哪些?
3. 水污染的生物监测有哪些方法?
4. 污水生物处理的方法主要有哪些?

3 第三篇 实践技能

第九章 浮游植物调查

第一节 浮游植物调查方法概述

浮游植物是水体供饵能力的主要标志，其丰歉程度决定着水体渔产力的大小，有些种类还可作为水质的指示生物。不同类型的水体或同一水体的不同季节，藻类的组成是不相同的。调查研究水中浮游植物的组成与现存量，可以为水生经济动物的合理放养及水环境评价等方面提供较为可靠的依据。为了使调查数据便于相互比较，现在一般采用《内陆水域渔业自然资源调查手册》的方法。

一、浮游植物的采集

（一）采集工具

浮游植物的采集工具主要有采集网和采水器。

1. 采集网 是一种圆锥形网，用丝质或尼龙的筛绢（25＃）制成，上部缝在金属环上，下部装有集水杯，用来收集过滤到的浮游生物。网的大小不一，湖泊常用的网径约 20cm，网长约 60cm。有时在下部用绳捆绑一个玻璃瓶来代替集水杯（图 9-1）。

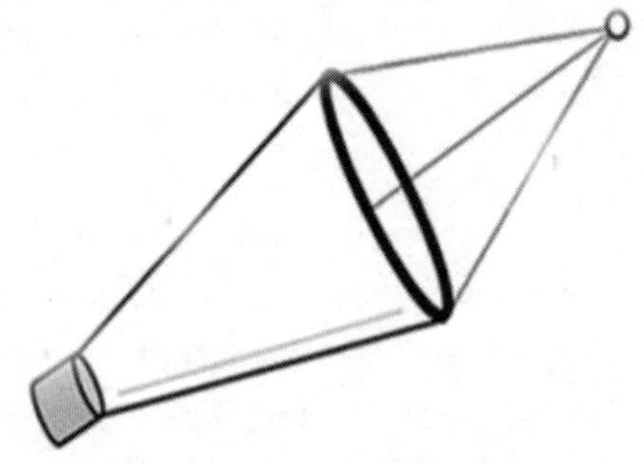

图 9-1 浮游生物采集网示意

2. 采水器 采水器的种类、规格有很多型号，如颠倒式采水器（图 9-2）、球盖击开式采水器、埃克曼式采水器、有机玻璃采水器（图 9-3）、自制玻璃采水器等。

（二）浮游植物定性水样的采集

在一般定性采集时，可将采集网系在船后水平拖取。由于网孔小，滤水很慢，拖取时速度不要超过 0.3m/s，拖 3～5min。若拖动太快，水在网内会发生回流，将使网内的浮游生物冲到网外。当定点采集时，可站在船舱内或甲板上，将网系在竹竿或木棍前端，放入水中作∞形的巡回拖动（网口上端不要露出水面），拖取速度与上同。尔后将网慢慢提起，并轻

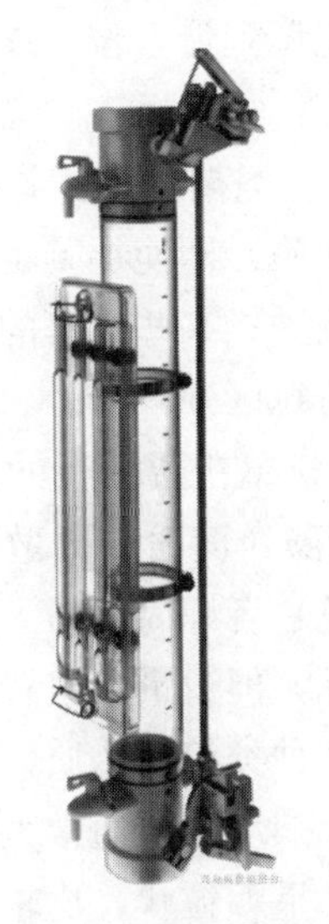
图 9-2 颠倒式采水器

图 9-3 有机玻璃采水器

轻抖动网绳，待水滤去，打开集中杯，将滤取的浮游植物装入预先备好的标本瓶中，立即加入 1.5%的鲁氏碘液和 4%的福尔马林固定液保存。如需活体观察时，样品不宜太浓，瓶口要大，带回室内也应抓紧时间观察，否则部分浮游植物会由于密度大而死亡分解。

二、实验方法及细胞内部结构的观察

（一）制片

（1）洗净载玻片和盖玻片。通常用自来水即可冲洗干净载玻片和盖玻片，然后用洁净的纱布擦干。

（2）摇匀标本液，用吸管吸出一小滴置擦净的载玻片中心，标本液量要适中。

（3）盖上盖玻片。将盖玻片倾斜放下，使其一边先与液滴的边缘接触再慢慢放下。此时，如有水逸出，要擦去重新制片，切忌用吸水纸贴片吸水，因为这样会连藻体一并吸出。如果是活体标本，最好在水滴中加上一些细纤维，如棉花纤维或毛发等以减缓藻类的运动速度和活动范围。如果观察活体后想将其固定，便可吸少量碘液从盖玻片旁侧渗入以杀死运动个体。丝状和胶团块藻类的制片，需事先在载玻片上滴一滴固定液，然后用尖头镊子钳取少量藻丝或胶块轻放其中，盖上盖玻片。

（二）观察

先在低倍镜下找准所需样本，将其移至视野中心，再转换高倍镜观察。对于几种典型结构和部位的观察，可按下述方法进行：

1. 多角度观察 为了从不同侧面多角度观察某些藻体细胞的形态构造特征，可用解剖针轻敲盖片让其翻动。

2. 细胞核观察 通常细胞用碘液固定后，核被染成橙黄色，对碘反应不敏感的可用苏木精染色法使其着色。对裸藻等较大型个体可用挤压法，将手触压盖片使细胞破裂，核就可脱膜而出。

3. 鞭毛观察 先取活体标本在低倍镜下观察其活动状况，凡运动比较迅速（旋转、游动等）的藻类（注意应与缓慢摇摆前进的硅藻和颤动的颤藻严格区别开来）均为鞭毛藻类，生活的个体鞭毛无色，接近透明、光亮，转换高倍镜并将聚光镜调到最上位，缩小光圈可以看得比较清楚；如果加上适当碘液固定，鞭毛更为清晰。

4. 蛋白核观察 对周边由淀粉鞘组成的蛋白核（多数绿藻），只要加上少许碘液令其变色（蓝黑色）就可看清楚；对周边由副淀粉包被的蛋白核（如裸藻）即使加碘也不变色，但可由此衬托出几个椭球形，光亮的副淀粉粒围绕于一蛋白块的四周；某些硅藻的无鞘蛋白核是大小不等的白色颗粒，要注意与稍带黄色而呈正圆球形的脂肪粒区别开来。

5. 同化产物观察 有蛋白核的藻类，如绿藻，淀粉多集中分布在蛋白核的周围形成所谓“淀粉鞘”，碘反应清晰；无蛋白核的藻类，如某些隐藻、绿藻，淀粉粒分散于色素体的不同部位。无论位置和形状怎样，遇碘呈蓝黑色（有时为紫黑色）者即为淀粉。脂肪本体略带黄色、球形、光亮透明，无碘反应，在硅藻色素体上最为常见，但数量、位置不定，有的个体缺失。通常在活体标本中清晰。副淀粉为裸藻门所特有的一种类淀粉物质，系淀粉的同分异构物，呈椭球形、环形、棒状，罕为球形，反光性很强，无碘反应，通常大型。蓝藻淀粉为蓝藻门所具有的一种类淀粉物质，也为淀粉的同分异构物，呈颗粒状，比较均匀地分布于蓝藻细胞周边的色素区，遇碘呈淡紫色或淡褐色。白糖素为金藻（少数黄藻）所具有的一种糖类，是一种白色、光亮不透明，大小不定的球体，无碘反应，多半集中在细胞后端。

6. 色素体观察 色素体在原生质中存在的特点是有固定的形状，并呈现一定的颜色。欲看清颜色务必用活体标本，否则只能从形状上加以区分。对于不同形状色素体的观察，有一种简易可行的经验方法，即待临时装片水分蒸发殆尽时，用手指按住盖片揉搓，使细胞破碎，色素体可自然脱出，呈现于视野中。

7. 胶被观察 团藻目、四孢藻目的许多种类，群体的周边包被一层含水量极高的透明胶被，在装片水分蒸发殆尽时较易看清，加上适量碘液使原生质体着色后，也能衬托出胶被的存在。

第二节　浮游植物定性

（一）浮游植物定性

浮游植物定性即种类鉴定，是定量工作的前提。常将定性采集的标本水样和定量采集的标本水样结合进行。因为淡水浮游植物以小型和微型种类居多，在定性采样的网滤样品中大部分漏掉，而一些数量极微的大型种类经采集网大量滤水聚集数量很多，从而如果单纯用定性采集所取水样进行定性工作，势必影响测定结果的准确性。同样，若单纯用定量采集的水样来进行定性测定，对一些在水体中数量极微的浮游植物来说，可能在镜下难以找到其踪迹。

定性测定时，分别取浮游植物定性、定量水样和定性水样于载玻片上，盖上盖玻片，于400～600倍显微镜下观察全片，鉴定水样中浮游植物的种类，分门别类记录下来，同时以下列符号分别表示各种浮游植物的数量情况：优势种（＋＋＋）；多（＋＋）；一般（＋）；较少（－）。

（二）浮游植物种类鉴定

根据如上所述的实验方法鉴定常见藻类。

第三节　浮游植物定量

一、浮游植物定量水样的采集

1. 采样点的选择　由于水面大小、水深、水流等条件不同，不同水域的采集点的选择也有差别。有条件时采样点可适当多设一些，一般情况下应顾及水体中心、边缘，水库则应在上、中、下游分别设点。

2. 采样层次、采样次数及采水量的选择　凡水深不超过 2m 者，可于采样点水下 0.5m 处采水，水深 2～10m，应于距底 0.5m 处另采一个水样，水深超过 10m 时，应于中层增采一个水样。深水湖泊、水库可根据具体情况确定采样层次。采样次数可多可少，有条件时还可逐月采样 1 次，一般情况可每季度采样 1 次，最低限度应在春季和夏末秋初各采样 1 次。

浮游植物定量水样每一采样点应采水 1 000mL，若是一般性调查，可将各层采水等量混合，取 1 000mL 混合水样固定，或者分层采水，分别计数后取平均值。分层采水可以了解每一采样点各层水中浮游植物的数量和种类。采得水样后应立即加入 15mL 碘液（即鲁氏碘液，将 6g 碘化钾溶于 20mL 水中，待其完全溶解后，加入 4g 碘充分摇动，待碘全部溶解后加入 80mL 水即可）固定。

二、定量水样的处理

1. 沉淀与浓缩　采得水样后，必须经浓缩沉淀方适于研究和保存。凡以碘液固定的水样，瓶塞要拧紧，还要再加入 2%～4%的甲醛固定液以利于保存，定量水样应放入 1 000mL 分液漏斗中，静置 24～36h 后，用内径为 3mm 的橡皮乳胶管，接上洗耳球，利用虹吸法将沉淀上层清液缓慢吸出（切不可搅动底部，否则应重新静置沉淀），剩下 30～50mL 沉淀物，倒入定量瓶中以备计数。为不使漂浮水面的某些微小生物等进入虹吸管内，管口应始终低于水面，虹吸时流速、流量不可过大，吸至澄清液 1/3 时，应控制流速、流量，使其成滴缓慢流下为宜。

2. 计数　将浓缩沉淀后的水样充分摇匀，吸出 0.1mL 置计数框内（表面积最好 20mm×20mm），在高倍显微镜下观察计数，每瓶标本计数 2 片取其平均值，每片大约计算 100 个视野，如果平均每个视野有 5～6 个时就要数 100 个视野，如平均每个视野 1～2 个时，要数 200 个视野以上，同一样品的 2 片计算结果和平均数之差如不大于其均数的±15%，其均数可视为有效结果，否则还必须测第 3 片，直至 3 片平均数与相近两数之差不超过均数的 15%为止，这两相近值的平均数，即可视为计算结果。

计算过程中常可碰到某些个体的一部分在视野中，而另一部分在视野外，可规定处在视野上半圈者计数，下半圈者不计数。如果都要计数，结果必然偏高。此外，数量最好用细胞数表示，对不易用细胞数表示的群体或丝状体，可求出其平均细胞数。

计算时优势种类尽可能鉴别到种，其余鉴别到属。注意不要把微型浮游植物当作杂质而漏计。

计数具体要求：①校正定量滴管计数框容积；②定量用的盖玻片应以碱性溶液或肥皂水洗净备用，用前可浸于 70%酒精中，用时取出拭干；③滴取样品以后最好用液状石蜡封好计数框四周，以防计数过程中干燥；④以台微尺测出所用显微镜一定倍数下的视野直径；⑤选好与计数框同样容积的吸管备用；⑥定量时应将浓缩标本水样充分摇匀，快吸快滴；⑦加上盖玻片后不应有气泡出现；⑧计数后的定量样品应保存下来。

3. 计算 按下式计算每升水样中某种浮游植物的数量（个/L）。

$$N=\frac{P_n}{F_n}\times\frac{C_s}{F_s}\times\frac{V}{v}$$

式中，P_n 为平均每片实际计数的某种浮游植物个数；F_n 为平均每片计数过的视野数；C_s 为计数框面积（mm^2）；F_s 为每个视野面积（mm^2）；V 为最终浓缩水量（mL）；v 为计数框容积（mL）。

4. 生物量换算 基于浮游植物中不同种类的个体大小相差极为悬殊，以个体数不能反映水体浮游生物的真实丰歉情况，且浮游植物个体微小，一般无法称其重量，所以生物量较数量更能反映水体中浮游植物的现存量，不同水体的数据也更具可比性，因此计算出的数值应按湿重换成生物量。湿重通常按体积计算，由于不同水体的个体差异较大，所以最好每个样品都能实现测其优势种的体积，都按其体积换算。如球形、圆盘形、圆锥形、带形等可按体积公式计算。纤维形、多解形、新月形以及其他种形式可分割为几个部分计算。由于浮游植物大都悬浮于水中生活，其比重应近于其所在水体水的比重，即近于 1。因此，体积值（μm^3）可直接换算为重量值（$10\mu m^3$ 相当于 1mg）。由于同一种类的细胞大小可能有较大的差异，同一属内的差别就更大了，为此必须实测每次水样中的主要种类的细胞大小，并计算平均重量，或者从《淡水生物调查手册》《内陆水域渔业自然资源调查手册》中查表进行换算。查出某种藻类个体重的平均值，然后乘以 1L 水中该种藻类的数量，即可得知 1L 水中这种藻类的生物量（mg/L）。

实验一 蓝藻门

【实验目的】通过实验掌握蓝藻门的分类方法和常见目的特征，鉴别常见淡水种类及组成“水华”的常见种类。通过观察进一步理解蓝藻形态结构中衣鞘、假空泡、异形胞、厚壁孢子和藻殖段等概念。

【实验用具】显微镜、载玻片、盖玻片、擦镜纸、吸水纸、吸管、鲁氏碘液、铅笔（自备）、报告纸（自备）。

【观察种类】

1. 色球藻目 蓝纤维藻微囊藻（微胞藻）、色球藻（蓝球藻）、平裂藻（片藻）。

2. 藻殖段目 螺旋藻、颤藻、鞘丝藻（林氏藻）、项圈藻、鱼腥藻、束丝藻（蓝针藻）、念珠藻。

【作业】

1. 选择色球藻目和藻殖段目中各 2 个代表种绘图，注明主要形态结构名称。

2. 思考题

（1）组成蓝藻水华的常见种类有哪些？简单说明蓝藻水华危害渔业的机制。

（2）可以从几个方面着手区别形态相似的蓝藻种和绿藻种？

实验二 绿藻门

【实验目的】 通过实验掌握绿藻门分类方法及常见纲、目的特征，鉴别常见海淡水种。通过观察进一步掌握绿藻细胞的形态、鞭毛、色素体类型及某些繁殖结构。

【实验用具】 显微镜、载玻片、盖玻片、擦镜纸、吸水纸、吸管、铅笔（自备）、报告纸（自备）、鲁氏碘液。

【观察种类】

（一）绿藻纲

1. 团藻目 杜氏藻（盐藻）、扁藻、衣藻、实球藻、空球藻、团藻。

2. 四孢藻目 四孢藻。

3. 绿球藻目 小球藻、水网藻、盘星藻、栅藻、十字藻。

4. 刚毛藻目 刚毛藻。

5. 鞘藻目 鞘藻。

6. 丝藻目 浒苔、礁膜、石莼、竹枝藻。

（二）接合藻纲

1. 鼓藻目 新月藻、鼓藻。

2. 双星藻目 水绵、双星藻。

【作业】

1. 选择3个代表种绘图，注明主要形态结构名称。

2. 注意以下各组常见属的特征区别：实球藻与空球藻、扁藻与盐藻、盐藻与衣藻、平裂藻与十字藻、鞘藻与丝藻、刚毛藻与竹枝藻、浒苔与礁膜、水绵与双星藻。

实验三 硅藻门

【实验目的】 通过实验掌握硅藻门分类方法及常见纲、目的特征，鉴别常见海淡水种。通过观察进一步掌握硅藻细胞形态中细胞壁、节间带、隔片、壳缝（纵沟）、细胞表面纹饰和突出物等形态构造。

【实验用具】 显微镜、载玻片、盖玻片、擦镜纸、吸水纸、吸管、铅笔（自备）、报告纸（自备）。

【观察种类】

（一）中心硅藻纲

1. 圆筛藻目 圆筛藻、小环藻、骨条藻、直链藻。

2. 根管藻目 根管藻。

3. 盒形藻目 角毛藻、盒形藻、双尾藻。

（二）羽纹硅藻纲

1. 无壳缝目 针杆藻、脆杆藻、海毛藻、海线藻、平板藻。

2. 短壳缝目 短壳缝属。

3. 单壳缝目 曲壳藻。

4. 双壳缝目 舟形藻、布纹藻。

5. 管壳缝目 菱形藻、双菱藻。

6. 褐指藻目 三角褐指藻。

【作业】

1. 选择5个代表种绘图，注明主要形态结构名称。

2. 思考题。

(1) 组成硅藻赤潮的种类有哪些?

(2) 目前作为饵料生物已专池培养的有哪些硅藻?

(3) 如何判断硅藻细胞的壳面和壳环面?

(4) 注意以下各组常见属的特征区别：黄丝藻与直链藻、曲舟藻与布纹藻、舟形藻与异极藻、针杆藻与菱形藻、平板藻与等片藻、菱形藻与脆杆藻、海毛藻与海线藻。

实验四 裸藻门、金藻门、黄藻门

【实验目的】 通过实验掌握裸藻门、金藻门和黄藻门的分类知识。学会鉴别淡水常见种及常见海水培养种的方法。

【实验用具】 显微镜、载玻片、盖玻片、擦镜纸、吸水纸、吸管、鲁氏碘液、铅笔（自备)、报告纸（自备)。

【观察种类】

1. 裸藻门、裸藻纲、裸藻目 裸藻（眼虫藻)、扁裸藻、囊裸藻（壳虫藻)、柄裸藻(胶柄藻)。

2. 金藻门、金藻纲、金藻目 鱼鳞藻、锥囊藻（钟罩藻)、黄群藻（合尾藻)、三毛金藻、等鞭金藻。

3. 黄藻门、黄藻纲

(1) 异丝藻目。黄丝藻。

(2) 异囊藻目。异胶藻。

【作业】

1. 选择三门中3个代表种绘图，注明主要形态结构名称。

2. 思考题

裸藻、金藻的生态分布特点及其在水产养殖中的意义。

实验五 隐藻门、甲藻门

【实验目的】 通过实验掌握隐藻门和甲藻门的分类方法及其常见目（或亚纲）的特征，鉴别常见种及形成“水华”和“赤潮”的常见种类。通过观察进一步掌握隐藻门和甲藻门的形态结构及口沟、(甲）板式等概念。

【实验用具】 显微镜、载玻片、盖玻片、擦镜纸、吸水纸、吸管、铅笔(自备)、报告纸(自备)。

【观察种类】

1. 隐藻门、隐藻纲、隐鞭藻科 蓝隐藻、隐藻。

2. 甲藻门、甲藻纲

(1) 纵裂甲藻亚纲。原甲藻（双甲藻）。

(2) 横裂甲藻亚纲。夜光藻、裸甲藻、多甲藻、薄甲藻（光甲藻）。

【作业】

1. 选择隐藻门和甲藻门中2个代表种绘图，注明主要形态结构名称。
2. 总结隐藻门和甲藻门的形态结构、生态分布特点及其与渔业的关系。

实验六　测微尺的使用方法

【实验目的】掌握测微尺的使用方法。

【实验用具】测微尺、显微镜、浮游植物标本。

【注意事项】

(1) 测微尺的借用、保管与归还。

(2) 与测微尺使用有关的显微镜操作注意事项。

【实验内容】

1. 熟悉测微尺　目测微尺（目尺）：每小格0.1mm。

2. 显微镜视野直径的测定

(1) 低倍镜。目尺，置于载玻片上。

(2) 高倍镜。台尺，严格执行从低倍到高倍的操作规程。

注意刻度线一端与视野边缘相切。

3. 目测微尺的校正

(1) 目尺的校正原理：显微镜的成像原理，台尺是一标准的被测对象。

(2) 正确放置目尺，在视野中直接可见刻度线。

(3) 正确放置台尺，在低倍镜下调焦可见刻度线。

(4) 旋转目镜，让两列刻度线平行、靠近、叠加、一端重合。

(5) 寻找另一重合线，记录两重合线间台尺和目尺的刻度。转向高倍镜，微调，要求同上。

(6) 计算校正值（R）。

$$R = \frac{A \times m}{B}$$

式中，R 为校正系数，即目尺每小格相当于被测对象的实际长度；A 为两重合线间台尺的小格数；m 为台尺每小格的长度；B 为两重合线间目尺的小格数。

4. 浮游生物大小的测定

(1) 低倍镜下测一丝状藻类长度。

(2) 高倍镜下测一丝状藻类宽度。

(3) 计算值。目尺格数乘以校正系数。

【作业】

1. 计算所使用显微镜高、低镜的视野面积。
2. 计算所测浮游生物的长度。

实验七　浮游植物采集与观察

【实验目的】 通过实践操作，掌握浮游植物定性、定量采集方法。通过定性分析，复习并考核浮游植物实验观察内容，进一步巩固浮游植物分类技能。

【实验用具】 浮游植物网、采水器、标本瓶、烧杯、分离器、固定液、标签纸、显微镜、吸水纸、载玻片、盖玻片、擦镜纸、滴管、二甲苯、温度计、透明度盘等。

【实验内容】

1. 室外操作

(1) 选取一鱼池，测量透明度、水温，记录气温、天气和水色等。

(2) 用浮游植物网采集定性水样置于烧杯中。

(3) 用采水器采集定量水样 1 000mL 置于标本瓶中。

2. 室内操作

(1) 将定量水样加入 15mL 碘液，摇匀，静置待用。

(2) 鉴定定性水样中浮游植物种类，观察复习浮游植物固定混合标本种类。

【作业】

记录所观察活体、固定的种类，描述种属特性及显著特征。

实验八　浮游植物定量操作

【实验目的】 通过实践操作，掌握浮游植物定量方法。通过定量结果分析，评价水体浮游植物的丰歉状况。

【实验用具】 计数框、显微镜、标本瓶、吸水纸、载玻片、盖玻片、擦镜纸、滴管、二甲苯、量杯。

【实验内容】

(1) 将实验七所采静置后的定量水样浓缩至 50mL。

(2) 按要求制片计数浮游植物各种类数。

(3) 计算各类浮游植物的数量。

【作业】

计算该鱼池浮游植物的数量和生物量。

第十章　浮游动物调查

第一节　浮游动物定性

1. 浮游动物定性水样的采集　在各采集点的水表层，用25＃网采集原生动物、轮虫和桡足类的无节幼体，13＃网采集枝角类、桡足类。采集时，将网口上端在水下0.5m处作∞形缓慢巡回拖动，或将网系在船尾水平拖曳。由于网孔小滤水很慢，拖动时速度应小于0.3m/s，若拖动速度过快，水在网内产生回流，使网内的浮游动物回流到网外。5～10min后，把网慢慢提起，将浮游动物集中在集水杯内，转开活塞，浮游动物流入标本瓶中，立即加福尔马林液固定。另采集1瓶原生动物样品不固定，用于活体观察。

2. 浮游动物定性　在对采集水样进行浮游动物定量之前，要根据教科书等有关分类资料进行浮游动物定性，准确分类，其中原生动物鉴定到属，轮虫、枝角类鉴定到属或种，桡足类鉴定到目或属。在定量过程中，如果遇到不认识的种类不能敲动盖玻片进行鉴定，否则定量结果不准确。

观察步骤与浮游植物观察步骤基本相同。由于有些浮游动物死亡以后，形态构造不清楚，固定后容易变形，所以尽可能观察活体。对于大型个体，放入凹玻片上，置于显微镜下观察。为了便于观察，在观察过程中，要将标本保持在液体中。需要观察标本的某一部分或某一位置时，使用解剖针操作。观察活体时，如果活体游动快，在载玻片滴一滴蛋清，再将活体滴在上面观察。

第二节　浮游动物定量

一、浮游动物定量水样的采集

1. 采样点的选择　同浮游植物。

2. 采样层次和采样次数　同浮游植物。

3. 采样水量　用有机玻璃采水器采集原生动物、轮虫和桡足类的无节幼体水样1L，加入4%的福尔马林液固定。枝角类和桡足类大型浮游动物用大容积有机玻璃采水器采集水样10L，用25＃网过滤浓缩至100mL，加入4%的福尔马林液固定。即在100mL水样中，加入4mL市售含量约40%的甲醛药品（水样实际含1.6%的甲醛）。还可将10L水样混匀，先取出1L水样，用于浮游植物和小型浮游动物定量，余下水样用于过滤大型浮游动物。如果水体中浮游动物数量少影响定量，可根据情况增加采样量。

二、浮游动物定量

1. 沉淀与浓缩

(1) 将小型浮游动物定量水样放入1 000mL沉淀器中静置沉淀24h，然后用虹吸方法，浓缩至10～20mL（也可将浮游植物定量水样再浓缩到10～20mL使用）。虹吸时，一定要将虹吸管的一端放在液面稍下一点，控制流速，缓慢虹吸，以防吸出浮游动物。

（2）将静置后的大型浮游动物水样再次浓缩至5～10mL。

2. 计数

（1）原生动物、轮虫和桡足类的无节幼体的计数。将浓缩水样充分摇匀，吸出0.1mL或0.5mL注入相应容量的计数框中，盖上盖玻片，在镜下进行全片计数。对于不易分辨的种类，转用高倍镜鉴别。每份样品计数10片，取平均值。

（2）大型浮游动物计数。用1mL计数框，在低倍镜下逐行计数全片，全液镜检，逐一统计浮游动物各种类的个体数量。

3. 计算

（1）按下式计算每升水样中某种小型浮游动物的数量（个/L）。

$$N = P_n \times \frac{V}{v}$$

式中，P_n 为平均每片实际计数的小型浮游动物个数；V 为最终浓缩水量（mL）；v 为计数框容积（mL）。

（2）按下式计算每升水样中某种大型浮游动物的数量（个/L）。

$$N = \frac{P}{V}$$

式中，P 为计数得到的某种大型浮游动物的总数量；V 为采水量（L）。

根据每升水中浮游动物的数量，再乘以个体平均湿重，即得某种浮游动物的生物量（mg/L）。

实验一　原生动物

【实验目的】 掌握原生动物的分类方法和常见纲及目的特征，鉴别常见水生种类，进一步理解原生动物的形态、结构特点。

【实验用具】 显微镜、载玻片、盖玻片、吸水纸、吸管、镊子、擦镜纸、铅笔、报告纸。

【观察种类】

1. 肉足虫纲

（1）变形虫目。变形虫。

（2）有壳目。表壳虫、砂壳虫。

2. 纤毛虫纲

（1）全毛目。榴弹虫、漫游虫、斜管虫、草履虫。

（2）旋唇目。喇叭虫、弹跳虫、似铃虫、类铃虫。

（3）缘毛目。钟形虫、单缩虫、聚缩虫、累枝虫。

【作业】

选择各目的代表性种类作图，并注明主要结构名称。

实验二　轮　　虫

【实验目的】 掌握轮虫类动物的分类方法和常见目的特征，鉴别常见水生种类，进一步理解轮虫的形态、结构特点。

【实验用具】 显微镜、载玻片、盖玻片、吸水纸、吸管、镊子、擦镜纸、铅笔、报告纸。

【实验内容】

1. 形态结构观察（活体） 观察咀嚼器类型和头冠的构造，内部消化系统、生殖系统、原肾管等构造及前后棘刺、足等外部构造。

2. 种类鉴认 旋轮虫、臂尾轮虫（4种）、龟甲轮虫（3种）、晶囊轮虫、疣毛轮虫、多肢轮虫、三肢轮虫。

【作业】

绘一臂尾轮虫形态图，并注明主要结构名称。

实验三 枝角类

【实验目的】 掌握枝角目的分类方法和常见特征，鉴别常见种，进一步理解枝角类形态结构特征。

【实验用具】 显微镜、载玻片、盖玻片、擦镜纸、吸水纸、吸管、铅笔、报告纸。

【种类鉴定】 蚤状溞、透明薄皮溞、秀体溞、低额溞、船卵溞、裸腹溞、象鼻溞、基合溞、盘肠溞。

【作业】

绘蚤状溞形态图，并注明主要结构名称。

实验四 桡足类

【实验目的】 鉴别常见种类，掌握桡足类形态结构特征。

【实验用具】 显微镜、载玻片、盖玻片、擦镜纸、吸水纸、吸管、铅笔、报告纸。

【实验内容】

（1）鉴别哲水溞、剑水溞、猛水溞。

（2）观察哲水溞、剑水溞的雌雄特征。

（3）认识无节幼体。

【作业】

列表比较哲水溞、剑水溞、猛水溞形态特征。

实验五 浮游动物采集与综合观察

【实验目的】 通过实践操作，掌握浮游动物定性、定量采集方法。通过定性分析，复习并考核浮游动物实验观察内容，进一步巩固浮游动物分类依据和方法。

【实验用具】 浮游动物网、采水器、标本瓶、烧杯、分离器、固定液、标签纸、显微镜、吸水纸、载玻片、盖玻片、擦镜纸、滴管、二甲苯、温度计、透明度盘等。

【实验内容】

1. 室外操作

（1）选取一鱼池，测量透明度、水温，记录气温、天气和水色等。

（2）用浮游动物网采集定性水样置于烧杯中。

（3）用采水器采集小型浮游动物定量水样 1 000mL 置于标本瓶中。采集大型浮游动物定量水样 10L，现场用 13＃浮游生物网过滤 100mL 置于标本瓶中，加入 4%甲醛固定。

2. 室内操作

（1）将定量水样静置待用。

（2）鉴定定性水样中浮游动物种类，观察浮游动物固定混合标本种类。

【作业】

记录所观察活体、固定的种类，给出所属种属特性及显著特征。

实验六　浮游动物定量

【实验目的】 通过实践操作，掌握浮游动物定量方法。通过定量结果分析，评价水体浮游动物的丰歉状况。

【实验用具】 计数框、显微镜、标本瓶、吸水纸、载玻片、盖玻片、擦镜纸、滴管、二甲苯、量杯。

【实验内容】

（1）将实验五所采静置后的定量水样浓缩至 10mL。

（2）按要求制片分别计数小型浮游动物、大型浮游动物各种类数量。

（3）计算各类浮游动物的数量。

【作业】

计算该鱼池的小型浮游动物、大型浮游动物数量和生物量。

第十一章 底栖动物调查

第一节 底栖动物调查概述

底栖动物是指生活在水体底部肉眼可见的动物群落。涉及门类较多，如环节动物门的水蚯蚓、沙蚕，软体动物门的螺、蚌，节肢动物门的虾、蟹和水生昆虫，棘皮动物门的海参、海星等。其中，部分种类可作为水产养殖经济动物，有些种类可作为水产活饵料，有的种类能够净化水质、可作为水体有机污染的指示生物，个别种类是水产养殖的敌害生物。底栖动物调查的目的在于了解水体中底栖动物的种类组成、分布状况及现存量，从而为水产养殖和水环境评价提供一定的依据。

（一）采样点的选择

采样断面、采样点和采样时间的选择应遵循代表性、可比性和准确性原则。因此，在做调查准备工作时，要分析所调查水域的详细地形图，根据调查目的和现场踏勘初况确定采样断面、采样点和采样次数。如应根据调查水体的水深、底质、入水口、出水口、水湾、水污染和水生植物，以及周边环境等综合生态特点设置采样断面和采样点。断面上设置的采样点应在一条直线上。鉴于底栖动物生长繁殖特点，一般情况下每季采样 1 次，至少春秋各采样 1 次，必要时在生长期每月采 1 次。总之，要能反映整个水体的基本状况。

（二）样品的采集处理

采样时，应记录当时的天气、气温、水温（表层、底层）、透明度、水深、底质及水生植物情况。

每个采样点分别采集大型和小型底栖动物样品 2 次。大型底栖动物夹网采得样品后，紧闭网口，连网一起放在水中剧烈涤荡，洗去样品中的污泥后，提到船上打开，检出全部螺、蚌、蚬，放入广口瓶中，并贴上标签带回室内处理。小型底栖动物用改良彼得生采泥器采集，采集的泥样先倒入 40 目的铜丝筛中，然后将筛底放在用大盆盛的水中轻轻摇荡（以防泥样撒落在水体中，定量不准确），洗去样品中的污泥（若样品量多可分几次洗），最后将筛中的渣滓装入塑料袋中保存，并放入标签，将袋口缚紧带回实验室分检。每个采样点定量样品采完后，还要采一定数量泥样用作定性标本（方法同上）。同时，在沿岸和亚沿岸带的不同环境中用抄网再捞取一些定性样品。

样品的分检。将塑料袋内的样品放入铜丝筛内，用水轻轻清洗，避免损伤虫体，直至洗净污泥，然后将渣滓置入白色大解剖盘内，加入清水，检出全部水蚯蚓和昆虫幼虫，分别放入一个装好固定液的指管瓶中（水蚯蚓用 4%～10%甲醛，昆虫用 75%酒精固定）。用镊子、解剖针或吸管轻轻检取水蚯蚓和昆虫幼虫，避免损伤虫体，最后拧紧瓶盖保存，软体动物的样品加入 75%～80%酒精固定。

当天采集的小型底栖动物样品当天进行分检，遇到炎热天气应将样品放入冰箱（或冷瓶）内保存，否则温度高虫体死亡或腐烂，会造成工作上的损失。

（三）底栖动物定量

对底栖动物分门别类地进行计数和称重，各类动物尽可能鉴定到种。称重前先把样品放在吸水纸上，轻轻翻转，吸去虫体上的水分，软体动物用托盘天平或戥子秤称重，水蚯蚓和昆虫用扭力天平称重，重量统一换算成克，称重后把样品放回原容器保存，做好记录。

根据底栖动物的计数和称重结果，推算出调查水体底栖动物的密度（个/m^2）和生物量（g/m^2）。

最后，所有采样点经过计算后，列表统计，从而算出采样月份全部水体各类底栖动物的平均密度和生物量。

（四）主要用具和试剂

1. 主要用具 水域地形图、改良彼得生采泥器（图 11-1）、采泥拖草测深器（图 11-2）、三角拖网（图 11-3）、带网夹泥器、透明度盘、GPS 定位仪、温度计、抄网、40 目分样铜筛、解剖镜、显微镜、天平、戥子秤、手持放大镜、白底解剖盘、小镊子、解剖针、培养皿、吸管、塑料桶或盆、载玻片和盖玻片、指管瓶（30mL）、试剂瓶（1 000mL）、广口瓶（250mL）、标签、搪瓷碗、塑料袋、滤纸、毛巾等。

2. 试剂 甲醛溶液、酒精。

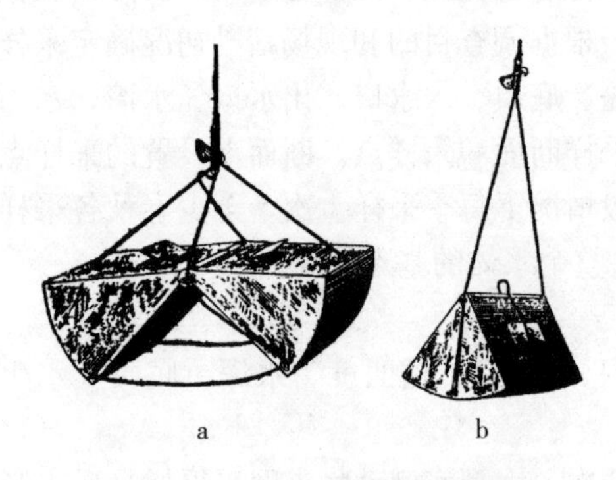

图 11-1 改良彼得生采泥器
a. 打开 b. 关闭
（饶钦止）

图 11-2 采泥拖草测深器
（饶钦止）

图 11-3 三角拖网
（饶钦止）

第二节 底栖动物定性

掌握底栖动物的鉴别方法，鉴别常见的底栖动物，是做好底栖动物定量调查的基础。

实验一 环节动物

【实验目的】 通过对水生环节动物常见种类的观察，进一步掌握水生环节动物的形态结构特征，并识别常见种类。

【实验用具】

1. 实验器材 显微镜、载玻片、盖玻片、吸管、解剖针、镊子。

2. 标本备置 水生多毛类多数为广盐性种，从海水、半盐水至淡水都有分布。纯淡水的种类很少，绝大多数多毛类生活于海洋、河口和湖泊近岸的软相底质上。附着生活的小型多毛类，栖息于牡蛎、贻贝、珍珠贝的贝壳上或在养殖架及绳上周丛生物间生活。水生寡毛类喜欢生活在腐殖质多或污染的湖泊、池塘等处。在丝状藻类繁盛的地方以及湖底、水沟的砖石下面，常常有许多水生寡毛类聚集。采集到的标本如需保存，可将标本移入清水中，先用薄荷精或硫酸镁麻醉，使虫体完全舒展后再保存于70%酒精中。

【实验内容】

1. 典型种类

(1) 多毛纲。单叶沙蚕属、沙蚕属、刺沙蚕属、海蚯蚓（沙蚕）等。

(2) 寡毛纲。瓢体虫科，仙女虫科的尾盘虫属、仙女虫属和毛腹虫属，颤蚓科的尾鳃蚓属、颤蚓属和水丝蚓属等。

(3) 蛭纲。蛭类标本。

2. 观察方法

(1) 用吸管或小镊子取虫体于载玻片上，用解剖针轻轻将虫体自然伸展开，置于解剖镜下观察其形态构造特征。

(2) 对个别结构的观察，需压制成临时装片置于显微镜下观察。

(3) 观察其形态特征，逐个识别，按教材中检索表查找其分类。

【作业】

将实验中所观察到的环节动物列一份检索表。

实验二 软体动物

【实验目的】 通过对常见海水和淡水螺、蚌类贝壳内外形态结构的观察，掌握与分类鉴定有关的形态知识，识别常见种类，了解内部构造。

【实验用具】

1. 实验器材 放大镜、解剖针、镊子、培养皿。

2. 标本备置 大多数海洋中的螺类生活在浅海地带。一些对生活环境要求比较严的种类，如鲍鱼等种类，仅分布在岩石地区。而斑玉螺等一些种类，只生活于沙底的海底。蚌类中的缢蛏、泥蚶、文蛤等生活于浅海和河口泥滩中，牡蛎、贻贝、珍珠贝、扇贝等附着于外物上或岩礁的海底，多分布于低潮线区及河流入口处附近的海区。淡水软体动物的标本可在河流、湖泊、池塘和水沟底部泥沙中采集。如需要观察内部器官，可将标本用固定液固定保存。如只用于分类，则可去掉内脏，只留下贝壳进行分类实验。

【实验内容】

1. 典型种类

（1）腹足纲。鲍科的杂色鲍、皱纹盘鲍，田螺科的圆田螺、环棱螺、螺蛳，玉螺科，宝贝科，海兔科，椎突螺科，扁卷螺科等。

（2）瓣鳃纲。蚶科的泥蚶、毛蚶、魁蚶，贻贝科的贻贝、厚壳贻贝、翡翠贻贝，江珧科，珍珠贝科的马氏珠母贝，扇贝科的栉孔扇贝、日月贝，牡蛎科的褶牡蛎、近江牡蛎、大连湾牡蛎，蚌科的冠蚌、帆蚌、无齿蚌、丽蚌、珠蚌，蛤蜊科的西施舌、四角蛤蜊，帘蛤科的文蛤、青蛤、杂色蛤仔，蚬科的河蚬等。

（3）头足纲。乌贼、柔鱼等。

2. 观察方法

（1）观察螺类的形态构造，确定螺壳的方位，明确螺壳的测量方法。

（2）观察蚌类贝壳的形态构造，外套膜，确定贝壳的方位，明确测量贝壳的方法。

（3）按教材中螺类、蚌类的形态分类特征，识别鉴定各种螺、蚌，并分类到科。

【作业】

将实验中所观察的螺类、蚌类编写分科检索表。

实验三　底栖甲壳动物

【实验目的】通过对海水和淡水中常见虾、蟹的观察，了解其形态构造，掌握淡水虾、蟹与海洋中虾、蟹的主要区别，识别常见种类。

【实验用具】

1. 实验器材　培养皿、载玻片、瓷盘、镊子、剪刀、解剖镜。

2. 标本备置　绝大多数虾类生活于海洋中，行游泳生活或完全浮游生活；淡水虾类喜欢生活在湖泊、沟渠、河流等水草较多的区域，用虾网可采到虾类标本。90%以上的蟹类生活于海洋中，多数分布于浅海区潮间带营底栖生活；淡水蟹类一般营穴居生活，湖边、池埂、沟渠堤坝及水田间常有它们的洞穴。虾类和蟹类的标本可以活体观察或用酒精等固定保存。

【实验内容】

1. 典型种类

（1）对虾类。对虾科的长毛对虾、中国对虾、斑节对虾、墨吉对虾、日本对虾、南美白对虾、刀额新对虾、哈氏仿对虾、鹰爪虾、中国毛虾、日本毛虾等。

（2）真虾类。新米虾属，米虾属，长臂虾属，小长臂虾属，白虾属的脊尾白虾、秀丽白虾，沼虾属的日本沼虾、罗氏沼虾等。

（3）短尾类。梭子蟹属的三疣梭子蟹、远海梭子蟹、红星梭子蟹，锯缘青蟹，日本蟳，大眼蟹，相手蟹，中华绒螯蟹等。

（4）其他常见甲壳动物。喇蛄、龙虾、卤虫、丰年虫、蚌虫、介形虫、海萤、虾蛄、糠虾、海蛆、钩虾等。

2. 观察方法

(1) 观察虾类的外部形态构造。头胸部的额角、胃上刺、触角刺、鳃甲刺、肝刺、颊刺，腹部各节构造及尾节，头部附肢、胸部和腹部附肢构造特征及数目。

(2) 仔细观察虾类腹节、颚足和步足形态构造特点，识别淡水虾类与海产虾类。

(3) 按虾类的形态分类特征，鉴定常见虾类并分类到属，有些养殖经济虾要分类到种。

(4) 观察蟹类的形态构造特征，区别蟹类的雌雄。

(5) 观察常见蟹类并分类到属，一些养殖的经济蟹类分类到种。

(6) 观察识别喇蛄、龙虾、卤虫、丰年虫、蚌虫、介形虫、海萤、虾蛄、糠虾、海蛆、钩虾等种类。

【作业】

1. 将实验中观察到的经济虾类和蟹类编写分类检索表。

2. 利用课余时间走访当地的水产品市场。

实验四 水生昆虫

【实验目的】 通过对水生昆虫常见种类的观察，了解其形态结构特点，识别常见种类。

【实验用具】

1. 实验器材 尖头小镊子、解剖镜、放大镜、解剖针、载玻片、盖玻片、培养皿、擦镜纸、纱布。

2. 标本备置 水生昆虫大多生活于池塘、湖泊沿岸和沟渠水草丛生处。采集水生昆虫标本时，用捞网在水草中拖捞，即可获取水生昆虫标本。对于底栖性种类，可用采泥器采集水底淤泥，然后用铜筛筛选出标本，用于活体观察或固定保存。

【实验内容】

1. 观察方法

(1) 直接或用放大镜观察水生昆虫的形态构造特征。头部的口器、类型、触角、单眼和复眼。胸部的胸节构造、胸足类型、翅(翅芽)的特征。腹部的气孔、呼吸管、生殖节等构造特点。

(2) 在解剖镜下观察摇蚊幼虫的形态构造特点。

(3) 根据水生昆虫主要特征，鉴定常见水生昆虫。

2. 典型种类

(1) 蜉蝣目稚虫、成虫。

(2) 襀翅目石蝇的稚虫、成虫。

(3) 蜻蜓目豆娘稚虫、蜻蜓稚虫。

(4) 半翅目蝎蝽、螳蝽、田鳖、仰泳蝽、划蝽。

(5) 毛翅目石蛾的幼虫和成虫。

(6) 鞘翅目龙虱的幼虫、成虫，牙虫的幼虫、成虫。

(7) 双翅目摇蚊幼虫。

【作业】

绘制摇蚊幼虫、龙虱幼虫和牙虫幼虫的形态图，并标注主要结构名称。

第十二章　水生维管束植物调查

第一节　水生维管束植物调查概述

水生维管束植物是水体初级生产者之一，可分为挺水植物、浮叶植物、沉水植物和漂浮植物四大生态类群。部分种类可以直接或经适当加工后作为鱼类和畜禽的饲料，也是鱼类产卵、育肥场所，有的可选作观赏水族箱的布景，有的是经济植物。水生维管束植物能够反映其生活环境的水质状况，并对水环境的理化情况和其他生物组成有着重要的影响。对水生维管束植物进行定性、定量调查，有利于科学评价水环境质量，充分利用这部分渔业资源。

（一）采样点的选择

采样断面、采样点和采样时间的选择应遵循代表性、可比性和准确性原则。因此，在做调查准备工作时，要分析所调查水域的详细地形图，根据调查目的和现场踏勘初况确定采样断面、采样点和采样次数。一般大型水生维管束植物的分布极不均匀，首先测量或估计各类植物带的面积，然后在各带中分别选择密集区、一般区、稀疏区定点采样，按需要和可能决定采样点的数量，要能反映整个水体的基本状况。

（二）样品的采集处理

1. 定性采集　挺水植物的采集与陆生植物的采集相似，选择较完整的植株或取植株的一部分，直接用手采集。浮叶植物采集时，可用耙子连根带泥耙起，选择1～3片带叶柄的浮叶、花、果实和地下茎，如果浮叶太大（如芡实）或地下茎太粗（如莲）则可取其部分。漂浮植物的采集（如紫背浮萍和满江红等），可直接用手采集或用网捞起。沉水植物的采集（如菹草、苦草等），则用耙子采集，选择完整的植株。

上述所有的水生维管束植物采集完成后，依其自然体态，夹入压榨纸中吸水压干。有一些水生维管束植物，如狸藻、聚草、小茨藻等，其枝叶纤维细而脆嫩略有胶质，对这类植物还应采取特殊的压制方法。

将采集的每一种植物做好采集记录，系上标签，在采集记录上应注明采集地区、水深、底质、植物的性状等，每一号标本最少要压制两份。

2. 定量采集　挺水植物的定量方法是将采样点$1m^2$面积的全部挺水植物从基部割断，装入编有号码的布袋内。沉水植物、浮叶植物和漂浮植物的定量方法是使用采样面积为$0.25m^2$水草铗，对每个采样点采集两次。采集时，将水草铗张开，插入水底，再用力将水草铗夹紧，把样方内的全部植物连根带泥夹起，然后，冲洗淤泥，除去铁铗外的植物体，取出网内的植物，洗净后装入编有号码的布袋内。当天，在室内将植物洗净，除去根、枯死的枝叶及其他杂质，擦去植物体上多余的水分，按照种类称鲜重。由于鲜重误差较大，在条件许可时，选择一些种类做进一步处理，求出干重。采集时，每一种类收集1～2kg，带回室内洗净，除去根和杂质，然后选取有代表性的植株100g，平铺盘内，在干燥通风处阴干称重，即为100g鲜重的风干重，再进一步放入烘箱内烘干（150℃）至恒重称重，即为100g鲜重的烘干重。

对各断面上采样点的水生维管束植物定量以后，列表并算出每种水生维管束植物在全部采样点上的平均值（包括没有采到该种水草的采样点），最后换算成该种水生维管束植物的生物量，每平方米面积的重量（g/m^2）。

（三）主要器具

1. 水草定量铗 用来采集水草的定量工具，面积为0.25m^2，张开时网口每边长50cm，尼龙网长90cm左右，网口的大小为3.3cm×3.3cm。

2. 水草袋 用于装未经定量的样品，用纱布制作，长30～35cm，宽20～25cm，袋上标明采样点的号码。

3. 托盘天平 最大称量1 000g，最小刻度0.5g。

4. 其他 大号解剖盘、塑料水桶、大号镊子、折尺（或塑料软尺）、GPS定位仪、透明度盘、标本夹、带柄手网。

第二节 水生维管束植物定性

了解和识别常见水生维管束植物的形态特点，是做好水生维管束植物定性的基础。

实验 水生维管理束植物定性

【实验目的】了解水生维管束植物的形态特征及对水环境的形态适应，识别常见的水生维管束植物。

【实验用具】

1. 实验器材 解剖镜、手持放大镜、刻度尺、瓷盘、镊子。

2. 标本备置 水生维管束植物生活在江河、湖泊、水库沿岸浅水区，沟渠、稻田和水质较清的池塘底部也有分布。采集水生维管束植物实验标本时，要将整个植株连根拔取，保证植株根、茎、叶和繁殖器官结构的完整，如有地下茎也要采取。实验标本植株以中等大小为宜。选好的完整植物标本，依其自然形态，放入标本夹内妥善放置，避免损坏。一些枝叶纤细而脆弱的水生维管束植物，如狸藻、金鱼藻等必须放入盛水的容器中保存。新鲜的水生维管束植物的鉴定应尽早进行，以避免标本枯萎变形。如果难以采集到新鲜标本，也可用水生维管束植物蜡叶标本和浸制标本进行实验观察和鉴定。

【实验内容】

1. 典型种类

（1）挺水植物。喜旱莲子草、荸荠、芦苇、慈姑、菰（茭白）、莲、鸭舌草、水蓼等。

（2）浮叶植物。菱、芡实、莼菜、睡莲等。

（3）沉水植物。穗花狐尾藻、菹草、金鱼藻、苦草、马来眼子菜、小茨藻、轮叶黑藻、黄花狸藻等。

（4）漂浮植物。芜萍（无根萍）、满江红、浮萍（青萍）、凤眼莲（水葫芦）、紫背浮萍、槐叶萍等。

2. 观察方法

（1）注意观察其适应水生生活的结构特征。

（2）对照图谱鉴别常见种类。

【作业】

1. 编制实验所观察到的水生维管束植物分类检索表。

2. 走访当地的观赏水族市场，了解常见观赏水草的养护知识。

第十三章　水产饵料生物的培养

第一节　水产饵料生物的室内培养

一、藻类培养

藻类含有动物和人类生长发育所必需的营养物质，现在已经被广泛用于食品和保健食品药品，还用于动物饲料和肥料。水产方面，藻类可直接或间接的作为鱼类及其他水生动物的饵料，尤其在人工育苗领域，解决了幼体阶段开口饵料的供应问题。因此，藻类培养对水产养殖具有重大意义。我国在海淡水苗种培育方面，已大规模展开了各种藻类的培养，常用的饵料微藻利用有：

牟氏角毛藻：虾、蟹、海参、海胆的幼体。

三角褐指藻：虾、蟹、海参、海胆的幼体、种贝。

中肋骨条藻：虾、蟹幼体。

底栖舟形藻：鲍、海参、海胆、埋栖贝类、舔食螺类的附着幼体。

底栖卵形藻：鲍、海参、海胆、埋栖贝类、舔食螺类的附着幼体。

等鞭金藻：贝、虾、蟹、海参、海胆的幼体。

亚心形四片藻：轮虫、卤虫、种贝及虾的后期幼体。

海水小球藻：轮虫、卤虫、种贝及虾的后期幼体。

钝顶螺旋藻：虾、蟹幼体及配合饲料的添加剂。

在淡水养殖方面，我国主要进行了螺旋藻、鱼腥藻、小球藻、栅列藻等的培养。

（一）藻类的培养方式

藻类的培养方式因藻类培养的目的不同要求也不同。但可分为密闭式培养和开放式培养两大类。

1. 密闭式培养　密闭式培养的目的是不使外界杂藻、菌类及其他有机体混入培养物中。将培养液密封在与外界完全隔离的透明容器中，通气、搅拌、输送培养液及调节水温和取样等设备也都要与外界隔离，保证藻类在纯培养状态下生长。这种培养方式成本高、好控制、产量稳定。用光生物反应器进行培养是典型模式，近年生产单位应用透明塑料薄膜袋、白色塑料桶进行培养效果很好，具有方法简单、成本低、藻细胞密度大、不易污染、生产周期短等优点。

2. 开放式培养　将藻类培养于敞开的容器（如水泥池、管道、桶、盆等容器）中。该培养法控温难、水分蒸发快，易发生敌害生物污染，但方法设备较简便，规模可大可小，成本低，所以使用较普遍，也是今后藻类培养所采取的主要方式。

（二）培养液配方

藻类能在其中迅速生长繁殖的培养液是理想的培养液。设计培养液首先要考虑该种藻类对营养的要求，再综合考虑原料来源和成本。一个好的配方必须经过反复试验，并在生产实践中不断总结改进，才能达到理想水平。以下是几种成熟的培养液配方。

1. 单细胞绿藻培养液

(1)“水生4号”培养液（黎尚豪，1959）。

$(NH_4)_2SO_4$	20mg
$Ca(H_2PO_4)_2 \cdot H_2O+2CaSO_4 \cdot H_2O$	30mg
$MgSO_4 \cdot 7H_2O$	80mg
$NaHCO_3$	100mg
KCl	25mg
$FeCl_3$（1%）	0.15mL
土壤浸出液	0.5mL
水	1 000mL

(2)“水生6号”培养液（黎尚豪，1959）。

NH_2CONH_2	133mg
KH_2PO_4	33mg
$MgSO_4 \cdot 7H_2O$	100mg
$NaHCO_3$	100mg
KCl	33mg
$FeSO_4$（1%水溶液）	0.2mL
$CaCl_2$	30mg
土壤浸出液	0.5mL
水	1 000mL

2. 浮游硅藻培养液

(1) 水生硅1号培养液。

NH_4NO_3	120mg
$MgSO_4$	70mg
K_2HPO_4	40mg
KH_2PO_4	80mg
$CaCl_2$	20mg
NaCl	10mg
Na_2SiO_3	100mg
柠檬酸铁	5mg
土壤浸出液	0mg
$MnSO_4$	2mg
水	1 000mL
pH	7.0

(2) 水生硅2号培养液。

NH_2CONH_2	150mg
KCl	30mg

Ca $(H_2PO_4)_2 \cdot H_2O+2$ $(CaSO_4 \cdot H_2O)$	50mg
$CaSiO_3$	100mg
$MgSO_4$	50mg
$NaHCO_3$	3mg
$MnSO_4$	3mg
土壤浸出液	4mL
EDTA-铁	1mL
水	1 000mL

3. 朱氏10号培养液（朱树屏，1942） 适用于培养硅藻、蓝绿藻等。

H_2O	1 000mL
$Ca(NO_3)_2$	40mg
K_2HPO_4	10mg
$MgSO_4 \cdot 7H_2O$	25mg
Na_2CO_3	20mg
Na_2SiO_3	25mg
$FeCl_3$	8mg

使用时按1/2、1/4、1/10稀释使用。

(三) 藻种的分离培养

为了进行某种藻类的科学研究或大量培养，有必要把某种藻类与其他生物分离。藻类的分离主要有以下几种常用方法。

1. 离心法 将混合液用离心机离心，水中不同藻体及细菌就以不同的速度下沉，因此得以分开。经镜检选定某种藻类最多的沉积物，再加清水，继续离心，如此反复就可得到比较单纯的藻体，再接种于相应培养液中培养。

2. 稀释法 该法源于中野治房（1933）的方法。用已消毒试管5只，在第1管盛蒸馏水10mL，第2～5管都装5mL，用高压蒸汽消毒，待冷却后，第一管用滴管滴入混合藻液1～2滴，充分振荡，使其均匀稀释。之后，从第一管中吸取5mL滴入第二管中，如前振荡，使其均匀稀释。以后依次同样滴入第3～5管，并都充分均匀稀释。然后把5个已盛有消毒的琼胶培养基培养皿加热，使之溶解，待冷却而尚未凝固时，分别滴入5个试管的藻液各1滴，用力振荡，使藻液充分混入培养基中。待冷凝后，把5个培养皿放在有漫射光窗口，一直到出现藻群时为止。用消过毒的铂金丝取些藻群，进行琼胶固体培养基的不通气培养。此过程反复多次，直至得到完全分离的纯藻种群为止。

3. 微吸管法 将水样在载玻片上滴成绿豆粒大小的一些水滴，这样可使每个水滴中有很少生物而便于分离；在解剖镜下用微吸管（口径小至0.008～0.16mm，圆口，可自行拉制）将要分离的藻体吸出，用蒸馏水或平衡矿物质溶液冲洗数次，然后注到盛有培养基的小培养皿中培养，待生长旺盛后，再扩大培养。此法较适用于能运动的藻类。

4. 平板分离法 在培养液中加入培养液1.5%的琼胶，待溶解后，注入培养皿中，加盖后在0.15MPa、121℃条件下灭菌20min，即制成胶质培养基（也可用硅酸胶和明胶制备）。将胶质培养基放在40℃以下的水浴锅内，开盖用吸管注入混合藻液，摇匀，使之分散在培养基平面上。之后，可放在恒温箱内，用荧光灯照射，使藻群生长。再经镜检，用此法反复不断提纯，即可分离出较纯的藻种。

（四）接种

1. 种子质量 一般要求选取无敌害生物污染、生命力强、生长旺盛的藻种培养，颜色正常，无大量沉淀、无附壁现象。

2. 藻种数量 藻种培养：藻液容量和新配培养液比例为1∶（2～3），一般一瓶藻种可扩接成3～4瓶。中继培养和生产性大量培养以1∶（10～20）较适宜。由于培养容器容量大，藻种供应有时不足，可根据具体情况灵活掌握，但最少不宜低于1∶50。

3. 接种时间 最好在8：00—10：00，不宜在晚上。

（五）管理及采收方法

藻类培养的管理包括培养基养料的补给、光照及温度调节、二氧化碳的补给、搅拌、防污等。在培养过程中，补给的养料要选择肥效速，并有持久性，来源较广，价格低廉的种类。一般都以有机肥料为补肥。光照、温度的调节视种类及季节而定。室内照光一般都采用白炽电灯和荧光管。温度调节一般采用室内用白炽灯照射培养物或用温室、安装电热管等升温。二氧化碳的补给一般通过空气压缩机或橡皮管将含5%二氧化碳的空气通过培养物中。搅拌是藻类培养不可少的一道工序。搅拌可使培养物均匀分布，水温均匀，利于藻类生长。搅拌的方法一般有人力搅拌、风力搅拌、空气搅拌和磁力搅拌。此外，还有循环流动法。

（六）保种

1. 琼脂斜面保存 在微藻培养液中，溶入琼脂，制成1.5%～2%的琼脂斜面固体培养基，画线接种上微藻，在弱光下培养，当目测到藻落形成时，在实验室室温下保存或放入冰箱中保存。优点：保存时间长，一般为1年左右，如果每天让藻种接受短时间弱光照，则可保存2～3年；体积小便于携带和邮寄。缺点：琼脂斜面易干燥收缩，引起藻细胞变形，重接种时需较长时间恢复。

2. 液体保种 方法与单胞藻的培养基本相同，但是注意以下几点可以延长保种时间。

（1）减少接种量。如中肋骨条藻接种1周就能达到最大生长密度，然后渐渐开始衰败，2周之后就会全部死亡，这样就必须每周或者10d左右就更新接种1次才能保证不死亡。

如果在100mL的培养液中，只接种2～3滴藻种在室温和室内自然光照下，需要1个多月才能达到最大密度。这样就可以在1个月或更长时间更新1次接种即可。

（2）加入氮素。以往在微藻保种时，常用降低氮素的浓度使微藻缓慢生长，延长更新接种的周期。现在发现氮浓度超过适宜浓度范围时微藻生长率反而下降。所以，如用硝酸钠做氮源，浓度为100mg/L培养微藻可以2～3个月更新接种1次。

3. 低温 将指数生长期的微藻置于家用冰箱（4～5℃）中，可保存半年左右。但这种保种方式保存的藻种，更新接种需要15～20d才能正常生长。

二、浮游动物培养

在鱼类人工育苗中，从开口的仔鱼到种苗培育期间，浮游动物性饵料是必不可少的，目前被广泛应用到人工育苗生产的浮游动物有褶皱臂尾轮虫、枝角类、桡虫类、卤虫等。

（一）轮虫的培养方法

目前，用于水产动物育苗生产上室内工厂化培养的轮虫主要是褶皱臂尾轮虫，可以用培养的小球藻、扁藻、衣藻等为饵料培养。水温保持20～25℃，适宜pH为7～8，也可投喂酵母培养轮虫。

1. 轮虫种的分离与保种 目前使用的种轮虫最初都是从天然水体中分离出来的，当水温升高至15℃以上，用浮游生物网在水质较肥的水体中捞取后，利用轮虫对缺氧或恶劣环境抵抗力强的特性，不充气数小时，待桡足类及其他浮游动物等都死亡沉于水底时，再用纱布或滤纸平放水面使浮在水上层的轮虫黏附其上，取出纱布将轮虫冲洗入另备容器中，同样方法操作2～3次可得到纯种轮虫。也可把采集的水样放在显微镜下用微吸管将目标吸出。

轮虫一般采用保存冬卵的方式进行保种。在秋冬季冬卵往往大量出现于轮虫培养池，从池底的沉淀物中可收集到大量的轮虫卵。由于将轮虫卵与池底污泥分离开来比较困难，可直接将含有轮虫卵的底泥放入冰柜保存。需要时，将这种底泥从冰柜中取出，加入盐度为15～25的海水，待轮虫冬卵孵化后，用筛绢滤出轮虫，再转移到培养水体中培养。

2. 轮虫的集约化培养 所谓轮虫的集约化培养是指在室内进行轮虫的高密度培养。在这种培养方式下，培养条件一般能得到较好的控制，轮虫的生产比较稳定。其生产流程与微藻的培养相似，也可按规模的大小分为种级培养、扩大培养和大量培养等。

(1) 培养容器。室内培养轮虫对容器并没有严格要求，因培养规模不同可选择大小不同的容器。种级培养一般使用各种规格的三角烧瓶、细口瓶、玻璃缸等；扩大培养通常使用玻璃钢桶；大量培养则以水泥池最为常用。这些容器在未用前都需要用有效氯或高锰酸钾进行化学消毒，小型培养容器也可进行高温消毒。

(2) 培养用水。育苗厂进行轮虫的大量培养一般采用沙滤水，种级培养可采用消毒水，以减少原生动物的污染。

(3) 培养条件。

①盐度。褶皱臂尾轮虫的适应盐度范围很广，在盐度为1～250的水中均能生活，比较喜好盐度较低的海水，最适盐度范围因品系不同而不同。生产上最好控制盐度在15～25。

②温度。绝大多数的研究和实践都证明培养褶皱臂尾轮虫的最适水温为25～28℃。

③饵料。轮虫培养常用的饵料主要是微藻和酵母。

④充气。轮虫的培养一般需要充气，特别是用面包酵母培养轮虫时一定量的充气是必不可少的，但是轮虫是不喜欢剧烈振荡，培养过程中应把气量调小，只要轮虫不缺氧而漂浮在水面就可以了。

(4) 投饵。微藻是培养轮虫的首选饵料，常用微藻主要包括小球藻、新月菱形藻、三角褐指藻、微绿球藻、球等鞭金藻、纤细角毛藻、扁藻等。酵母是迄今较好的替代饵料，主要包括面包酵母、啤酒酵母、海洋酵母等，其中以面包酵母最易获得。

①投藻。投喂不宜过多，应以呈现淡藻色为宜，饵料被吃光时，应及时补投饵料。

②投喂酵母。2次/d，投喂量每100万个轮虫1～1.2g，最后需强化营养培养。

(5) 管理。

①观察。情况良好：轮虫游泳活泼，分布均匀，密度加大。情况异常：活动力弱，多沉于底层，或集成块状浮于水面上，密度不增加甚至减少。

②镜检。生长良好：身体肥大，胃肠饱满，游动活泼，多数成体带非混交卵，少的1～2个，多的3～4个，不形成休眠卵。生长不良：多数不带非混交卵或带休眠卵；雄体出现；轮虫死壳多，沉底，活动力弱等。

(6) 水质管理。由于轮虫的耐污能力很强，很多培养轮虫自接种至收获不换水，但由于投喂藻液的稀释作用，很难做到高密度培养。只有通过换水不断补充新藻液才能培养出高密度的轮虫。当用面包酵母培养轮虫时，残饵会使水质败坏，必须换水。一般每天换水 1 次，换水量为 50%。除换水外，如果池底很脏，还需要进行清底，用虹吸管将池底沉淀的污物吸出即可。一般经 3～7d 培养。

（7）轮虫的营养强化。轮虫是鱼类育苗中最重要的开口饵料，其所含的营养成分对鱼类的生长速度、抗病力及成活率等均有重要影响。因此，在将轮虫投喂给鱼苗前必须进行营养强化。一般做法是：将采收的轮虫集中在小水体中，用海水小球藻培养 12h 以上，再将经小球藻培养的轮虫用于投喂苗种，还可以用经乳化含有多种不饱和脂肪酸和维生素的强化剂进行营养强化。具体操作是：将轮虫集中于玻璃钢桶，使其密度为 300～500 个/mL，再按 50g/L 浓度加入强化剂，强化 3～4h 后，依法再加等量的强化剂继续强化 3～4h，即可捞起投喂鱼苗。

（8）收获。轮虫作饵不能像藻类作饵那样连同培养水体直接注入育苗池，需要用 80μm 左右的网兜捞起，操作要尽可能避免机械损伤。

（二）枝角类的培养

1. 淡水枝角类 枝角类的培养易于掌握，但大量培养时需注意以下几点：

（1）班塔法（Banta）。培养液为肥泥 1kg、马粪（1 周之久）170g、过滤池水 10L。将上述培养液放在 15～18℃处，过 3～4d，用细筛绢过滤；然后用过滤池水适当冲稀[1：(2～4)]，便可使用。培养液要常更换，以确保饵料充分供给。这种培养液培养的枝角类常呈红色，产卵较多，是一种良好的培养液。

（2）用绿藻培养枝角类法。单细胞绿藻、小球藻和栅藻等是枝角类的天然饵料，可直接用于培养枝角类。这种单细胞培养液配制方法如下：每立方米水中放硝酸铵 3.5～35g、过磷酸盐 6.6～26.4g。为确保藻类不断繁殖，必须经常追加这两种无机盐类。

（3）土池培养法。土池 1m 深，注入 50cm 深的水，加入混合堆肥液汁，促使单细胞藻类和细菌大量繁殖，然后移入溞、裸腹溞等，在温度为 20～25℃时，3～4d 后即可大量繁殖。一般在良好环境下，可产 800g/m^3。培养期间要注意观察水温、水质、浮游植物等，更应观察水溞是否怀卵、卵形及卵数，有无冬卵，体色及消化道情况等。溞的颜色应为淡黄色，略带红色或淡绿色；肠道应为绿色或深褐色；卵应为圆形、暗色，数量在 10～20 个。如果水藻体色很淡，肠呈蓝绿或黑色，卵数少，椭圆且浅绿，并出现大批雄溞或动乱的，同时种群中幼体数小于成体数，这都是培养情况恶化的象征，应抓紧采取措施或重新培养。

2. 蒙古裸腹溞 该溞是从内陆盐水中采得，现已成功驯化于海水中正常生长繁殖。其大量培养方法与淡水枝角类的相似，但用水是海水，盐度 30～32，温度 25℃左右，适当光照。用小球藻或微绿球藻加酵母投喂。小球藻要适当扩种培养，以便满足大量培养蒙古裸腹溞的需要。可用水泥池培养大量小球藻，培养用水要消毒、施肥等，要给予一定的光照。最大培养密度可达 7 000～10 000 个/L，生产量可达 70g/（m^3·d）。

（三）卤虫的孵化和培养

卤虫的无节幼体含有大量的卵黄，具有丰富的蛋白质和脂肪等营养物质，是鱼、虾、蟹幼体的良好的饵料。其适应力很强，生长迅速，加上卵易保存，并可在人工控制条件下培养作活饵料，在水产养殖业的应用非常广泛，地位也日趋重要。卤虫的成虫同样含丰富的营养物质，有利于鱼、虾生长、发育，提高抗病力，是鱼、虾优质的饵料，且饲养容易，天然资源量很大，有望取代鱼粉成为水产养殖业最重要的蛋白质源。

1. 采收、处理与贮存

（1）卤虫卵的采收。秋末冬初水温下降或雨水多，盐度下降等水环境突变，促使休眠卵大量产生，浮在水面上。用80～100目手抄网在下风处捞取，卵是潮湿的，堆在一起容易发热，最好当天马上处理，如来不及处理要敷薄晾干。

（2）卤虫卵的处理。

①用饱和食盐水进行分离。这一步操作是利用卤虫卵能浮于饱和食盐水的特性，沉淀除去虫卵中较重的杂质。

②用饱和卤水冲淋筛分。此步操作旨在除去比虫卵大和比虫卵小的杂质。先用1mm和0.5mm孔径的筛绢除去较大的杂质，再用150μm孔径的筛绢除去比虫卵小的杂质。

③用淡水洗去盐分。在150μm孔径筛绢中冲洗除盐，淡水冲洗时间不超过5～10min。

④用淡水进行比重分离。这一步骤是为了除去空壳和比虫卵轻的杂质，时间不超过15min。漂浮后用150μm孔径的筛绢将沉底的虫卵挤干，也可再离心除水。控制时间是为了防止虫卵过多吸收水分而启动孵化生理活动，以免下一步的干燥处理破坏虫卵。

⑤干燥。用淡水分离后的虫卵应尽快将含水量降到10%以下，以使虫卵的生理活动停止。干燥时的温度应控制在40℃以下，可在空气中铺成薄层遮阴风干，也可在35～38℃烘箱烘干或在其他干燥装置中干燥。最好采用真空干燥或气流干燥。

⑥包装。此步骤是将干燥好的虫卵装入一定大小的听、袋等容器，以便出售和贮存。

除以上步骤外，为了终止滞育和提高孵化率，卤虫卵的加工通常还包括冰冻处理、饱和卤水浸泡、重复吸水和脱水处理等

（3）卤虫卵的贮存。卤虫卵贮存原理是使其生命活动处于停滞状态，在贮存过程中不能启动虫卵孵化生理活动。常用的方法有：

①干燥贮存。使虫卵含水量保持在9%以下。

②真空贮存。真空是为了减少氧气的存在，长期保存常与干燥法结合使用。

③饱和卤水贮存。贮存的同时有终止虫卵滞育的作用（这是一种简单实用的储存卤虫卵的方法，在没有卤水的地区可用粗盐代替）。

④低温。干燥和浸泡在卤水中虫卵都可用低温贮存。完全吸水的虫卵也可以。

2. 卤虫卵的孵化 卤虫卵的孵化一般在孵化桶、罐、槽中充气进行。

（1）孵化条件。

温度：最适25～30℃。25℃以下孵化时间延长。33℃以上时，过高的温度会使胚胎发育停止，孵化过程最好保持恒温。

盐度：最适25～30，大于30孵化时间延长。

pH：以8～9为好，能激活孵化酶；可用$NaHCO_3$或CaO提升pH。

光照：光照度2 000lx即能取得最佳效果。孵化时常采用人工光照，用日光灯或白炽灯从孵化缸的上方照明。

充气和溶解氧：溶氧量维持在2mg/L的水平孵化效果最佳。可在孵化缸的底部放置足够的气石，孵化过程中需连续充气，但是气量也不宜过大，避免造成机械性损伤。

虫卵密度：密度在每升水2～3g最适合，一般干重不超过5g/L。密度过大为维持溶解氧含量，要增大充气量，充气过大会使幼虫受伤，产生的泡沫能使虫卵黏附，对孵化不利。

孵化用具：孵化缸采用锥形底的玻璃钢材质，孵化前需要清洗消毒。

（2）孵化方法。

清洗：用自来水清洗虫卵，去除杂质。

浸泡消毒：将虫卵放在150目网袋中，在淡水加入5%～10%次氯酸钠浸泡30min；或20g/m^3漂白粉浸泡30min；或20～50g/m^3福尔马林浸泡30min，使卵壳变软，同时杀灭虫卵表面黏附的病原微生物。

（3）收集与分离。孵化24～33h，将气石、加热棒拿掉，盖上黑盖子，将一盏灯放在孵化缸底部，光诱无节幼体，10～15min后用150目网袋套在出口处收集无节幼体。无节幼体收集起来后，若有混入的空壳和未孵化的虫卵还需要放置玻璃缸里进行再次光诱分离，否则空壳被鱼苗吞食会引起大批死亡。

3. 卤虫卵的去壳处理 由于卤虫无节幼体与未孵化的卵、卵壳难以分离，投喂时就不可避免地将大量卵壳和未孵化的卵一起投到育苗池中，这些卵壳和未孵化的卵一方面滋生细菌而引起水体污染或导致病害；另一方面养殖动物会因吞食卵壳引起肠梗塞，甚至死亡。这个问题可用虫卵去壳来解决。

（1）卤虫卵的冲洗、浸泡。将虫卵置于25℃淡水或海水中浸泡1～2h，让虫卵吸水膨胀后呈圆球形，有利于去壳。

（2）去壳溶液的配制。用次氯酸盐，如NaClO或Ca（ClO）$_2$；碱，如NaOH（0.13g/g）或Na_2CO_3（0.67g/g）与海水按一定比例配制而成。每克干虫卵需使用0.5g的有效氯，而去壳溶液的总体积按每克干卵14mL的比例配制。

卤虫卵去壳的步骤：卤虫卵的冲洗、浸泡；配制去壳液。每克干燥虫卵需使用0.5g有效氯和0.15g氢氧化钠，而去壳液的总体积按每克卵14mL的比例配制。去壳液要现配现用。

（3）去壳。把吸水后的卵放入去壳液中去壳，并不停地搅拌或充气，此时是一个氧化过程，并产生气泡，要不停地测定其温度，可用冰块防止温度升至40℃。去壳时间一般为5～15min，时间过长会影响孵化率。

（4）清洗和停止去壳液的氧化作用。当在解剖镜下看不见咖啡色的卵壳时，即表示去壳完毕，用孔径为150μm的筛绢收集上述已除去壳的卤虫卵，用清水及海水冲洗，直到闻不到有氯气味为止。为了进一步除去残留的NaClO，可放于0.1mol/L盐酸，0.1mol/L CH_3COOH或0.05mol/L Na_2SO_3溶液中1min，中和残氯，然后用淡水或海水冲洗。

4. 卤虫的集约化养殖 卤虫具有以下几个特点：①卤虫从无节幼体到成体只需2周。在此期间体长增加了20倍，体重增加了500倍；②卤虫发育过程中，幼体与成体的环境要求没有区别，因而不必改变养殖环境及设施；③卤虫的生殖率高，每4～5d可产100～300个后代，生命期长，平均成活期在6个月以上。

（1）养殖用水。通常用海水，盐度35～50，pH 7.8，如pH小于8，用1g/L的$NaHCO_3$调节。卤虫养殖用的海水必须经沙滤池过滤。

（2）温度。控制在25～30℃。

（3）用另外的容器孵化出卤虫将无节幼体用新鲜海水冲洗后放入培育槽。无节幼体的投放密度在1 000个/L以上。

（4）投饵。所用饵料为米糠、玉米面等农产品，也可用微藻、酵母等投喂。投喂农产品时必须磨细并用细筛绢过滤，因卤虫只能摄食直径在50μm以下的颗粒，投喂时遵循少量多次的原则。并根据肠胃饱满情况保证饵料供应。由于卤虫孵化后12h内不摄食，故第1天可不投饵。

（5）清除污物。每3～4d对沉淀的残饵等污物清理1次。

（6）换水。集约化养殖常采用流水，如采用充气养殖则需每天至少换水1次。

（7）充气。卤虫的耐低氧能力很强，不需要很大的充气量，保证溶氧量在2～3mg/L以上即可，最好不用气石，因气石产生的大量气泡对卤虫不利。

（8）日常观察。经常检查pH、溶氧量、卤虫的游泳和健康状况等。pH低于7.5时，加0.3g/L的$NaHCO_3$提高pH。溶氧量降到2mg/L时，需要增加氧气。

5. 卤虫的开放池养殖 卤虫在天然条件下都生活在高盐水域，在普通海水中由于敌害较多，会因不适应环境而被淘汰。开放池养殖不能严格控制敌害生物的传播，因而都是在高盐水域中进行放养，常见的是盐田养殖。

（1）养殖场地的选择与建造。因为卤虫的敌害生物在10波美度以下不能完全消除，所以选择养殖场地的首要条件是能持续提供10波美度以上的卤水。另外，养殖场地的土壤必须能够防渗漏。建池时必须保证水深30cm以上，最好是50～100cm。池塘的大小在300～10 000m^2。最大不宜超过10 000m^2。此外，池塘必须具有进排水装置。

（2）卤虫放养的准备工作。卤虫品种的选择：根据当地的气候条件（主要是水温）选择适当的品种进行养殖。此外，还应考虑生产上的要求，是为了得到卤虫卵还是鲜活卤虫，因不同品系卤虫的卵生和卵胎生比例不同。

灌水开放池养殖：采用卤虫敌害忍耐盐度上限的卤水，一般是10波美度的卤水进行养殖。海水时最好加以过滤；水深要求30cm以上。

施肥和饵料生物培养：为保证卤虫下池时有足够的饵料，放水后应施肥培养微藻。常用的肥料是鸡粪，用量是50～100g/m^2。也可使用化肥，施肥量一般要求氮含量达到15～30mg/L，磷含量达到1～4mg/L。待微藻大量生长（透明度在20cm左右）时及时接种卤虫幼虫。

（3）接种。根据卤虫卵的孵化率和接种数量计算卤虫卵的用量，再按前面所述的方法在25～30℃孵化卤虫。无节幼体能立刻适应从海水到10波美度的盐度变化，孵出后应立即接种。如准备人工投饵，接种密度可达100个/L以上，不投饵的粗放养殖接种密度达20～30个/L即可。

（4）管理。

投饵：为了解决水中饵料不足的问题，需要进行人工投饵，常用的饵料是玉米面、米糠等农副产品，加水磨浆后投喂，遵循少量多次的原则，避免浪费。

施肥：经常向池中施肥，补充饵料，追肥量为鸡粪10～20g/m^2。

换水：开放池养殖不换水一般也不致引起缺氧，但换水可以补充饵料，除去池内的有害物质。换水时用筛绢排水。

日常观察：卤虫养殖过程中，应经常观察水质变化（如温度、盐度、溶氧量、pH等）和卤虫的生长情况。养殖的盐度一般认为应维持在6～18波美度，pH不能低于7.5，pH过低可换水或加石灰调节。溶解氧只要维持在2mg/L即可，溶氧量太低可采用加注新水的办法来解决。

（5）收获。虫卵的收集是每天在池内下风处用小筛网捞取，捞后贮存于饱和卤水中以备加工。成虫一般采用纱窗制成的工具进行拖捕，这样年幼的虫体可留在池中继续生长。如是为了得到鲜活卤虫，应隔 2 周收获一次。

第二节　水产饵料生物的敞池培养

一、单胞藻的敞池增殖

1. 选塘　选择有一定厚度淤泥的废塘，要求排灌方便，不渗漏，阳光充足，最好是历年养虾或鲢、鳙的肥塘。

2. 清塘　用生石灰干法清塘（水深 10cm）每 667m^2 用 75kg 生石灰加水化开后全池泼洒，或漂白粉干法清塘（水深 10cm）每 667m^2 用量为 5kg，清塘时将漂白粉加水溶解后全池均匀泼洒。

3. 注水　深井水、河水、水库水等天然水均可，注水时注意用 150 目筛绢网过滤。最终注水量（深度）视培育对象而定。但务必按由浅入深的原则灌注才有利于藻类繁殖和水质调控。

4. 施肥　清塘后 7～8d 可考虑施肥。具体用量和比例应视培养对象而定。可用各种粪肥或复合肥，基本原则是少量多次。

5. 除害　如果大量发生原生动物、轮虫、甲壳动物等滤食性动物，可按以下方法处理：①甲壳动物，用敌百虫 1g/m^3 可有效地杀灭枝角类、桡足类、虾类、丰年虫等甲壳动物。②轮虫，可用 150 目筛绢网连续抽滤，或者使用 1.0g/m^3 有效氯可杀死多数轮虫个体。虽同时影响藻类的增殖，但在施药 3～5d 后，藻类种群有望恢复。③原生动物，上述药物对原生动物作用不大。抽滤法可用于草履虫、喇叭虫等大型原生动物，至于种类繁多的小型纤毛虫，虽然也滤食藻类，但通常在光照充足、溶氧量丰富而溶解有机质量并不很高的藻类培育池中，它们的生物量有限，对藻类的危害较小。

二、轮虫的敞池增殖

许多池塘沉积物中蕴藏着丰富的轮虫休眠卵，数量每平方米从几万个至几百万个不等。它们在水温 5～40℃，pH 4.5～11.5，溶氧量＞0.3mg/L 的条件下可以萌发，若能采取人为激活措施，其萌发速率还可提高。

1. 选塘　用前述特制采泥器定点（包括不同水深处）采取池底表层沉积物进行轮虫休眠卵浮选、定性和定量，凡大型臂尾轮虫（萼花臂尾轮虫、壶状臂尾轮虫或褶皱臂尾轮虫）休眠卵量＞100 万个/m^2 者均可考虑作为轮虫培育池。但晶囊轮虫休眠卵过多者最好不用。符合以上条件者多是一些底质腐泥化程度极高或多年饲养底层鱼类的池塘，至于那些新筑池塘或经年饲养鳙的池塘或水体交换频繁（如虾池）的池塘中则很难找到太多的轮虫休眠卵。轮虫培育池的水深通常以 1.5～2.0m，面积 2 000～3 000m^2 为宜。为便于饵料池的设置和水质调控，培育池最好毗邻大型水体（贮水池、水库等），切忌把单独水体选为轮虫培育池。

2. 排水冻底　秋末排水令其自然冰冻越冬，可促进休眠卵的萌发，还可冻死敌害，特别是那些难以用药物杀灭的底栖敌害生物。

3. 清塘晒底　用生石灰或漂白粉按常规实施排水清塘晾晒 5～7d 可以起到清除敌害和

激活休眠卵萌发的作用。

4. 注水搅底 按逐渐增加的原则，最初注水 20～30cm，随着轮虫密度的增加，可逐步增加水体容积，最终水深以 1.5～2.0m 为宜。紧接着便可借助机械或人力搅动底泥。只有注水后轮虫休眠卵才能萌发。因此，生产上可以用注水时间来估算池塘轮虫达到高峰期（1 万个/L）的时间。

水温 20～25℃的条件下，底泥轮虫休眠卵数量与注水后轮虫数量高峰出现的时间：

休眠卵量（万个/m^2）	轮虫达到高峰期的天数（d）（自注水日计算）
<100	>10
100～200	8～10
200～400	5～8
>500	3～5

休眠卵量 100～200 万个/m^2 时，轮虫数量高峰出现的时间与水温的关系：

水温（℃）	时间（d）
20～25	8～10
17～20	10～15
15～17	15～20
10～15	20～25
5～10	>30
<5	∞

5. 水肥度调控 轮虫培育池前期不用施肥，让浮游植物利用池塘固有肥力自然繁殖起来，池水透明度应保持在 30～40cm，pH<9.5，溶氧量适中，当轮虫密度>1 000 个/L 时，开始施肥（化肥+有机肥），使池水透明度降至 20～30cm。

6. 投饵 培养池轮虫开始大量繁殖，进入指数增长期后，考虑补充浮游植物、有机碎屑和菌类等食物混合投喂。当池水中浮游植物量极大（透明度<10cm）时，pH 往往偏高，溶氧量过饱和不利于轮虫的增殖，此时补充有机碎屑（粪肥、豆浆等）或菌类（光合细菌、酵母等）食物，可有效地降低过高的 pH 和溶氧量。当浮游植物量较少（透明度>30cm）时，应首先考虑补注富含浮游植物的肥水，同时补充上述食物。

7. 增氧 调节好水体肥度，使其始终存留一定数量的浮游植物，利用生物增氧是保障轮虫池溶氧量的最重要的手段。但在轮虫生物量极大（>2 万个/L）时池水溶氧量很难保持或是因浮游植物被滤尽而造成全天缺氧。此时必须安装增氧机，增氧机启动时间主要在深夜和阴雨天，最好以实测溶氧量指标（<3mg/L）为准。

8. 敌害防治 轮虫的主要敌害包括甲壳动物、摇蚊幼虫、多毛类幼体、大型原生动物和丝状藻类等。对此应以防为主，即彻底清塘，严格滤水。一旦发生敌害可采取措施：

（1）甲壳动物（包括桡足类、枝角类、虾、钩虾等）和摇蚊幼虫，每立方米水体可用 0.5～1.2g 晶体敌百虫全池泼洒。具体浓度依敌害种类、水温、水质而异。一般情况（常温，中等肥水）下，枝角类每立方米水体 0.5g 晶体敌百虫，虾、钩虾和摇蚊幼虫每立方米水体 1.0g 晶体敌百虫，桡足类每立方米水体 1～1.2g 晶体敌百虫。上述浓度对轮虫影响不大。

（2）多毛类。沿海池塘中常出现一种海稚虫幼虫，体长约 1mm。此种多毛类大量存在时严重影响轮虫的繁殖。对其生活史研究表明，它以成虫或卵在不冻的浅海或池塘底泥中越冬，早春幼体或卵随注水而进入轮虫培育池，所以凡经过冻底的池塘，只要注水时用密筛绢网（>150 目）严格过滤，则可得到有效控制。一旦发生使用茶饼水泼洒也有效果。

（3）大型原生动物。指直径>50μm 的大型纤毛虫，如游仆虫等是轮虫的敌害。一旦发生这类纤毛虫的危害，必须停止投喂酵母而补注富含浮游植物的肥水。接着采用先施化肥培养非鞭毛单胞藻，等轮虫大量繁殖（>1 000 个/L）后再追施有机肥和投喂酵母的方法，可收到良好效果。对于像游仆虫这样的原生动物可投入体长 5～7mm 的卤虫（密度 500～1 000 个/L），使用结果表明，经 1～2 昼夜可基本清除池水中的游仆虫而轮虫数量有增无减，原生动物清除后应将卤虫用密网捞出或用敌百虫（每立方米水体 1g 晶体敌百虫）杀掉，以免影响水的肥度。

（4）丝状藻类。包括丝状绿藻（水绵、刚毛藻等）、丝状蓝藻（螺旋藻、颤藻等）和丝状硅藻（角毛藻、直链藻等）。其危害是消耗水中营养盐，抑制微藻生长。一些特大型种类（大螺旋藻、丝状绿藻等）还会在抽滤轮虫时一起被滤在网中而无法排出。目前，对混生于轮虫池中的丝状藻类尚无选择性杀灭药物，但以下方法可预防丝状藻类的发生或干扰：①保持适当的混浊度，可预防水绵、刚毛藻等底栖丝状绿藻的发生。池水的混浊度主要靠单胞藻、轮虫以及悬浮物维持，所以施肥（有机）、投饵（酵母）和搅动底泥都是行之有效的。②轮虫的灯光诱捕。利用丝状藻类分布的不均匀性和轮虫的趋光性，晚间选择合适位置用灯光诱捕轮虫可排除大型丝状藻类的干扰。③网捞。对池边零星的大型丝状绿藻可用手网捞出，对遍布池塘的大型丝状绿藻可用小孔径大拉网捞取。

9. 抽滤与换水　轮虫密度达 2 万～3 万个/L 时，就可用潜水泵、用 150 目筛绢网抽滤，每天抽出的轮虫应与繁殖量大体平衡。如果用于土池育（蟹、虾）苗，则可将富含轮虫的培育池水直接注入育苗池，同时向轮虫池补注大至等量的富含浮游植物的肥水。

10. 保护卵资源　休眠卵是内源型轮虫培育池的物质基础，其质和量直接影响培育的成败。开春季的第 1 代轮虫主要来自年前沉积于泥层的休眠卵，这批卵的多寡十分重要。保证的最好方法是在秋季停止培育轮虫前采取措施强化培育最后一批轮虫，使其达到高密度并产生大量休眠卵为下一个生产周期奠定好基础。还可以实行“鱼池轮作”，来年用于培育轮虫的池塘秋冬春季用于饲养鲤亲鱼，可产生大量轮虫休眠卵。另外，进行虫体移植、休眠卵移植也是保护卵的好方法。

三、枝角类的敞池增殖

枝角类体长 0.5～3mm，营养丰富，活动缓慢，是鱼类、甲壳动物幼体继轮虫之后的适口活饵料。当环境条件适宜时，枝角类连续进行孤雌生殖。可在短时间内形成高密度种群，且持续时间长。因此，长期以来人们就采捕天然发生的枝角类（红虫）作为养殖鱼类或观赏鱼类的饵料。

1. 适宜种类的选择　作为敞池增殖的种类，目前选择多刺裸腹溞、微型裸腹溞较多，蒙古裸腹溞具有极强的抗盐性，已逐渐成为海水经济水生动物苗种生产的重要活饵。

2. 淡水裸腹溞的增殖　一般淡水池塘清塘注水后，浮游生物出现遵循以下规律：浮游植物→轮虫→小型枝角类（如裸腹溞）→大型枝角类（如隆线溞）→桡足类。裸腹溞出现的早晚与水温和休眠卵量密切相关。水温20～25℃时，裸腹溞10～15d，隆线溞15～20d大量繁殖。但其高峰期的数量常与休眠卵量有关。

（1）选池。沉积物中的休眠卵量是选择培育池的首要条件。鉴定池塘枝角类卵量一般在池四周（离岸2m以外）各采一点即可。培育池面积667～2 000m^2，水深1.5m左右为宜。培育池附近应有面积相当的饵料浮游植物培育池。

（2）清塘晒底。排水清塘，特别是用生石灰排水清塘，晒底既可清除敌害又可激活休眠卵的萌发，晒塘时间以5d为宜。

（3）注水。原则由浅入深，初注水20～30cm利于白昼增温。有一定内渗能力的池塘可任其自然渗水，更可保证水的质量。当裸腹溞大量发生时，应逐渐补水，最终平均水深1.5m左右。

（4）施肥、投饵。裸腹溞从水中滤食细菌、单胞藻、原生动物和有机碎屑等细小食物。以细菌最重要。试验表明，只用细菌作为食物就足以保证枝角类全部生命活动的正常进行。缺少维生素的腐屑本无多少营养价值，就因其上附有大量细菌而成为枝角类的重要食物。施肥水体富含细菌与腐屑，因而可获得很高的枝角类生产量［500～1 000kg/（hm^2·d）］。各种有机粪肥（鸡粪、猪粪等）均可作为肥源。用量视水中溶解氧状况而定。在保证溶氧量大于1mg/L的情况下施肥量大些为好。通常每天1 000kg/hm^{2}即可。同样，单胞藻也是枝角类的重要食物，所以，在施肥的同时不断向培育池中添注富含浮游植物的肥水是有益的。

（5）敌害防治。与轮虫相比，枝角类的敌害较少，如果原生动物和轮虫数量过大成为枝角类食物的竞争者，可用每立方米水10～15g甲醛液处理。此外，从清塘后池塘生物发生规律看，如不采取措施，轮虫高峰持续3～5d后会自然消落，取而代之的便是裸腹溞等枝角类，随后较大型枝角类隆线溞便接踵而至，因其滤食食谱更为广泛，强度也更大，必然严重胁迫裸腹溞的生存。此时，全池泼洒使池水每立方米水0.1g敌百虫的在24h内即可将其全部消除。隆线溞对裸腹溞没有重大影响。

（6）抽滤。裸腹溞密度达1 000个/L时，用4英寸*泵用100目筛绢网抽滤，通常0.1hm^{2}水体（水深1m）架设1台4英寸泵，每天抽滤2～3h。其抽出量与繁殖量大体平衡。由于枝角类有一定的抗逆能力，所以，抽滤效果不如轮虫，特别是浅水池因难以形成涡流其抽滤效果更差。为此，可用拉网或推网进行采捕，也可获得比较满意的效果。

3. 蒙古裸腹溞的培养 20世纪80年代从晋南地区采到蒙古裸腹溞并驯化于海水中，从作为海水鱼虾养殖的一种新的生物饵料出发，何志辉等（1988）对该溞的生物学和培养方法进行了广泛的试验研究。

（1）培育池的准备。

①选池。室内试验表明，蒙古裸腹溞在咸水中培养的最大敌害是褶皱臂尾轮虫和大型原生动物。所以在室外选择培育池时，最好选择新建池塘或经检查沉积物中很少有轮虫休眠卵的池塘。通常水体交换量大的养虾池经改造后是符合这一条件的。但池面不可过大。一般667～1334m^{2}即可。否则一次性接种有困难。

②排水冻底。如选用养过鱼、虾的老池，则应排水冻底以冻死那些难以用药物杀灭的底栖动物。

---

* 英寸为非法定计量单位，1英寸≈2.54cm。

③清塘。常规清塘。

④注水。初注水深10～20cm即可，浅水既有利于白昼增温又有利于接种。水必须经过严格过滤或直接注入深井水。

⑤施肥和培养。浮游植物可按每立方米水1g有效氮和0.2g有效磷，用硝铵和过磷酸钙。

(2) 接种。当培育池水中的浮游植物大量繁殖（小球藻 2×10^6 个/mL或透明度小于40cm）后即可按1～10个/L的密度进行接种。先要经过1～3级扩种培养，以后随着溞密度的增长，逐渐增添新水和追肥。接种时务必注意调节好水温、pH、溶氧量、盐度等，使其原种池与培育池基本一致。其余投饵、敌害防治、抽滤换水等基本与轮虫增殖和培养淡水枝角类相同。

实验一　单细胞藻类的分离（一）

【实验目的】 藻类在自然界中与其他生物杂居在一起。在研究工作中，常常需要把它们和其他生物，特别是其他藻类分开，进行单种或纯种培养，这称为分离。本实验的目的是熟悉单细胞藻类的微吸管法分离技术。

【实验用具】 解剖镜、显微镜、凹玻片、载玻片、大盖片、喷灯、砂轮、细玻管、橡皮头、培养皿、无菌培养液、待分离藻种。

【实验内容】

1. 拉制微吸管　用砂轮将孔径3～4mm玻璃管截成35～40mm的段。浸入浓盐酸（或浓硝酸）中洗去污物。先用自来水，后用蒸馏水洗净，烘干。然后点燃喷灯，两臂加紧，手持玻璃管在火焰上烧灼其中部，一边烧一边转，使其受热均匀。待玻璃管烧红软化后稍向上提，两手均匀用力，向相反方向拉引，将中段拉长6～10cm，使这段孔径约为0.5mm。冷却后从中间拉断。尾部在喷灯上烧红迅速压在玻璃板或石棉网上，使之成扩张状。

使用前将吸管在酒精灯上加热，用镊子夹住细头部拉成孔径约0.1mm的微吸管，尾部套上橡皮头或孔胶管备用，如进行纯种（无菌）培养，微吸管需经灭菌。为了防止擦伤藻体，微吸管头部可在酒精灯上烧灼圆滑。

2. 分离　首先镜检待分离藻液，如浓度过大应进行稀释，一般以每小滴藻液中含5～10个藻细胞为宜。

在一已灭菌后的清洁载片上滴加9滴消毒培养液，方法如图13-1所示。另取一载玻片滴1滴稀释的待分离藻液，在解剖镜（或显微镜）下用微吸管吸取其中所需的藻体（最好是1个，也可以是多个，2～5个）放入第1滴水中，用一干燥的吸管清洗（从一边吹水滴，使藻体在水中旋转，均匀）。然后换一干净的微吸管从第1滴水中吸1个（或数个）藻细胞，放入第2滴水中，清洗，依次而下，直至水滴中含1个藻细胞（清洗是为了洗去藻体上附有的细菌，进行无菌培养）。用微吸管将此单个藻细胞转移到滴有培养液的盖玻片上，将盖玻片在凹玻面上进行悬滴培养。每天数次观察藻体分裂情况。如繁殖良好，可以扩大培养成纯（单）种。

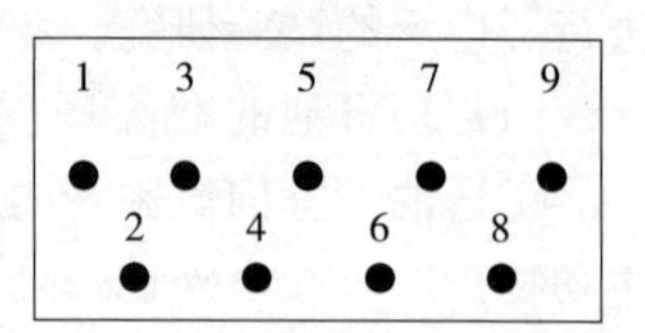

图13-1　消毒培养液示意

扩大后的培养液镜检为单种时，分离成功。

注意：①培养液配方根据待分离藻种的不同选择，一般用 F/2 配方。②此微吸管所形成的小滴以显微镜低倍镜一个视野能全看到为宜，但又不能太小，以免很快变干。

【讨论】 在分离中需要注意哪些问题?

实验二　单细胞藻类的分离（二）

【实验目的】 本实验的目的是熟悉并掌握利用平板分离单细胞藻类的技术。

【分离原理】 用平板分离纯化藻种，一般可分为划线、喷雾和倾注平板等方法。其共同点是分离水样经过适当稀释，再使水样分散到固体平板培养基上。等藻类在平板上成藻团时再进一步分离，直至成单种。

【实验用具】 中试管、大试管、培养皿、移液管、烧杯、分装漏斗、血细胞计数板、计数器、接种针、喷雾器、营养成分、待分离单胞藻等。

【实验内容】

1. 培养基的制备配方（表 13-1）

表 13-1　培养基的制备配方

营养成分	1 000mL 培养基中的加入量	100mL 培养基中的加入量
N-4（F/2）N	1mL（相当于 4mLF/2N）	8 滴 *（F/2N）
P-4（F/2）P	1mL（相当于 4mLF/2F）	8 滴
EDTA-Na_2	1mL（4×36.3μm 储液）	2 滴
柠檬酸铁	0.5mL（1%储液）	1 滴
土壤浸出液（浓）	1mL	2 滴
琼脂	12g	1.2g
海水	1 000mL	100mL

（1）将试管、培养皿、移液管等玻璃工具在烘箱中消毒。

（2）在烧杯中加入 1 000mL 海水，水位标号。称取 1.2g 琼脂加入海水中，在电炉上加热，不断搅拌至琼脂完全溶化。损失的水分用蒸馏水调整。

（3）按配方比例加入各营养成分、搅匀。

（4）分装试管。每组分装中试管 12 支（5mL/支），大试管 4 支（20mL/支），无菌海水 3 支（9mL/支），标明班、组。

（5）高压灭菌。0.15MPa/cm^2、121℃、20min。稍冷却后在超净工作台内分装试管，完成后置斜面，在培养皿中倒平板。

2. 分离

（1）分离前的水样先用血细胞计数板测试浓度，一般以每毫升 1 000～5 000 个为宜，太浓时应先进行稀释。用灭过菌的 1mL 移液管吸取 1mL 水样加入 9mL 无菌海水中，换一移液管进行第 2 次、第 3 次稀释，将稀释水样标号。

（2）喷雾法。将稀释好的水样装进灭好菌的喷雾器中，对准事先做好的平板进行喷雾，然后盖好，放到光亮处培养。

（3）倾注法。用灭过菌的移液管吸取 1mL 稀释过的水样加入事先灭菌的培养皿中，接着倒入 45℃的培养基（保存在恒温水浴中）轻轻摇动一下使水样和培养基混合均匀，放在光亮处培养。

（4）固体斜面大接种。等藻团长出后，镜检是否为单种，如不是单种，进一步进行平板划线分离，至单种时，用接种环挑取藻体在斜面上划线。

注意：①用于倾注法的水样应比喷雾法浓一个数量级，因为多数海水藻类的最适温度为 25℃左右。加入 45℃培养基时必有一部分藻类被烫死不能生长繁殖。②培养条件非常重要，要求一定的温度（25℃左右，根据藻种不同而不同）和一定光照。否则藻类不能生长，细菌则大量繁殖，导致分离失败。

实验三　藻类培养

【实验目的】本实验要求掌握培养基成分计算，配制培养基，学习消毒、接种、测定等有关培养的基本操作与管理，巩固课堂讲授知识从而有可能做到有计划地提供足够数量的符合质量的藻种。

【实验用具】

1. 配方　F/2 配方。

$NaNO_3$	0.88mL
$NaH_2PO_4 \cdot H_2O$	36.3μL
T6m 贮液	1mL
Vitamin 贮液	1mL
Na_2SiO_3	0.054mL（硅藻才加）
自然海水	1 000mL

2. 藻种　扁藻固体试管斜面单种、单鞭金藻液体单种。

3. 器材

公用器材：电炉、铝锅、烧杯、海水比重计、量筒（250mL）、温度计、塑料盒、扎瓶口的牛皮纸、橡皮圈、长镊子、剪刀、过滤海水、固定液、基础配方贮液。

小组用器材：显微镜、血细胞计数板、计数器、量筒、长滴管、微吸管、灭菌烧杯、纱布、盖玻片、载玻片、擦镜纸、吸水纸、酒精灯、火柴、标签纸、1 000mL 烧瓶。

【实验内容】

（1）各种玻璃器皿用洗洁净刷洗干净，放入烘箱烘干。

（2）取 2 只 500mL 的三角烧瓶，加入 100mL 自来水，擦干瓶外水滴，瓶上安装漏斗，将其加热煮沸，利用瓶中水产生的蒸汽消毒 5min，然后将水倒掉。

（3）用量筒量取 100mL 过滤海水，加入三角烧瓶，同时加入配方的营养盐母液各 0.1mL。

（4）将海水消毒［同（2）］，开始冒泡时将其取下。瓶口立即用消毒后的牛皮纸及橡皮圈消毒。培养液自然冷却到室温。振荡烧瓶，恢复原海水中气体溶解量。

（5）将消毒冷却好的培养液倒入消毒小烧杯中，按无菌操作的要求将培养溶液倒入藻种的固体藻种培养基试管内，将藻种洗下来。

(6) 接种液体藻种，将其添加到消毒培养液中。

(7) 强烈振荡三角烧瓶，用消毒滴管取样 1mL，加固定液（运动藻类）1 滴，用血细胞计数板计数。

(8) 将培养瓶置于一定的光照和温度下进行培养管理，并做好记录，1 周左右再次用血细胞计数板计数培养密度，视情况按一定比例扩种。

【讨论】培养结束后提交培养报告，并讨论以下问题。

(1) 试述配方中氮、磷贮液各配置 1L 需多少硝酸钠和磷酸二氢钠，配方中的氮磷比是多少？

(2) 本试验适于保种级培养，采用海水和营养盐混合在一起煮沸消毒并非唯一方法，可因地制宜采用不同方法，试举例。

实验四 轮虫培养

【实验目的】 轮虫是多种水产动物苗种培养过程中的理想饵料。本实验的目的是了解并熟悉轮虫培养过程中的管理工作。

【实验用具】

100mL 三角烧瓶、解剖镜、细吸管、小烧杯、浮游动物技术框、量筒、种轮虫。

【实验内容】

(1) 器皿洗净，烘干。每只三角烧瓶中分别加入 50mL 培养好的小球藻、扁藻、单鞭金藻。每种藻 2 瓶，贴好标签，注明种名、接种日期、接种量。

(2) 在解剖镜下用吸管吸取轮虫（大小，带卵情况一致），每只三角烧瓶内放 10 只，封好瓶口，置于有光处 20～25℃培养。

(3) 每天摇动三角烧瓶，观察轮虫生长情况。

(4) 当藻液变清，肉眼可见轮虫时，计数轮虫密度，比较几种藻液的培养情况。

【结果与报告】

记录培养条件与轮虫采收时的密度、抱卵量、休眠卵密度，比较不同饵料对轮虫种群增长的影响。

实验五 卤虫卵去壳

【实验目的】卤虫是海水养殖中的一种重要的活饵料，主要用其初孵幼体。由于没有找到十分有效的分离方法。在使用时，大量卵壳和未孵化卵随幼体一起投喂到培养池中不但影响水质，而且会造成养殖对象吞食卵壳和未孵化卵后肠梗塞而死亡。因此，卤虫卵的去壳十分重要。本实验旨在让同学掌握卤虫卵去壳技术及去壳过程中卤虫卵的变化。

【实验原理】卤虫卵壳的外层主要成分是脂蛋白和正铁血红素。这些物质在强碱性条件下可以被一定浓度的次氯酸氧化除去。只剩下一层透明的卵膜。胚的活力不受影响。

去壳液由次氯酸盐、海水和 pH 稳定剂配置而成，已有经验表明：次氯酸盐中的每克有效氯可氧化 2.0～2.5g 卤虫卵的卵壳，去壳液的总体积按每克卵 13mL 比例计算，并加入

pH 稳定剂每克卵 0.13g NaOH 或 Na_2CO_3。

【实验用具】 天平 1 台，烧杯(500mL、100mL 各 2 只)，量筒(200mL、100mL 各 1 个)，NaClO，NaOH，海水，$Na_2S_2O_3$溶液，KI 溶液，温度计，凹玻片，解剖针，解剖镜，胶头滴管。

【实验内容】

1. 去壳液的配置

例：用浓度为 10%的次氯酸钠溶液作为去壳原料配置卵的去壳液，计算过程如下。

(1) 10g 卵所需的去壳液的总体积为每克卵 13mL×10g 卵=130mL。

(2) 按 1g 有效氯 2g 卵计算。10g 卵所需的有效氯为 10/2=5g。

(3) 含 5g 有效氯所需 10%次氯酸钠溶液的毫升数，可由下式算出：

$$100/10=X/5 \quad X=100\times5/10=50\text{mL}$$

(4) 所需海水量 130mL－50mL=80mL。

(5) 所需 NaOH 的量为 1g 卵 0.13g×10g 卵=1.3g。

这样用 80mL 海水加 1.3g NaOH，再加 10%次氯酸钠溶液 50mL 就配成了 10g 去壳卵所需的去壳液。

也可使用漂白粉，算法同上。但加入漂白粉易吸潮，使用前应进行有效氯的测定。

2. 卵的去壳过程

(1) 水处理。称取一定量的卵放入盛有海水或自来水的容器中，通气搅拌使卵保持悬浮状态；1h 后把卵放在孔径为 120～150μL 的筛网上洗净过滤。

(2) 去壳。把滤出的卵放入已配好的去壳液中，并搅拌。卵的颜色渐渐由咖啡色变为白色，进而变为橘红色。此过程最好在 6～15min 完成（与温度有关，超过 10min 会影响孵化率）。在去壳过程中，为了防止温度过分升高（40℃），可用自来水浴降温。

(3) 清洗脱氯。向去壳卵溶液内加水若干，倒入筛网上，用自来水或海水冲洗，直至无氯味，然后把经过冲洗的卵放入盛有海水或自来水的容器中（1g 卵 5～10mL 水），加入 1%～2%的 $Na_2S_2O_3$溶液，去氯情况可用 0.1mol/L 的 KI 溶液（16.6 KI 溶于 1L 蒸馏水中）和淀粉溶液检查。方法：取少量已去过氯的卵，加入 0.1mol/L 的 KI 溶液和淀粉溶液，如不出现蓝色，表示氯已去净（$Cl_2+2KI=2KCl+I_2$）。

(4) 去壳卵的处理。去氯后的去壳卵可以直接投喂，也可以孵化后投喂或放入－4℃冰箱中保存。

(5) 另取 100 粒已吸胀的卤虫卵，放在凹玻片上，滴加几滴去壳液，待完全去壳后统计去壳卵的数量，计算空壳率。

注意：①去壳液要现配现用。②加水主要是稀释次氯酸盐的浓度，以免腐蚀丝质筛网造成破洞。

【结果与报告】 计算试验用卤虫卵的空壳率。

参 考 文 献

陈明耀，1995. 生物饵料培养［M］. 北京：中国农业出版社.
韩茂森，束蕴芳，1995. 中国淡水生物图谱［M］. 北京：海洋出版社.
何志辉，1982. 淡水生物学（上册）［M］. 北京：农业出版社.
何志辉，2000. 淡水生态学［M］. 北京：中国农业出版社.
梁象秋，1996. 水生生物学（形态和分类）［M］. 北京：中国农业出版社.
刘建康，1990. 东湖生态学研究（一）［M］. 北京：科学出版社.
刘建康，2000. 高级水水生物学［M］. 北京：科学出版社.
李永函，1993. 淡水生物学［M］. 北京：高等教育出版社.
李永函，2002. 水产饵料生物学［M］. 大连：大连出版社.
饶钦止，1956. 湖泊调查基本知识［M］. 北京：科学出版社.
孙成渤，2004. 水生生物学［M］. 北京：中国农业出版社.
王和蔼，2002. 水生生物学［M］. 北京：中国农业出版社.
王家楫，1961. 中国淡水轮虫志［M］. 北京：科学出版社.
王庆祥，2005. 水族造景与水草鉴赏［M］. 上海：上海科学技术出版社.
吴启堂，陈同斌，2007. 环境生物修复技术［M］. 北京：化学工业出版社.
张觉民，1991. 内陆水域渔业自然资源调查手册［M］. 北京：农业出版社.
赵家荣，刘艳玲，2009. 水生植物图鉴［M］. 武汉：华中科技大学出版社.
赵文，2005. 水生生物学［M］. 北京：中国农业出版社.
章宗涉，黄祥飞，1991. 淡水浮游生物研究方法［M］. 北京：科学出版社.

图书在版编目（CIP）数据

水生生物学/韦先超主编．—北京：中国农业出版社，2020.4（2024.6 重印）
中等职业教育农业部“十二五”规划教材
ISBN 978-7-109-22181-9

Ⅰ.①水…　Ⅱ.①韦…　Ⅲ.①水生生物学—中等专业学校—教材　Ⅳ.①Q17

中国版本图书馆 CIP 数据核字（2016）第 234300 号

中国农业出版社出版
地址：北京市朝阳区麦子店街 18 号楼
邮编：100125
责任编辑：李　萍　　文字编辑：耿韶磊
版式设计：杨　婧　　责任校对：刘丽香
印刷：三河市国英印务有限公司
版次：2020 年 4 月第 1 版
印次：2024 年 6 月河北第 2 次印刷
发行：新华书店北京发行所
开本：787mm×1092mm　1/16
印张：17
字数：410 千字
定价：43.50 元

读者意见反馈

亲爱的读者：

感谢您选用中国农业出版社出版的职业教育规划教材。为了提升我们的服务质量，为职业教育提供更加优质的教材，敬请您在百忙之中抽出时间对我们的教材提出宝贵意见。我们将根据您的反馈信息改进工作，以优质的服务和高质量的教材回报您的支持和爱护。

地　　址：北京市朝阳区麦子店街 18 号楼（100125）
　　　　　中国农业出版社职业教育出版分社

联系方式：QQ（1492997993）

教材名称：　　　　　　　　　　　ISBN：

个人资料

姓名：________________所在院校及所学专业：________________

通信地址：________________________________

联系电话：________________电子信箱：________________

您使用本教材是作为：□指定教材□选用教材□辅导教材□自学教材

您对本教材的总体满意度：

从内容质量角度看□很满意□满意□一般□不满意

改进意见：________________________________

从印装质量角度看□很满意□满意□一般□不满意

改进意见：________________________________

本教材最令您满意的是：

□指导明确□内容充实□讲解详尽□实例丰富□技术先进实用□其他________

您认为本教材在哪些方面需要改进？（可另附页）

□封面设计□版式设计□印装质量□内容□其他________________

您认为本教材在内容上哪些地方应进行修改？（可另附页）

____

____

本教材存在的错误：（可另附页）

第______页，第______行：________________应改为：________________

第______页，第______行：________________应改为：________________

第______页，第______行：________________应改为：________________

您提供的勘误信息可通过 QQ 发给我们，我们会安排编辑尽快核实改正，所提问题一经采纳，会有精美小礼品赠送。非常感谢您对我社工作的大力支持！

欢迎访问“全国农业教育教材网”http：//www. qgnyjc. com（此表可在网上下载）

欢迎登录“中国农业教育在线”http：//www. ccapedu. com 查看更多网络学习资源